教育部 财政部职业院校教师素质提高计划职教师资培养资源开发项目
“电子科学与技术”专业职教师资培养资源开发（VTNE023）
高等院校电气信息类专业“互联网+”创新规划教材

传感与检测技术及应用

主　　编　沈亚强
执行主编　蒋敏兰　楼恩平
参　　编　郑青根　郑金菊

北京大学出版社
PEKING UNIVERSITY PRESS

内 容 简 介

本书按照现代传感器技术在日常生活和工农业生产中的典型应用分门别类，采用项目引导、任务驱动的形式编写，着重体现“学做合一”的职业教育理念，以培养技能应用型人才为目标，以职业能力培养为重点，紧跟电子行业发展。全书共分为 8 个项目，包括温度检测，压力检测，长度、角度检测，速度检测，物位检测，环境量检测，磁场检测，以及传感检测技术综合应用，淡化了传感器数学模型及公式推算、内部构造及制造工艺、复杂的系统模型设计和过多的体系强调等内容，注重传感器的认识、选用、接口电路、应用注意事项等方面的技能培养。

本书可作为高等院校电气、自动化、电子、信息等专业的本科教材，也可供相关技术人员参考使用。

图书在版编目(CIP)数据

传感与检测技术及应用/沈亚强主编. —北京：北京大学出版社，2016.11

(高等院校电气信息类专业“互联网+”创新规划教材)

ISBN 978-7-301-27543-6

Ⅰ.①传…　Ⅱ.①沈…　Ⅲ.①传感器—高等学校—教材　Ⅳ.①TP212

中国版本图书馆 CIP 数据核字(2016)第 219522 号

书　　名　传感与检测技术及应用
Chuangan yu Jiance Jishu ji Yingyong
著作责任者　沈亚强　主编
策划编辑　程志强
责任编辑　黄红珍
数字编辑　刘志秀
标准书号　ISBN 978-7-301-27543-6
出版发行　北京大学出版社
地　　址　北京市海淀区成府路 205 号　100871
网　　址　http://www.pup.cn　新浪微博：@北京大学出版社
电子信箱　pup_6@163.com
电　　话　邮购部 62752015　发行部 62750672　编辑部 62750667
印 刷 者　北京溢漾印刷有限公司
经 销 者　新华书店
787 毫米×1092 毫米　16 开本　19.25 印张　441 千字
2016 年 11 月第 1 版　2016 年 11 月第 1 次印刷
定　　价　43.00 元

序

《国家中长期教育改革和发展规划纲要（2010－2020 年）》颁布实施以来，我国职业教育进入加快构建现代职业教育体系、全面提高技能型人才培养质量的新阶段。加快发展现代职业教育，实现职业教育改革发展新跨越，对职业学校“双师型”教师队伍建设提出了更高的要求。为此，教育部明确提出，要以推动教师专业化为引领，以加强“双师型”教师队伍建设为重点，以创新制度和机制为动力，以完善培养培训体系为保障，以实施素质提高计划为抓手，统筹规划，突出重点，改革创新，狠抓落实，切实提升职业院校教师队伍整体素质和建设水平，加快建成一支师德高尚、素质优良、技艺精湛、结构合理、专兼结合的高素质专业化的“双师型”教师队伍，为建设具有中国特色、世界水平的现代职业教育体系提供强有力的师资保障。

目前，我国共有 60 余所高校正在开展职教师资培养，但是教师培养标准的缺失和培养课程资源的匮乏，制约了“双师型”教师培养质量的提高。为完善教师培养标准和课程体系，教育部、财政部在“职业院校教师素质提高计划”框架内专门设置了职教师资培养资源开发项目，中央财政划拨 1.5 亿元，系统开发用于本科专业职教师资培养标准、培养方案、核心课程和特色教材等系列资源。其中，包括 88 个专业项目，12 个资格考试制度开发等公共项目。这些项目由 42 家开设职业技术师范专业的高等学校牵头，组织近千家科研院所、职业学校、行业企业共同研发，一大批专家学者、优秀校长、一线教师、企业工程技术人员参与其中。

经过三年的努力，培养资源开发项目于 2013 年立项开题，取得了丰硕成果。一是开发了中等职业学校 88 个专业（类）职教师资本科培养资源项目，内容包括专业教师标准、专业教师培养标准、评价方案，以及一系列专业课程大纲、主干课程教材及数字化资源；二是取得了 6 项公共基础研究成果，内容包括职教师资培养模式、国际职教师资培养、教育理论课程、质量保障体系、教学资源中心建设和学习平台开发等；三是完成了 18 个专业大类职教师资资格标准及认证考试标准开发。上述成果，共计 800 多本正式出版物。总体来说，培养资源开发项目实现了高效益：形成了一大批资源，填补了相关标准和资源的空白；凝聚了一支研发队伍，强化了教师培养的“校—企—校”协同；引领了一批高校的教学改革，带动了“双师型”教师的专业化培养。职教师资培养资源开发项目是支撑专业化培养的一项系统化、基础性工程，是加强职教教师培养培训一体化建设的关键环节，也是对职教师资培养培训基地教师专业化培养实践、教师教育研究能力的系统检阅。

自项目立项开题以来，各项目承担单位、项目负责人及全体开发人员做了大量深入细致的工作，结合职教教师培养实践，研发出很多填补空白、体现科学性和前瞻性的成果，有力推进了“双师型”教师专门化培养向更深层次发展。同时，专家指导委员会的各位专家及项目管理办公室的各位同志，克服了许多困难，按照教育部和财政部对项目开发工作的总体要求，为实施项目管理、研发、检查等投入了大量时间和心血，也为各个项目提供了专业的咨询和指导，有力地保障了项目实施和成果质量。在此，我们一并表示衷心的感谢。

编写委员会

2016 年 5 月

前　言

传感技术是现代信息技术的三大支柱之一，与通信技术、计算机技术一起构成信息技术系统的“感官”“神经”和“大脑”。随着各类新型传感器的不断开发、MEMS 技术和物联网技术的发展、智能传感器的使用、工农业生产自动化程度的不断提高，传感与检测技术在工农业生产、家用电器、医疗电子、汽车测控、机器人、环境保护、航空航天和军事应用等方面得到了越来越广泛的应用，各高职院校已经将本课程作为电子信息类、自动化类、机电类、仪器仪表类、机械制造类等专业的专业主干课程。传感与检测技术是一门多学科融合的技术，编者根据教育部最新的教学改革要求，结合多年专业建设和课程改革成果编写了本书。

本书按照现代传感器技术在日常生活和工农业生产中的典型应用分门别类，采用项目引导、任务驱动的形式编写，着重体现“学做合一”的职业教育理念，以培养技能应用型人才为目标，以职业能力培养为重点，紧跟电子行业发展，将理论知识的学习、实践能力的培养和综合素质的提高三者紧密结合起来，充分体现职业性、实践性和开放性，通过理论与实践的学习及训练，使学生的全面素质得到提高，职业道德观得到加强。

本书淡化传感器数学模型及公式推算、内部构造及制造工艺、复杂的系统模型设计和过多的体系强调等内容，注重传感器的认识、选用、接口电路、应用注意事项等方面的技能培养。全书共分为 8 个项目：项目 1～7 介绍常见物理量的检测方法和各传感器的基本原理、特性及典型应用；项目 8 介绍检测技术综合应用。前 7 个项目结合实际应用每个项目设有 3 个任务。每个项目配有一定量的思考和练习题，以供学生复习、巩固所学内容。

本书每个项目任务均选自工农业生产和生活实际，包括“任务目标”“任务分析”“任务实施”“知识链接”“任务总结”和“请你做一做”。书中知识点是以常见物理量的检测实例为载体，每个项目以某一个被测物理量为对象，每个任务以某一个典型被测对象为依托，结合具体传感器的应用设计，介绍传感器的工作原理、类型、基本应用电路和应用注意事项等。任务分析和任务实施主要从具体任务要求出发，完成器件的选用、测量方案的确定、测量电路的设计和模拟调试四个环节，能从工程应用角度独立构建一个基本的检测系统，突出了“实训”过程，通过各项目的学习和任务的实施，可以提高学生分析问题、解决问题的能力和实际动手能力，从而培养学生的职业能力，实现“教、学、做”一体化。

在具体教学实施上，理论讲解主要是教师的“引”和“导”，理论课时为 48 学时，课外可以围绕“典型传感器及其应用”开展研究性学习和合作研讨，具体研讨内容即每个任务中的“请你做一做”。实验实践教学课时为 32 学时，分为课内实验和课外开放创新性实践两部分。实验主要以“传感器特性测试”及“传感器的应用和设计”开展教学，可以选用本书中 4～5 个典型传感器；创新性实践可以选用本书中的 1～2 个“任务”独立完成电路设计制作与调试，并完成报告的撰写和答辩。

本书由浙江师范大学沈亚强教授担任主编，蒋敏兰担任执行主编，楼恩平担任执行副主编，具体编写分工为：蒋敏兰编写项目 1 和项目 2；郑青根编写项目 3～5；楼恩平编写项目 6 和项目 8；郑金菊编写项目 7；沈亚强负责统稿和定稿。在本书的编写过程中，编者得到了浙江师范大学沈建国和林祝亮老师的指导，同时还参阅了同行专家们的论文著作及文献和相关网络资料，在此一并表示真诚感谢。

为了方便教师教学，本书还配有免费的电子教学课件等数字资源，请有需要的教师联系 QQ 客服 3209939285@qq.com 索要。

由于编者水平有限，书中难免存在疏漏和不妥之处，敬请专家和读者批评指正。

编　者

2016 年 5 月

目　　录

项目 1

温度检测

教学目标

本部分内容中，给出了 3 个日常生活中常见的温度测量子任务：太阳能热水器水温检测、环境温度检测和人体温度检测。从任务目标、任务分析到任务实施，介绍了 3 个完整的检测系统，并给出了应用注意事项。在任务的知识链接中介绍了热电偶、DS18B20 和红外温度传感器的基本工作原理、结构类型、典型电路及应用注意事项等。同时在最后给出了电阻式温度传感器及温度传感器的发展两个阅读材料，以加深读者对温度传感器的认识。

通过本项目的学习，要求学生了解常用温度传感器的类型和应用场合，理解并掌握温度传感器的基本工作原理；熟悉热电偶、DS18B20 和红外温度传感器的相关知识，包括测温原理、结构类型、典型电路和应用注意事项等；能正确分析、制作与调试相关应用电路，根据设计任务要求，完成硬件电路相关元器件的选型，并掌握其工作原理。

教学要求

知识要点	能力要求	相关知识
温度传感器	(1) 了解常见温度传感器的种类和应用场合； (2) 理解并掌握常用温度传感器的基本工作原理； (3) 掌握热电效应、热电偶的测温原理及典型测量电路，了解热电偶应用注意事项； (4) 熟悉 DS18B20 和 MLX90615 红外温度传感器测量原理、结构特点和应用注意事项等； (5) 了解电阻式温度传感器的基本工作原理和典型应用电路； (6) 了解温度传感器的发展	(1) 热电偶； (2) 集成温度传感器； (3) 红外温度传感器； (4) 电阻式温度传感器
温度传感器的典型应用	(1) 熟悉测温的基本应用电路； (2) 正确分析、制作与调试相关测量电路； (3) 根据设计任务要求，能完成硬件电路相关元器件的选型，并掌握其工作原理	(1) 热电偶测温； (2) DS18B20 和 MLX90615 集成温度传感器测温

项目背景

温度是国际单位制规定的 7 个基本单位量之一，是表征物体冷热程度的物理量。温度不能直接测量，只能通过物体随温度变化的某些特性(如体积、长度、电阻等)来间接测量。用来衡量物体温度高低的尺度称为温度标尺，简称温标。温标规定了温度的零点和测量温度的基本单位，有华氏温标、绝对温标和摄氏温标。华氏温标的单位是℉，热力学温标即绝对温标的单位是 K，摄氏温标的单位是℃。温度测量是选择一种在一定温度范围内随温度变化的物理量作为温度的标志，由该物理量的数值得到被测物体的温度。

物体的许多性质和现象都和温度有关，很多重要的物理、化学过程都需要一定的温度条件才能正常进行，人们的生活和工作与环境的温度息息相关，在工农业生产过程中温度是影响生产成败和产品质量的重要参数，是测量和控制的重点。大到科学研究、工程设计、工农业生产，小到环境温度、人体温度及家用电器，各个领域都离不开温度的测量和控制。因此对温度进行准确测量和有效控制、研究温度的测量方法和装置具有重要的意义。

温度传感器(temperature transducer)是指能感受温度并转换成可用输出信号的传感器，是将非电学的物理量转换为电学量，从而可以进行温度精确测量与自动控制的半导体器件。

近年来，我国工业现代化的进程和电子信息产业连续地高速增长，温度传感器的应用带动了传感器市场的快速上升。温度传感器作为传感器中的重要一类，占整个传感器总需求量的 40%以上。温度传感器用途(图 1.1)十分广阔，因其可用作温度测量与控制、温度补偿、流速、流量和风速测定、液位指示、温度测量、紫外光和红外光测量、微波功率测量等而被广泛应用于彩电、计算机彩色显示器、切换式电源、热水器、电冰箱、厨房设备、空调、汽车等领域。近年来，汽车电子、消费电子行业的快速增长带动了我国温度传感器需求的快速增长。

【参考图文】

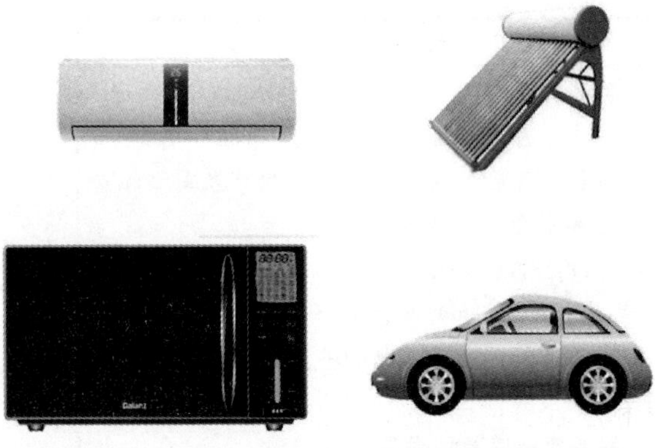

图 1.1　温度传感器的典型应用

常用的温度传感器有热电阻、热敏电阻、热电偶、集成式温度传感器及辐射式温度传感器等。在这些传感器中，热电阻和热敏电阻是将温度变化转换为电阻的变化；热电偶是将温度变化转换成电动势的变化；辐射式温度传感器是将热辐射转换为电学量；集成式温度传感器是将温度敏感组件和相关电路集成在一片芯片上的测温传感器。

温度传感器是温度测量仪表的核心部分，品种繁多，按测量方式可分为接触式和非接触式两大类。接触式测温时需要将温度传感器与被测介质保持接触，使两者进行充分的热交换而达到同一温度。热敏电阻、热电偶等属于接触式温度传感器。非接触式测温时温度传感器不需与被测介质接触，而是利用被测介质的热辐射随温度变化的特性测定介质温度，这一类传感器主要有红外测温传感器。

常见温度测量方法的分类和适用的温度范围见表1-1。

表1-1 主要温度测量方法的分类和适用范围

测温方式	类别	原理	典型仪表	测温范围/°C
接触式测温	膨胀类	利用液体、气体的热膨胀及物质的蒸气压变化	玻璃液体温度计	-200～600
			压力式温度计	-80～600
		利用两种金属的热膨胀差	双金属温度计	-80～600
	热电类	利用热电效应	热电偶	-200～2000
	电阻类	固体材料的电阻随温度而变化	铂热电阻	-200～850
			铜热电阻	-40～140
			热敏电阻	-100～300
	其他电学类	半导体器件的温度效应	集成温度传感器	-55～125
		晶体的固有频率随温度而变化	石英谐振温度传感器	-80～250
非接触式测温	光纤类	用光纤的温度特性或作为传光介质	半导体光纤温度计	-50～120
			光纤辐射温度计	600～2500
	辐射类	利用普朗克定律	光学高温计	800～3200
			光电高温计	200～1600
			辐射温度计	400～2000
			比色温度计	800～2000
			红外测温仪	-50～3000

任务1.1 太阳能热水器水温检测(热电偶)

1.1.1 任务目标

通过本任务的学习，掌握热电偶测温的基本原理；了解热电偶的结构、类型，常用热电偶的特点、使用方法和注意事项，以及热电偶使用过程中常见故障的处理；通过实际设计和动手制作，能正确选择热电偶温度传感器，并按要求设计接口电路，完成电路的制作与调试，实现对太阳能热水器水温的测量。

1.1.2 任务分析

1. 任务要求

太阳能热水器是一类使用非常广泛的设备。利用单片机和温度传感器实现对太阳能热

【参考图文】

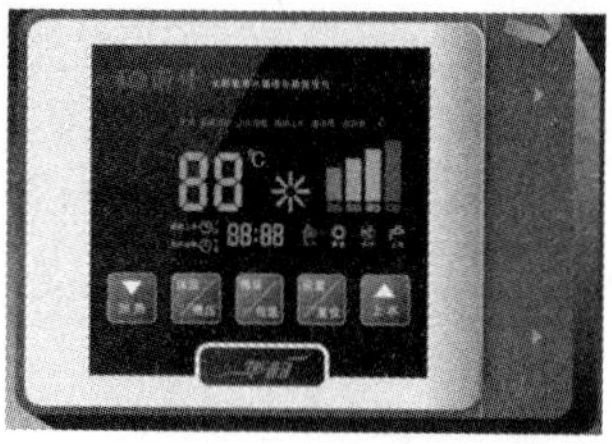

图 1.2　太阳能热水器水温显示

水器水温的实时测量，对提高人们生活水平、产品质量、节约能源有着非常重要的意义。

太阳能热水器水温自动检测系统利用热电偶温度传感器对太阳能热水器的水温进行实时测量，采集到的温度信号传送至传感器调理电路进行调理和转换，并送单片机处理后在 LED 上显示(图 1.2)。太阳能热水器水温检测任务要求见表 1-2。

表 1-2　太阳能热水器水温检测任务要求

检测范围/℃	测量精度要求/(%)	刷新时间间隔/s	显示方式
0～100	1	1	液晶显示

2. 主要器件选用

本任务中要用到的主要器件及特性见表1-3。

表 1-3　太阳能热水器水温检测主要器件及其特性

主要器件	主要特性
温度传感器 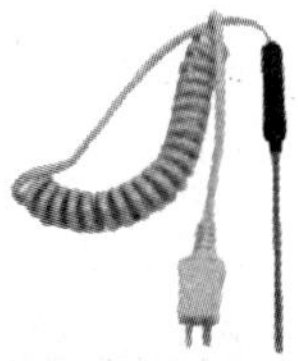 K 型镍铬-镍硅热电偶实物图	K 型热电偶通常和显示仪表、记录仪表和电子调节器配套使用； K 型热电偶可以直接测量各种生产中从 0～1300℃的液体蒸气、气体介质及固体的表面温度； 基本误差限为±0.75%t [注：t 为感温组件实测温度值(℃)]； 热电偶最小插入深度应不小于其保护套管外径的 8～10 倍； 当周围空气温度为 15～35℃，相对湿度小于 80%时，绝缘电阻≥5MΩ(电压 100V)
运算放大器  OP07 运算放大器实物图	OP07 芯片是一种低噪声、非斩波稳零的双极性运算放大器集成电路； OP07 具有非常低的输入失调电压(OP07A 最大为 25μV)，所以 OP07 在很多应用场合不需要额外的调零措施； OP07 同时具有输入偏置电流低(OP07A 为±2nA)和开环增益高(OP07A 为 300V/mV)的特点，这种低失调、高开环增益的特性使得 OP07 特别适用于高增益的测量设备和放大传感器的微弱信号等方面； 特点：超低偏移，150μV 最大； 低输入偏置电流：1.8nA
单片机及 A/D  C8051F330 单片机实物图	兼容的 CIP-51 内核，最高 25MIPS 执行速度； 全速非侵入式的系统调试接口(片内，C2 接口)； 真正 10 位 200ksps 的 16 通道单端/差分模数(A/D)转换器，带模拟多路器； 1 个 10 位电流型输出数模(D/A)转换器；

续表

主要器件	主要特性
单片机及 AD  C8051F330 单片机实物图	高精度可编程的 25MHz 内部振荡器； 8KB 可在系统编程的 Flash 存储器； (512+256)B 的片内 RAM； 硬件实现的 SPI、SMBus/IIC 和 1 个 UART 串行接口； 4 个通用的 16 位定时器； 具有 3 个捕捉/比较模块的可编程计数器/定时器阵列； 片内上电复位，看门狗定时器，1 个电压比较器，VDD 监视器和温度传感器； 17 个 I/O 端口； -40～85℃工业级温度范围； 2.7～3.6V 工作电压，20 脚 DIP 或 MLP 封装
显示模块  12864 液晶显示模块实物图	带中文字库的 12864 是一种具有 4 位/8 位并行、2 线或 3 线串行多种接口方式，内部含有国标一级、二级简体中文字库的点阵图形液晶显示模块； 显示分辨率为 128×64，内置 8192 个 16×16 点汉字，以及 128 个 16×8 点 ASCII 字符集； 利用该模块灵活的接口方式和简单、方便的操作指令，可构成全中文人机交互图形界面； 可以显示 8×4 行 16×16 点阵的汉字，也可完成图形显示； 低电压、低功耗； 由该模块构成的液晶显示方案与同类型的图形点阵液晶显示模块相比，不论硬件电路结构还是显示程序都要简洁得多； 该模块的价格也略低于相同点阵的图形液晶模块

1.1.3 任务实施

1. 任务方案

太阳能热水器水温自动检测系统原理框图如图 1.3 所示。该系统由热电偶传感器、OP07 运算放大器、C8051F330 单片机和 12864 液晶显示模块构成。

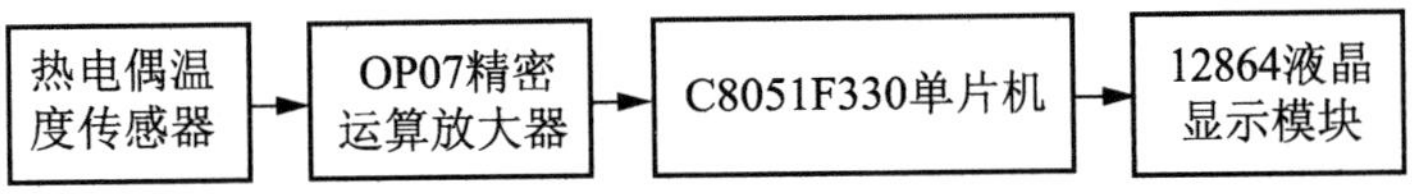

图 1.3 水温检测系统原理框图

2. 硬件电路

太阳能热水器水温检测系统硬件电路图如图 1.4 所示。电路主要由 3 部分组成：热电偶温度传感器将被测温度转换成与之成一定关系的模拟电压输出；OP07 及外围电阻组成仪表放大电路，将传感器输出的微弱信号放大；由单片机 C8051F330、显示器 12864 及其外围电路实现对信号的 A/D 转换、处理和显示。

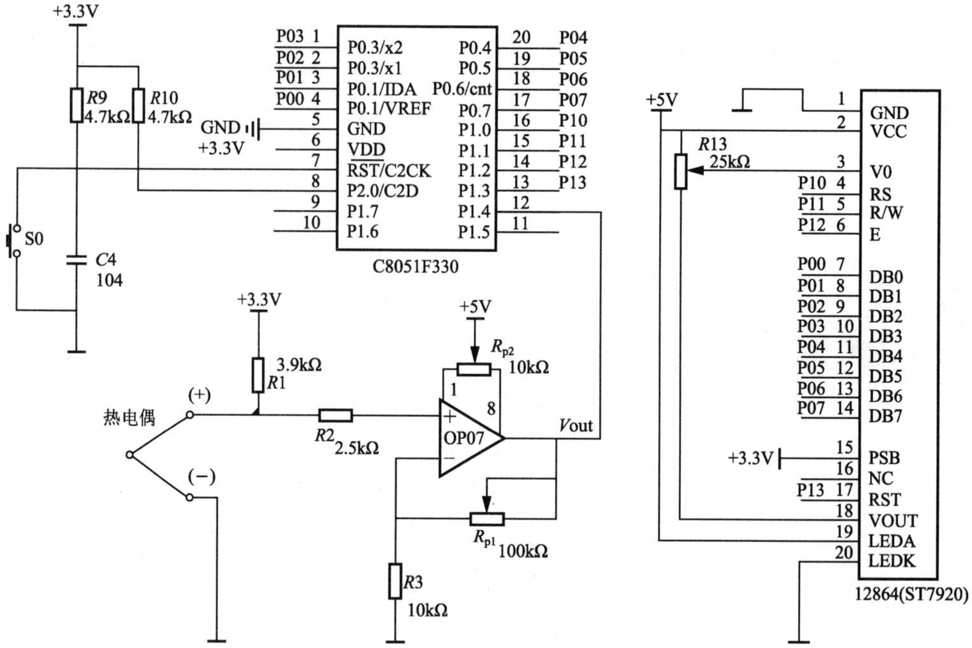

图 1.4　水温检测系统硬件电路图

3. 电路调试

系统制作完成后，要对系统进行调试，包括硬件调试和软件调试及软、硬件联调。硬件调试和软件调试分别独立进行，可以先调试硬件再调试软件。在调试中找出错误、缺陷，判断各种故障，并对软硬件进行修改，直至没有错误。

在硬件调试过程中，接通电源后，调整 R_{p1}、R_{p2} 将 OP07 的放大倍数调整到合适的大小，用标准温度(标准大气压下冰水混合物为 0℃，开水为 100℃)对系统进行标定，使得热电偶测量冰水混合物时显示温度为 0℃，测量开水时显示 100℃。

因电路中包含元器件较多，调试的时候可以分步进行，从信号源出发逐级完成调试。

提示

如果学生没有学过单片机相关知识，可以用万能板和相关器件(热电偶、电阻、OP07 放大器)搭建相关模拟电路，输出的电压大小与被测温度成比例。可以参考表 1-9 的 K 型热电偶部分分度号表。

将测试结果填入表 1-4 中。太阳能热水器中水的实际温度可以用水温计测量。

表 1-4　太阳能热水器水温检测系统测试数据　（单位：℃）

实际温度	测得温度	误差	实际温度	测得温度	误差

4. 应用注意事项

【参考图文】

热电偶是一种最简单、最普通、最常用的温度传感器。因其结构简单，往往被误认为“热电偶两根线，接上就完事”，其实并非如此。热电偶的结构虽然简单，但在使用中仍然会出现各种问题，在使用时不注意，也会引起较大的测量误差。在实用过程中要注意以下几个方面。

1) 热电偶插入深度

热电偶插入被测场所时，沿着传感器的长度方向将产生热流。当环境温度低时会有热损失，导致热电偶与被测对象的温度不一致而产生测温误差。总之，由热传导而引起的误差，与插入深度有关，而插入深度又与保护管材质有关。金属保护管因其导热性能好，其插入深度应该深一些(为直径的 15～20 倍)；陶瓷材料绝热性能好，可插入浅一些(为直径的 10～15 倍)。对于工程测温，其插入深度还与测量对象是静止还是流动等状态有关，例如，对流动的液体或高速气流温度的测量，将不受上述限制，插入深度可以浅一些，具体数值应由实验确定。

2) 测温点的选择

热电偶的安装位置，即测温点的选择是最重要的。测温点的位置，对于生产工艺过程而言，一定要具有典型性、代表性，否则将失去测量与控制的意义。

3) 响应时间

接触法测温的基本原理是测温组件要与被测对象达到热平衡。因此，在测温时需要保持一定时间，才能使两者达到热平衡。而保持时间的长短，同测温组件的热响应时间有关。而热响应时间主要取决于传感器的结构及测量条件，差别极大。对于气体介质，尤其是静止气体，至少应保持 30min 以上才能达到平衡；对于液体而言，最快也要在 5min 以上。

4) 热辐射

插入炉内用于测温的热电偶，将被高温物体发出的热辐射加热。假定炉内气体是透明的，而且热电偶与炉壁的温差较大时，将因能量交换而产生测温误差。因此，为了减少热辐射误差，应增大热传导，并使炉壁温度尽可能接近热电偶的温度。热电偶安装位置应尽可能避开从固体发出的热辐射，使其不能辐射到热电偶表面；热电偶最好带有热辐射遮蔽套。

5) 热阻抗

在高温下使用的热电偶，如果被测介质为气态，那么保护管表面沉积的灰尘等将烧熔在表面上，使保护管的热阻抗增大；如果被测介质是熔体，在使用过程中将有炉渣沉积，不仅增加了热电偶的响应时间，而且还使指示温度偏低。因此，除了定期检定外，为了减少误差，还需要经常抽检。例如，进口铜熔炼炉，不仅安装有连续测温热电偶，而且配备消耗型热电偶测温装置，用于及时校准连续测温用热电偶的准确度。

为了提高测量精度，延长热电偶寿命。在使用过程中还应注意热电偶丝不均质，铠装热电偶分流误差，K 型热电偶的选择性氧化、K 状态、使用气氛、绝缘电阻及热电偶劣化等。

1.1.4 知识链接

热电偶是将温度变化转换成电动势变化的热电式传感器，在温度测量中应用广泛。它具有结构简单、使用方便、精度高、热惯性小等优点，可以进行局部测量，也便于远距离测量。

1. 热电偶基本工作原理

1) 热电效应

如图 1.5 所示，两种不同材质的导体 A、B 的组合称为热电偶，A、B 两导体称为热电极。热电偶有两个接点，一端称为工作端或热端(T)，另一端称为参考端、冷端(T_0)或自由端。热电偶是利用热电效应来工作的。热电效应表述如下：两种不同导体 A、B 组成闭合回路时，若两端温度不同($T \neq T_0$)，则两者之间便产生电动势，即热电势。热电势由两种导体的接触电动势和单一导体的温差电动势组成，如图 1.6 所示，表示为

$$E_{AB}(T,T_0)=E_{AB}(T)-E_A(T,T_0)-E_{AB}(T_0)+E_B(T,T_0) \tag{1-1}$$

式中，$E_{AB}(T,T_0)$为热电偶电路中的总电动势；$E_{AB}(T)$为热端接触电动势；$E_A(T,T_0)$为A导体的温差电动势；$E_{AB}(T_0)$为冷端接触电动势；$E_B(T,T_0)$为B导体的温差电动势。

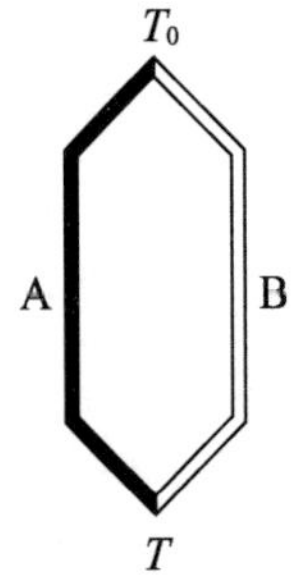

图 1.5　热电偶结构示意图

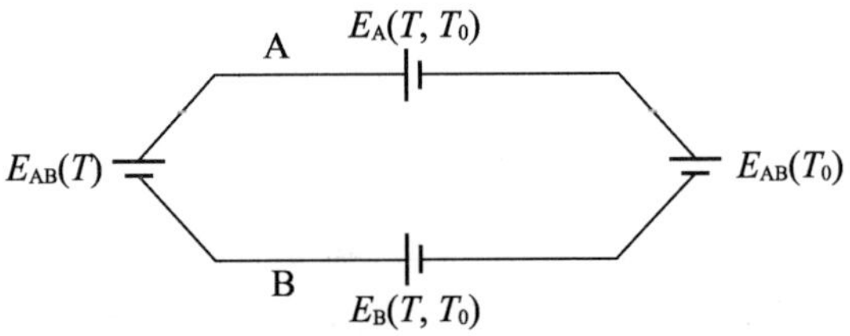

图 1.6　热电偶热电势图

式(1-1)中，温差电动势$E_A(T,T_0)$、$E_B(T,T_0)$比接触电动势$E_{AB}(T)$、$E_{AB}(T_0)$小很多，可忽略不计，则式(1-1)简化为

$$E_{AB}(T,T_0)=E_{AB}(T)-E_{AB}(T_0) \tag{1-2}$$

当冷端温度 T_0 为一定值时，热电偶的热电势就是热端(被测介质)温度的单值函数。因此只要利用仪表测量出$E_{AB}(T,T_0)$就能得到热端的温度值。

2) 热电偶回路的主要性质

在实际测温时，热电偶回路中必然要引入测量热电势的显示仪表和连接导线。因此，理解了热电偶的基本工作原理之后，还要进一步掌握热电偶的一些基本定律，并在实际测温中灵活而熟练地应用。

(1) 均质导体定律。由一种均质导体组成的闭合回路，不论其几何尺寸和温度分布如何，都不会产生热电势。

这条定律说明：

① 热电偶必须由两种材料不同的均质热电极组成。

② 热电势与热电极的几何尺寸(长度、截面积)无关。

③ 由一种导体组成的闭合回路中存在温差时，如果回路中产生了热电势，那么该导

体一定是不均匀的。由此可检查热电极材料的均匀性。

④ 两种均质导体组成的热电偶，其热电势只取决于两个接点的温度，与中间温度的分布无关。

(2) 中间导体定律。由不同材料组成的闭合回路中，若各种材料接触点的温度都相同，则回路中热电势总和等于零。

此定律可以得到如下结论：

在热电偶回路中，接入第三种、第四种或者更多种均质导体，只要接入的导体两端温度相等，则它们对回路中的热电势便没有影响，即

$$E_{ABC}(T,\ T_0)=E_{AB}(T,\ T_0) \tag{1-3}$$

其中，C导体两端温度相同。

从实用观点看，这个性质很重要，正是由于这个性质存在，我们才可以在回路中引入各种仪表、连接导线等，而不必担心会对热电势有影响，而且也允许采用任意的焊接方法来焊制热电偶。同时应用这一性质可以采用开路热电偶对液态金属和金属壁面进行温度测量，如图 1.7 所示，只要保证两热电极 A、B 插入地方的温度一致，则对整个回路的总热电势将不产生影响。

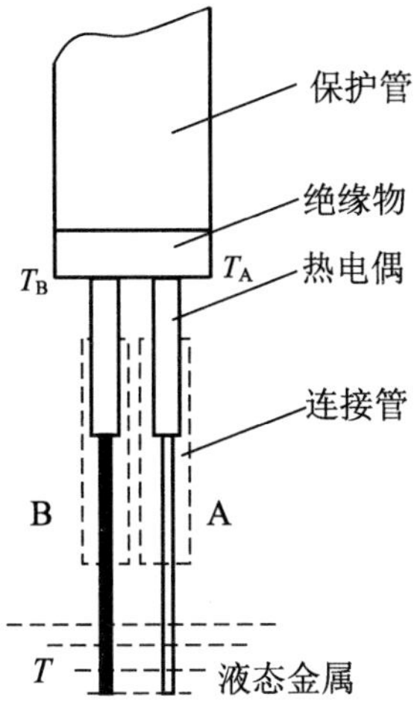

(a) 液态金属温度测量

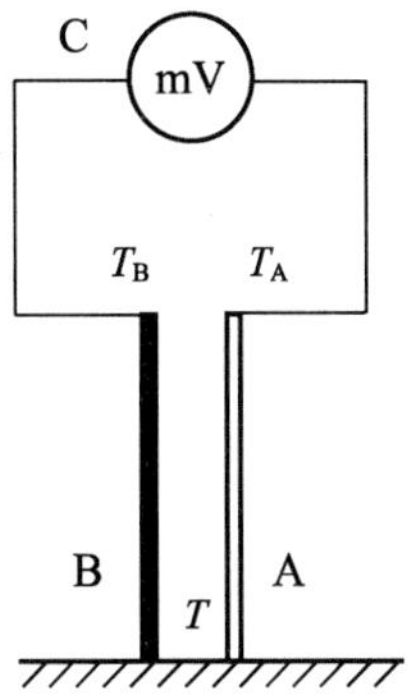

(b) 金属壁面温度测量

图 1.7 开路热电偶的使用

两种不同材料组成的热电偶回路，其接点温度为 T、T_0 的热电势，等于该热电偶在接点温度分别为 T_n、T_0 时的热电势的代数和。T_n 为中间温度，即

$$E_{AB}(T,\ T_0)=E_{AB}(T,\ T_n)+E_{AB}(T_n,\ T_0) \tag{1-4}$$

由此定律可以得到如下结论：

① 已知热电偶在某一给定冷端温度下进行的分度，只要引入适当的修正，就可在另外的冷端温度下使用。这就为制订和使用热电偶分度表奠定了理论基础。

② 为使用补偿导线提供了理论依据。

一般把在 0～100℃和所配套使用的热电偶具有同样热电特性的两根廉价金属导线称为补偿导线，于是有：当在热电偶回路中分别引入与材料 A、B 有同样热电性质的材料 A'、B' 时(图 1.8)，A'、B' 组合成为补偿导线，其热电特性为

$$E_{AB}(T_0', T_0) = E_{A'B'}(T_0', T_0) \tag{1-5}$$

回路总热电势为

$$E_{AB}(T, T_0) = E_{AB}(T, T_0') + E_{A'B'}(T_0', T_0) = E_{AB}(T, T_0') + E_{AB}(T_0', T_0) \tag{1-6}$$

只要 T、T_0 不变，接 A'、B' 后不论接点温度如何变化，都不会影响总热电势，这就是引入补偿导线的原理。

【参考图文】

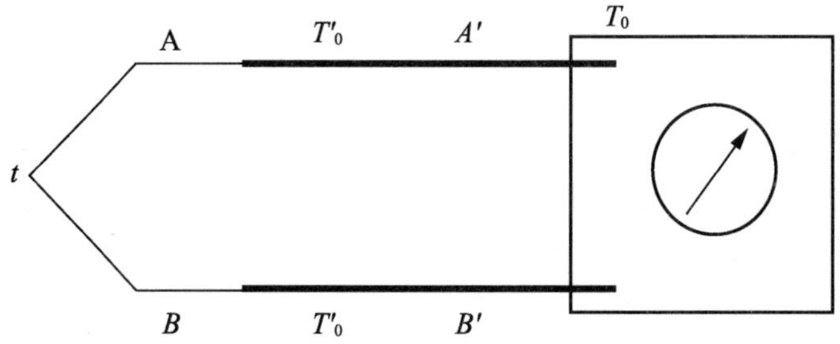

图 1.8　热电偶补偿导线接线图

(3) 标准电极定律。当工作端和自由端温度为 T 和 T_0 时，用导体 A、B 组成热电偶的热电势等于 AC 热电偶和 CB 热电偶的热电势的代数和，如图 1.9 所示，即

$$E_{AB}(T, T_0) = E_{AC}(T, T_0) + E_{CB}(T, T_0) \tag{1-7}$$

$$E_{AB}(T, T_0) = E_{AC}(T, T_0) - E_{BC}(T, T_0) \tag{1-8}$$

利用标准电极定律可以方便地从几个热电极与标准电极组成热电偶时所产生的热电势求出这些热电极彼此任意组合时的热电势，而不需要逐个进行测定。由于纯铂丝的物理化学性能稳定，熔点较高，易提纯，所以目前常用纯铂丝作为标准电极。

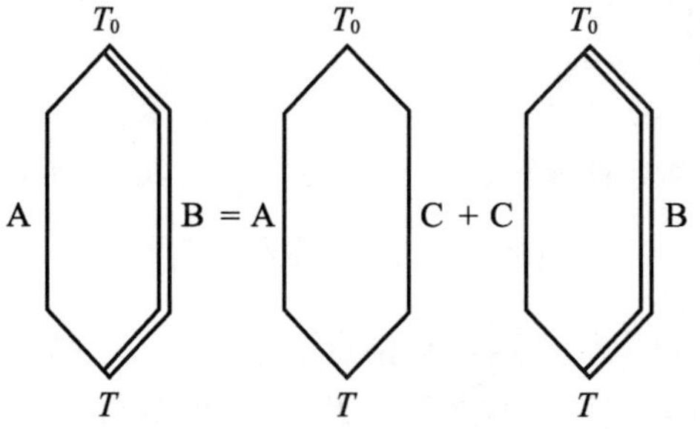

图 1.9　标准电极定律

2. 热电偶结构及类型

1) 热电偶的结构

将两个热电极的一个端点焊接在一起组成热接点，就构成了热电偶。再用耐高温材料

放在两个热电极之间进行绝缘，并根据不同的用途进行适当的处理就构成了工作热电偶。热电偶广泛地应用于各种条件下，为了适应不同的应用场合，热电偶的结构形式主要有普通型热电偶、铠装热电偶等，见表 1-5。

此外，由于某些特殊场合的需要，还有其他一些结构特殊的热电偶，如薄膜热电偶、热套式热电偶、高温耐磨热电偶等。

表 1-5 热电偶的结构形式

普通型热电偶	铠装热电偶
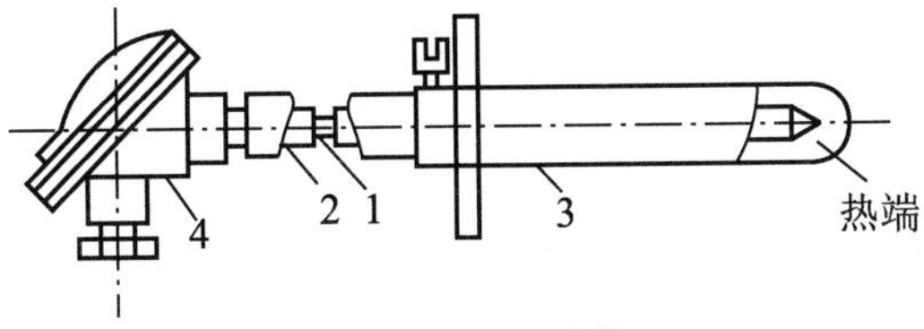 普通型热电偶结构	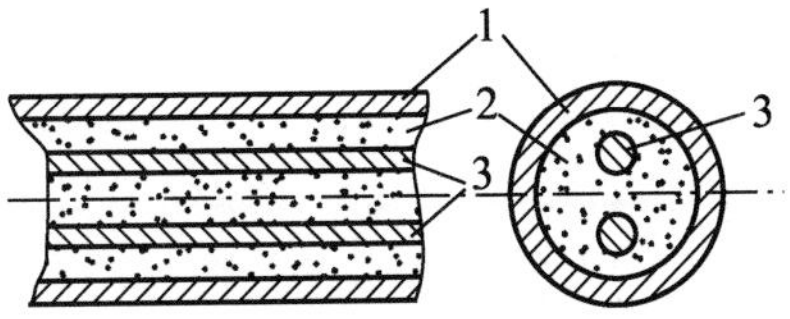 铠装断面热电偶的结构
上图所示的普通型热电偶在工业上使用最多。该热电偶主要由热电极 1、绝缘材料 2、保护套管 3、接线盒 4 四部分组成。普通型热电偶的外形有棒形、三角形、锥形等，其主要用于气体、蒸气、液体等介质温度的测量	上图所示的铠装热电偶又称套管热电偶，是将热电极 3、绝缘材料 2 和金属保护管 1 组合在一起，经拉伸加工而成为一个坚实组合体。铠装热电偶可以做得既细又长，也可以根据需要弯曲成各种形状。它具有测温端热容量小、动态响应快、强度高等优点，适用于狭窄空间部位的温度测量

从应用的角度看，并不是任何两种导体都可以构成热电偶。为了保证测温具有一定的准确度和可靠性，一般要求热电极材料满足下列基本要求：

(1) 物理性质稳定，在测温范围内，热电特性不随时间变化。

(2) 化学性质稳定，不易被氧化和腐蚀。

(3) 组成的热电偶产生的热电势大，热电势与被测温度呈线性或近似线性关系。

(4) 电阻温度系数小，这样，热电偶的内阻随温度变化就小。

(5) 复制性好，即同样材料制成的热电偶，它们的热电特性基本相同。

(6) 材料来源丰富，价格便宜。

但是，目前还没有能够满足上述全部要求的材料，在选择热电极材料时，只能根据具体情况，按照不同测温条件和要求选择不同的材料。

2) 热电偶的类型

根据使用的热电偶的特性，按照工业标准化的要求，热电偶可分为标准热电偶和非标准热电偶两大类。

标准热电偶是指工艺成熟、能批量生产、性能稳定、应用广泛，国家标准规定了其热电势与温度的关系、允许误差，有统一的标准分度表的热电偶。我国从 1988 年 1 月 1 日起，热电偶和热电阻全部按 IEC 国际标准生产，并指定 S、B、E、K、R、J、T、N 八种标准化热电偶为中国统一设计型热电偶，分度号及所用材料见表 1-6。

表 1-6 标准化热电偶

热电偶分度号	热电极材料	
	正极	负极
S	铂铑 $_{10}$	纯铂
R	铂铑 $_{13}$	纯铂
B	铂铑 $_{30}$	铂铑 $_{6}$
K	镍铬	镍硅
T	纯铜	镍铜
J	铁	镍铜
N	镍铬硅	镍硅
E	镍铬	镍铜

注：一等标准铂铑 $_{10}$-铂热电偶用于检定二等标准铂铑 $_{10}$-铂热电偶；二等标准铂铑 $_{10}$-铂热电偶用于检定工业用热电偶及精密测量 300℃～1300℃范围内的温度；二等标准铂铑 $_{30}$-铂铑 $_{6}$用于检定工业用标准铂铑 $_{30}$-铂铑 $_{6}$热电偶及精密测量用；二等标准铜-康铜热电偶用于检定工业用热电偶及精密测量用。

非标准化热电偶在使用范围或数量级上均不及标准热电偶，一般没有统一的分度表，主要用于某些特殊场合的测量。

3. 常用热电偶的种类及特性

虽说许多金属相互结合都会产生热电效应，但是能做成适于测温的实用热电偶者为数不多。目前常用热电偶的种类及特性见表 1-7。

表 1-7 常用热电偶的种类及特性

热电偶名称	型号	热电极材料		使用温度/℃		适用环境	特性
		极性	成分	长期	短期		
铂铑 $_{10}$-铂	S	+	10%Rh，其余 Pt	0～1400	0～1600	可以在氧化性及中性气氛中长期使用，不能在还原性及含有金属或非金属蒸气的气氛中使用	热电性能稳定，测温精度高，宜制作标准热电偶，测温范围大，热电势小，价格较高
		-	100% Pt				
铂铑 $_{13}$-铂	R	+	13% Rh，87% Pt	0～1400	0～1600	适用于氧化性和惰性气氛中，不能在还原性及含有金属或非金属蒸气的气氛中使用	准确度最高，稳定性最好，测温温区宽，使用寿命长，热电势率较小，灵敏度低，高温下机械强度下降，对污染非常敏感，价格较高
		-	100% Pt				
铂铑 $_{30}$-铂铑 $_{6}$	B	+	30%Rh，其余 Pt	0～1600	0～1800	可以在氧化性及中性气氛中长期使用，不能在还原性及含有金属或非金属蒸气的气氛中使用	热电势比铂铑 $_{10}$-铂更小，当冷端温度低于 50℃时，所产生的热电势很小，可不考虑冷端误差
		-	6%Rh，其余 Pt				

续表

热电偶名称	型号	热电极材料		使用温度/℃		适用环境	特性
		极性	成分	长期	短期		
镍铬-镍硅(铝)	K	+	9%～10%Cr，0.4%Si，其余 Ni	0～1000	0～1300	可以在氧化性、惰性气氛中连续使用，耐金属蒸气，不耐还原性气氛	热电势高，热电特性近于线性，性能稳定，复制性好，价格便宜，精度次于铂铑 $_{10}$-铂，用作测量和二级标准
		−	2.5%～3%Si，其余 Ni				
镍铬-镍铜	E	+	90%镍，10%铬	0～600	0～800	可以在氧化性、惰性气氛中连续使用，耐金属蒸气，不耐还原性气氛	热电势高；灵敏度之高属所有热电偶之最；宜制成热电堆，测量微小的温度变化；特性呈线性；价格便宜；测温范围较低，用作测量
		−	56%～57%Cu，其余 Ni				
铁-镍铜	J	+	100%Fe	−200～600	−200～800	适用于还原性气氛，也可用于氧化性气氛，多用于炼油及化工	价廉，热电势高，线性好，均匀性差，易生锈，用于测低温
		−	55%Cu，其余 Ni				
铜-镍铜	T	+	100%Cu	−200～300	−200～350	适用于还原性气氛(对氢、一氧化碳也稳定)	价廉，低温性能好，均匀性好，在所有廉价金属热电偶中精度等级最高，通常用于测 300℃以下温度
		−	55%Cu，其余 Ni				
镍铬硅-镍硅	N	+	84.4%Ni，14.2%Cr，1.4%Si	−200～1300	−200～1300	不能直接在高温下用于硫、还原性或还原、氧化交替的气氛中和真空中，也不推荐用于弱氧化气氛中	线性度好，热电势较大，灵敏度较高，稳定性和均匀性较好，抗氧化性能强，价格便宜，不受短程有序化影响，其综合性能优于 K 型热电偶，是一种很有发展前途的热电偶
		−	95.5%Ni，4.4%Si，0.1%Mg				
钨铼 $_5$-钨铼 $_{26}$		+	5%Re，其余 W	0～2400	0～3000	适用于高温测量和还原性气氛、惰性气体、氢气	热电势高，用于高温测量
		−	26%Re，其余 W				
铱-铱铑 $_{40}$		+	100%Ir	1100～2000	1100～2100	适用于真空和惰性气体	可用于高温测量，但热电势稍低，特性难一致，非常脆，价高
		−	40%Rh，其余 Ir				
铜-金钴		+	100%Cu	4000～100000			低温特性好，可测的温度低达绝对零度附近，不宜做常温以上温度的测量
		−	97.89%Au，2.11%Co				
铬镍-金铁 $_{0.07}$		+	Ni，Cr	1000～300000			在低温区热电势极稳定，热电势大
		−	99.03%Au，0.07%Fe				

4. 热电偶冷端温度补偿

由热电偶测温原理可知道，只有当热电偶的冷端温度保持不变时，热电势才是被测温度的单值函数。在实际应用时，由于热电偶的热端与冷端离得很近，冷端又暴露在空间，容易受到周围环境温度波动的影响，因而冷端温度难以保持恒定，为消除冷端温度变化对测量的影响，可采用下述几种冷端温度补偿方法。

1) 恒温法

恒温法是人为制成一个恒温装置，把热电偶的冷端置于其中，保证冷端温度恒定。常用的恒温装置有冰点槽和电热式恒温箱两种。

把热电偶的冷端放在充满冰水混合物的容器内，并使水面略低于冰屑面，在一个大气压的条件下，即可使冷端温度始终保持为 0℃。这种方法测量准确度高，但使用麻烦，只适用于实验室中。

在现场，常使用电热式恒温箱。这种恒温箱通过接点控制或其他控制方式维持箱内温度恒定(常为 50℃)。

2) 冷端补偿器法

工业上，常采用冷端补偿器法。冷端补偿器是一个四臂电桥，其中 3 个桥臂电阻的温度系数为零，另一桥臂采用铜电阻 R_T(其值随温度变化)，放置于热电偶的冷接点处，如图 1.10 所示。通常，取 T_0=20℃时电桥平衡($R_1=R_2=R_3=R_T$=20℃)。此时，若不考虑 R_s 和四臂电桥的负载影响，则

$$\Delta U_{ab}=\left(\frac{R_T}{R_1+R_T}-\frac{R_3}{R_2+R_3}\right)E=0 \tag{1-9}$$

$$\begin{aligned}U&=\Delta U_{ab}+e_{AB}(T)-e_{AB}(20)\\&=e_{AB}(T)-e_{AB}(20)\end{aligned} \tag{1-10}$$

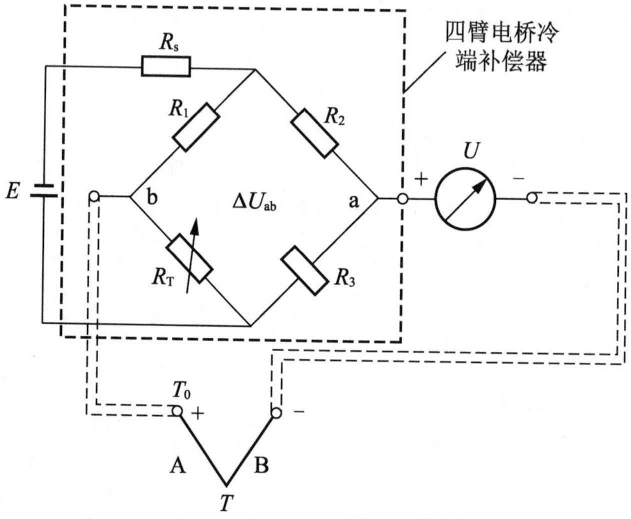

图 1.10　冷端补偿器法的原理

当T_0上升(如$T_0=T_n$)时，R_T上升，ΔU_{ab}上升。此时由于

$$U = \Delta U_{ab} + e_{AB}(T) - e_{AB}(20) - e_{AB}(T_n - 20) \tag{1-11}$$

而补偿器选择的R_T产生的$\Delta U_{ab} = e_{AB}(T_n - 20)$，因此$U$维持公式为

$$U = e_{AB}(T) - e_{AB}(20) \tag{1-12}$$

冷端补偿器所产生的不平衡电压正好补偿了由于冷端温度变化引起的热电势变化值，仪表便可指示出正确的温度测量值。

使用冷端补偿器应注意：

(1) 由于电桥是在20℃平衡，所以此时应把温度表示的机械零位调整到20℃处。

(2) 不同型号规格的冷端补偿器应与一定的热电偶配套。

3) 补偿导线法

当热电偶冷端的温度由于受热端温度的影响在很大范围内变化时，直接采用冷端补偿器法将很困难。此时，应先采用补偿导线法(对于廉价热电偶，可以采用延长热电极的方法)将冷端远移至温度变化比较平缓的环境中，再采用上述补偿方法进行补偿。

4) 采用不需要冷端补偿的热电偶

目前已经知道，镍钴-镍铝热电偶在300℃以下、镍铁-镍铜热电偶在50℃以下、铂铑$_{30}$-铂铑$_6$热电偶在50℃以下时热电势均非常小。只要实际的冷端温度在其范围内，使用这些热电偶就可以不考虑冷端误差。

5) 补正系数修正法

工程上经常采用补正系数法来实现补偿。设冷端温度为T_n，工作端测得温度场的温度为T_1，其实际温度应为

$$T = T_1 + kT_n \tag{1-13}$$

式中，k为补正系数，可从表1-8所列的补正系数中查得。

表1-8 热电偶补正系数

工作温度/℃	热电偶种类				
	铜-镍铜	镍铬-镍铜	铁-镍铜	镍铬-镍硅	铂铑-铂
0	1.00	1.00	1.00	1.00	1.00
20	1.00	1.00	1.00	1.00	1.00
100	0.86	0.90	1.00	1.00	0.82
200	0.77	0.83	0.99	1.00	0.72
300	0.70	0.81	0.99	0.98	0.69
400	0.68	0.83	0.98	0.98	0.66
500	0.65	0.79	1.02	1.00	0.63
600	0.65	0.78	1.00	0.96	0.62
700		0.80	0.91	1.00	0.60
800		0.80	0.82	1.00	0.59
900			0.84	1.00	0.56

续表

工作温度/℃	热电偶种类				
	铜-镍铜	镍铬-镍铜	铁-镍铜	镍铬-镍硅	铂铑-铂
1000				1.07	0.55
1100				1.11	0.53
1200					0.53
1300					0.52
1400					0.52
1500					0.53
1600					0.53

例如，用镍铬-镍铜热电偶测得某温度场温度为 600℃，此时，冷端温度为 30℃，则通过表 1-8 可查得补正系数为 0.78，则温度场的实际温度为

$$T= 600℃+0.78\times30℃=623.4℃ \tag{1-14}$$

在使用热电偶作温度传感器、系统采用单片机的智能式温度测试系统中，这一修正过程可以自动完成。

5. 热电偶应用中的注意事项

在使用热电偶过程中，应重点注意以下问题：

(1) 热电偶的分度号必须与所采用温度测控仪表所要求的热电偶一致。

(2) 安装热电偶的位置应尽可能离开强电磁场，避开大功率电源线，以免测温仪表引入附加干扰信号。

(3) 合理选择热电偶外套管的材质、外径大小，确保有足够的强度，并且要适应被测环境气氛。外套管表面应保持清洁，表面污渍会使热阻增加，测量温度将低于实际温度。

(4) 热电偶不能长时间在最高允许温度下工作，否则将造成热电偶材质变化，导致测量误差增大。在测量低温时，为减小热电偶的热惰性，可采用碰底型或露头型热电偶。

(5) 应经常检查电极和外套管是否完好，如果发现局部直径变细或外套管表面腐蚀严重等现象，应停止使用，并更换新热电偶。热电偶损坏后，可将损坏的一端去掉，或者把测量端与参考端对调，重新焊接，经过校验后还可继续使用。

(6) 热电偶不要与炉体接触，否则会因炉体带电，产生电压干扰信号，造成测量误差。针对这种情况可采取的措施有：在热电偶陶瓷外套管外部再套上一层金属管，并把金属管接地，使干扰信号流向大地，或采用三线制接线方式的热电偶，其中一根引线接地，在热电偶信号进入仪表之前滤掉干扰信号。

(7) 在插入或取出热电偶时，应避免急冷急热，以防外套管断裂。水平安装的热电偶，为防止向下弯曲变形，应定期转动位置。

(8) 为保证测量精度，热电偶应定期校验。

(9) 经常检查保护管与热电偶之间的密封，防止冷空气进入保护管内，影响测量精度。

6. 热电偶的典型测温电路

热电偶测温时，可以直接与显示仪表配套使用，也可与温度变送器配套，将电动势转换为标准电流信号，如图 1.11 所示。

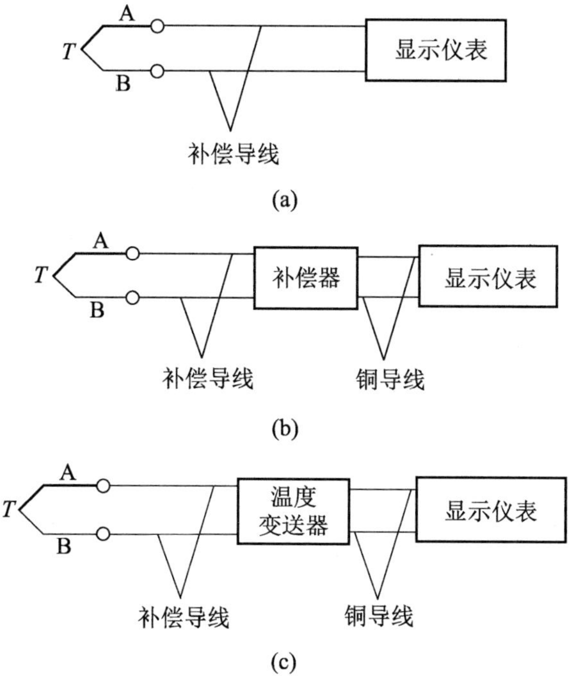

图 1.11 热电偶测温典型电路

7. 热电偶分度号表

K 型热电偶部分分度号见表 1-9。

表 1-9 K 型热电偶部分分度号表

温度/℃	K 型镍铬-镍硅(镍铬-镍铝)热电势/mV(JJG 351—1996)参考端温度为 0℃									
	0	1	2	3	4	5	6	7	8	9
-50	-1.889	-1.925	-1.961	-1.996	-2.032	-2.067	-2.102	-2.137	-2.173	-2.208
-40	-1.527	-1.563	-1.600	-1.636	-1.673	-1.709	-1.745	-1.781	-1.817	-1.853
-30	-1.156	-1.193	-1.231	-1.268	-1.305	-1.342	-1.379	-1.416	-1.453	-1.490
-20	-0.777	-0.816	-0.854	-0.892	-0.930	-0.968	-1.005	-1.043	-1.081	-1.118
-10	-0.392	-0.431	-0.469	-0.508	-0.547	-0.585	-0.624	-0.662	-0.701	-0.739
0	0	-0.039	-0.079	0.118	-0.157	-0.197	0.236	-0.275	-0.314	-0.353
0	0	0.039	0.079	0.119	0.158	0.198	0.238	0.277	0.317	0.357
10	0.397	0.437	0.477	0.517	0.557	0.597	0.637	0.677	0.718	0.758
20	0.798	0.838	0.879	0.919	0.960	1.000	1.041	1.081	1.122	1.162
30	1.203	1.244	1.285	1.325	1.366	1.407	1.448	1.489	1.529	1.570
40	1.611	1.652	1.693	1.734	1.776	1.817	1.858	1.899	1.940	1.981

续表

温度/℃	K 型镍铬-镍硅(镍铬-镍铝)热电势/mV(JJG 351—1996)参考端温度为 0℃									
	0	1	2	3	4	5	6	7	8	9
50	2.022	2.064	2.105	2.146	2.188	2.229	2.270	2.312	2.353	2.394
60	2.436	2.477	2.519	2.560	2.601	2.643	2.684	2.726	2.767	2.809
70	2.850	2.892	2.933	2.875	3.016	3.058	3.100	3.141	3.183	3.224
80	3.266	3.307	3.349	3.390	3.432	3.473	3.515	3.556	3.598	3.639
90	3.681	3.722	3.764	3.805	3.847	3.888	3.930	3.971	4.012	4.054
100	4.095	4.137	4.178	4.219	4.261	4.302	4.343	4.384	4.426	4.467
110	4.508	4.549	4.590	4.632	4.673	4.714	4.755	4.796	4.837	4.878
120	4.919	4.960	5.001	5.042	5.083	5.124	5.164	5.205	5.246	5.287

8. 热电偶产生的相对于基准点冷端(0℃)的温差电动势

常用热电偶产生的相对于基准点冷端(0℃)的温差电动势见表 1-10。由表可知，K 型热电偶在 0℃时输出为 0mV，600℃时输出为 24.902mV。如果图 1.8 中放大器的增益由电位器 R_{p1} 调整为 240.94 倍，则 0℃时输出为 0V，600℃时输出为 6.000V。

表 1-10　K 型热电偶产生的相对于基准点冷端(0℃)的温差电动势

温度/℃	K 型/mV	J 型/mV	E 型/mV	T 型/mV
-200	-5.891	-7.890	-8.824	-5.603
-100	3.553	-4.632	-5.237	-3.378
0	0	0	0	0
100	4.095	5.268	6.317	4.277
200	8.137	10.777	13.419	9.286
300	12.207	16.325	21.033	14.860
400	16.395	21.846	28.943	20.869
500	20.640	27.388	36.999	
600	24.902	33.096	45.085	
700	29.128	39.130	53.110	
800	33.277	45.498	61.022	
900	37.325	51.876	68.783	
1000	41.269	57.942	76.368	
1100	45.108	63.777		
1200	48.828	69.536		
1300	52.398			

9. 常见故障分析及处理

常见故障及其产生可能原因和处理方法见表 1-11。

表 1-11 常见故障及其产生可能原因和处理方法

故障现象	可能原因	处理方法
热电势比实际值小(显示仪表指示值偏低)	电极短路	若潮湿所致，则进行干燥；若绝缘子损坏，则更换绝缘子
	热电偶的接线柱处积灰，造成短路	清扫积灰
	补偿导线线间短路	找出短路点，加强绝缘或更换补偿导线
	热电偶热电极变质	在长度允许的条件下，剪去变质段重新焊接，或更换新热电偶
	补偿导线与热电偶极性接反	按正确接法重新接
	补偿导线与热电偶不配套	更换相配套的补偿导线
	热电偶安装位置不对或插入深度不符合要求	重新按规定安装
	热电偶冷端温度补偿不符合要求	调整冷端补偿器
	热电偶与显示仪表不配套	更换热电偶或显示仪表使之相配套
热电势比实际值大(显示仪表指示值偏高)	显示仪表与热电偶不配套	更换热电偶使之相配套
	热电偶与补偿导线不配套	更换补偿导线使之相配套
	有直流干扰信号进入	排除直流干扰
热电势输出不稳定	热电偶接线柱与热电极接触不良	将接线柱螺钉拧紧
	热电偶测量线路绝缘破损，引起断续短路或接地	找出故障点，修复绝缘
	热电偶安装不牢或外部振动	紧固热电偶，消除振动或采取减振措施
	热电极将断未断	修复或更换热电偶
	外界干扰(交流漏电、电磁场感应等)	查出干扰源，采用屏蔽措施
热电偶热电势误差大	热电极变质	更换热电极
	热电偶安装位置不当	改变安装位置
	保护管表面积灰	清除积灰

1.1.5 任务总结

通过本任务的学习，应掌握热电偶基本工作原理、特性、结构类型、典型电路和应用注意事项等知识重点。

通过本任务的学习，应掌握如下实践技能：①正确分析、制作与调试热电偶应用电路；②根据设计任务要求，完成硬件电路相关元器件的选型，并掌握其工作原理。

1.1.6 请你做一做

(1) 上网查找3家以上生产热电偶的企业，列出这些企业生产的热电偶的型号、规格，了解其特性和适用范围。

(2) 动手设计一个多点(3点)测量平均值温度的电路。

任务 1.2　环境温度检测(DS18B20)

1.2.1　任务目标

通过本任务的学习，掌握集成温度传感器 DS18B20 的基本原理，根据所选择的温度传感器设计相关接口电路，并完成电路的制作与调试。DS18B20 温度检测实物图如图 1.12 所示。

图 1.12　DS18B20 温度检测实物图

1.2.2　任务分析

1. 任务要求

环境温度与人们的生产和生活息息相关，环境温度测量在科学研究(诸如种植、养殖、生物工程、化工工程)、工业生产、环境监测、智能家居等领域应用广泛。利用单片机和集成温度传感器 DS18B20 实现对环境温度的实时测量，对提高劳动生产效率、控制产品质量、降低生产成本、节约能源有着非常重要的意义。

环境温度测量系统利用集成温度传感器 DS18B20 对环境温度实时测量，采集到的温度信号送单片机处理后在 LED 上显示。环境温度检测任务要求见表 1-12。

表 1-12　环境温度检测任务要求

检测范围/℃	测量误差/℃	报警功能	显示方式
−20～+70	±0.5	可以任意设置预警温度值(默认设定值为 37.0℃)，当所测温度超过预警值时，该系统会发出声光报警	液晶显示

2. 主要器件选用

本任务中要用到的主要器件及其特性见表 1-13。

表 1-13 环境温度检测主要器件及其特性

主要器件	主要特性
温度传感器 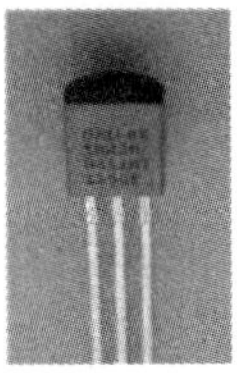 DS18B20 实物图	具有超小的体积、超低的硬件开销、抗干扰能力强、精度高、附加功能强等优点。相关特性见本节 DS18B20 知识链接
单片机 C8051F330	具体特性见任务 1.1 中 C8051F330 单片机介绍
显示模块 12864	具体特性见任务 1.1 中 12864 显示模块介绍

当待测温度超过设定温度时，系统将发出声光报警，声光报警由蜂鸣器和发光二极管实现，其实物图分别如图 1.13 和图 1.14 所示。

图 1.13 蜂鸣器实物图

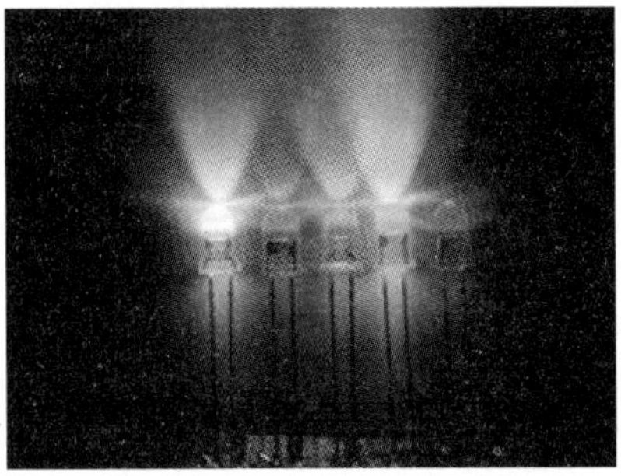

图 1.14 发光二极管实物图

【参考图文】

1.2.3 任务实施

1. 任务方案

基于 DS18B20 的环境温度检测系统原理框图如图 1.15 所示。系统主要由 DS18B20 集成温度传感器、C8051F330 单片机、12864 液晶显示模块和声光报警模块构成。

图 1.15 系统原理框图

2. 硬件电路

基于 DS18B20 的环境温度检测系统硬件电路如图 1.16 所示。电路主要由两部分组成：

DS18B20 温度传感器将被测环境温度转换成与之对应的数字量；由单片机 C8051F330、显示器 12864、声光报警电路及其他外围电路实现对信号的处理、显示和报警。

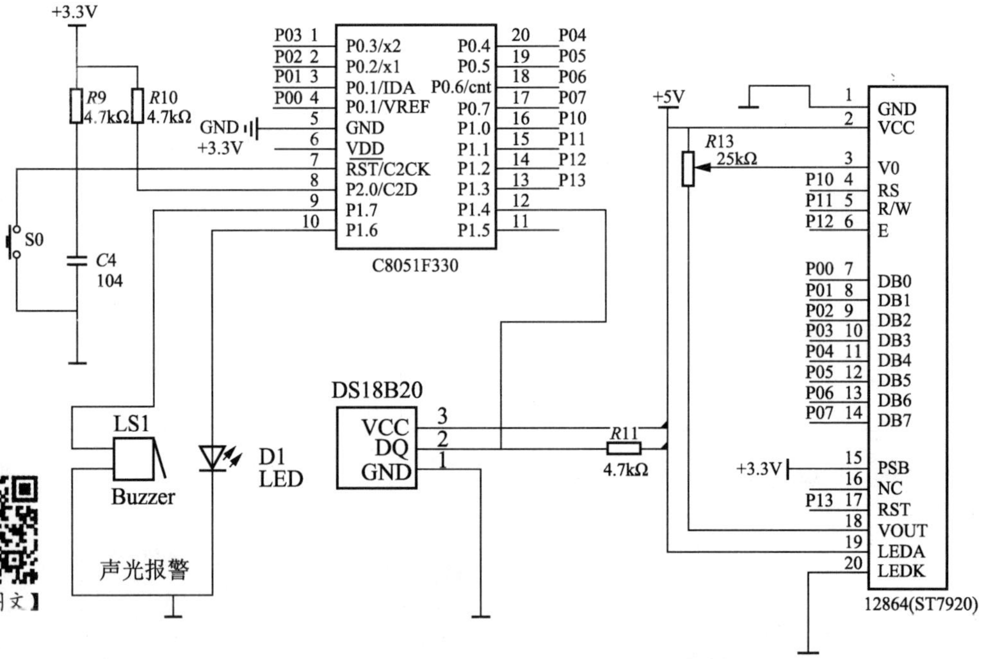

【参考图文】

图 1.16 基于 DS18B20 的环境温度检测系统硬件电路图

3. 电路调试

首先检查电路的焊接是否正确，然后用万用表测试。软件调试可以先编写显示程序并进行硬件的正确性检验，然后分别进行主程序、从程序的编写和调试，由于 DS18B20 与单片机采用串行数据传送，因此对 DS18B20 进行编程时必须严格地保证读写时序，否则将无法读取测量结果。性能测试可用制作的温度计和已有的成品温度计来同时测量比较，由于 DS18B20 精度较高，所以误差指标可以限制在 0.1℃以内，另外，−55～+125℃的测温范围使得该温度计完全适用于一般的应用场合，其低电压供电的特性可做成电池供电的手持电子温度计。

测试结果填入表 1-14 中。环境的实际温度测量可以用温现成温度计测量。

提示

如果学生没有学过单片机相关知识，可以用万能板和相关器件(DS18B20 及相关器件)搭建相关模拟电路，输出的数字量大小与被测温度成比例(可以参考表 1-16 所列的温度、数据关系)。

表 1-14 环境温度检测系统测试数据　　（单位：℃）

实际温度	测得温度	误差	实际温度	测得温度	误差

续表

实际温度	测得温度	误差	实际温度	测得温度	误差

4. 应用注意事项

(1) 外部电源供电方式是DS18B20温度传感器最佳的工作方式，工作稳定可靠，抗干扰能力强，而且电路也比较简单，可以开发出稳定可靠的多点温度监控系统。

(2) 较小的硬件开销需要相对复杂的软件进行补偿，由于DS18B20温度传感器与微处理器间采用串行数据传送，因此，在对DS18B20进行读写编程时，必须严格地保证读写时序，否则将无法读取测温结果。在使用PL/M、C等高级语言进行系统程序设计时，对DS18B20操作部分最好采用汇编语言实现。

(3) 在DS18B20温度传感器的有关资料中均未提及单总线上所挂DS18B20数量问题，容易使人误认为可以挂任意多个DS18B20，但在实际应用中并非如此。

(4) 连接DS18B20温度传感器的总线电缆是有长度限制的。在采用DS18B20进行长距离测温系统设计时要充分考虑总线分布电容和阻抗匹配问题。

(5) 在DS18B20温度传感器测温程序设计中，向DS18B20发出温度转换命令后，程序总要等待DS18B20的返回信号，一旦某个DS18B20接触不好或断线，当程序读该DS18B20时，将没有返回信号，程序进入死循环。

(6) 测温电缆线建议采用屏蔽4芯双绞线，其中一对线接地线与信号线，另一对线接V_{CC}和地线，屏蔽层在源端单点接地。

1.2.4 知识链接

1. 集成温度传感器

集成温度传感器是利用半导体PN结作为温度敏感组件，同时将信号放大、运算和补偿电路等集成化并封装在一起的温度检测组件。它具有体积小、线性好、使用简便、误差小等优点，适合远距离测量，目前广泛应用于−50～+150℃温度范围内的检测、控制等场合。

集成温度传感器有模拟式和数字式两大类。模拟式集成温度传感器按输出型号的不同可以分为电压型和电流型两类。电压型集成温度传感器的输出电压U与温度成正比，其输出阻抗低，易于同信号处理电路的连接。电流型集成温度传感器的输出阻抗极高，因此可以简单地用双绞线进行数百米远的精密温度测量。

1) 模拟式集成温度传感器

(1) 电压型集成温度传感器。电压型集成温度传感器主要型号有 NSC 公司生产的 LM134、LM234、LM34、LM35，ADI 公司生产的 TMP35、TMP36、TMP37 等。下面主要以 LM35 为例进行介绍。LM35 是由美国国家半导体公司(NSC)生产的高精度、易校准的三端电压输出型集成温度感测器，其输出电压与摄氏温标呈线性关系，转换公式为式(1-15)，0℃时输出电压为 0V，温度每升高 1℃，输出电压增加 10mV。

$$V_{\text{out}}(T)=10\frac{\text{mV}}{℃}\times T℃ \tag{1-15}$$

LM35 有多种不同封装形式，外观如图 1.17 所示。在常温下，LM35 不需要额外的校准处理即可达到±1/4℃的准确率。LM35 电源供应模式有单电源与正负双电源两种，典型测量电路如图 1.18 所示。

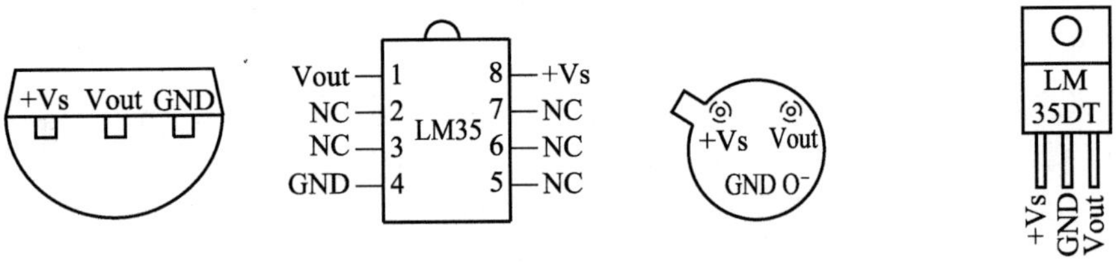

(a) TO-92封装　(b) SO-8IC式封装　(c) TO-46金属罐形封装　(d) TO-220塑料封装

图 1.17　LM35 各类封装引脚图

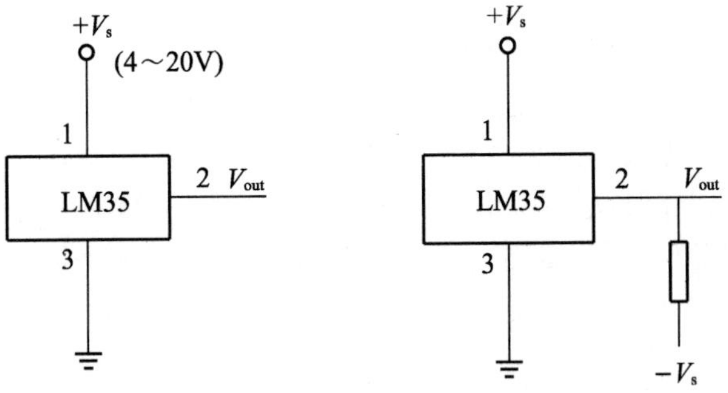

(a) 单电源电路　(b) 双电源电路

图 1.18　LM35 典型测量电路

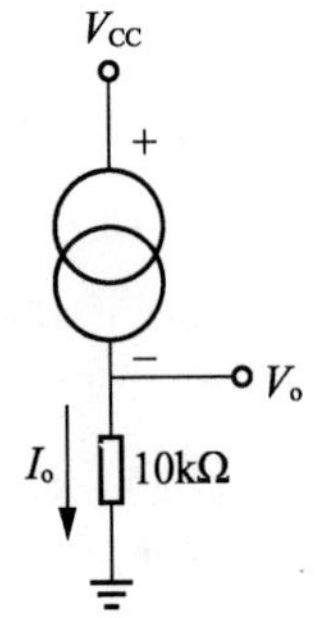

图 1.19　AD590 典型测量电路

(2) 电流型集成温度传感器。电流型集成温度传感器主要型号有 AD590、AD592、TMP17 等，下面主要以 AD590 为例进行介绍。AD590 是美国模拟器件公司生产的电流输出型集成温度传感器，在 4～30V 电源电压范围内，其输出电流与绝对温度成比例，在-55～+150℃范围内，灵敏度为 1μA/℃。该器件精度高，在工作范围内非线性误差仅为±0.3℃。图 1.19 所示为 AD590 的典型测量电路。当在电路中串接采样电阻时，电阻两端的电压可作为输出电压。

2) 数字式集成温度传感器

数字式集成温度传感器把温度物理量通过温度敏感组件和相应电路转换成方便计算机、PLC、智能仪表等数据采集设备直接读取的数字量，具有测温温差小、分辨率高、抗干扰能力强、能够远距离传输数据等优点，是开发温度测量控制系统的核心器件。目前常用的数字式集成温度传感器有 MAXA6575/76/77、DS18B20 等。下面主要以 DS18B20 为例进行介绍。

(1) DS18B20 性能特点。DS18B20 是美国达拉斯半导体公司采用单总线技术生产的数字式集成温度传感器，具有体积小、硬件开销低、抗干扰能力强、精度高的特点。该器件封装成后可应用于多种场合，如锅炉、机房测温、农业大棚、洁净室、弹药库等各种非极限温度场合。其主要技术性能见表 1-15。

表 1-15 DS18B20 主要技术指标

特 性	主要技术指标
电压范围	3.0～5.5V，在寄生电源方式下可由数据线供电
独特的单线接口方式	在与微处理器连接时仅需要一条口线即可实现微处理器的双向通信
多点组网功能	多个 DS18B20 可以并联在唯一的三线上，实现多点测温
测温范围	−55～+125℃，在−10～+85℃时精度为±0.5℃
外围器件	在使用中不需要任何外围组件
可编程的分辨率	9～12 位，对应的可分辨温度分别为 0.5℃、0.25℃、0.125℃和 0.0625℃，可实现高精度测温

(2) DS18B20 封装。DS18B20 采用 3 脚 PR-35 封装或 8 脚 SOIC 封装，引脚排列如图 1.20 所示。I/O 为数据输入/输出端，它属于漏极开路输出，外接上拉电阻后常态下呈高电平。VCC 是可供选用的外部+5V 电源端，不用时需接地。GND 为地，NC 为空脚。

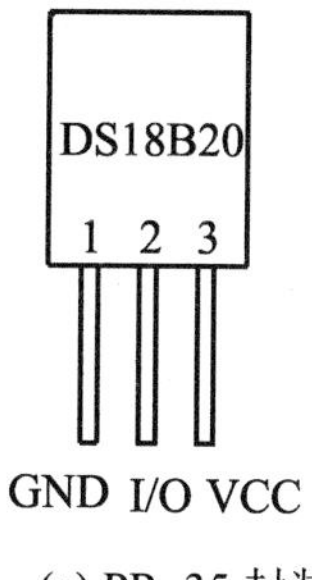

(a) PR-35 封装

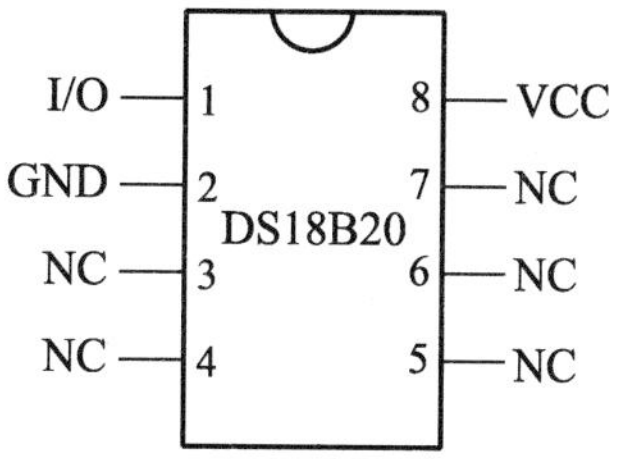

(b) SOIC 封装

图 1.20 DS18B20 引脚图

(3) DS18B20 典型应用电路。DS18B20 多点测温电路中与单片机连线如图 1.21 所示。R 为上拉电阻，典型阻值为 4.7kΩ。

(4) DS18B20 温度、数据关系。DS18B20 温度、数据之间的关系见表 1-16。

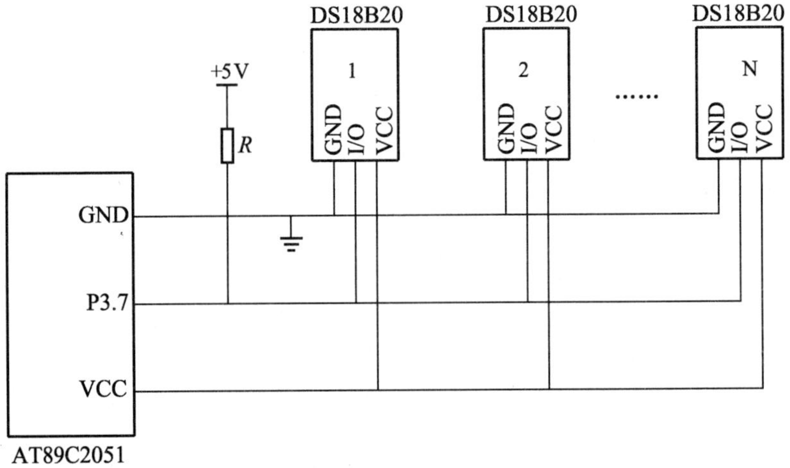

图 1.21　DS18B20 多点测温电路

表 1-16　DS18B20 温度、数据关系

温度/℃	数据输出(二进制)	数据输出(十六进制)
+125	0000 0111 1101 0000	07D0
+85	0000 0101 0101 0000	0550
+25.0625	0000 0001 1001 0001	0191
+10.125	0000 0000 1010 0010	00A2
+0.5	0000 0000 0000 1000	0008
0	0000 0000 0000 0000	0000
−0.5	1111 1111 1111 1000	FFF8
−10.125	1111 1111 0101 1110	FF5E
−25.0625	1111 1110 0110 1111	FF6F
−55	1111 1100 1001 0000	FC90

注：上电复位时温度寄存器默认值为+85℃。

(5) 常见故障分析及处理。常见故障及其产生原因和处理方法见表 1-17。

表 1-17　常见故障及其产生原因和处理方法

故障现象	可能原因	处理方法
温度显示异常	总线控制器发出的时隙信号误差较大甚至时隙错误	根据不同单片机的机器周期确定延时函数。仔细检查延时程序，看看延时是否准确；然后检查复位和读写程序是否符合组件的时序，复位时应该检查是否复位成功；读取温度时，注意温度转换时间，要提供一定且足够的延时，不能立刻读取

1.2.5 任务总结

通过本任务的学习，应掌握 DS18B20 温度传感器的基本工作原理、结构类型、典型电路和应用注意事项等知识重点。

通过本任务的学习，应掌握如下实践技能：①正确分析、制作与调试 DS18B20 应用电路；②根据设计任务要求，完成硬件电路相关元器件的选型，并掌握其工作原理。

1.2.6 请你做一做

(1) 上网查找 3 家以上生产数字式温度传感器的企业，列出这些企业生产的温度传感器的型号、规格，了解其特性和适用范围。

(2) 动手设计一个多点(3 点)测量平均值温度的电路。

任务 1.3 人体温度检测(红外)

【参考视频】

1.3.1 任务目标

通过本任务的学习，掌握红外传感器的结构、基本原理，根据所选红外传感器设计接口电路，并完成电路的制作与调试。

1.3.2 任务分析

1. 任务要求

人体温度是一个非常重要的参数，传统的体温测量仪器大多是采用物理原理，根据汞(俗称水银)等随温度升降的热胀冷缩的原理设计的，通过读取刻度值来判断温度值，这种方法操作起来不太方便，使用范围比较局限，而且测量所需要的时间较长。

随着科技的日新月异，体温计也从最初的口腔式测温发展到红外线前额式测温。利用红外线温度传感器和单片机实现对人体温度的非接触测量，可以大大提高测量的方便程度，缩短测量时间，提高测量精度，并使得整个测量过程更加卫生和安全。利用清晰的液晶显示和超标报警功能，使用起来将更加方便。

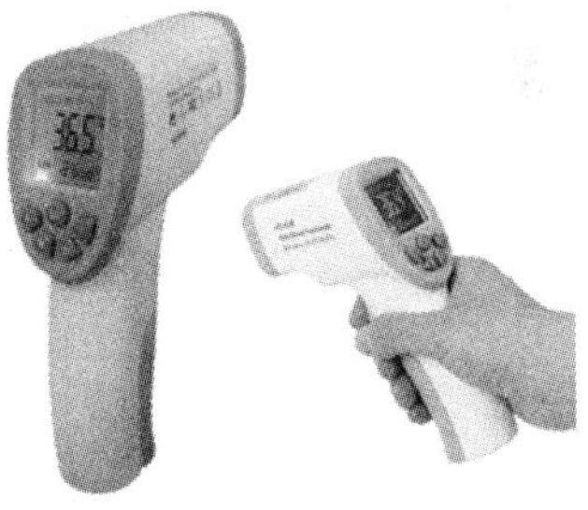

图 1.22 人体红外体温计

人体红外体温计(图 1.22)利用红外温度传感器和单片机对人体前额温度进行测量，将采集到的温度信号送单片机处理后在 LED 上显示。人体温度检测任务要求见表 1-18。

表 1-18 人体温度检测任务要求

检测范围/℃	测量误差/℃	功能	显示方式
前额温度测量 35～42	±0.3	最快 1s 测温；可以任意设置预警温度值(默认设定值为 37.0℃)、温度超标报警功能	液晶显示

2. 主要器件选用

本任务中要用到的主要器件及其特性见表 1-19。

表 1-19 人体温度检测主要器件及其特性

主要器件	主要特性
温度传感器 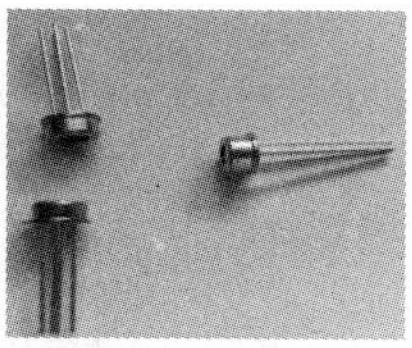 MLX90615 温度传感器实物图	MLX90615 是用于非接触温度测量的红外体温计。对 IR 灵敏的热电堆探测器芯片和信号处理 ASSP 被集成在同一 TO-46 密封罐封装里； 集成了低噪声放大器，16 位 A/D 转换器和强大的 DSP 的 MLX90325 单元，使得高度集成和高精度的温度计得以实现； 计算所得的物体温度被存储在 MLX90615 的 RAM，分辨率为 0.02℃。此数值可通过串行两线 SMBUS 兼容协议获得或是器件的 10 位 PWM 格式获得； MLX90615 出厂的标准温度范围：环境温度为-40～85℃，物体温度为-40～115℃； 宽温度范围精度为 0.5℃，医用温度范围精度达到 0.1℃； MLX90615 出厂校准的物体发射率为 1，发射率可以简单地定制为 0.1～1，并且不需要重新校准； MLX90615 可用电池供电； 封装中集成了可以滤除可见光和近红外辐射通量的光学滤波器(可通过长波)，以提供日光免疫
单片机  AT89C51 单片机实物图	4KB Flash 闪速存储器； 128 字节内部 RAM； 32 个 I/O 口线； 两个 16 位定时/计数器； 有 5 个中断源的中断结构； 一个全双工串行通信口； 片内振荡器及时钟电路。 AT89C51 可降至 0Hz 的静态逻辑操作，并支持两种软件可选的节电工作模式。空闲方式停止 CPU 的工作，但允许 RAM、定时/计数器、串行通信口及中断系统继续工作。 掉电方式保存 RAM 中的内容，但振荡器停止工作并禁止其他所有部件工作直到下一个硬件复位
显示模块  1602LCD 显示模块实物图	一种专门用来显示字母、数字、符号等的点阵型液晶模块。它由若干个 5×7 或者 5×11 等点阵字符位组成，每个点阵字符位都可以显示一个字符，每位之间有一个点距的间隔，每行之间也有间隔，起到了字符间距和行间距的作用。 1602LCD 是指显示的内容为 16×2，即可以显示两行，每行 16 个字符的液晶模块(显示字符和数字)

MLX90615 绝对最大额定值见表 1-20，超过绝对最大额定值会造成永久性损害。在扩展周期里暴露在绝对最大额定值会影响器件的可靠性。

表 1-20　MLX90615 绝对最大额定值

参数	MLX90615
电源电压，V_{DD}(过电压)/V	5
电源电压，V_{DD}(工作电压)/V	3.6
反向电压/V	0.5
工作温度范围/℃	−40～+85
存储温度范围/℃	−40～+125
ESD 灵敏度(AEC Q100 002)/kV	2
DC 方向电流(SDA 引脚)/mA	25
DC 钳位电流(SDA 引脚)/mA	10
DC 钳位电流(SCL 引脚)/mA	10

1.3.3　任务实施

1. 任务方案

本设计提供了一种新的温度测量方案，由 MLX90615 红外温度传感器、AT89C51 单片机、LCD1602 液晶显示器和报警电路等构成，从而实现了非接触式红外快速测温的目的，它能够在较短的时间内准确测量出人体的温度，当测得的温度超出设定范围时即自动启用报警电路进行超标报警。红外体温计原理框图如图 1.23 所示。

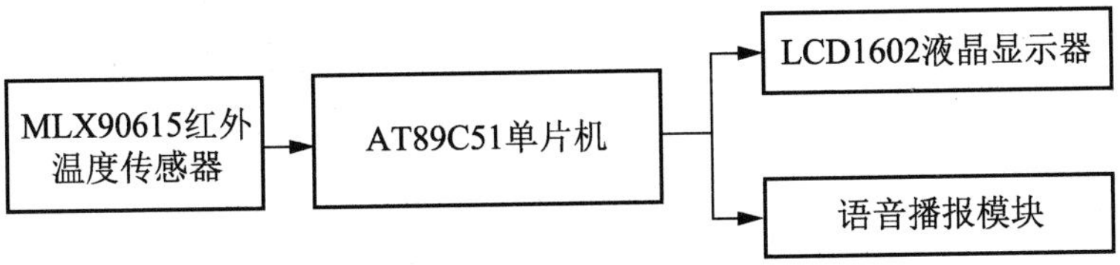

图 1.23　红外体温计原理框图

2. 硬件电路

系统主要由红外温度传感器模块、AT89C51 单片机、LCD1602 液晶显示模块和语音播报模块构成。由于 MLX90615 工作电压为 3.6V，而单片机输出电压为 5V，所以需要设计一个将 5V 电压转化为 3.6V 的稳压电路。稳压电路采用 LM317 设计制作而成。硬件电路图如图 1.24 所示。利用 MLX90615 红外温度传感器采集温度信号后送单片机处理，单片机将处理好的信号送液晶显示，同时进行语音播报。

3. 电路调试

首先检查电路的焊接是否正确，然后用万用表测试。软件调试可以先编写显示程序并进行硬件的正确性检验，然后分别进行主程序、从程序的编写和调试，性能测试可用制作的温度计和已有的普通医用体温计或其他温度计(如优利德 UT320 系列数字测温仪 UT322)来同时测量比较，由于 MLX90615 精度较高，在测量体温时，误差在±0.1℃。在用本系统测量体温时，系统测量时间为 1s，测量速度快。可做成电池供电的手持电子温度计。测试结果填入表 1-21 中。

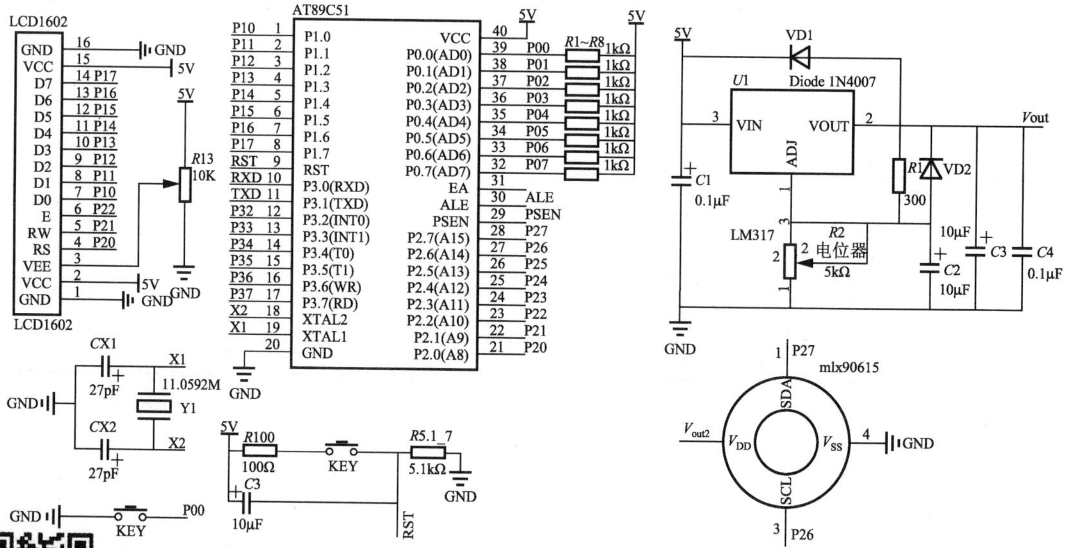

【参考图文】

图 1.24　系统硬件电路图

表 1-21　人体温度检测系统测试数据　（单位：℃）

实际温度	测得温度	误差	实际温度	测得温度	误差

4. 应用注意事项

如今随着红外技术的发展越来越多的人选择了红外传感器，尤其是红外温度传感器备受青睐，这是由这种类型的传感器具有精度高、测量方便、安装灵活等特点决定的。但是在使用红外温度传感器过程中有许多问题是要注意的，主要应从性能指标和环境工作条件两方面来加以考虑。

性能指标首先要考虑的是量程也就是测温范围，选择红外温度传感器时一定要注意到它的量程，只有选择了适合的量程才能更好地测量。用户的被测温度范围一定要考虑准确、周全，既不要过窄，也不要过宽。其次是要注意传感器的尺寸，不能选择过大也不能太小，必须选择适合自己的尺寸才能更好地测量，量程和尺寸是选择传感器都要注意的，但是选择红外温度传感器还要确定光学分辨率、波长范围、响应时间、信号处理功能等。

选择红外温度传感器还要注意它的工作条件。温度传感器所处的环境条件对测量结果有很大影响，故应加以考虑并适当解决，否则会影响测温精度甚至引起测温仪的损坏。在环境温度过高、存在灰尘、烟雾和蒸气的条件下，可选用厂商提供的保护套、水冷却系统、空气冷却系统、空气吹扫器等附件。这些附件可有效地解决环境影响并保护测温仪，实现准确测温。

红外温度传感器也有很多种，价格差距也很大，所以选择红外温度传感器的时候还要注意控制成本。总之选择红外温度传感器是一门很大的学问，要仔细研究，选择最适合自己的一款。

红外体温计在使用时应注意以下问题：

(1) 只测量表面温度，红外测温仪不能测量内部温度。

(2) 不能透过玻璃进行测温，玻璃有很特殊的反射和透过特性，不允许精确红外温度读数，但可通过红外窗口测温。红外测温仪最好不用于光亮的或抛光的金属表面的测温(不锈钢、铝等)。

(3) 定位热点，要发现热点，仪器瞄准目标，然后在目标上做上下扫描运动，直至确定热点。

(4) 注意环境条件，如蒸气、尘土、烟雾等，会阻挡仪器的光学系统而影响精确测温。

(5) 环境温度，如果测温仪突然暴露在环境温差为20℃或更高的情况下，允许仪器在20min内调节到新的环境温度。

5. 常见故障、产生的原因和处理方法

常见故障及其产生原因和处理方法见表1-22。

表1-22 常见故障及其产生原因和处理方法

故障现象	可能原因	处理方法
温度显示异常	测量距离太远	在测量的过程中测量的距离尽量保持在 3～5cm，太近或者太远的距离都会影响测量结果的数值
误差大	测量环境温度偏离日常温度	避免在温度高于日常温度或者低于日常温度的环境中进行测量

1.3.4 知识链接

几种常用的红外传感器模块实物图如图1.25所示。

(a) 红外传感器RE200B

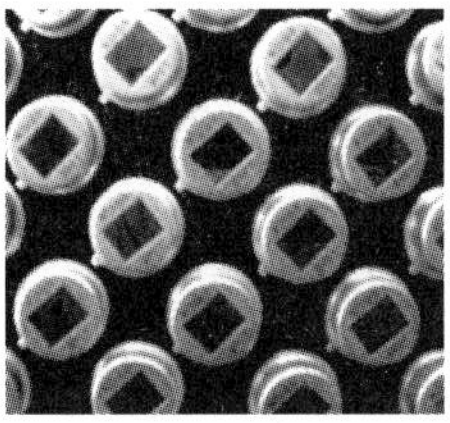

(b) 红外传感器209S

(c) 红外传感器RE03B

图1.25 几种常用红外传感器

(d) 红外传感器 LHI778

(e) 红外传感器 SMTIR9901

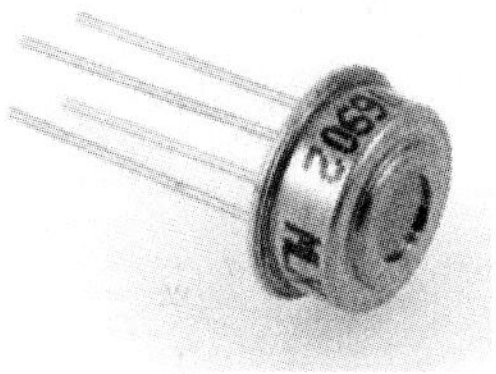

(f) 红外传感器 MLX90247

图 1.25 几种常用红外传感器（续）

1. 红外线及其特性

红外线在电磁波谱中的位置如图 1.26 所示，它的波长范围为 0.75～1000μm。

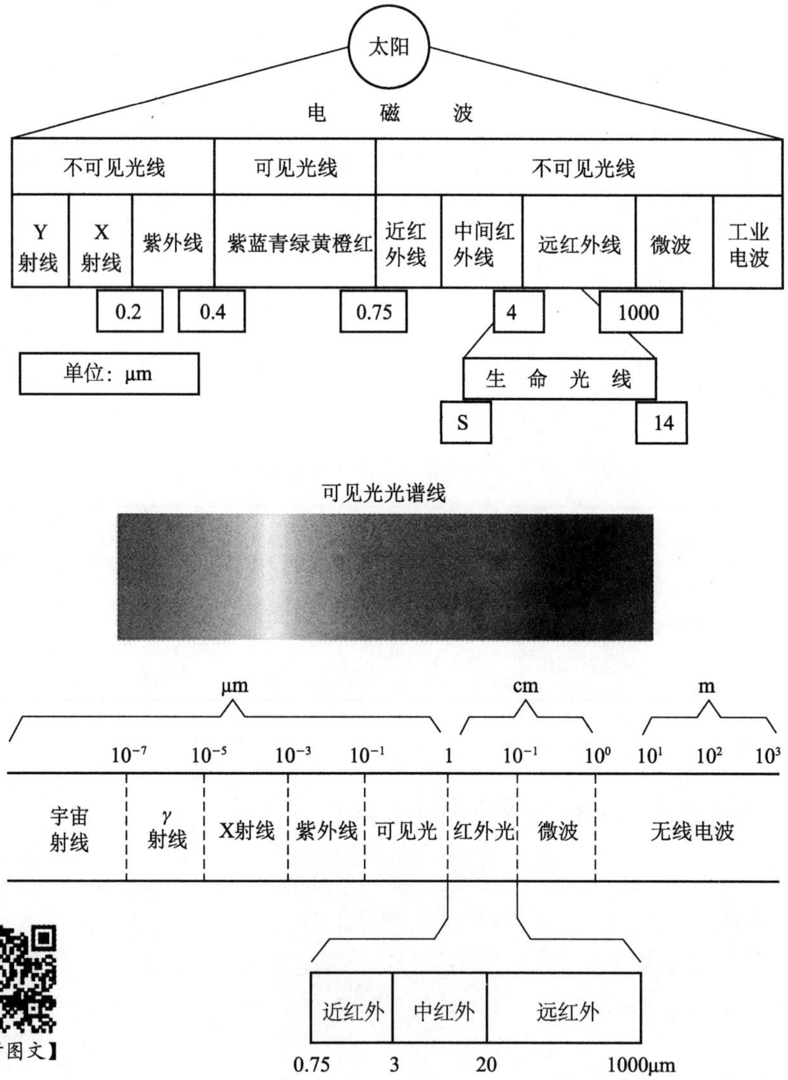

【参考图文】

图 1.26 红外线在电磁波谱中的位置

2. 红外线的特性

(1) 具有可见光的一切特性。按直线前进，服从反射定律和折射定律，也有干涉、衍射和偏振等现象。

(2) 具有光热效应，能辐射热量。红外线是光谱中最大光热效应区。自然界中的任何物体，只要其本身的温度高于绝对零度(−273.15℃)，就会不断辐射红外线，物体温度越高，发射的红外辐射就越多，因此可利用红外辐射来测量物体的温度。

(3) 红外光在介质中传播时，由于介质的吸收和散射作用而被衰减，不同的气体或液体只能吸收某一波长或几个波长范围的红外辐射能，因此可利用红外线进行成分分析。

3. 红外传感器的类型

按其所依据的物理效应分为光敏和热敏两大类，其中光敏红外探测器用得最多。

1) 光敏红外传感器

光敏红外传感器可以是电真空器件(光电管、光电倍增管)，也可以是半导体器件。其主要性能要求是高响应度、低噪声和快速响应。

半导体型光敏传感器可分为光电导型(光敏电阻)、光生伏特型(光敏二极管等)、光电磁型、红外场效应传感器、红外多元阵列传感器、红外 CCD 等。

2) 热敏红外探测器

热敏红外探测器的响应速度较低，响应时间较长，但具有宽广的、比较平坦的光谱响应，其响应范围能扩展到整个红外区域，如图 1.27 所示，所以热敏红外探测器仍有相当广泛的应用。

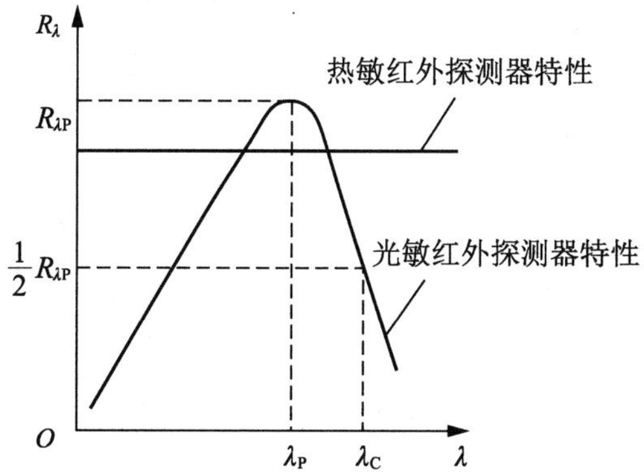

图 1.27 红外探测器的两种典型光谱响应曲线

热敏红外探测器分为室温探测器和低温探测器，前者在工作时不需冷却，使用方便。热敏电阻、热电偶和热电堆均可用作室温探测器。其中热敏电阻型红外探测器在工业中得到了广泛应用。热敏电阻在工作时，首先由于辐射照射而温度升高，然后才由于温度升高而改变其电阻值。正因为有个热平衡过程，所以，往往具有较大的热惯性。为了减小热惯性，总是把热敏电阻做成薄片，并在它的表面涂上一层能百分之百地吸收入射辐射的黑色涂层。采用适当的黑涂料，在 1～5μm 的常用红外波段内，其响应度基本上与波长无关。

4. 热释电红外探测器

大多数电介质当所加应力和外电场除去后，压电效应即消失。对于极性晶体，即使在外电场和应力都为零的情况下，晶体内正负电荷的中心并不重合，呈现电偶极矩，晶体本身具有自发的电极化。在单位体积内由自发极化产生的电矩为自发极化强度矢量，通常用 P_s 表示。它是温度的函数，温度升高，极化强度降低，故极性晶体又称热释电晶体。

热释电晶体受热时，在垂直于其自发极化强度 P_s 的两电极表面将产生数量相等符号相反的电荷，两电极间就出现一个与温度变化速率 dT/dt 成正比的电压 U_s

$$U_s = Aa\frac{dT}{dt} \tag{1-16}$$

式中，A为电极面积；a为比例常数。

这种由于温度变化产生的电极化现象被称为热释电效应。目前性能最好的室温探测器就是利用某些材料的热释电效应来探测辐射能量的器件，其探测率超过所有的其他类型室温探测器。

热释电信号正比于器件温升随时间的变化率，所以热释电红外探测器的响应速度比其他热探测器快得多，它既可工作于低频也可工作于高频。

热释电红外探测器应用日益广泛，不仅用于光谱仪、红外测温仪、热像仪、红外摄像、摄像管等方面，而且在快速激光脉冲监测和红外遥感技术中也得到实际应用。

极化产生的电荷被附集在外表的自由电荷慢慢中和，不显电性，为使电荷不被中和，必须使晶体处于冷热交替变化的工作状态，使电荷表现出来。

5. 热辐射温度传感器

自然界中当物体的温度高于绝对零度时，会不断地向四周发出红外辐射能量，其能量的大小及其波长的分布与物体表面的温度有着十分密切的关系。热辐射温度传感器就是通过对物体辐射的红外能量的测量来准确地测定它的表面温度的。

6. 热辐射温度传感器典型测温电路

图 1.28 所示为典型红外测温系统，系统由光学系统、光电探测器、信号放大器及信号处理、显示输出等部分组成，其核心是红外探测器将入射辐射能转换成可测量的电信号。该系统依靠其内部光学系统将物体的红外辐射能量汇聚到探测器(传感器)，并转换成电信号，通过放大电路、补偿电路及线性处理后，在终端显示被测物体的温度。

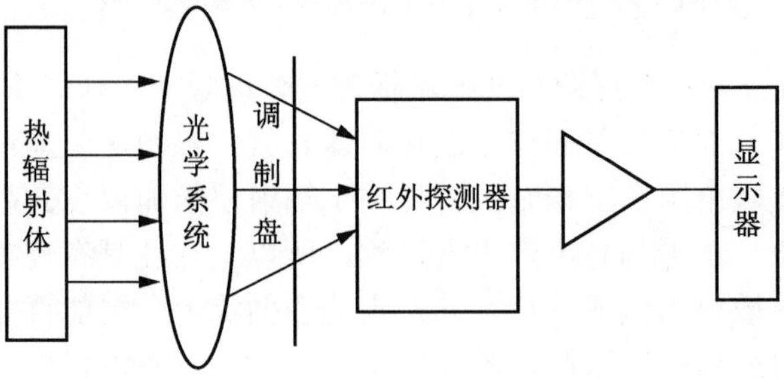

图 1.28　红外测温系统

1.3.5 任务总结

通过本任务的学习，应掌握红外温度传感器的基本工作原理、结构类型、典型电路和应用注意事项等知识重点。

通过本任务的学习，应掌握如下实践技能：①正确分析、制作与调试 MLX90615 应用电路；②根据设计任务要求，完成硬件电路相关元器件的选型，并掌握其工作原理。

1.3.6 请你做一做

(1) 上网查找 3 家以上生产红外温度传感器的企业，列出这些企业生产的红外温度传感器的型号、规格，了解其特性和适用范围。

(2) 采用热释电红外传感器模块动手设计一个自动门控制电路。

阅读材料 1　电阻式温度传感器

电阻式温度传感器将温度变化转换为电阻的变化，目前在工业生产上已得到广泛的应用。根据材料的不同，由半导体材料构成的称为半导体热敏电阻，简称热敏电阻；由金属材料构成的称为金属热电阻，简称热电阻。

1. 热敏电阻

热敏电阻最基本的特性是其电阻值会随温度的变化而显著变化，由半导体材料制成，所以又称半导体热敏电阻。

热敏电阻按其阻值-温度特性分为三大类型，即正温度系数(PTC)热敏电阻(其阻值随温度的升高而增大)、负温度系数(NTC)热敏电阻(其阻值随温度的升高而减小)和临界(CTR)温度系数热敏电阻(其具有负电阻突变特性，在某一温度下电阻值随温度的增加急剧减小)。这 3 种热敏电阻的特性如图 1.29 所示。在温度测量中使用最多的是负温度系数热敏电阻。

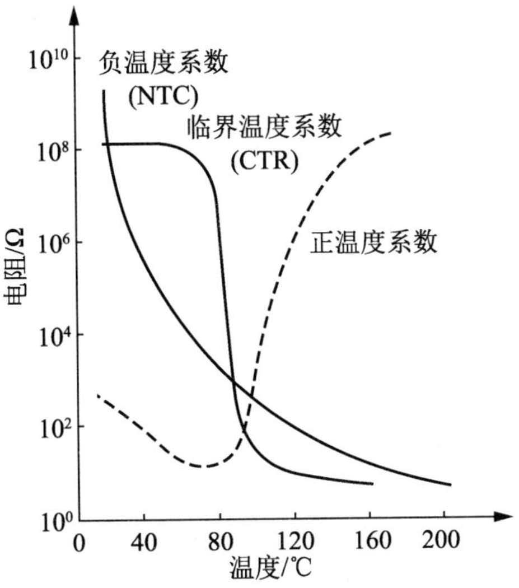

图 1.29　三种热敏电阻的特性曲线

2. 热电阻

热电阻温度传感器是利用金属材料的电阻值随温度变化而变化的特性进行温度测量的，常用来测量中低温区的温度。它的主要特点是测量精度高，性能稳定。目前使用较多的热电阻材料有铂、铜、镍等，其主要参数见表 1-23。

表 1-23 常用金属热电阻材料参数特性

材料	测温范围/°C	电阻率 ρ /(Ω•mm²/m)	温度系数/°C	温度特性
铂	−200～+650	0.0981	3.92×10^{-3}	近似线性
铜	−50～+150	0.0170	4.25×10^{-3}	近似线性
镍	−50～+300	0.1210	6.60×10^{-3}	近似线性，一致性差

1) 铂热电阻

铂热电阻性能稳定，输出特性接近线性，测量精度高，主要用于制成标准温度计，目前广泛应用于高精度的工业测量。其阻值与温度的关系见式(1-17)和式(1-18)。

$$R_t = R_0(1+At+Bt^2)\text{，}0℃<t<650℃ \tag{1-17}$$

$$R_t = R_0(1+At+Bt^2+C(t-100)t^3)\text{，}-200℃<t<0℃ \tag{1-18}$$

式中，R_t为温度为t时的阻值；R_0为温度为0℃的阻值；A、B、C为温度系数，A=3.94×10^{-2}/℃，B=-5.84×10^{-7}/℃^{2}，C=-4.22×10^{-12}/℃^{4}。

2) 铜热电阻

虽然铂热电阻性能稳定，输出特性好，但同时价格也比较高。在测量精度要求不高且测温范围比较小的情况下，可选用较高性价比的铜热电阻。在使用范围内其阻值与温度的关系几乎是线性的，其阻值与温度的关系见式(1-19)。

$$R_t = R_0(1+\alpha t)\text{，}-50℃<t<150℃ \tag{1-19}$$

式中，α=4.25×10^{-3}/℃。

铜热电阻的缺点是电阻率低，电阻体积较大，热惯性也大，在高温下易氧化，不适合在腐蚀性环境下工作。

3. 电阻式温度传感器典型测温电路

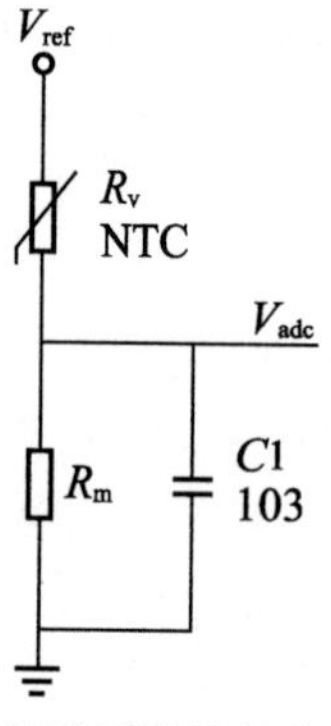

图 1.30 负温度系数热敏电阻测温电路

1) 热敏电阻测温电路

图 1.30 所示负温度系数热敏电阻(R_v)和测量电阻(R_m)(精密电阻)组成一个简单的串联分压路，参考电压(V_{ref})经过分压可以得到一个电压值随温度值变化而变化的数值，这个电压的大小将反映负温度系数热敏电阻的大小，从而得到相应的温度值。

2) 热电阻测温电路

热电阻传感器便于远距离、多点、集中测量和自动控制，测量电路通常采用电桥电路。其内部引线方式有二线式、三线式和四线式 3 种，如图 1.31 所示。

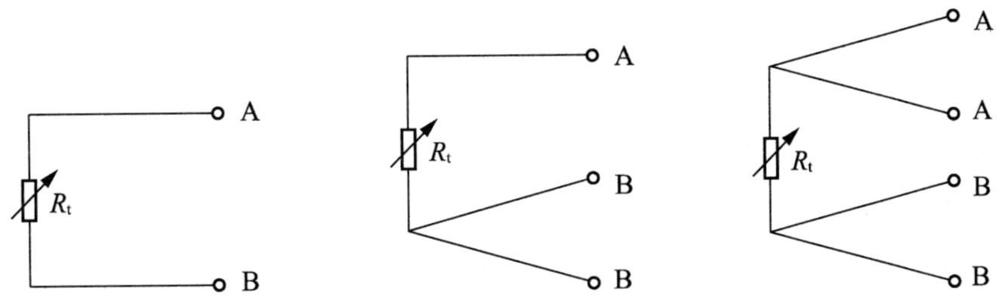

(a) 二线式　　(b) 三线式　　(c) 四线式

图 1.31　热电阻引线方式

其中二线式由于引线电阻对测量电路有较大的影响，因此常用于测量回路与传感器较近的情况。为减小引线电阻随环境温度变化而造成的测量影响，工业中通常采用三线式接法，如图 1.32 所示；在精密测量中则采用四线式接法，如图 1.33 所示。

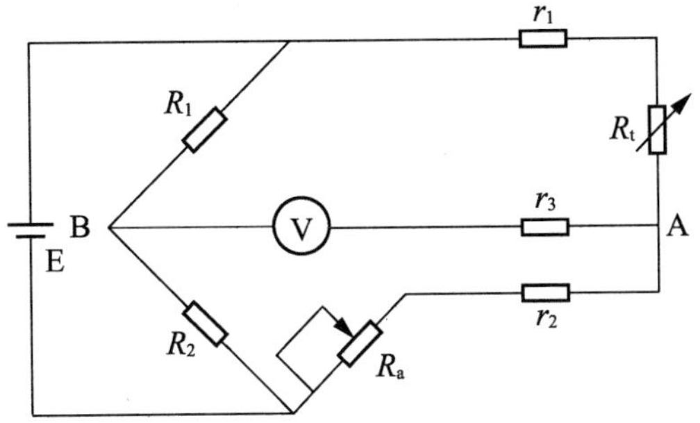

图 1.32　热电阻测温电路三线式接法

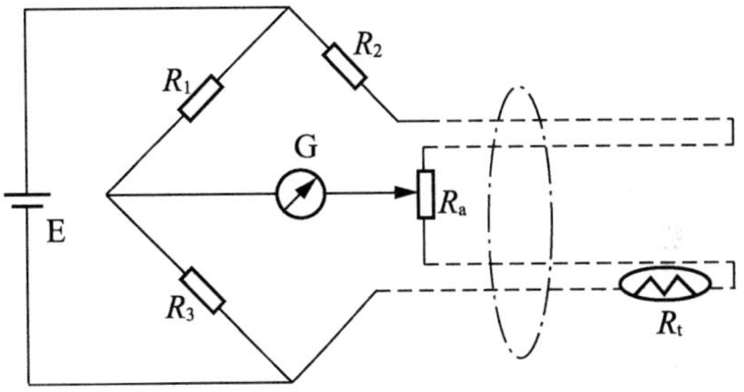

图 1.33　热电阻测温电路四线式接法

阅读材料 2　温度传感器的发展

近百年来，温度传感器的发展大致经历了以下 3 个阶段。

1. 传统的分立式温度传感器

传统的分立式温度传感器(含敏感组件)主要是能够进行非电量和电量之间的转换。

2. 模拟集成温度传感器

模拟集成温度传感器是采用硅半导体集成工艺而制成的，主要优点是功能单一(仅测量温度)、测量误差小、价格低、响应速度快、传输距离远、体积小、微功耗等，适合远距离测温、控温，不需要进行非线性校准，外围电路简单。

3. 智能温度传感器

目前，国际上新型温度传感器正从模拟式向数字式，由集成化向智能化、网络化的方向发展。所谓智能传感器是指具有信息检测、信息处理、信息记忆、逻辑思维和判断功能的传感器。它不仅具有传统传感器的所有功能，而且具有数据处理、故障诊断、非线性处理、自校正、自调整及人机通信等许多功能。智能温度传感器的发展见表 1-24。

表 1-24　智能温度传感器的发展

	多功能	网络化	微型化	数字化
智能温度传感器的发展	在同一材料或硅片上制作几种敏感组件，制成集成多种功能于一体的传感器	传感器现场测试数据传输到网络，实现实时发布和共享	敏感组件的尺寸很小，一般为微米级，由微机械加工技术制作而成	传感器内部实现了A/D 转换和信号处理，直接输出数字信号，可输入计算机

智能温度传感器的产生是微型计算机和传感器相结合的结果，其主要特点如下。

(1) 有逻辑思维与判断、信息处理功能，可对检测数值进行分析、修正和误差补偿。智能传感器可通过软件对信号进行滤波，还能用软件实现非线性补偿或其他更复杂的环境因素补偿，因而提高了测量准确度。

(2) 有自诊断、自校准功能，提高了可靠性。智能传感器可以检测工作环境，并当环境条件接近临界极限时给出报警信号；当智能传感器因内部故障不能正常工作时，通过内部测试环节，可检测出不正常现象或部分故障。

(3) 可实现多传感器多参数复合测量，扩大了检测与适用范围。智能传感器很容易实现多个信号的测量与运算。

对温度传感器的要求主要有以下几个方面：

(1) 扩展测温范围，如对超高温、超低温的测量。

(2) 提高测量精度，如提高了信号处理仪表的精度。

(3) 扩大测温对象，如由点测量发展到线、面测量。

(4) 发展满足特殊需要的新产品，如光缆热电偶，防硫、防爆、耐磨的热电偶，钢水连续测温，火焰、温度测量等。

(5) 显示数字化，不但使温度仪表具有计数直观、无误差、分辨率高、测量误差小的特点，而且给温度仪表的智能化带来方便。

(6) 检定自动化，如温度校验装置将直接提高温度仪表的质量，我国已研制出用微型机控制的热电偶校验装置。

利用材料或器件的特性随温度的变化可制备出多种新型温度传感器，如光纤放射线温度传感器、压电式放射线温度传感器和戈雷线圈、色温传感器、液晶温度传感器、石英晶体和水晶谐振式温度传感器、核磁共振 NQR 温度传感器、铁电温度传感器、电容式温度传感器、活塞式温度传感器、感温铁氧体、形状记忆合金温度传感器等，还有多种光纤温度传感器、声表面波温度传感器、超声波温度传感器和音叉式水晶温度计等。

小　结

本项目结合温度传感器的典型应用介绍了电阻式温度传感器、热电偶、集成温度传感器和红外温度传感器这几类常用的典型温度传感器的工作原理及典型测温电路，并给出了太阳能热水器水温检测(热电偶)、环境温度检测(DS18B20)和红外体温检测三个典型应用案例，从任务目标、任务分析、任务实施、知识链接、任务总结等几个方面加以详细介绍，给大家提供了具体的设计思路。

习题与思考

1. 什么是热电效应？试说明热电偶的测温原理。
2. 热电偶的主要特性是什么？
3. 补偿导线的作用是什么？使用原则是什么？
4. 热电偶为什么要采用冷端补偿？
5. 试用二极管温度传感器设计一个 CPU 过热报警电路。
6. 采用热电阻传感器设计一个测量气体或液体流量的热电阻式流量计。
7. 试采用 AD590 设计一个土壤恒温控制器。
8. 除了项目中介绍的 3 种温度传感器外，常用的温度传感器还有哪些？请至少列举 3 种，并说明其工作原理、典型应用。

【参考图文】

项目 2

压 力 检 测

教学目标

本部分内容中，给出了 3 个日常生活中常见的压力测量子任务：称重仪、汽车发动机吸气压力检测和玻璃破碎报警器，从任务目标、任务分析到任务实施，介绍了 3 个完整的检测系统，并给出了应用注意事项；在任务的知识链接中介绍了电阻应变式传感器、压阻式传感器和压电式传感器的基本工作原理、结构类型、典型电路及应用注意事项等；同时在最后给出了压力传感器的发展阅读材料，以供学生扩大对压力传感器的认识。

通过本项目的学习，要求学生了解常用压力传感器的类型和应用场合，理解并掌握压力传感器的基本工作原理；熟悉电阻应变式传感器、压阻式传感器和压电式传感器的相关知识，包括测量原理、结构类型、典型电路和应用注意事项等；能正确分析、制作与调试相关应用电路，根据设计任务要求，完成硬件电路相关元器件的选型，并掌握其工作原理。

教学要求

知识要点	能力要求	相关知识
压力传感器	(1) 了解常见压力传感器的种类和应用场合； (2) 掌握电阻应变效应，电阻应变片的基本结构、种类、特点、灵敏度系数、选用和粘贴，常用应变电桥电路特点及应用，电阻应变式传感器温度误差产生的原因及常见的补偿措施； (3) 掌握电阻应变式传感器的基本工作原理、特性、结构类型、典型电路和应用注意事项等； (4) 掌握压阻效应，压阻式传感器的基本工作原理、类型、结构特点、典型驱动电路和应用注意事项等； (5) 掌握压电效应，压电式传感器的基本工作原理、压电效应的基本变形方式、常用压电材料的特性、压电元件的等效电路、压电传感器的接口电路和应用注意事项等； (6) 了解压力传感器的发展	(1) 电阻应变式传感器； (2) 压阻式传感器； (3) 压电式传感器
压力传感器的典型应用	(1) 熟悉压力测量的基本应用电路； (2) 正确分析、制作与调试相关测量电路； (3) 根据设计任务要求，能完成硬件电路相关元器件的选型，并掌握其工作原理	(1) 电阻应变式传感器测量压力； (2) 压阻式传感器测量压力； (3) 压电式传感器测量压力

项目背景

物理学上的压力，是指发生在两个物体的接触表面的作用力，或者是气体对于固体和液体表面的垂直作用力，或者是液体对于固体表面的垂直作用力。习惯上，在力学和多数工程学科中，“压力”一词与物理学中的压强同义。

在实际测量中，压力测量最多，压力的单位种类也较多。在国际单位制中，压力以 Pa 为单位，$1Pa=1N/m^2$。

在工业测量中，压力测量是用得极为广泛的。利用压力测量可间接测量很多物理参数，如大型储液罐的液位、海洋的水深、登山高度，医疗方面的血压、呼吸压，航天方面的飞行高度、飞行速度及升降速度，以及气体管道流量。除此以外，它还广泛应用于石油、化工、机械、电信、气象、通风、供暖系统等。在电子秤、电子天平、电子体重秤和商业计价秤等领域应用也十分广泛。

压力传感器是工业实践中最为常用的一种传感器，其广泛应用于各种工业自控环境，涉及水利水电、铁路交通、智能建筑、生产自控、航空航天、军工、石化、油井、电力、船舶、机床、管道等众多行业，因此对压力传感器进行全面的了解，对压力进行准确测量和有效控制、研究压力的测量方法和装置是非常有必要的。压力传感器的典型应用如图 2.1 所示。

【参考图文】

(a) 各种各样的电子秤

(b) 上海卢浦大桥通车安全性试验　(c) 打桩船吊塔强度试验

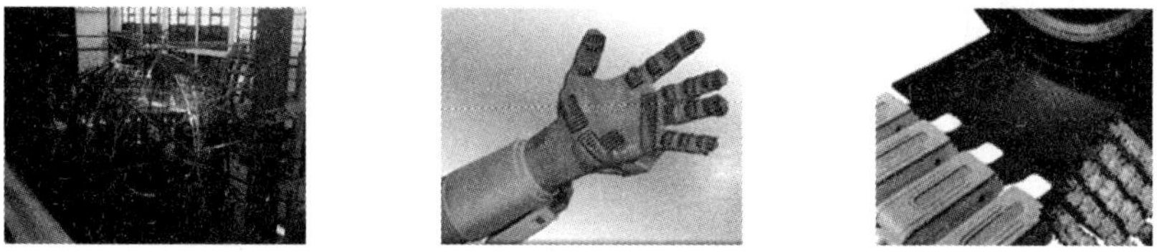

(d)上海国际会议中心模型试验　(e) 握力压力分布量测量　(f) 轮胎压力分布量测量

图 2.1　压力传感器的多种应用

压力传感器按其内部结构不同分为机械式和半导体式两大类。传统的压力传感器以机械结构型的器件为主，以弹性组件的形变指示压力，但这种结构尺寸大、质量重，不能提供电学输出。随着半导体技术的发展，半导体压力传感器也应运而生。半导体压电阻抗扩散压力传感器是在薄片表面形成半导体变形压力，通过外力(压力)使薄片变形而产生压电阻抗效果，从而使阻抗的变化转换成电信号。其特点是体积小、质量轻、准确度高、温度特性好。特别是随着 MEMS 技术的发展，半导体传感器向着微型化方向发展，而且其功耗小、可靠性高。

常见压力传感器原理、特点及适用范围见表 2-1。

表 2-1　常见压力传感器原理、特点及适用范围

类型		原理	特点及适用范围
机械式	弹簧管式	根据虎克定律，利用弹性敏感元件受压后产生的弹性形变，并将形变转换成位移放大后，用指针指示出被测的压力	价格低，可直接读取数值。是工业上应用最广泛的一种测压仪表，并以单圈弹簧的应用为最多。可以直接测量蒸气、油、水和气体等介质的表压力、负压和绝压，测量范围-0.1～1500 MPa。其优点是结构简单、使用方便、操作安全可靠；其缺点是测量准确度不高，不适于动态测试
半导体式	压电电阻式	主要由硅材料制作电阻，在单晶硅片上形成压电电阻，其阻值随压力的变化，来反映被测压力的大小	具有小型、高灵敏度、重复性好，电路简单、噪声小且无需特别屏蔽等特点。不适合测静态力，适用于动态力测量，频率范围较大。目前正被广泛用于汽车电子控制及家用电器中
	电容式	一般采用圆形金属薄膜或镀金属薄膜作为电容器的一个电极，当薄膜感受压力而变形时，薄膜与固定电极之间形成的电容量发生变化，通过测量电路即可输出与电压成一定关系的电信号	灵敏度高，比较适合于数十帕的微压范围测量，由于压力值可转换为数字表示，由此特别适用于与微计算机系统进行连接
	薄膜式	在不锈钢薄膜上经绝缘膜处理形成表电阻，其阻值随压力变化，通过后续测量电路，即可输出与电压成一定关系的电信号	用不锈钢薄膜技术制作的薄膜型压力传感器，可以测量整个受力面压力分布的情况，不仅可以测量气压，而且可以在液体环境中使用，因此它可以适应各种测量媒体及高压力环境，使用寿命长

在机械式压力传感器中，以弹簧管压力计应用较广泛。半导体式压力传感器与机械式相比，具有小型、轻便、结实的特点。

任务 2.1　称重仪(电阻应变式传感器)

2.1.1　任务目标

通过本任务的学习，掌握电阻应变式传感器的基本原理，应变片选用粘贴、种类和特

点，常用应变电桥电路，温度误差产生原因及常用补偿措施；要求通过实际设计和动手制作，能正确选择电阻应变式传感器，并按要求设计接口电路，完成电路的制作与调试，实现对质量的测量。

2.1.2 任务分析

1. 任务要求

利用电阻应变式传感器设计一悬臂梁结构称重仪，通过单臂、半桥和全桥 3 种不同组桥方式对物体质量的静态信号进行称量测试，要求电路输出值与被测物体的质量数值上呈线性关系，并且使输出稳定，最大限度降低仪器测试误差，最后比较不同组桥方式间的性能差异，使之整体实现较好的称重功能。悬臂梁式称重仪任务要求见表 2-2。称重仪实物如图 2.2 所示。

图 2.2 称重仪实物

表 2-2 悬臂梁式称重仪任务要求

测量对象	检测范围/kg	测量精度要求/kg
物体质量(静态)	1～10	0.1

2. 主要器件选用

本任务中要用到的主要器件及其特性见表 2-3。

表 2-3 称重仪主要器件及其特性

主要器件	主要特性
悬臂梁 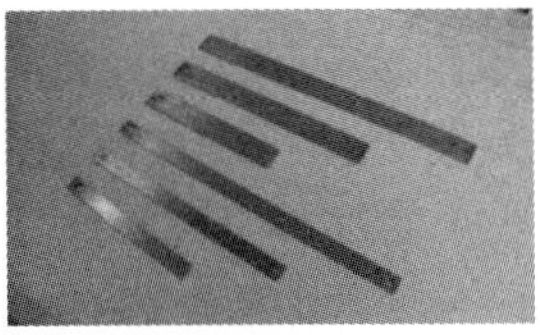 201 不锈钢材料悬臂梁	悬臂梁材料为 201 不锈钢，尺寸为 400mm×30mm×1mm (l×b×h)，弹性模量 E=29GPa。单片尺寸：7.1mm×4.5mm (t×z)。要求最大量程 10kg 称量时，悬臂梁受压形变所引起的应变片变形的最大微应变 ε_{max} 不应超过其工作应变极限值
电阻应变片 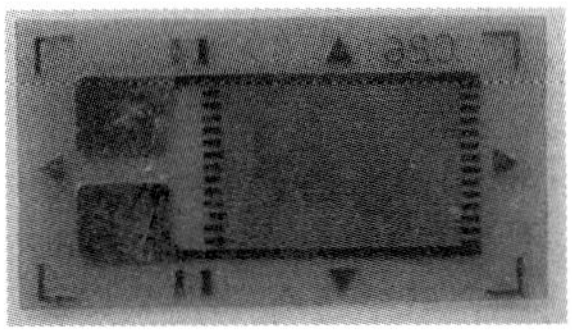 BF350-3AA 型电阻式应变片	康铜金属箔电阻应变片，其基底为改性酚醛；栅丝为康铜(含 40%镍、1.5%锰的铜合金)，采用全封闭结构，可同时实现温度自补偿和蠕变自补偿，具有精度高、稳定性好和使用方便的特点，适用于 0.02 级传感器。该型号应变片具体参数如下： 电阻：349.8Ω±0.1Ω； 灵敏系数：2.0～2.20； 精度等级：0.02 级； 应变极限：2.0%； 单片尺寸：7.1mm×4.5mm

2.1.3 任务实施

1. 任务方案

悬臂梁一端受到托盘上方重物垂直方向的压应力作用时，其因受力产生变形，应变片的电阻值就随之发生相应的变化。电桥输出信号通过放大电路进行放大，最终通过外部检测仪器设备将这种变化量测量出来，并换算成输出与应变成正比的模拟电信号，从而可进行后续的分析与处理，得到应力、应变值和其他物理量。

悬臂梁式称重仪原理框图如图 2.3 所示。在测量不同接桥方式的电信号输出数据之后，可对单臂、半桥和全桥电路各组实验结果进行对比分析，最终得出相应的结论。

图 2.3 悬臂梁式称重仪原理框图

被测量对应重物质量使悬臂梁发生形变产生的弯矩值，敏感元件为悬臂梁，传感元件为电阻应变片，信号调节转换电路为惠斯顿电桥和放大电路，输出量为电压值，由于电压值与称量值在理论上存在线性关系，故可用电压值的大小表征重物质量的大小，电路原理如图 2.4 所示。

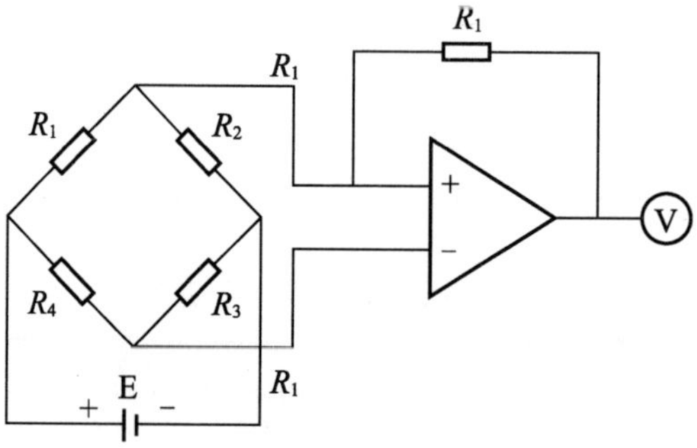

图 2.4 惠斯顿电桥和放大电路原理示意图

应变片组桥方式为惠斯顿电桥的单臂电桥、半桥和全桥 3 种接桥方式，如图 2.5 所示。3 种电桥悬臂梁布片方式如图 2.6 所示。

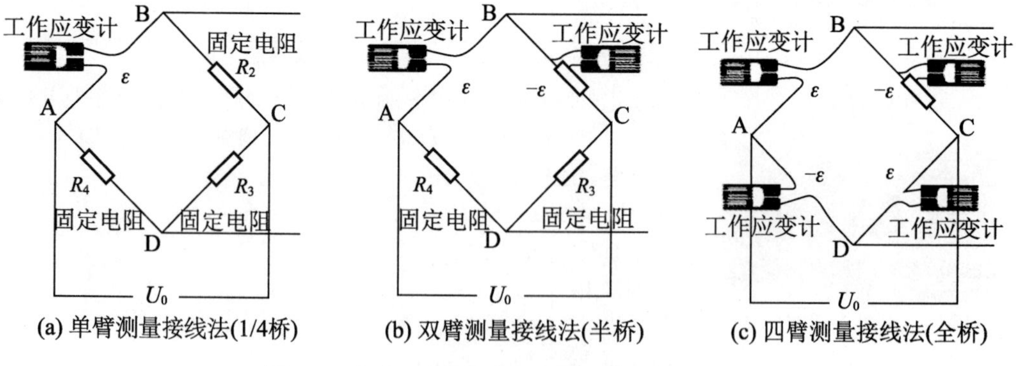

图 2.5 单臂、半桥和全桥电阻应变片接桥方式

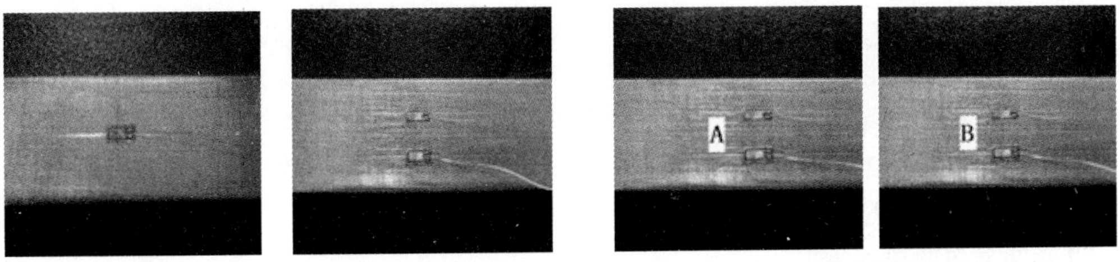

(a) 单臂　　(b) 半桥　　(c) 全桥

图 2.6　单臂、半桥和全桥电阻应变片布片方式

2. 硬件部分

1) 机械结构设计

称重仪整体结构如图 2.7 所示，主要零部件为托盘、托柱、悬臂梁、导向块、压板块、支承柱、底座和垫块。

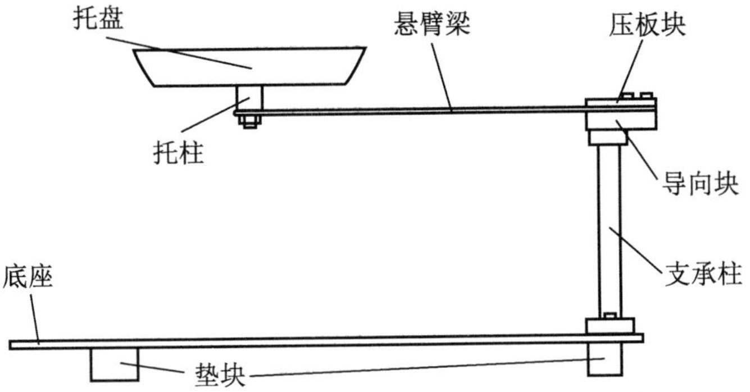

图 2.7　称重仪二维结构示意图

托盘用于加载重物，由于托盘称量表面底部有固定螺栓，中间不方便加载砝码，故规定托盘右侧靠近悬臂梁端为加载测试点(加载时相对于左侧远离悬臂梁端引起的弯矩较小)。

托柱安装在悬臂梁末端，用于支承托盘，起保持托盘平稳作用。

悬臂梁作为敏感元件，根据电子秤的不同量程采用铝合金、201/202 不锈钢与 45 钢制作，用于粘贴应变片。

导向块具有给悬臂梁提供水平导向的作用。

压板板块用于将悬臂梁固定在导向块上，具有夹紧悬臂梁的功能，最大程度模拟悬臂梁的终端约束，完全限制 x、y、z 三个方向上的 6 个自由度。

支承柱的作用是给以上零部件提供总体的支承。

底座用于支承柱的固定。

垫块用于保证底座的水平，使电子秤整体结构在称量测试时保持水平。

电子秤机械结构中的关键部件是作为敏感组件的悬臂梁。本设计根据所选应变片的尺寸和应变极限参数、电子秤不同量程的要求对悬臂梁尺寸进行设计。

(1) 悬臂梁设计。悬臂梁材料主要选取 201 和 304 不锈钢，200 系列和 300 系列不锈钢均有较好的抗弯特性，能够承受一定范围内的弯曲应变，同时具有较好的疲劳强度，可以保证称重仪称量的重复性要求。其余悬臂梁备选材料为 45 钢和铝合金。

以 10kg 量程的 201 不锈钢材料悬臂梁组建单臂电桥为例，采用经验设计，以下为悬臂梁尺寸理论设计和应变片的失效验算。

设计参数与要求如下：

悬臂梁材料为 201 不锈钢，尺寸为 400mm×30mm×1mm ($l\times b\times h$)，弹性模量 E=29GPa。应变片型号为 BF350-3AA 型，应变极限为 2.0%；单片尺寸为 7.1mm×4.5mm($t\times z$)。要求最大量程 10kg 称量时，悬臂梁受压形变所引起的应变片变形的最大微应变 ε_{max} 不应超过其工作应变极限值。悬臂梁称重受力简化模型如图 2.8 所示。

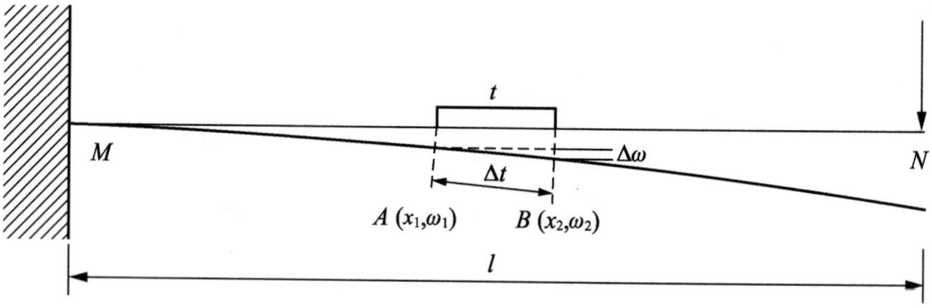

图 2.8 悬臂梁受力简化模型

查阅材料力学相关文献得出，悬臂梁在上述简单力载荷作用下的挠曲线方程为

$$\omega = -\frac{Fx^2}{6EI}(3l - x) \tag{2-1}$$

式中，E为材料弹性模量，$E = 2.9\times10^7\,\text{psi}$=200GPa；

I 为惯性矩，悬臂梁截面为矩形，故

$$I = \frac{bh^3}{12} = \frac{30\times1^3}{12} = 2.5(\text{mm}^4) \tag{2-2}$$

F 为载荷，此处为最大量程载，$F = m_{满}g$=10×9.8=98(N) 。

将 E 和 I 代入式(2-1)，得

$$\omega_1 = -\frac{Fx^2}{6EI}(3l - x) = -\frac{98\times196.45^2}{6\times2.9\times10^7\times2.5}\times(3\times400 - 196.45) \approx -8.7253(\text{mm})$$

$$\omega_2 = -\frac{Fx^2}{6EI}(3l - x) = -\frac{98\times203.55^2}{6\times2.9\times10^7\times2.5}\times(3\times400 - 203.55) \approx -9.3011(\text{mm})$$

$$\Delta\omega = \omega_1 - \omega_2 \approx 0.576\text{mm}，\quad t = 7.1\text{mm}$$

$$\Delta t = \sqrt{t^2 + \Delta\omega^2} \approx 7.1233(\text{mm})$$

可得满量程加载时，悬臂梁引起应变片的实际应变量为

$$\varepsilon_{满}=\frac{\Delta t-t}{t}=\frac{7.1233-7.1}{7.1}\approx 3.282\times 10^{-3}\approx 3282.169u\varepsilon \quad (2-3)$$

由应变片参数可知，应变极限为2.0%，故允许最大设计应变为

$$\varepsilon_0=0.02\times 10^6 u\varepsilon$$

电子秤安全系数设为1.2，故允许最大工作应变为

$$\varepsilon_{max}=\varepsilon_0\div 1.2=16667u\varepsilon$$

满量程应变片应变量与允许最大工作应变相比，得

$$\varepsilon_{满}<\varepsilon_{max}$$

综上所述，通过验算可知，悬臂梁尺寸符合应变片应变极限要求。

(2) 电阻应变片使用与粘贴。应变片粘贴所用仪表和器材见表 2-4。

表 2-4 应变片粘贴所用仪表和器材

模拟试件(小钢板)、常温用电阻应变片	数字万用表、兆欧表	丙酮浸泡的棉球	接线柱、短引线	镊子、划针、砂纸、锉刀、刮刀、塑料薄膜、胶带纸、电烙铁、焊锡、焊锡膏等小工具	粘结剂：T-1 型 502 胶，CH31 双管胶(环氧树脂)或硅橡胶

① 粘贴基本原则。首先要保证应变片与被测物体共同产生变形，其次，要保证电阻应变片本身的电阻值的稳定，才能得到准确的应变测量结果，这是应变片粘贴的基本原则。

因此应变片本身的质量和粘贴质量的好坏对测量结果影响很大，应变片必须牢固地粘贴在试件的被测点上，因此对粘贴的技术要求十分严格。为保证粘贴质量和测量正确，要求如下：

a. 认真检查、分选电阻应变片，保证应变片的质量。测点基底平整、清洁、干燥，使应变片能够牢固地粘贴到试件上，不脱落、不翘曲、不含气泡。

b. 粘结剂的电绝缘性好、化学性质稳定，工艺性能良好，并且蠕变小，粘贴强度高，温、湿度影响小，以确保粘贴质量，并使应变片与试件绝缘，而且不发生蠕变，以保证电阻应变片电阻值的稳定。

c. 粘贴的方向和位置必须准确无误，因为试件上不同位置、不同方向的应变是不同的，应变片必须粘贴到要测试的应变测点上，也必须是要测试的应变方向。

d. 做好防潮工作，使应变片在使用过程中不受潮，以保证应变片电阻值的稳定。

② 电阻应变片的选择。在应变片灵敏系数 k 相同的一批应变片中，剔除电阻丝栅有形状缺陷，片内有气泡、霉斑、锈点等缺陷的应变片。用数字万用表的电阻挡测量应变片的电阻值 R，将电阻值在(352±2)Ω 范围内的应变片选出待用，记录该片的阻值和灵敏系数(应变片灵敏系数由厂家标定，本实验默认为 2.00)。

③ 试件表面的处理。用锉刀和粗砂纸等工具将试件在试件上的贴片位置的油污、漆层、锈迹、电镀层除去，再用细砂纸打磨成 45°交叉纹，之后用镊子镊起丙酮棉球将贴片处擦洗干净，至棉球洁白为止，如图 2.9 和图 2.10 所示。

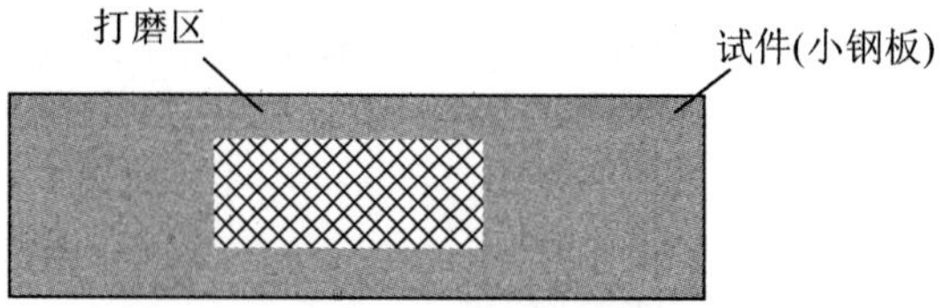

图 2.9　试件应变片粘贴处表面处理示意图

【参考图文】

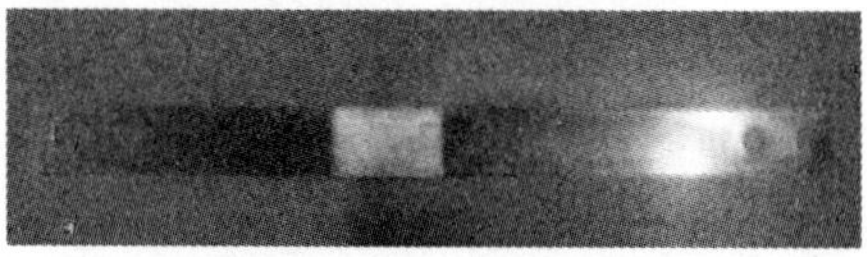

图 2.10　悬臂梁应变片粘贴处表面实际效果图

④ 测点定位。应变片粘贴的位置及方向对应变测量的影响非常大，应变片必须准确地粘贴在结构或试件的应变测点上，而且粘贴方向必须是要测量的应变方向。本实验中要测定试件的中心点的轴向应变，为达到上述要求，对于钢构件，要在试件上用钢板尺和划针画一个十字线(一根长，一根短)，十字线的交叉点对准测点位置，较长的一根线要与应变测量方向一致，如图 2.11 和图 2.12 所示。

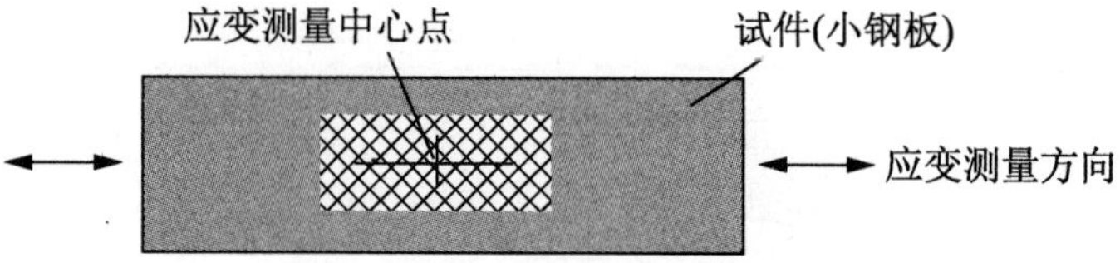

图 2.11　试件应变片定位示意图

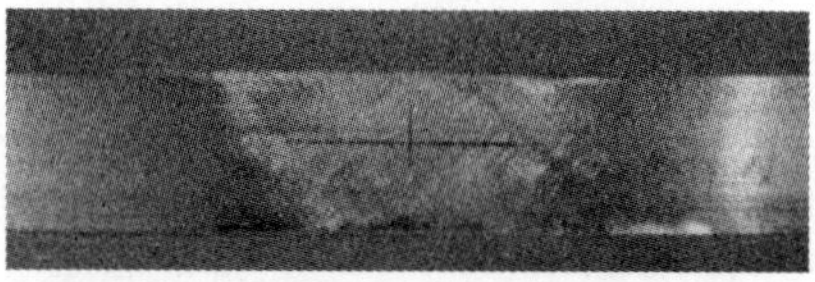

图 2.12　试件应变片定位实际效果图

⑤ 应变片粘贴。应变片的粘贴：注意分清应变片的正、反面(有引出线引出的一面为正面)，用左手捏住应变片的引线，右手上胶，在应变片的粘贴面(反面)上匀而薄地涂上一层粘结剂(502 瞬间粘结剂)。待 1min 后，当胶水发黏时，校正方向(应变片的定位线与十字线交叉线对准)，其电阻栅的丝绕方向与十字线中较长线的方向一致，即保证电阻栅的中心与十字交叉点对准(图 2.13)，再垫上塑料薄膜，用手沿一个方向滚压 1～2min 即可。

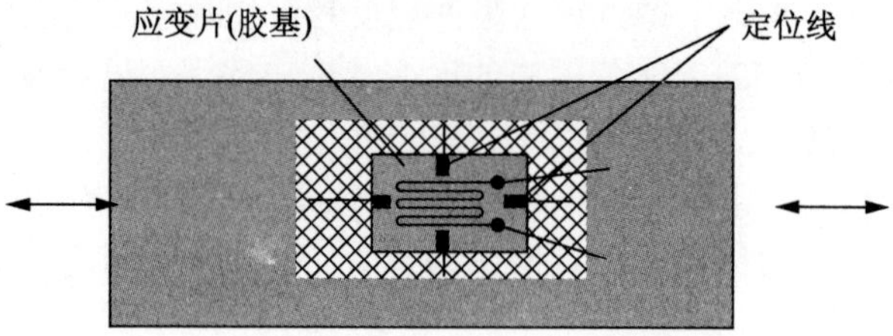

图 2.13　试件应变片粘贴示意图

粘贴要点：分清正反面，粘结剂不要涂得太多而影响粘贴效果，方向和位置必须准确。

应变片粘贴完毕后的检查：应变片贴好后，先检查有无气泡、翘曲、脱胶等现象，再用数字万用表的电阻挡检查应变片有无短路、断路和阻值发生突变(因应变片粘贴不平整导致)的现象，如发生上述现象，就会影响测量的准确性，这时要重贴。

⑥ 导线固定。由于应变片的引出线很细，特别是引出线与应变片电阻丝的连接强度很低，极易被拉断，因此需要进行过渡。导线是将应变片的感受信息传递给测试仪器的过渡线，其一端与应变片的引出线相连，另一端与测试仪器(通常为应变仪)相连接。

a. 接线柱的粘贴。接线柱的作用是将应变片的引线与接入应变仪的导线连接上。用镊子将接线柱按在要粘贴的位置，然后滴一滴粘结剂在接线柱边缘，待 1min 后，接线柱就会粘贴在试件上，如图 2.14 和图 2.15 所示。注意：接线柱不要离应变片太远，否则会使应变片的引出线与试件接触而导致应变片与试件短路。当接线柱与应变片定位线相隔较远时，则要在引线的下面粘贴一层绝缘透明胶带，防止引出线与试件接触。

b. 焊接。用电烙铁将应变片的引出线和导线一起焊接在接线柱上。焊接要点：连接点必须用焊锡焊接，以保证测试线路导电性能的质量要求，焊点大小应均匀，不能过大，不能有虚焊。

技巧一：接线柱挂锡。电烙铁热了之后，先挂少许松香，再挂少许焊锡，然后将电烙铁在接线柱上放置 2～3s 拿开即可。通常要求接线柱上基本挂满焊锡，如果接线柱上未能挂上焊锡或挂的焊锡较少，可再重复一次。注意：焊锡也不可太多，若焊锡太多流到试件上，则会引起应变片与试件发生短路现象。

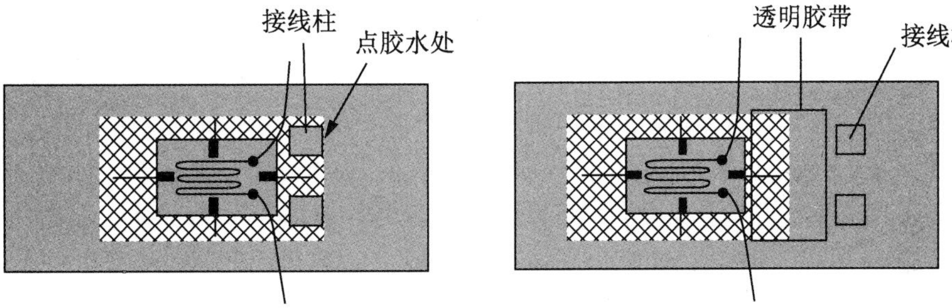

(a) 接线柱距应变片较近　　(b) 接线柱距应变片较远

图 2.14　接线柱粘贴示意图

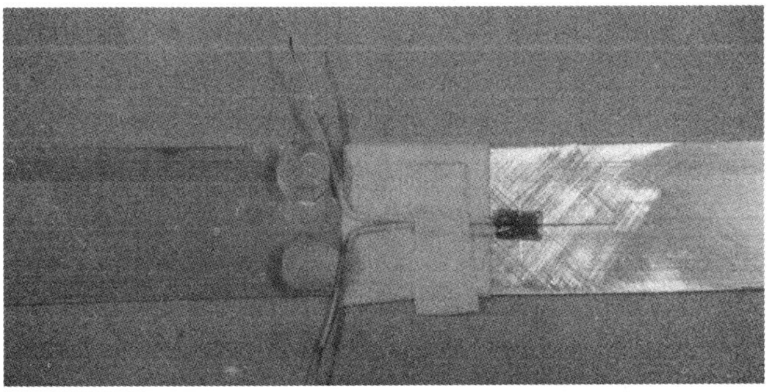

图 2.15　接线柱粘贴实际效果图

【参考图文】

技巧二：导线挂锡。电烙铁热了之后，先挂少许松香，再挂少许焊锡，然后将电烙铁与导线的裸露线芯的四周都接触上，整个导线挂锡就完成了。注意：导线挂锡一端的裸露线芯不能过长，以不超过 1mm 为宜。

技巧三：引出线及导线的焊接。先用导线挂锡的一端将应变片的引出线压在接线柱上，再把电烙铁放到接线柱上，当焊锡熔化之后立即将电烙铁移走，拿导线的手此时不能移动，3～5s 后，焊锡重新凝固，整个的焊接就完成了。注意：引出线不要拉得太紧，以免试件受到拉力作用后，接线柱与应变片之间距离增加，使引出线先被拉断，造成断路；也不能过松，以避免两引出线互碰或引出线与试件接触造成短路。焊接完成后将引出线的多余部分剪掉。

⑦ 绝缘度检查。应变片与试件之间必须是绝缘的，否则，实际电阻就会是应变片的电阻与试件电阻的并联，从而导致测试的不准确。检查绝缘度就是用兆欧表(测量大电阻的专用仪器)检查应变片与试件之间的绝缘电阻，绝缘电阻在 50MΩ 以上为合格，低于 50MΩ 则用红外线灯烤至合格，若再达不到要求，则重贴。兆欧表的使用方法：兆欧表的 E 端接试件，L 端接应变片的引线，由慢至快地摇动仪表的手柄，指针偏转至某一位置基本不动时，读数即为绝缘电阻值，如图 2.16 所示。

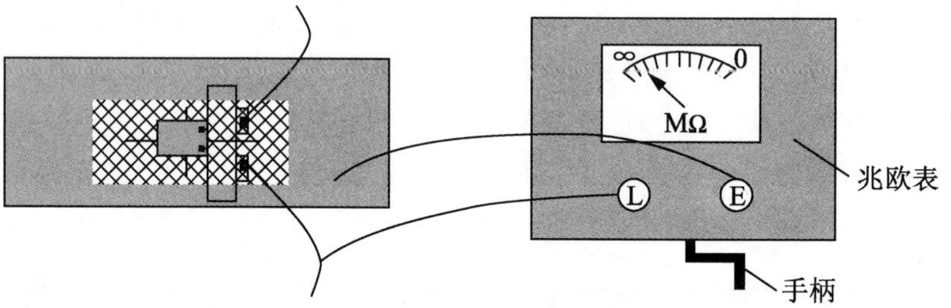

图 2.16　绝缘度测量方法示意图

⑧ 制作防潮层。应变片在潮湿环境或混凝土中必须具有足够的绝缘度，一旦应变片受潮，其阻值就会不稳定，从而导致无法准确地测量应变，因此，在应变片贴好后，必须制作防潮层。防潮层可以用环氧树脂 CH31A 与 CH31B 按 1∶1 混合而成，然后将配置好的防潮剂涂在应变片上(包括引线的裸露部分)，也可以用硅橡胶涂在应变片上(防潮要求不高时采用)，再用万用表和兆欧表检查一遍。防潮剂一般需固化 24h。

2) 硬件电路设计

一般来说，粘贴好的应变片必须接成电桥(惠斯顿电桥)以后才能送入应变仪。当应变片等传感器把机械量变换成电信号时，直接测量这些微弱的电信号是不可能的，因此需要把这些电信号再次转换成电压、电流等电参数，以便放大信号。

电桥就是可以把电阻、电容、电感等信号转变成电压、电流强度或电功率信号的工具。

电桥分为直流电桥和交流电桥两类。直流电桥最大的优点是抗干扰性强，它不受导线间分布电容和分布电感的干扰，不足之处是它存在的零漂现象。国外仪器解决了零漂现象，都采用直流电桥，而国内仪器基本采用交流电桥。交流电桥的最大优点是简单，并且可以用市电，缺点是抗干扰性弱，仪器调平衡相对困难。

本设计选取采用抗干扰性强的直流电桥。硬件电路如图 2.17 所示。

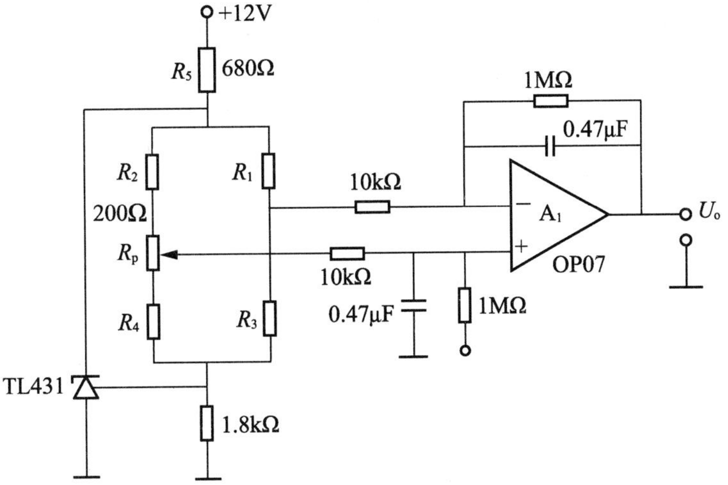

【参考图文】

图 2.17 称重仪测量电路图

电路中的 R_5 与 TL431 构成恒流源，为应变片电桥力提供 1.4mA 的恒定工作电流。电桥输出经 A_1 放大，其输出 U_0 就是相应被测压力，可接到相应显示设备进行测量。

提示

如何利用单片机和电阻应变式传感器，设计制作一台相应测量要求的便携式电子秤。

3. 电路调试

系统制作完成后，要对系统进行调试，在调试过程中，输出端 U_o 接电压表，接通电源后，调整活动变阻器 R_p，使得称重仪未加重物时显示为 0。调试的时候可以分步进行，从信号源出发逐级完成调试。

实验数据分析参数：电桥灵敏度、非线性误差和重复性误差等重要参数。

调试所需实验仪器设备：悬臂梁结构称重仪一台、数字万用表一台、标准砝码若干、镊子等。

分组进行单臂电桥、半桥和全桥测量实验，记录相关实验数据，并进行处理分析。测试结果填入表 2-5～表 2-7 中。

表 2-5 单臂电桥测量输出电压与负载质量值

质量/kg	U_o/V						
	1 组	2 组	3 组	4 组	5 组	平均	误差
0.5							
1							
1.5							
2							
2.5							

续表

质量/kg	U_o/V						
	1 组	2 组	3 组	4 组	5 组	平均	误差
3							
3.5							
4							
4.5							
5							
5.5							
6							
6.5							
7							
7.5							
8							
8.5							
9							
9.5							
10							

表 2-6　半桥测量输出电压与负载质量值

质量/kg	U_o/V						
	1 组	2 组	3 组	4 组	5 组	平均	误差
0.5							
1							
1.5							
2							
2.5							
3							
3.5							
4							
4.5							
5							
5.5							
6							
6.5							
7							
7.5							
8							
8.5							
9							
9.5							
10							

表 2-7 全桥测量输出电压与负载质量值

质量/kg	U_o/V						
	1组	2组	3组	4组	5组	平均	误差
0.5							
1							
1.5							
2							
2.5							
3							
3.5							
4							
4.5							
5							
5.5							
6							
6.5							
7							
7.5							
8							
8.5							
9							
9.5							
10							

画出 3 种情况下输出电压和质量关系曲线，分析计算 3 种情况称重仪输出灵敏度系数。

$$k = \Delta U / \Delta m \tag{2-4}$$

4. 应用注意事项

称重仪测量误差主要来源于：

(1) 应变片误差：主要来源于机械滞后、热滞后、零点漂移、温度漂移、蠕变、疲劳寿命、极限应变值、应变片使用与粘贴工艺等方面。

(2) 电桥本身非线性误差及外部干扰。

(3) 环境温度误差。

根据误差来源，提出了相应的解决方法。

(1) 选用应变片型号为 BF350-3AA 型，具有较好的疲劳寿命与极限应变值，经测试基本无零点漂移与蠕变现象；应变片使用与粘贴工艺均参考相关标准，误差影响较小；实验环境温度保持较低，可消除热滞后影响。

(2) 机械滞后影响。机械滞后指在构件上粘贴好的应变片，在温度不变的情况下，当受到同一组载荷的循环加、卸载时，加载特性曲线和卸载特性曲线的不重合程度，以加载曲线和卸载曲线中的最大差异值来表示。

解决方法：在正式试验之前预先加载、卸载若干次，减少机械滞后影响。

(3) 温度漂移。温度漂移指电阻应变片随温度变化引起的误差，试件材料与应变丝材料的膨胀系数不同使应变片产生附加拉长或压缩，引起电阻变化。

解决方法：通过桥路进行补偿，如本设计中的差动全桥电路就很好地实现了温度补偿。

(4) 电桥本身具有非线性误差。

解决方法：相对于金属丝应变片的误差，电桥非线性误差可以忽略。

2.1.4 知识链接

1. 电阻应变式传感器

电阻应变式传感器是利用金属的电阻应变效应制造的一种测量变化量(机械)的传感器。将电阻应变片粘接到各种弹性敏感元件上，可构成测量力、压力、力矩、位移、加速度等各种参数的电阻应变式传感器。它是目前用于测量力、力矩、压力、加速度、质量等参数最广泛的传感器之一。

电阻应变式传感器由弹性敏感元件与电阻应变片构成。弹性敏感元件在感受被测量时将产生变形，其表面产生应变。而粘结在弹性敏感元件表面上的电阻应变片将随着弹性敏感元件产生应变，因此，电阻应变片的电阻值也产生相应的变化。这样，通过测量电阻应变片的电阻值变化，就可以确定被测量的大小了。

弹性敏感元件的形式可以是实心或空心的圆柱体、等截面圆环、等截面或等强度悬臂梁、扭管等，也可以是弹簧管(波登管)、膜片、膜盒、波纹管、薄壁圆筒、薄壁半球等。弹性敏感元件就是传感器组成中的敏感元件，要根据被测参数来设计或选择它的结构形式。电阻应变片就是传感器中的转换元件，是电阻应变式传感器的核心元件。

电阻应变式传感器的基本原理是电阻应变效应。电阻丝在外力作用下发生机械变形时，其电阻值发生变化，传感器将被测量的变化转换成传感器组件电阻值的变化，再经过转换电路变成电信号输出。

2. 电阻应变效应

导电材料的电阻与材料的电阻率、几何尺寸(长度与截面积)有关，在外力作用下发生机械变形，引起该导电材料的电阻值发生变化，这种现象称为电阻应变效应。

设有一段长为 L，截面积为 A，电阻率为 ρ 的金属丝，其未受外力作用时的原始电阻值为

$$R = \rho \frac{L}{A} \tag{2-5}$$

式中，R为金属丝的原始电阻(Ω)；ρ为金属丝的电阻率(Ω•m)；L为金属丝的长度(m)；A为金属丝的横截面积(m²)，$A = \pi r^2$，r为金属丝的半径。当金属丝受到轴向力F而被拉伸(或压缩)时，其L、A和ρ均发生变化，如图2.18所示。对式(2-5)两边取对数后再作微分，即可求得其电阻的相对变化。

$$\frac{\mathrm{d}R}{R}=\frac{\mathrm{d}L}{L}-\frac{\mathrm{d}A}{A}+\frac{\mathrm{d}\rho}{\rho} \tag{2-6}$$

若电阻丝是圆的，由$A=\pi r^2$，对r微分得$\mathrm{d}A=2\pi r\mathrm{d}r$，则

$$\frac{\mathrm{d}A}{A}=2\frac{\mathrm{d}r}{r}=-2\mu\varepsilon \tag{2-7}$$

令$\varepsilon=\mathrm{d}L/L$，为材料长度$L$变化引起的，称为金属丝纵向线应变或轴向线应变；$\mathrm{d}r/r=-\mu\varepsilon$，为材料半径$r$变化引起的，称为金属丝横向线应变或径向线应变。其中μ为金属材料的泊松比。

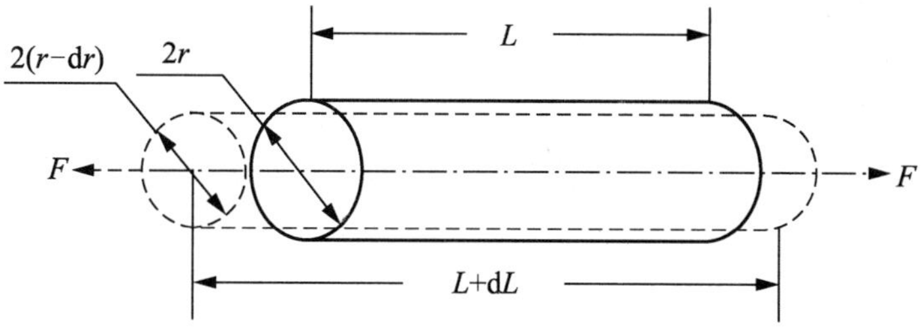

图 2.18 导体受拉伸后的参数变化

【参考动画】

由于电阻丝的体积 $V=AL$，所以

$$\frac{\mathrm{d}V}{V}=\frac{\mathrm{d}L}{L}+\frac{\mathrm{d}A}{A}=(1-2\mu)\varepsilon \tag{2-8}$$

实验证明，金属导体材料的电阻率相对变化与其体应变成正比

$$\frac{\mathrm{d}\rho}{\rho}=C\frac{\mathrm{d}V}{V}=C(1-2u)\varepsilon \tag{2-9}$$

式中，C为由一定的材料和加工方式决定的常数。

所以金属材料的电阻相对变化为

$$\begin{aligned}\frac{\Delta R}{R}&\approx\frac{\mathrm{d}R}{R}=\frac{\mathrm{d}l}{l}-\frac{\mathrm{d}A}{A}+\frac{\mathrm{d}\rho}{\rho}\\&=(1+2u)\varepsilon+C(1-2u)\varepsilon=k_{\mathrm{m}}\varepsilon\end{aligned} \tag{2-10}$$

式中，$k_{\mathrm{m}}=(1+2u)+C(1-2u)$为金属材料的应变灵敏系数，一般为1.0～2.0。

由以上分析可知，电阻相对变化由两部分引起：①材料受力后几何尺寸变化(应变)；②材料受力后电阻率发生变化。

金属材料的应变电阻效应以几何尺寸变化为主。

3. 电阻应变片的基本结构

电阻应变片的结构形式很多，但其主要组成部分基本相同，一般由敏感栅、基底、黏合层、覆盖层(盖片)和引线等构成，如图 2.19 所示。

敏感栅是用来感受应变的，是应变片内实现应变-电阻转换的传感组件。用粘结剂固结在纸质或胶质基底上来保持敏感栅固定形状、尺寸和位置。

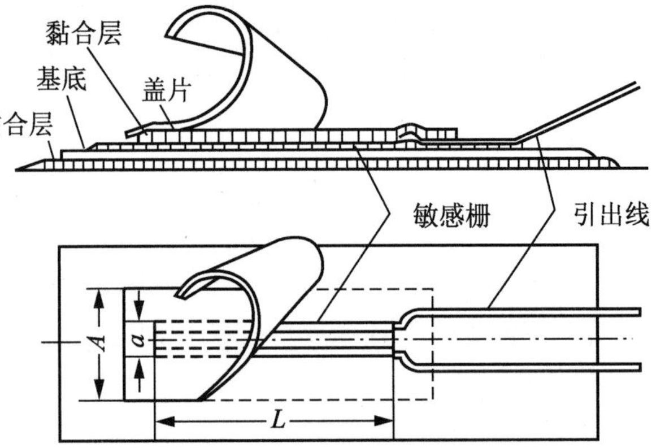

图 2.19　应变片的基本结构

基底及黏合层起把试件应变传递给敏感栅的作用，所以要求基底必须很薄，而且具有良好的绝缘、抗潮和耐热性能。基底通常根据应用范围的不同而采用不同的材料制成，常见的有纸基、胶基和金属薄片。应变片使用时用粘结剂将基底粘贴到试件表面的被测部位。

引线用来将敏感元件接到测量电路中。为了减小引线的电阻，早期的引线由镀银铜丝制成，目前引线主要由低阻镀锡铜丝制成。在高温应变片中常用镍镉铝丝制成。

覆盖层(盖片)：位于敏感栅上一层(纸质或胶质)，起防潮、防蚀、防损等作用。

4. 电阻应变片的分类及特点

按制造敏感栅的材料不同，电阻应变片可分为金属电阻应变片和半导体应变片。按敏感栅的形状和制造工艺不同，金属电阻应变片又分为丝式、箔式和薄膜式 3 种。

电阻应变片的组成结构及特点见表 2-8。

表 2-8　电阻应变片的组成结构及特点

类型			组成结构	优点	缺点
金属电阻应变片	丝式	回线式 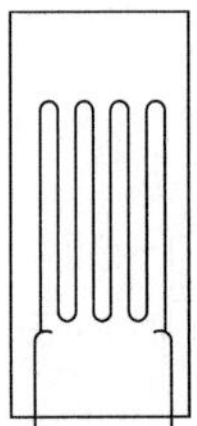	将电阻丝绕制成敏感栅粘结在各种绝缘基底上而制成的，它是一种常用的应变片，由直径 0.012～0.05mm 的金属丝绕成栅状，以 0.025mm 左右为最常用	基底很薄(一般在 0.03mm 左右)，粘贴性能好，能有效地传递变形。引线多用 0.15～0.30mm 直径的镀锡铜线与敏感栅相连接。制作简单，性能稳定，成本低，易粘贴	应变横向效应较大
		短接式 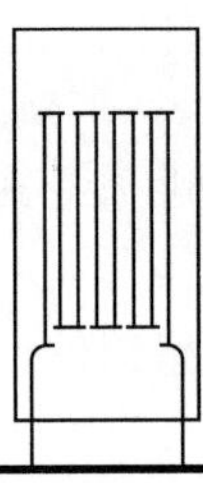	两端用直径比栅线直径大 5～10 倍的镀银丝短接起来而构成，常用材料有康铜、镍铬铝合金、铁铬铝合金及铂、铂乌合金等	克服了横向效应	制造工艺复杂

续表

类型		组成结构	优点	缺点
金属电阻应变片	箔式 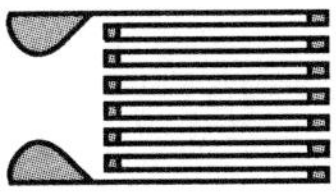	利用照相制版或光刻腐蚀技术将厚为0.003～0.01mm的金属箔片制成所需图形的敏感栅。箔片薄而柔软，可制成各种应变花及小标距应变片，可粘贴于复杂形状的构件表面，较真实地反映其应变值	具有尺寸精确、线条均匀、横向效应小、电阻值离散小、测量精度高、粘结面积大、粘贴牢固、散热好、耐潮湿、绝缘性好、蠕变及机械滞后小、工作电流大、测量灵敏度高和易于成批生产等优点。在常温下，金属箔式应变片已逐步取代了金属丝式应变片	电阻值的分散性比金属丝的大，有的相差几十欧姆，需进行阻值调整
	薄膜式 	采用真空蒸发或真空沉积方法在薄的绝缘基底上形成金属电阻材料薄膜(厚度0.1μm以下)作为敏感栅	应变灵敏系数高，允许电流密度大，工作范围广，可达-197～317℃，易实现工业化生产，是一种很有前途的新型应变片	目前在实际使用中尚难控制其电阻对温度和时间的变化关系
半导体应变片 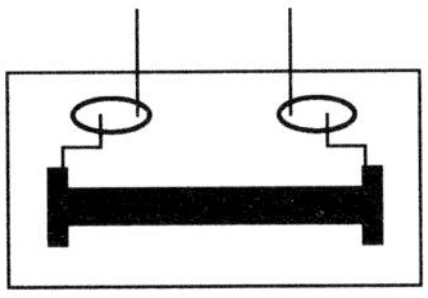		敏感栅一般为单根状	尺寸、横向效应、机械滞后都很小，灵敏系数极大，输出也大，可以不需放大器直接与记录仪连接，简化测量系统	电阻值和灵敏系数的温度稳定性差，测量较大应变时非线性严重；灵敏系数随受拉或压而变，而且分散度大，测量结果一般有±3%～±5%的误差

5. 电阻应变片的灵敏度系数

当应变片安装于试件表面，在其轴线方向的单向应力作用下，应变片阻值的相对变化与试件表面上安装应变片区域的轴向应变 ε_x 之比称为应变片的灵敏系数 k，即

$$k = \frac{\Delta R / R}{\varepsilon_x} \tag{2-11}$$

电阻应变片的灵敏度系数 k 并不等于制作该应变片的应变电阻材料本身灵敏度系数 k_0，必须重新用实验测定。因应变片粘贴到试件上后不能取下再用，所以只能在每批产品中抽样测定，取其平均值作为该批产品的“标称灵敏系数”。实验表明：$k<k_0$，究其原因除了黏合层传递应变有失真外，另一重要原因是存在横向效应。

由表2.7中图可见，敏感栅通常由多条轴向纵栅和圆弧横栅组成。当试件承受单向应力时，粘贴在试件表面的应变片，其纵栅和横栅各自主要分别感受轴向拉伸 ε_x 和横向收缩 ε_y，则引起总的电阻变化为

$$\frac{\Delta R}{R} = k_x\varepsilon_x + k_y\varepsilon_y = k_x(1+\alpha H)\varepsilon_x = k\varepsilon_x \tag{2-12}$$

式中，k_x为轴向灵敏系数；k_y为横向灵敏系数；$\alpha = \varepsilon_y / \varepsilon_x = -\mu(\alpha < 0)$为双向应变比；$H = k_y / k_x$为横向效应系数或横向灵敏度。

则应变片的灵敏度系数

$$k = \frac{\Delta R / R}{\varepsilon_x} = k_x(1 + \alpha H) < k_x < k_0$$

6. 应变电桥

应变片粘贴好后，通常要接入图 2.20 所示惠斯顿电桥，称为应变电桥，以便把应变片电阻值的变化转换为电压进行测量。

实际工作中，通常采用同型号的应变片接入惠斯顿电桥四臂，在应变为 0 的初始状态下，电桥平衡，没有输出电压；在应变片承受应变时，电桥失去平衡，输出电压。图 2.20 中，令

$$Z_i = R_i + \Delta R_i,\ \ R_i = R,\ \frac{\Delta R_i}{R_i} = k\varepsilon_i,\ \ i = 1,2,3,4 \tag{2-13}$$

电桥的开路输出电压为

$$U_o = \frac{(R_1 + \Delta R_1)(R_3 + \Delta R_3) - (R_2 + \Delta R_2)(R_4 + \Delta R_4)}{(R_1 + \Delta R_1 + R_2 + \Delta R_2)(R_3 + \Delta R_3 + R_4 + \Delta R_4)} U \tag{2-14}$$

在 $\Delta R_i << R_i$ 情况下，电桥的开路输出电压为

$$U_o \approx U_o' = \frac{U}{4}\left(\frac{\Delta R_1}{R_1} - \frac{\Delta R_2}{R_2} + \frac{\Delta R_3}{R_3} - \frac{\Delta R_4}{R_4}\right) \tag{2-15}$$

非线性误差近似为

$$e = \frac{U_o' - U_o}{U_o} \approx \frac{1}{2}\left(\frac{\Delta R_1}{R_1} + \frac{\Delta R_2}{R_2} + \frac{\Delta R_3}{R_3} + \frac{\Delta R_4}{R_4}\right) \tag{2-16}$$

由式(2-15)和式(2-16)，可以得到以下几点结论：

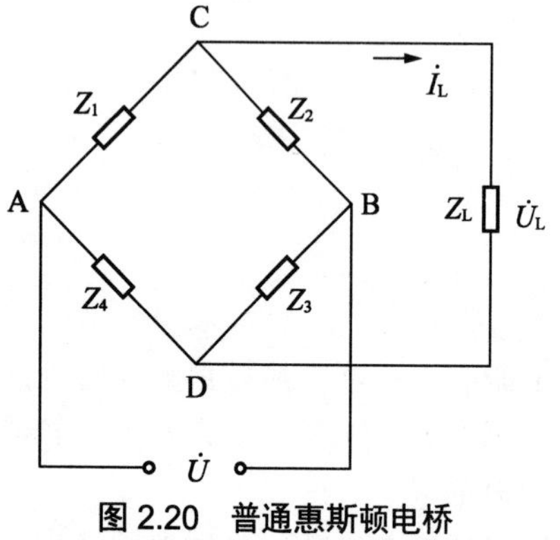

图 2.20 普通惠斯顿电桥

(1) 如果电阻传感器接在电桥横跨电源的相邻两臂，温度引起的电阻变化将相互抵消，其影响将减小或消除(温度引起的电阻变化是相同的)。

(2) 被测非电量若使两电阻传感器的电阻变化符号相同，则应将这两电阻传感器接在电桥的相对两臂，但这只能提高电桥输出电压，并不能减小温度变化的影响和非线性误差。

(3) 被测非电量若使两电阻传感器的电阻变化符号相反，则应将这两电阻传感器接在电桥的横跨电源的相邻两臂即构成差动电桥，这既能提高电桥输出电压，又能减小温度变化的影响和非线性误差。

将式(2-13)代入式(2-15)得

$$U_o = \frac{kU}{4}(\varepsilon_1 - \varepsilon_2 + \varepsilon_3 - \varepsilon_4) \tag{2-17}$$

由式(2-17)可见，为了尽可能提高应变电桥的灵敏度，应将承受同向应变的应变片接在电桥的相对两臂，而将承受反向应变的应变片接在电桥的相邻两臂。实际工作中，应变片的粘贴和连接常见有以下几种情况，见表 2-9。

表 2-9 常用应变电桥

<table>
<tr><th colspan="2">应变电桥</th><th>电桥输出 U_o</th><th>误差</th></tr>
<tr><td>单应变片工作
把应变片接入电桥的其中一个桥臂，另外 3 个桥臂接固定电阻：
$R_2 = R_3 = R_4 = R$
$\Delta R_1 / R_1 = k\varepsilon$
$\Delta R_2 = \Delta R_3 = \Delta R_4 = 0$</td><td>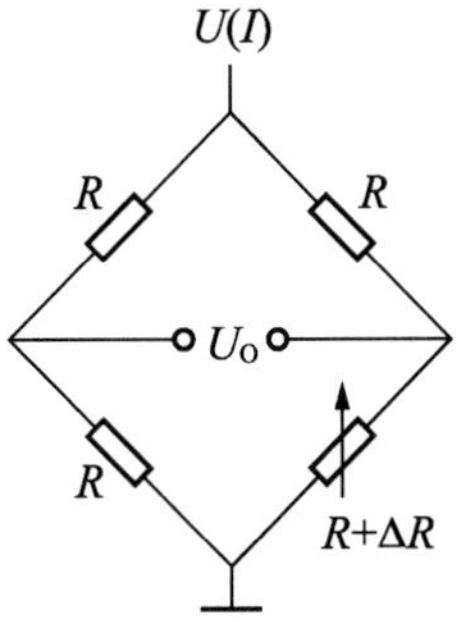

单臂等臂电桥</td><td>$U_o = \frac{U}{4}k\varepsilon$</td><td>$e = \frac{1}{2}k\varepsilon$</td></tr>
<tr><td>双应变片工作
把两个工作应变片接入电桥相邻两臂，另两臂接固定电阻：
$\Delta R_1 / R_1 = k\varepsilon_1$
$\Delta R_2 / R_2 = k\varepsilon_2$
$R_3 = R_4 = R$
$\Delta R_3 = \Delta R_4 = 0$</td><td>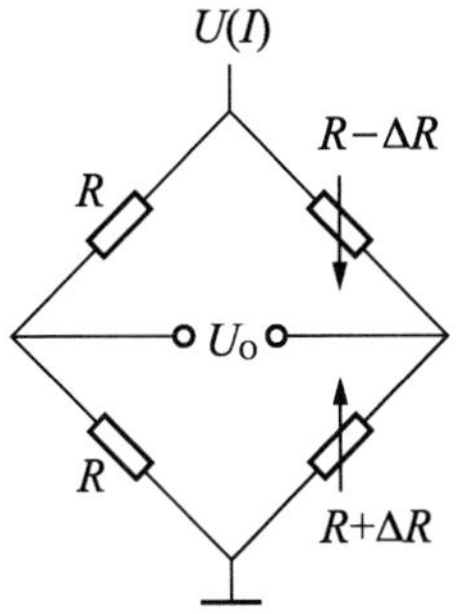

半差动等臂电桥</td><td>$U_o = \frac{U}{2}k\varepsilon$
(一片受拉 $\varepsilon_1=\varepsilon$，另一片受压 $\varepsilon_2=-\varepsilon$)
$U_o = \frac{kU}{4}(1+\mu)\varepsilon$
(一片承受纵向应变 $\varepsilon_1=\varepsilon$，另一片承受横向应变 $\varepsilon_2=-\mu\varepsilon$，$\mu$ 为泊松比)</td><td>$e = 0$</td></tr>
<tr><td>四应变片工作
把 4 个应变片接入电桥四臂</td><td>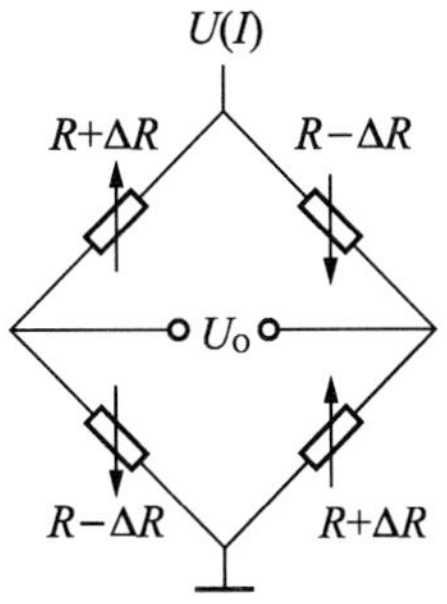

全差动等臂电桥</td><td>$U_o = kU\varepsilon$
(粘贴应变片时，使 R_1 和 R_3 受拉，R_2 和 R_4 受压，$\varepsilon_1=\varepsilon_3=\varepsilon$，$\varepsilon_2=\varepsilon_4=-\varepsilon$)
$U_o = \frac{kU}{2}(1+\mu)\varepsilon$
(R_1 和 R_3 承受纵向应变 $\varepsilon_1=\varepsilon_3=\varepsilon$，$R_2$ 和 R_4 承受横向应变 $\varepsilon_2=\varepsilon_4=-\mu\varepsilon$，$\mu$ 为泊松比)</td><td>$e = 0$</td></tr>
</table>

由表 2-9 可见：

(1) 在电桥电压稳定不变时，只要测出应变电桥输出电压，就可求得相应的应变。

(2) 应变片的灵敏度系数 k 越大，电桥输出电压越高。

(3) 半导体应变片的灵敏系数比金属应变片的大几十倍，应变电桥输出电压不需再放大，多采用直流电桥。而金属应变片多采用交流电桥。

图 2.20 所示电桥电源从恒压源 U 供电改为恒流源 I 供电，电桥四臂均接入电阻，即

$Z_i=R_i(i=1,2,3,4)$，则电桥横跨电源的相邻两臂 R_1、R_2 的电流 I_1 和 R_3、R_4 的电流 I_2 分别为

【参考图文】

$$I_1=\frac{R_3+R_4}{R_1+R_2+R_3+R_4}I \tag{2-18}$$

$$I_2=\frac{R_1+R_2}{R_1+R_2+R_3+R_4}I \tag{2-19}$$

则电桥开路输出电压为

$$U_o=I_1R_1-I_2R_4=\frac{R_1R_3-R_2R_4}{R_1+R_2+R_3+R_4}I \tag{2-20}$$

问题：

(1) 分析单臂等臂电桥、半差动电桥和全差动电桥的特点。

(2) 分析电桥采用恒流源供电，3 种常用应变电桥输出电压 U_o 和误差 e。

(3) 比较电桥采用恒压源和恒流源供电的异同。

(4) 为什么差动式电阻传感器应接在横跨电源的相邻两臂？

(5) 如果要尽可能提高应变电桥的灵敏度，承受同向应变的应变片要接在电桥的哪两臂？

(6) 如果要尽可能提高应变电桥的灵敏度，承受反向应变的应变片要接在电桥的哪两臂？

7. 温度误差及其补偿

温度变化时，电阻应变片的电阻也会变化，而且，由温度所引起的电阻变化与试件应变所造成的电阻变化几乎具有相同数量级，这就是说，只要温度发生变化，即使没有应变，应变电桥也会有输出电压。如果把由温度变化所引起的应变电桥输出电压误认为是试件应变所造成的，那就会产生误差，这个误差称为温度误差。

1) 温度误差产生原因

(1) 应变片电阻本身随温度变化

$$\Delta R_{t\alpha}=R_0\alpha\Delta t \tag{2-21}$$

式中，R_0为应变片在温度为t_0时的电阻值；α为应变片电阻的温度系数；Δt为温度的变化值。则应变片在温度为t时的电阻值为

$$R_t=R_0(1+\alpha\Delta t) \tag{2-22}$$

(2) 试件材料与应变片材料的线膨胀系数不一致，使应变产生附加变形，从而造成电阻变化。

设 β_s 为应变片材料的线膨胀系数，β_g 为试件材料的线膨胀系数，温度为 t_0 时长度为 l_0 的应变片材料和试件材料如果不粘结在一起，温度改变 Δt 时，其长度将分别膨胀为

$$l_{st}=l_0(1+\beta_s\Delta t)\text{，}\quad l_{gt}=l_0(1+\beta_g\Delta t) \tag{2-23}$$

应变片粘贴到试件表面后，应变片被迫从l_{st}拉长到l_{gt}，产生附加变形为

$$\Delta l = l_{gt} - l_{st} = l_0(\beta_g - \beta_s)\Delta t \tag{2-24}$$

即附加应变为

$$\varepsilon_\beta = \frac{\Delta l}{l_0} = (\beta_g - \beta_s)\Delta t \tag{2-25}$$

相应产生的电阻变化为

$$\frac{\Delta R_{t\beta}}{R_0} = k\varepsilon_\beta = k(\beta_g - \beta_s)\Delta t \tag{2-26}$$

由式(2-21)和式(2-26)可得温度变化引起的总的电阻变化为

$$\frac{\Delta R_t}{R_0} = \frac{\Delta R_{t\alpha} + \Delta R_{t\beta}}{R_0} = \alpha\Delta t + k(\beta_g - \beta_s)\Delta t \tag{2-27}$$

折算成虚假视应变为

$$\varepsilon_t = \frac{\Delta R_t / R_0}{k} = [\frac{\alpha}{k} + (\beta_g - \beta_s)]\Delta t \tag{2-28}$$

这就是说，不仅因受力引起的真实应变ε会使应变片电阻发生变化，温度变化也会使应变片电阻发生变化，而温度变化引起的应变片电阻变化可等效为一个应变ε_t引起的。由于应变ε_t并不真正存在，故称为“虚假视应变”。应变片所粘贴的试件受力引起的真实应变ε和温度变化引起的虚假视应变ε_t使应变片电阻总的变化为

$$\frac{\Delta R}{R_0} = \frac{\Delta R_\varepsilon + \Delta R_t}{R_0} = k(\varepsilon + \varepsilon_t) \tag{2-29}$$

如果采用单应变片工作，则

$$U_o = \frac{kU}{4}(\varepsilon + \varepsilon_t) \tag{2-30}$$

如果不考虑温度的影响，而误以为电桥电压都是受力应变引起的，此时，从电桥电压U_0求出的应变值$\varepsilon + \varepsilon_t$与实际应变$\varepsilon$是有差别的，两者之差$\varepsilon_t$就是因温度变化引起的测量误差。图2.21所示为应变片的温度误差。

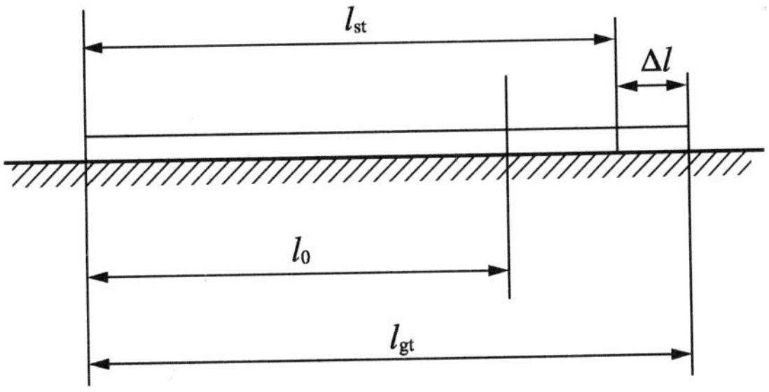

图2.21　应变片的温度误差

虽然采取恒温措施，理论上可避免温度误差，但实际上这往往是成本很高或根本办不到的。因此实际工作中，一般都是从电路上采取措施，不让温度变化影响电路输出电压。这种减小或消除温度误差的办法称为温度补偿。

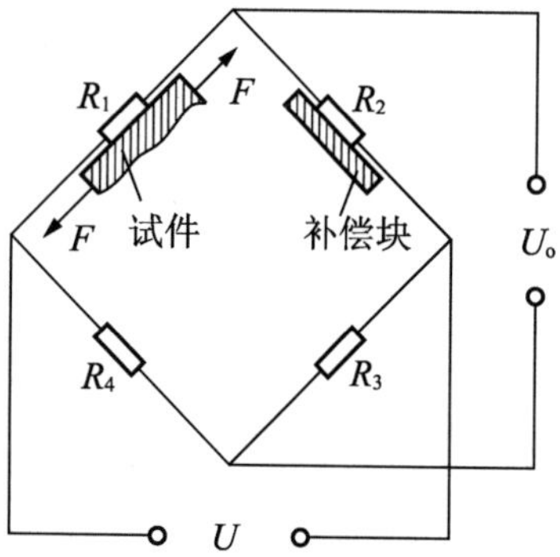

图 2.22　补偿块法原理

2) 补偿温度误差的方法

补偿温度误差的方法有多种，其中最常用和最好的补偿方法是电桥补偿法。

(1) 补偿块法(单应变片)。两个参数相同的应变片 R_1、R_2，R_1 粘贴在试件上，接入电桥工作臂，R_2 贴在材料与试件相同的补偿块上，环境温度与试件相同但不承受机械变形，接入电桥相邻臂做补偿臂，如图 2.22 所示。

R_1 承受机械应变，温度变化时，其电阻变化为

$$\frac{\Delta R_1}{R_1}=\frac{\Delta R_{1\varepsilon}+\Delta R_{1t}}{R_1}=k(\varepsilon+\varepsilon_t) \tag{2-31}$$

R_2不承受机械应变，但由于R_1与R_2所处环境温度及所粘贴材料相同，故温度变化引起的电阻变化相同，其电阻变化为

$$\frac{\Delta R_2}{R_2}=\frac{\Delta R_{2t}}{R_2}=k\varepsilon_t \tag{2-32}$$

所以电桥输出为

$$U_o=\frac{kU}{4}\varepsilon \tag{2-33}$$

对比式(2−30)和式(2−33)可见，补偿块法能消除单应变片工作时的温度误差。

(2) 差动电桥法。在测量梁的弯曲应变或应用悬臂梁测力时，可直接将两个参数相同的应变片分贴于梁的上下两面对称位置，再将两应变片接入电桥横跨电源的相邻两臂，如图 2.23 所示。此时，两应变片承受的应变大小相同符号相反，只要梁的上下面温度一致，则两应变片电阻随温度的变化大小相同，符号也相同。

$$\frac{\Delta R_1}{R_1}=k(\varepsilon+\varepsilon_t)\text{，}\quad \frac{\Delta R_2}{R_2}=k(-\varepsilon+\varepsilon_t) \tag{2-34}$$

电桥输出为

$$U_o=\frac{kU}{2}\varepsilon \tag{2-35}$$

如果采用双应变片工作(一个承受纵向应变，一个承受横向应变)时，将两应变片接入电桥横跨电源的相邻两臂，也可消除应变片工作时的温度误差，即

$$\frac{\Delta R_1}{R_1}=k(\varepsilon+\varepsilon_t)\text{，}\quad \frac{\Delta R_2}{R_2}=k(-\varepsilon\mu+\varepsilon_t) \tag{2-36}$$

则电桥输出为

$$U_o = \frac{kU}{4}(1+\mu)\varepsilon \tag{2-37}$$

由式(2-35)和式(2-37)可见，双应变片工作时，如果两应变片型号参数、所处环境温度及所粘贴材料均相同，只要将两应变片接入电桥的相邻两臂，就可消除温度变化引起的测量误差。

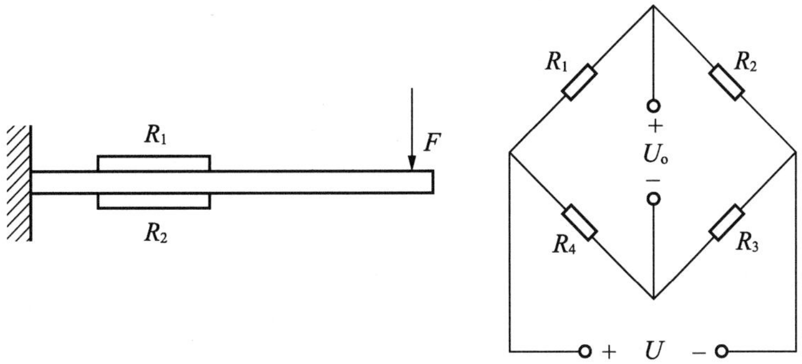

图 2.23 悬臂梁测力温度补偿

注意

(1) 如果不将两应变片接入电桥的相邻两臂，而将两应变片接入电桥的相对两臂，则不仅不能消除温度变化引起的测量误差，反而会增大温度误差。

(2) 如果两应变片所处环境温度及所粘贴材料不同，即使将两应变片接入电桥的相邻两臂，也不能完全消除温度变化引起的测量误差。

这两点读者可以试着自己去证明。

(3) 还有一些其他温度补偿方法，读者可以查阅相关文献。

2.1.5 任务总结

通过本任务的学习，应掌握：①电阻应变式传感器的基本工作原理、特性、结构类型、典型电路和应用注意事项等知识重点；②电阻应变片的基本结构、种类特点、灵敏度系数、选用和粘贴，以及常用应变电桥电路特点及应用；③电阻应变式传感器温度误差产生的原因及常见的补偿措施。

通过本任务的学习，应掌握如下实践技能：①正确分析、制作与调试电阻应变式传感器应用电路；②根据设计任务要求，完成硬件电路相关元器件的选型，并掌握其工作原理。

2.1.6 请你做一做

(1) 上网查找 3 家以上生产电阻应变式传感器的企业，列出这些企业生产的电阻应变式传感器的型号、规格，了解其特性和适用范围。

(2) 选用合适的压力传感器动手设计数字压力计电路。

任务 2.2　汽车发动机吸气压力检测(压阻式传感器)

2.2.1　任务目标

通过本任务的学习，掌握压阻式传感器的基本原理，根据所选择的压阻式传感器设计相关接口电路，并完成电路的制作与调试。

2.2.2　任务分析

1. 任务要求

汽车的行驶离不开发动机的工作，发动机工作是靠爆燃燃油产生的能量，而汽油爆燃需要洁净的空气助燃，发动机进气量的大小决定了汽油爆燃的充分性。目前，汽车发动机吸气压力检测是检测汽车发动机进气量大小的最常用检测方法之一，对于了解发动机的充气效率、燃油与空气混合比或改善发动机的动力性能、经济性能均需要测定发动机的进气量。

本任务主要利用压阻式压力传感器来完成发动机进气量检测电路的设计和制作。

2. 主要器件选用

本任务中要用到的主要器件是压阻式压力传感器，其特性见表 2-10。

表 2-10　汽车发动机吸气压力检测主要器件及其特性

主要器件	主要特性
压阻式压力传感器  MPX2050GP	MPX2000 系列传感器内部设置了温度补偿电阻网络，并经激光校准，外壳为塑料，工作介质为纯净空气，内有放大器，输出满量程电压为(40±1.5)mV，差动压力范围为 0～50kPa，工作电压为 10V DC，零位输出±1mV，灵敏度为 0.8mV/kPa，线性度为±0.1～±0.25%FS，压力滞后(0 ～50kPa)±0.1%FS，温度滞后(-40～+125℃)±0.5%FS，全量程的温度影响-1.0～1.0%FS，零位温度影响-1.0～1.0mV，输入阻抗 1000～2500Ω，输出阻抗 1400～3000Ω，响应时间(10%～90%)1ms，工作温度为-40～+125℃，工作电压最大值为 16V DC。

2.2.3　任务实施

1. 任务方案

汽车发动机吸气压力检测系统原理框图如图 2.24 所示。系统由压阻式压力传感器、差动放大电路和数字表头构成。

图 2.24　汽车发动机吸气压力检测系统原理框图

2. 硬件电路

系统硬件电路图如图 2.25 所示。图中，ICl−1 与 ICl−2 组成的差动放大电路，用于将 MPX2050GP 传感器送来的电信号放大。R_{p1} 电位器用来调整差动放大电路的增益。R_1 用于将 9V 电压降压、限流以后，由 VD 稳压二极管稳压为 5.6V 后提供给 MPX2050GP 传感器作工作电源。采用三位 LCD 数字式表头来显示压力值。

3. 电路调试

按图 2.25 所示，将各组件焊接到万能板上，检测电路准确性。用风扇对力敏感元件 MPX2050GP 的作用来模拟汽车发动机进气系统进气量的检测。闭合开关 SA_1，用风扇对 MPX2050GP 施加气场压力，在风扇的作用下，数字表头有输出显示。

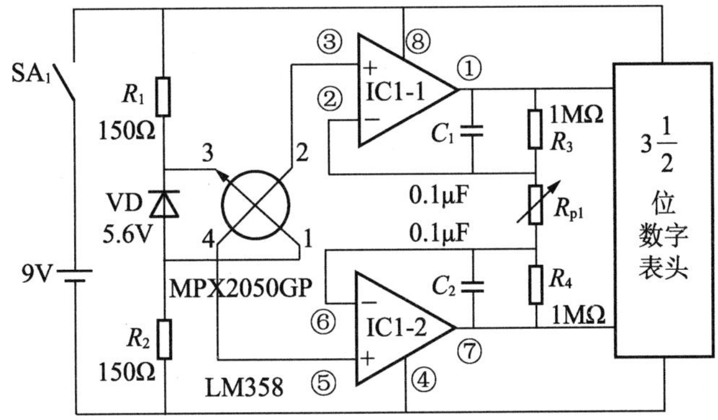

图 2.25 系统硬件电路图

2.2.4 知识链接

1. 压阻式传感器基本工作原理

1954 年，科学家们发现了半导体材料的压阻效应，即单晶硅材料受应力作用时电阻率发生显著变化的现象，相对电阻值变化比金属应变件高出上百倍。随着半导体器件的发展，出现了集成化、数字化、智能化的微型压阻效应的传感器。

半导体材料导电体的电阻和金属一样，也和长度 L、截面 S 及电阻率 ρ 有关。当半导体受到应力作用时，不仅由于机械变形而会使其发生形状变化，而且它的电阻率也会发生变化，由于载流子迁移率的变化，使其电阻率发生变化的现象称为压阻效应。

由半导体理论知：半导体材料的电阻率相对变化与作用于材料的轴向应力 σ 成正比。

$$\frac{\mathrm{d}\rho}{\rho}=\pi\sigma=\pi E\varepsilon \tag{2-38}$$

$$\sigma=\frac{F}{A}=\varepsilon E \tag{2-39}$$

即半导体材料的电阻率相对变化与其轴向(或纵向)线应变ε成正比。

所以，半导体材料的电阻相对变化为

$$\frac{\Delta R}{R} \approx \frac{\mathrm{d}R}{R} = [(1+2u)+\pi E]\varepsilon = k_{\mathrm{s}}\varepsilon \tag{2-40}$$

式中，π为半导体材料在受力方向的压阻系数；E为半导体材料的弹性模量；$k_{\mathrm{s}} = 1+2u+\pi E$为半导体材料的应变灵敏系数，一般为50～100。

由以上分析可知，电阻相对变化由两部分引起：①材料受力后几何尺寸变化(应变)；②材料受力后电阻率发生变化。

半导体材料的电阻变化主要基于压阻效应。与机械式压力传感器相比，压电电阻型半导体压力传感器具有小型、廉价的特点。利用其制作半导体应变片，其灵敏度比金属应变片高 50～70 倍，输出信号也大得多，体积可以做得很小，工作频率高、响应速度快、性能稳定，电阻值可以在较宽的范围内调整以适应不同阻抗的匹配。

压阻式传感器的优点如下：

(1) 灵敏度非常高，有时传感器的输出不需放大，可直接用于测量。

(2) 分辨率高，例如，测量压力时，可测出 10～20Pa 的微压。

(3) 测量元件的有效面积可做得很小，频率响应高。

(4) 可测量低频加速度和直线加速度。其最大缺点是温度误差大，故需温度补偿或在恒温条件下使用。

2. 压阻式传感器类型

压阻式传感器有两种类型：一类是利用半导体材料的特性制成粘贴式的应变计，做成半导体应变式传感器，其使用方法与电阻应变计类似；另一类是在半导体材料的基片上，用集成电路工艺制成扩散电阻，作为测量传感组件，也称扩散型压阻式传感器或固态压阻式传感器。固态压阻式传感器主要用于测量压力、加速度等物理量。

压阻式传感器的型号很多，它们使用的单晶材料有硅、锗、锑化铟、磷化铟、磷化镓、磷化硅等，用它们可以做成 P 型半导体应变片和 N 型半导体应变片。用半导体应变片可以组成各种类型的压力传感器，以满足检测不同的对象和量程范围。

压阻式压力传感器是根据半导体的压阻特性制成的，故又称为半导体应变计(片)。该应变计中将应变量转换为电阻变量的部位，称为敏感栅。根据敏感栅制造工艺的不同有以下各种类型。

(1) 体型半导体应变计。体型半导体应变计是用单晶硅等半导体材料切割后，经蚀刻等方法制成敏感栅的应变计。

(2) 电箔式应变片。电箔式应变片是一种敏感栅由金属箔片制成的应变计。

(3) 电阻丝应变片。这是一种敏感栅由金属电阻丝制作的应变片。

(4) 扩散型半导体应变计。这是一种将杂质有选择地扩散在半导体材料上制成敏感栅，并以 NP 结作隔离的应变计。

3. 硅片压阻式压力传感器结构特点

1) 特点

压力传感器多为硅片压阻式，其核心器件是半导体器件——力敏应变片。硅片压阻式压力传感器具有可靠性高、体积小、质量轻、高度集成化等特点。温度补偿电路、传感器和放大电路一般可集成在同一芯片上；输出电压为 0.5～4.5 V，直接与单片微计算机接口；测量压力范围宽(10～700Pa)；能在较大的温度范围内得到较好的温度补偿；精度高，可测几十千赫的脉冲压力。

2) 结构

由硅片制成的压阻式压力传感器如图 2.26 所示。在图 2.26(a)所示的一小块硅片上(如 2 mm×2 mm)，先采用腐蚀工艺在单晶硅片上制成硅杯，其中间部位即为硅膜片[弹性元件，如图 2.26 (b)所示]，然后在硅膜片上用扩散工艺或离子注入工艺制成一定形状的应变组件(或由 4 个电阻构成的惠斯顿电桥，见表 2-9 中图)。由于单晶硅是各向异性材料，取向不同时，特性也不一样。当压力作用在硅膜片上时，膜片受力，使电桥中两个电阻阻值上升，另两个电阻的阻值下降，破坏了电桥的平衡，从而输出一个与压力成正比的电压信号 U。

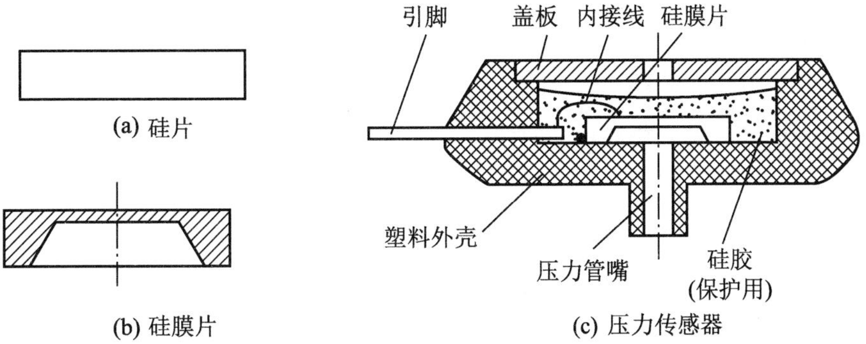

图 2.26 硅片制成的压阻式压力传感器结构示意图

传感器的结构如图 2.26(c)所示。硅膜片放在塑料外壳的底部，其电桥电路由内接线焊至引脚上，为了保护内接线及硅片上的电桥电路，在它上面涂上硅胶，塑料外壳上用金属盖板封住，形成一个完整的压力传感器。

工作时，外加的压力从压力管嘴进入硅膜片，膜片受力变形，引起电桥不平衡，输出相应的电压信号。盖板上有小孔是通大气的，故这种压力传感器测量的压力是相对于大气压的，通常称其为表压测量。

综上所述，硅膜片制成的压力传感器的核心部分是用集成电路工艺制作的，它是目前压力传感器中应用最广的一种。

4. 压阻式传感器的驱动电路

压阻式压力传感器的驱动方式有恒压驱动方式和恒流驱动方式两大类。在这两种驱动方式中，恒流驱动的灵敏度温度特性误差相对较小。

恒流驱动方式的基本电路如图 2.27 所示。多数型号的压力传感器，一般驱动电流不宜超过 1.5 mA，这是由于压力传感器的内部电阻的输出电压会因电流过大产生温升而漂移。例如，FPM-30PG 型压力传感器的驱动电流就设定为 0.7～1.5 mA。

在确定驱动电流时，应考虑传感器内电阻电桥的阻值(一般为 4～6kΩ)和运算放大器的性能。如果将驱动电流设在 0.7mA 以下，虽然可驱动压力传感器，但是输出电压会按比例下降。

此外，在图 2.27 所示的电路中，还设置了电阻 R_6 与 R_7，用于适应不同传感器特性的变化。当适当减小 R_6 与 R_7 的电阻值时，压力传感器的灵敏度温度特性误差会增大，当阻值设定在数千欧姆时，对灵敏变温度特性的影响就可以忽略不计。

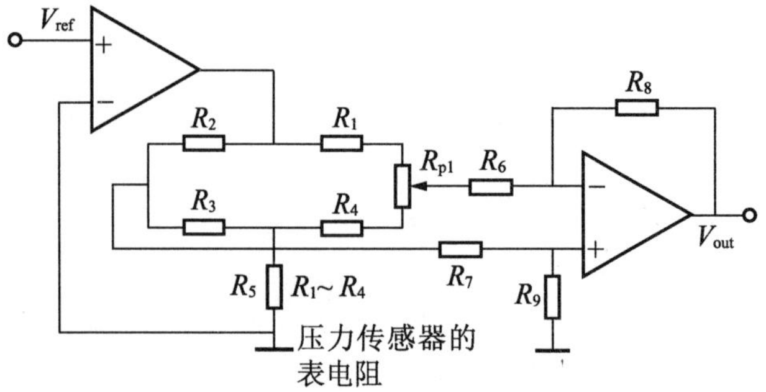

图 2.27　压力传感器恒流源基本驱动电路

5. 压阻式传感器的温度补偿电路

压阻式传感器的最大缺点是温度误差较大，故需温度补偿或在恒温条件下使用。压阻式传感器受到温度影响后，要产生零位漂移和灵敏度漂移，因而会产生温度误差。压阻式传感器中，扩散电阻的温度系数较大，各电阻值随温度变化量很难做得相等，故引起传感器的零位漂移。传感器灵敏度的温漂是由于压阻系数随温度变化而引起的。温度升高时，压阻系数变小，传感器的灵敏度要降低，反之灵敏度升高。

零位温漂一般可用串、并联电阻的方法进行补偿，如图 2.28 所示。图中 R_1～R_4 是在硅基片上用集成电路工艺制成的 4 个接成惠斯顿电桥的扩散电阻，串联电阻 R_s 主要起调零作用，而并联电阻 R_p 则主要起补偿作用。例如，温度升高，R_2 的增量较大，则 B 点电位高于 D 点电位，两点电位差就是零位漂移。为了消除此电位差，在 R_2 上并联一负温度系数的阻值较大的电阻 R_p，用其约束 R_2 的变化，从而实现补偿。当然如果在 R_4 上并联一个正温度系数的阻值较大的电阻也可以。R_s 和 R_p 要根据 4 个桥臂在低温和高温下的实测电阻值计算出来，才能取得较好的补偿效果。

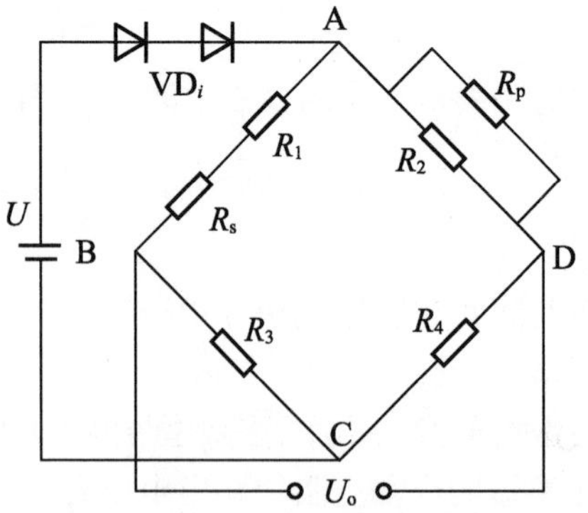

图 2.28　压阻式传感器温度补偿电路

电桥的电源回路中串联的二极管 VD_i 是补偿灵敏度温漂的。二极管的 PN 结为负温度特性，温度每升高 1℃，正向压降减少 1.9～2.4mV。这样，当温度升高时，二极管正向压降减少，因电源采用恒压源，则电桥电压必然提高，使输出变大，以补偿灵敏度的下降。所串联的二极管个数，要依实际情况进行计算。

6. 压阻式压力传感器的选用

压阻式压力传感器的应用范围较广，选择压力传感器时，应注意以下几点：

1) 测量范围

需要测量的压力范围应小于传感器的额定压力，而且尽可能选择接近测量压力的传感器。

(1) 从真空到 1MPa 的中压范围宜选用廉价、容易使用的压电电阻型半导体压力传感器。

(2) 额定压力在 0～10kPa 以下的微压范围则选用电容式压力传感器比较好。

(3) 1MPa 以上的高压范围则应选用薄膜式压力传感器或机械式压力传感器。

2) 测量媒介

半导体压力传感器宜测量如空气等气体，而不能测量液体和腐蚀性气体，机械式压力传感器和薄膜式压力传感器由于采用薄膜、陶瓷和金属等材料，几乎可以测量所有媒介的压力。

3) 输出信号

半导体压力传感器多为廉价产品，必要时可自动输出信号去处理电路。一些将半导体压力传感器和处理电路一同封装的传感组件已有市售，在实践中，这些型号的产品更容易使用。

2.2.5　任务总结

通过本任务的学习，应掌握压阻式传感器的基本工作原理、类型、结构特点、典型驱动电路和应用注意事项等知识重点。

通过本任务的学习，应掌握如下实践技能：①正确分析、制作与调试电阻式传感器应用电路；②根据设计任务要求，完成硬件电路相关元器件的选型，并掌握其工作原理。

2.2.6　请你做一做

(1) 上网查找 3 家以上生产压阻式传感器的企业，列出这些企业生产的压阻式传感器的型号、规格，了解其特性和适用范围。

(2) 动手设计一个采用压阻式传感器测量油箱液位的电路。

任务 2.3　玻璃破碎报警器(压电式传感器)

2.3.1　任务目标

通过本任务的学习，掌握压电式传感器的基本原理，根据所选择的压电式传感器设计相关接口电路，并完成电路的制作与调试。

2.3.2 任务分析

1. 任务要求

图 2.29 压电玻璃破碎报警器

利用压电元件对振动敏感的特性来感知玻璃撞击和破碎时产生的振动波。传感器把振动波转换成电压输出，输出电压经放大、滤波、比较等处理后提供给报警系统(图 2.29)，在玻璃破碎时产生报警，防止非法入侵。压电式传感器能测试的玻璃种类包括钢化玻璃、强化玻璃、层化玻璃等，适用于宾馆、商店、图书馆、珠宝店、仓库及其他对玻璃破碎需要报警的场所。

2. 主要器件选用

本任务中要用到的主要器件及其特性见表 2-11。

表 2-11 玻璃破碎报警器主要器件及其特性

主要器件	主要特性
压电式传感器  压电陶瓷片实物图	35mm 压电陶瓷发电片； 输出电压：0～30V DC； 输出电流：0～10mA； 谐振阻抗：<100Ω； 静态电容：75～85 nF； 基片材质：黄铜#CW617N； 压电陶瓷材质：P5-1

2.3.3 任务实施

1. 任务方案

压电式玻璃破碎报警器原理框图如图 2.30 所示。系统主要由压电陶瓷片和声光报警模块构成。

图 2.30 压电式玻璃破碎报警器原理框图

2. 硬件电路

基于压电传感器的玻璃破碎报警器硬件模拟电路如图 2.31 所示。

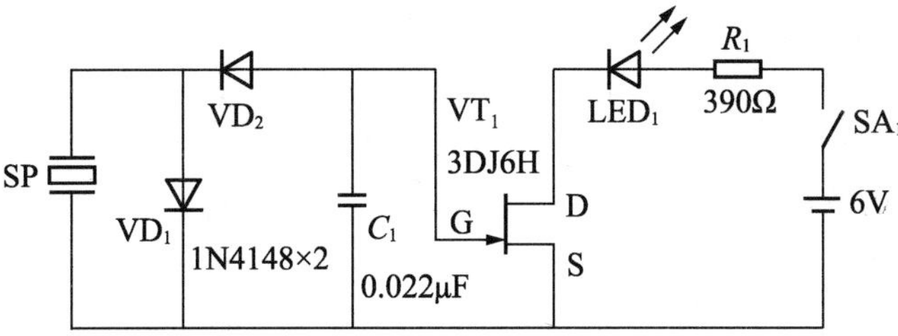

【参考图文】

图 2.31 玻璃破碎报警器硬件模拟电路

3. 电路调试

按图 2.31 所示连好电路，图中 SP 为压电陶瓷片，VT_1 为 3DJ6H 场效应管，VD_1 和 VD_2 为硅开关二极管。

接通 SA_1 开关，C_1 电容两端电压为 0V，与其相连的场效应管 VT_1 控制栅极 G 的偏压为 0V，故 VT_1 导通，其源极电流将 LED_1 发光二极管点亮。

当用铅笔头或火柴棒向下轻轻碰触压电陶瓷片时，SP 产生负向脉冲电压，该电压经二极管 VD_2 对电容 C_1 进行充电时，使 VT_1 的控制栅极有负偏压产生，当这一电压超过 VT_1 所需的夹断电压时，则 VT_1 变为截止，致使 LED_1 发光二极管熄灭。同时，二极管 VD_1 旁路 SP 在碰撞结束瞬间产生正向脉冲电流。

碰触结束后，随着电容 C_1 上的电压由于元器件的放电而逐渐降低，当这一电压小于夹断电压(绝对值)时，VT_1 则退出截止状态，漏极电流又逐渐产生并增大，使 LED_1 发光二极管逐渐由暗变亮，最终恢复到初始状态。

2.3.4 知识链接

1. 压电式传感器

压电式传感器是一种典型的发电型传感器，以电介质的压电效应为基础，外力作用下在电介质表面产生电荷，从而实现非电量测量。

压电式传感器可以对各种动态力、机械冲击和振动进行测量，在声学、医学、力学、导航方面都得到广泛的应用。

2. 压电效应

某些电介质(晶体)当沿着一定方向施加力而变形时，内部产生极化现象，同时在它表面会产生符号相反的电荷，如图 2.32(b)所示；当外力去掉后，又重新恢复不带电状态如图 2.32(a)所示；当作用力方向改变后，电荷的极性也随之改变如图 2.32(c)所示，这种现象称压电效应。

压电效应是可逆的，在介质极化的方向施加电场时，电介质会产生形变，将电能转化成机械能，这种现象称为“逆压电效应”。

所以压电元件可以将机械能转换成电能，也可以将电能转换成机械能。

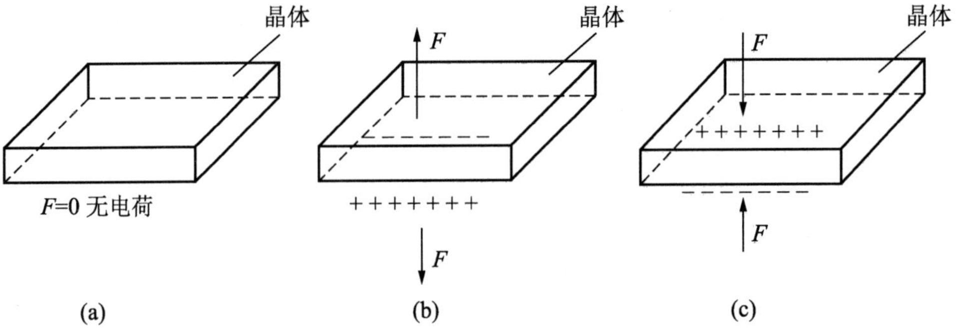

图 2.32　压电效应示意图

3. 压电效应方程

假定有一个正六面体的压电元件，在三维直角坐标系内的力-电作用状况如图 2.33 所示。图 2.33 中 T_1、T_2、T_3 分别表示沿 x、y、z 轴的正应力分量(拉应力为正，压应力为负)；T_4、T_5、T_6 分别表示绕 x、y、z 轴的切应力分量(逆时针方向为正，顺时针方向为负)；σ_1、σ_2、σ_3 分别表示垂直于 x、y、z 轴的表面(x、y、z 轴面)上的电荷密度。

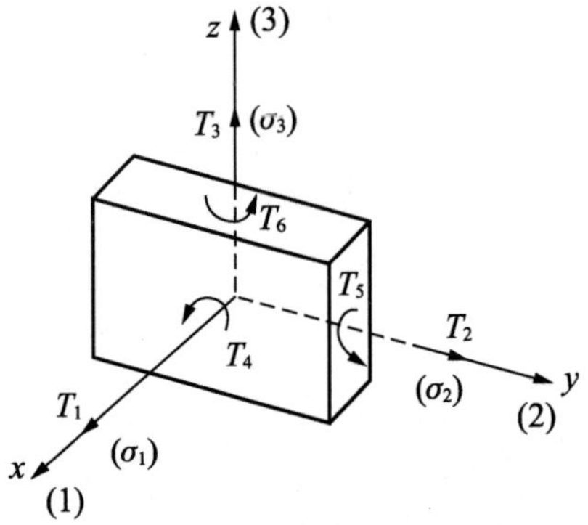

图 2.33　压电元件力-电分布

1) 压电常数矩阵

由于电荷面有 x、y、z 轴面(i=1，2，3)3 种情况，应力方向有(j=1，2，3，4，5，6)6 种情况，所以压电常数在理论上有 18 种可能值，写成矩阵形式为

$$[d_{ij}]=\begin{bmatrix} d_{11} & d_{12} & d_{13} & d_{14} & d_{15} & d_{16} \\ d_{21} & d_{22} & d_{23} & d_{24} & d_{25} & d_{26} \\ d_{31} & d_{32} & d_{33} & d_{34} & d_{35} & d_{36} \end{bmatrix} \tag{2-41}$$

对不同的压电材料，由于各向异性的程度不同，上述压电常数矩阵的 18 个压电常数中，有的常数为 0，表示不存在压电效应。有的常数与另一个常数数字上相等或成倍数关系。压电常数可通过测试获得。

2) 单一应力作用下的压电效应

单一应力作用下的压电效应为

$$\sigma_i = d_{ij}T_j \tag{2-42}$$

式中，i表示电荷产生面的下标，i=1，2，3；j表示应力方向的下标，j=1，2，3，4，5，6；d_{ij}表示j方向应力引起i面产生电荷时的压电常数[C/N(库仑/牛顿)]；σ_i表示i面上(垂直于x、y、z轴面上)产生的电荷密度(C/m^2)。

单一应力作用下的压电效应有以下 4 种类型，如图 2.34 所示。

(1) 纵向压电效应：$i=j$，应力与电荷面垂直，此时压电元件厚度伸缩，如 d_{11}、d_{33} 的压电效应，如图 2.34(a)所示。

(2) 横向压电效应：$i\neq j$，$j\leqslant 3$，应力与电荷面平行，此时压电元件长宽伸缩，如 d_{12}、d_{31}、d_{32} 的压电效应，如图 2.34(b)所示。

(3) 面切压电效应：$j-i=3$，$j\geqslant 4$，电荷面受剪切，如 d_{14}、d_{25} 的压电效应，如图 2.34(c)所示。

(4) 剪切压电效应：$j-i\neq 3$，$j\geqslant 4$，厚度受剪切，如 d_{24}、d_{15}、d_{26} 的压电效应，如图 2.34(d)所示。

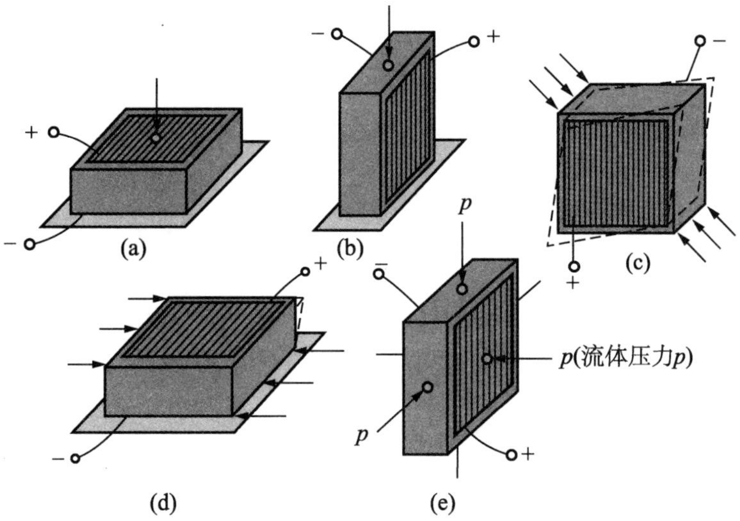

【参考动画】

图 2.34 压电效应的几种类型

3) 全压电效应

在多应力作用下的压电效应称为全压电效应，则有

$$\sigma_i = \sum_{j=1}^{6} d_{ij}T_j \quad (i=1,\ 2,\ 3) \tag{2-43}$$

式中，σ_i表示电荷产生面i面上产生的总电荷密度。

在 3 个单向力同时作用下，产生体积变形的压电效应，如图 2.34(e)所示，则有

$$\sigma_i = \sum_{j=1}^{3} d_{ij}T_j \quad (i=1,\ 2,\ 3) \tag{2-44}$$

4. 力-电荷转换公式

上述压电效应方程描述了压电效应产生的电荷密度与所受应力的关系，对于具有一定尺寸的压电元件，常常需要确定压电效应产生的电荷与所受外力的关系。若设电荷产生面的面积为 S_i，电荷量为 Q_i，则电荷密度 σ_i 为

$$\sigma_i = \frac{Q_i}{S_i} \tag{2-45}$$

因为 j 方向所受应力T_j等于j方向所受外力F_j与受力面积S_j之比，故

$$T_j = \frac{F_j}{S_j} \tag{2-46}$$

将式(2-45)和式(2-46)代入式(2-42)，可得

$$Q_i = d_{ij} F_j \frac{S_i}{S_j} \tag{2-47}$$

对于纵向压电效应，因i=j，S_i=S_j，故有

$$Q_i = d_{ij} F_j = d_{ii} F_i \tag{2-48}$$

如图 2.35(a)所示，长 l 宽 b 厚 h 的左旋石英晶体切片，若在 x 轴方向施加压力 F_x，则晶体的 x 轴正向带正电，如图 2.35(b)所示。若 F_x 为拉力，则电荷极性相反。这种纵向压电效应产生的电荷量为

$$Q_x = d_{11} F_x \tag{2-49}$$

若该芯片在 y 轴方向施加压力 F_y，则晶体的 x 轴正向带负电，如图 2.35(c)所示。若 F_y 为拉力，则电荷极性相反。这种横向压电效应产生的电荷量为

$$Q_x = d_{12} F_y \frac{lb}{bh} = -d_{11} F_y \frac{l}{h} \tag{2-50}$$

因为石英晶体 $d_{12} = -d_{11}$。

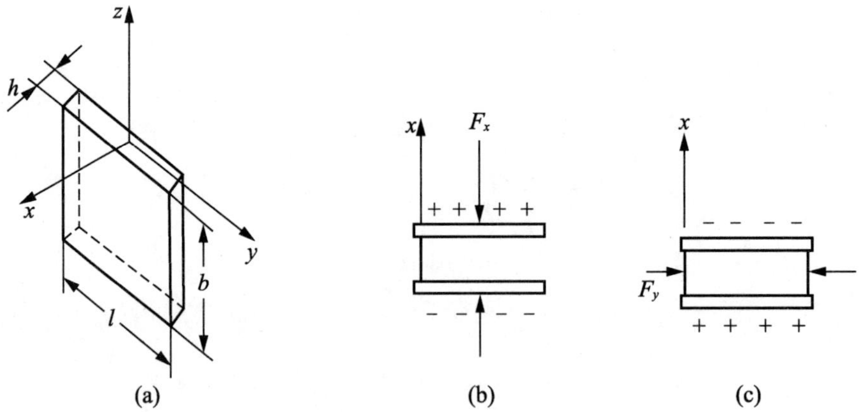

图 2.35　石英晶片上电荷极性与受力方向的关系

5. 常用压电材料

具有压电效应的电介质称为压电材料。自然界许多晶体具有压电效应，但十分微弱，迄今已出现的压电材料可分为 3 种类型：压电晶体(单晶)，包括压电石英晶体和其他压电单晶；压电陶瓷(多晶半导瓷)；新型压电材料，如压电半导体和有机高分子压电材料。目前国内普遍应用的是石英晶体和压电陶瓷。

1) 石英晶体

石英晶体(图 2.36)是最常用的压电晶体之一，是单晶体结构，化学式为 SiO_2。纯石英为无色晶体，大而透明棱柱状的石英叫作水晶。普通的砂是细小的石英晶体，有黄砂(较多的铁杂质)和白砂(杂质少、较纯净)。结晶完美时就是水晶。含有微量杂质的水晶带有不同颜色，有紫水晶(铁、锰)、茶晶、墨晶等。

【参考图文】

图 2.36 各种各样的石英

石英晶体外形如图 2.37 所示，呈六角棱柱体，两端呈六角棱锥形状。石英晶体具有较好的对称性，但各个方向的特性是不同的。采用如图 2.37(b)所示的直角坐标系。

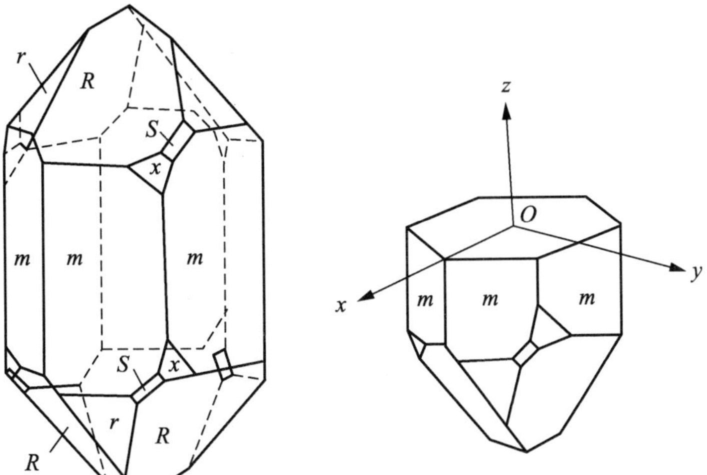

(a) (b)

图 2.37 石英晶体

z 轴(光轴或中性轴)：与晶体上下晶锥顶点连线重合，光线沿该轴通过石英晶体时无折射，而且该轴方向上没有压电效应。

x 轴(电轴)：经过六棱柱棱线垂直于光轴 z，垂直于此轴的面上压电效应最强。

y 轴(机轴或机械轴)：垂直于光轴 z 和电轴 x，在电场作用下沿该轴方向的机械变形最明显。

石英晶体的压电特性与内部分子结构有关。当石英晶体未受外力作用时如图 2.38(a)所示，正、负离子正好分布在正六边形的顶角上，形成 3 个互成 120°夹角的电偶极矩 P_1、P_2、P_3，$P_1+P_2+P_3=0$，所以晶体表面不产生电荷，即呈中性。

当石英晶体受到沿 x 轴方向的压力作用时，如图 2.38(b)所示，晶体沿 x 轴方向将产生压缩变形，正负电荷重心不再重合，在 x 轴的正方向出现正电荷，电偶极矩在 y 轴方向上的分量仍为零，不出现电荷。

当晶体受到沿 y 轴方向的压力作用时，如图 2.38(c)所示，在 x 轴上出现电荷，它的极性为在 x 轴正向为负电荷，在 y 轴方向上不出现电荷。

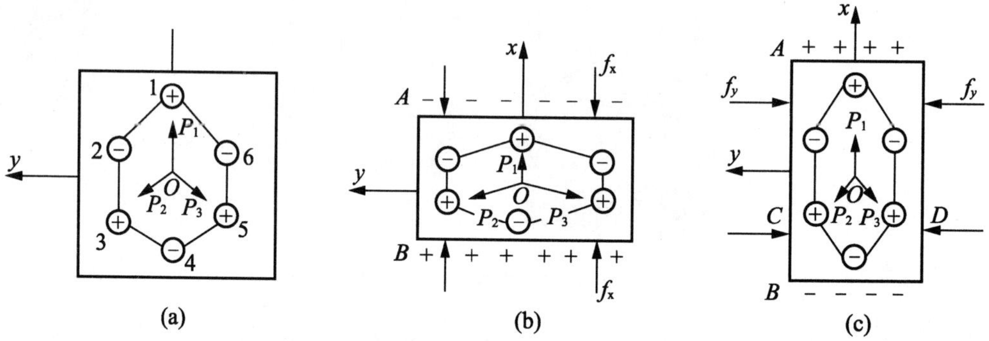

图 2.38　石英晶体压电特性与内部分子结构的关系

如果沿 z 轴方向施加作用力，因为晶体在 x 轴方向和 y 轴方向所产生的形变完全相同，所以正负电荷重心保持重合，电偶极矩矢量和等于零。这表明沿 z 轴方向施加作用力，晶体不会产生压电效应。

由于石英晶体结构有较好的对称性，因此它独立的压电常数只有两个，d_{11} 和 d_{14}，其压电常数矩阵为

$$[d_{ij}]=\begin{bmatrix} d_{11} & -d_{11} & 0 & d_{14} & 0 & 0 \\ 0 & 0 & 0 & 0 & -d_{14} & -2d_{11} \\ 0 & 0 & 0 & 0 & 0 & 0 \end{bmatrix}$$

式中，$d_{11}=2.31\times10^{-12}\text{C/N}$；$d_{14}=0.73\times10^{-12}\text{C/N}$。

所以石英晶体不是在任何方向上都存在压电效应的。

在 x 轴方向上：只有 d_{11} 的纵向压电效应，如图 2.39(a)所示；$d_{12}(d_{12}=-d_{11})$的横向压电效应如图 2.39(b)所示；d_{14} 的面切压电效应如图 2.39(c)所示。

在 y 轴方向上：只有 $d_{25}(d_{25}=-d_{14})$的面切压电效应，如图 2.39(d)所示；$d_{26}(d_{26}=-2d_{11})$

的剪切压电效应如图 2.39(e)所示。

在 z 轴方向上：无任何压电效应。

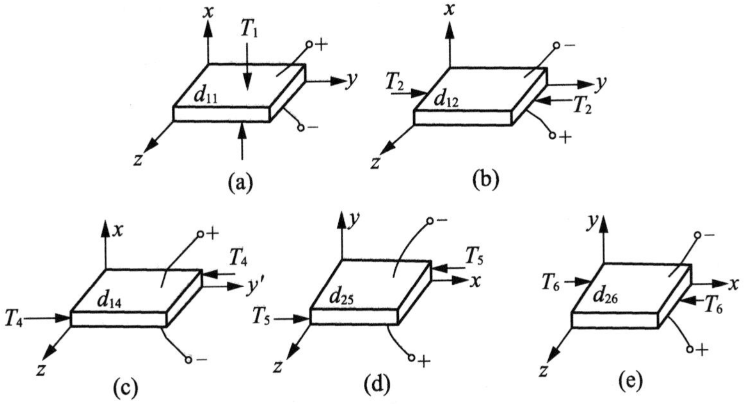

图 2.39 石英晶体的压电效应

2) 压电陶瓷

压电陶瓷将机械能转换成电能，可以制造出压电点火器、移动 X 光电源、炮弹引爆装置。电子打火机中就有压电陶瓷制作的火石，打火次数可在 100 万次以上。用压电陶瓷把电能转换成超声振动，可以用来探寻水下鱼群的位置和形状；可对金属进行无损探伤，以及超声清洗、超声医疗；还可以做成各种超声切割器、焊接装置及烙铁，对塑料甚至金属进行加工。

压电陶瓷是一种经极化处理后的人工多晶体(由无数细微的单晶组成)铁电体(具有类似铁磁材料磁畴的电畴结构)压电材料。

每个单晶形成一单个电畴，无电场作用时，电畴在晶体中杂乱分布，极化相互抵消，呈中性，如图 2.40(a)所示。

施加外电场时，电畴的极化方向发生转动，趋向外电场方向排列。外电场强度达到饱和程度时，所有的电畴与外电场一致，如图 2.40(b)所示。

外电场去掉后，电畴极化方向基本不变，剩余极化强度很大。所以，压电陶瓷极化后才具有压电特性，未极化时是非压电体，如图 2.40(c)所示。

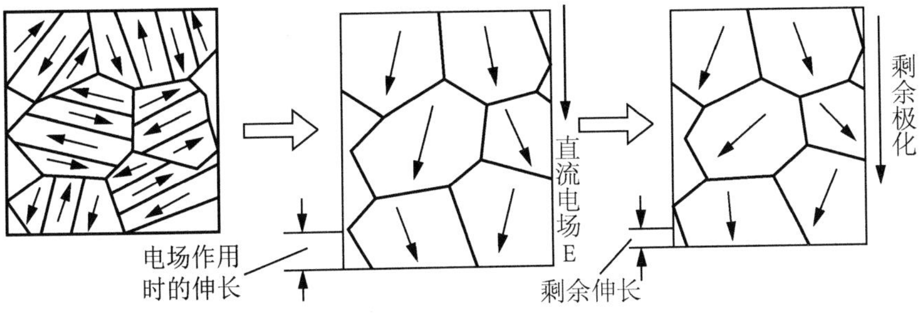

图 2.40 $BaTiO_3$ 压电陶瓷的极化

对于压电陶瓷，通常将极化方向定义为 z 轴，垂直于 z 轴的平面内则各向同性，与 z 轴垂直的任何正交方向都可取作 x 和 y 轴，并且压电特性相同。

由实验测得钛酸钡压电陶瓷的压电常数矩阵为

$$[d_{ij}]=\begin{bmatrix}0 & 0 & 0 & 0 & d_{15} & 0\\ 0 & 0 & 0 & d_{15} & 0 & 0\\ d_{31} & d_{31} & d_{33} & 0 & 0 & 0\end{bmatrix}$$

式中，$d_{33}=190\times10^{-12}\mathrm{C/N}$；$d_{31}=d_{32}=-78\times10^{-12}\mathrm{C/N}$；$d_{15}=d_{24}=250\times10^{-12}\mathrm{C/N}$。

钛酸钡压电陶瓷的压电效应如图 2.41 所示。

在 x 轴方向上：只有 d_{15} 的厚度剪切压电效应，如图 2.41(a)所示；

在 y 轴方向上：只有 d_{24} 的厚度剪切压电效应，如图 2.41(b)所示；

在 z 轴方向上：d_{33} 的纵向压电效应如图 2.41(c)所示；d_{31} 的横向压电效应如图 2.41(d)所示；d_{32} 的横向压电效应，如图 2.41(e)所示。

三向应力 T_1、T_2、T_3 同时作用下的体积形压电效应如图 2.41(f)所示，当外加三向压力相等(如液体压力)时，有

$$\sigma_3=(d_{31}+d_{32}+d_{33})T=(2d_{31}+d_{33})T=d_3T \tag{2-51}$$

式中，$d_3=2d_{31}+d_{33}$，称为体积压缩压电常数。

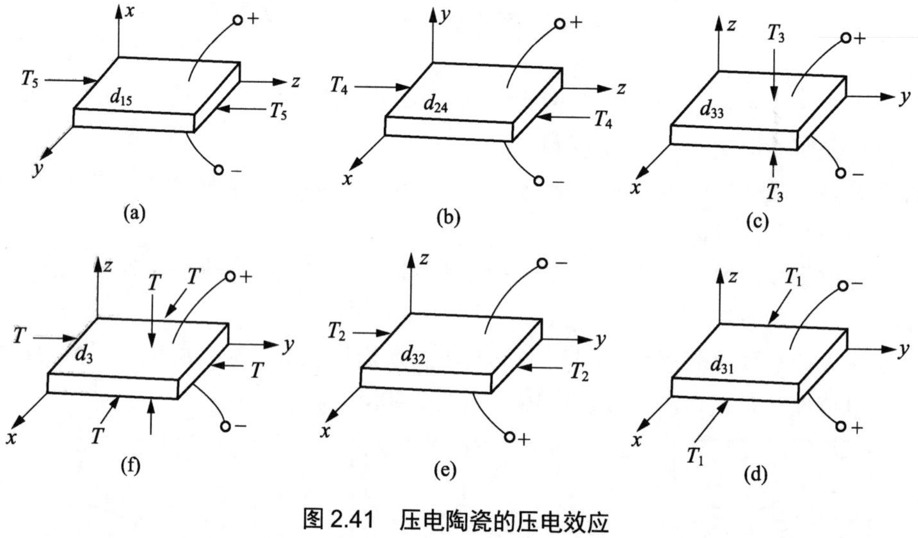

图 2.41　压电陶瓷的压电效应

6. 压电元件

1) 压电元件的基本变形方式

压电元件有 5 种基本变形方式，石英晶体和压电陶瓷的基本变形方式和相应的压电常数见表 2-12。

表 2-12 压电元件的基本变形方式

变形方式	压电效应	石英晶体	压电陶瓷
厚度伸缩	纵向	$d_{11}(2.31)$	$d_{33}(190)$
长宽伸缩	横向	$d_{12}(2.31)$	d_{31}，$d_{32}(78)$
厚度切变	剪切	$d_{26}(2\times2.31)$	d_{15}，$d_{24}(250)$
长宽切变	面切	d_{14}，$d_{25}(0.73)$	
体积压缩	纵横向		$2d_{31}+d_{33}(34)$

由表 2-12 可见，压电陶瓷的压电常数比石英晶体的大数十倍。压电陶瓷的厚度切变压电效应最好，要尽量取用。石英晶体的长宽切变压电效应最差，很少取用。压电陶瓷的体积压缩压电效应具有优越性，适用于空间力场(如液体压力)的测量。

在压电式传感器中，一般利用压电元件的纵向压电效应较多，这时压电元件大多是圆片式。

压电元件使用注意事项如下：

(1) 压电元件传感器必须要有一定的预应力，以保证在作用力变化时，压电元件始终受到压力，但预应力不能太大，否则将影响其灵敏度。

(2) 要保证压电元件与作用力之间的全面均匀接触，获得输出电压(或电荷)与作用力的线性关系。

2) 压电元件的等效电路

压电传感器以某种切型从压电材料切得芯片，其电荷产生面经镀覆金属(银)层或加金属薄片后形成电极，这样就构成了可供选用的压电元件。

压电元件的两电极间的石英晶体或压电陶瓷为绝缘体，因此就构成了一个电容器，其等效电容为

$$C_{\rm a}=\frac{\varepsilon s}{h} \tag{2-52}$$

式中，ε 为压电陶瓷或石英晶体的介电常数；s为极板面积；h为压电元件厚度(两极板间距离)。

压电元件受外力作用时，两电极表面产生等量的正、负电荷 Q。因此压电元件可等效为一个电荷源 Q 和电容 $C_{\rm a}$ 并联，如图 2.42(a)所示。压电元件受外力作用时，在电极表面产生电荷时，两电极间将形成电压，其值为

$$U_a=\frac{Q}{C_{\rm a}} \tag{2-53}$$

因此，压电元件又可等效为一个电压源 $U_{\rm a}$ 与电容 $C_{\rm a}$ 的串联，如图 2.42(b)所示。

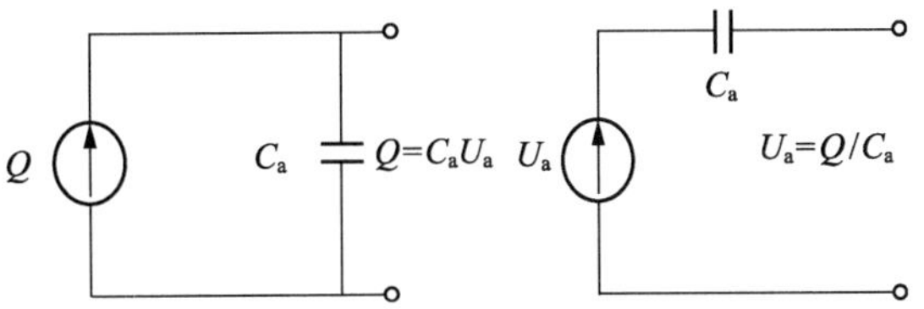

(a) 电荷等效电路 (b) 电压等效电路

图 2.42 压电元件的等效电路

注意

压电元件不受外力作用时，电极表面没有电荷产生，图 2.42 中电荷源开路(无电荷时电流为 0)，电压源短路，此时压电元件等效为一个电容器 C_a。

3) 压电元件的串并联

在实际应用中为提高灵敏度使表面有足够的电荷，常常把两片、多片压电元件组合在一起使用。这种组合方法是：多个压电元件堆叠在一起，在力学上是串联结构，以保证所有压电元件受到同样大小的作用力，每片产生的应变及电荷都与单片时相同。在电路上可以采用串联，也可以采用并联。由于压电元件的电荷是有极性的，压电元件的串并联是指压电元件的极性连接方式。下面以纵向压电效应为例加以说明。

如图 2.43(a)所示，n 片压电元件并联时，相邻两片压电元件按极化方向相反粘贴，两片之间夹垫金属片并引出导线，两端导线相间并联，n 个压电元件可视为一个压电元件，该压电元件的电容 C_e、电荷 Q_e 和电压 U_e 与单个压电元件的 C、Q、U 的关系为

$$C_e = nC,\ \ Q_e = nQ,\ \ U_e = U \tag{2-54}$$

并联使压电传感器时间常数增大，电荷灵敏度增大，适用于电荷输出、低频信号测量的场合。

如图 2.43(b)所示，n 片压电元件串联时，相邻两片压电元件按相同极化方向粘贴，端面用金属垫片引出导线。串联组合后等效压电元件的电容 C_e、电荷 Q_e 和电压 U_e 分别为

$$C_e = \frac{C}{n},\ \ Q_e = Q,\ \ U_e = nU \tag{2-55}$$

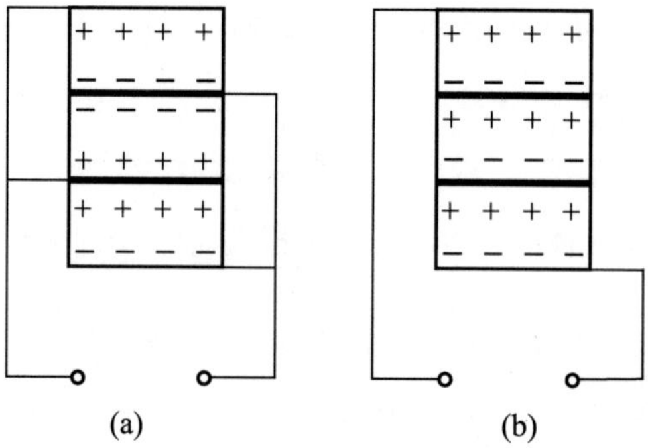

图 2.43　压电元件的串并联

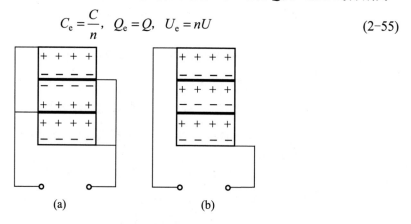

串联使压电传感器时间常数减小，电压灵敏度增大，适用于电压输出、高频信号测量的场合。

7. 接口电路

如图 2.42(b)所示，压电式传感器等效为一个电压源 U_a 和一个电容 C_a 的串联电路，显然，如果外部负载 R_L 不是无穷大，那么受力所产生的电荷就要以时间常数 R_LC_a 放电，造成测量误差。为此压电式传感器要求负载电阻 R_L 必须有很大的数值，要达到数百兆欧以上，才能使测量误差小到一定数值以内。此外，压电式传感器输出的能量也非常微弱，因

此常在压电式传感器输出端后面，先接入一个高输入阻抗的前置放大器，再接入一般的放大电路及其他电路。压电式传感器的输出可以是电压，也可以是电荷。因此，它的接口电路也有电压放大器和电荷放大器两种形式。

1) 压电传感器的等效电路

压电传感器与其前置放大器相连接时的等效电路如图 2.44(a)所示，图中 C_a 为压电元件的电容、R_a 为压电元件的漏电阻，C_c 为连接电缆电容，R_i 和 C_i 分别为前置放大器的输入电阻和输入电容。图 2.44(a)可简化为图 2.44(b)。

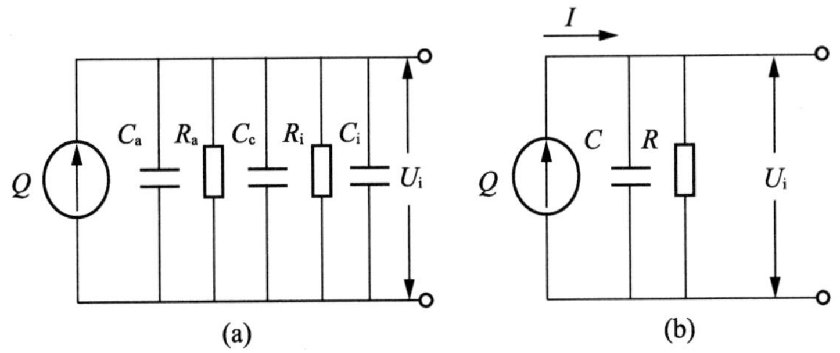

图 2.44 压电传感器等效电路

图 2.44(b)中有

$$C = C_a + C_c + C_i \tag{2-56}$$

$$R = \frac{R_a R_i}{R_i + R_a} \tag{2-57}$$

电流的复数形式定义为

$$\dot{I} = j\omega \dot{Q} \tag{2-58}$$

2) 电压放大器

压电传感器与电压放大器的连接电路如图 2.45 所示，图中电压放大器输入电压为

$$\dot{U}_i = \frac{\dot{I}}{\frac{1}{R} + j\omega C} = \frac{j\omega \dot{Q}}{\frac{1}{R} + j\omega C} = \frac{\dot{Q}}{C} \cdot \frac{1}{1 + \frac{\omega_0}{j\omega}} \tag{2-59}$$

式中，$\omega_0 = \frac{1}{RC}$。

电压放大器增益为

$$K = 1 + \frac{R_2}{R_1} \tag{2-60}$$

输出电压为

$$\dot{U}_o = K\dot{U}_i = \frac{\dot{Q}}{C} \cdot \frac{K}{1 + \frac{\omega_0}{j\omega}} \tag{2-61}$$

输出电压与输入电荷之间的转换关系为

$$\frac{\dot{U}_o}{\dot{Q}}=\frac{K}{C}\cdot\frac{1}{1+\frac{\omega_0}{j\omega}} \tag{2-62}$$

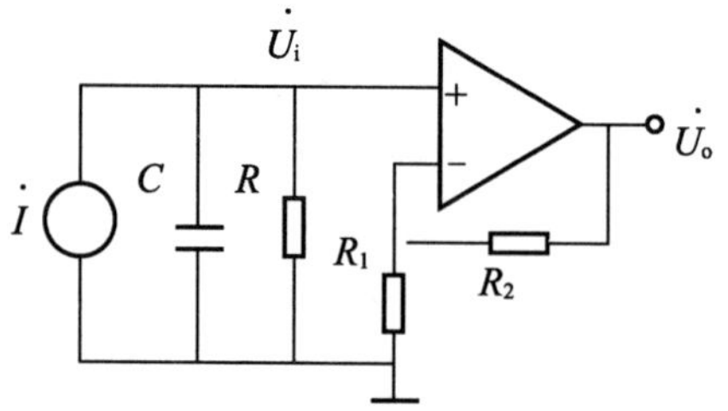

图 2.45　电压放大器电路

由式(2−62)可见，电压放大器输出电压与输入电荷之间的转换关系具有一阶高通滤波特性，其转换灵敏度为

$$\frac{U_o}{Q}=\left|\frac{\dot{U}_o}{\dot{Q}}\right|=\frac{K}{C}\cdot\frac{1}{\sqrt{1+\left(\frac{\omega_0}{\omega}\right)^2}} \tag{2-63}$$

又电荷量与所受力成正比

$$\dot{Q}=d\dot{F} \tag{2-64}$$

式中，d为电荷灵敏度。将式(2−64)代入式(2−60)得

$$\frac{U_o}{F}=\left|\frac{\dot{U}_o}{\dot{F}}\right|=\frac{Kd}{C}\cdot\frac{1}{\sqrt{1+\left(\frac{\omega_0}{\omega}\right)^2}} \tag{2-65}$$

由式(2−65)可见，减小 ω_0(应该增大 R 或 C)可扩展传感器工作频带的低频端，但是增大 C 会降低灵敏度，所以一般采取增大 R，配置输入电阻 R_i 很大的前置放大器。

连接电缆电容 C_c 改变会引起 C 改变而引起灵敏度改变，所以更换电缆需重新校正传感器的灵敏度，这是电压放大器的缺点。

3) 电荷放大器

压电传感器与电荷放大器的连接电路如图 2.46 所示，理想运放条件下 R、C 两端电压均为零，即流过电流为零，电流全部流过 R_F 和 C_F，则

$$\dot{U}_o=\frac{-\dot{I}_1}{\frac{1}{R_F}+j\omega C_F}=-\frac{j\omega Q}{\frac{1}{R_F}+j\omega c_F}=-\frac{\dot{Q}}{C_F}\cdot\frac{1}{1+\frac{\omega_0}{j\omega}} \tag{2-66}$$

电荷放大器输出电压与输入电荷之间的转换关系为

$$\frac{\dot{U}}{\dot{Q}}=-\frac{1}{C_F}\cdot\frac{1}{1+\frac{\omega_0}{j\omega}} \tag{2-67}$$

式中，$\omega_0=\frac{1}{R_F C_F}$。

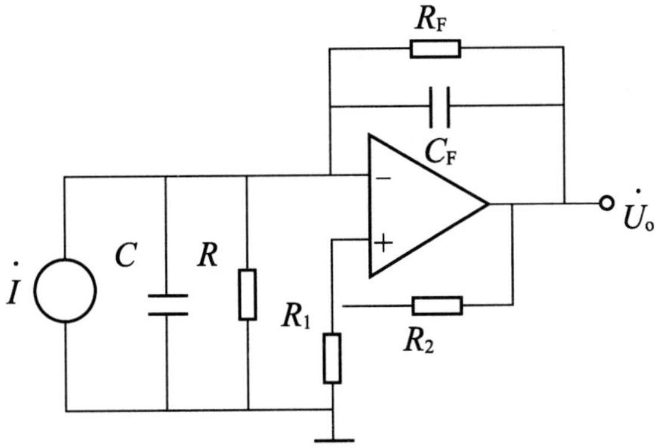

图 2.46　电荷放大器电路

由式(2-67)可见，电荷放大器输出电压与输入电荷之间的转换关系具有一阶高通滤波特性。

输出电压与输入电荷的转换灵敏度为

$$\frac{U_o}{Q}=\frac{1}{C_F}\cdot\frac{1}{\sqrt{1+\left(\frac{\omega_0}{\omega}\right)^2}} \tag{2-68}$$

又电荷量与所受力成正比，则

$$\frac{\dot{U}_o}{\dot{F}}=-\frac{\frac{d}{C_F}}{1+\frac{1}{j\omega R_F C_F}}=-\frac{\frac{d}{C_F}}{1+\frac{\omega_0}{j\omega}} \tag{2-69}$$

由式(2-69)可见，电荷放大器输出电压与压电传感器所受力之间的转换关系也具有一阶高通滤波特性，其转换灵敏度为

$$\frac{U_o}{F}=\left|\frac{\dot{U}_0}{\dot{F}}\right|=\frac{\frac{d}{C_F}}{\sqrt{1+\left(\frac{\omega_0}{\omega}\right)^2}} \tag{2-70}$$

由式(2-70)可见，在采用电荷放大器的情况下，灵敏度与电缆电容 C_c 无关，只取决于反馈电容 C_F，更换电缆无需重新校正传感器的灵敏度。在实际电路中，采用切换反馈电容

C_F来改变传感器的灵敏度。通常C_F在100～1000pF选择。为了减少零漂，提高放大器工作的稳定性，一般在反馈电容的两端并联一个大电电阻R_F，为10^{10}～$10^{14}\Omega$，其功用是提供直流负反馈。

由于电荷放大器的时间常数R_FC_F相当大(10^5s以上)，下限截止频率可达$f_0=3\times10^{-6}$Hz，上限频率高达100kHz，输入阻抗大于$10^{12}\Omega$，输出阻抗小于100Ω，所以压电传感器配接电荷放大器时，低频响应比配接电压放大器要好得多，可对准静态的物理量进行有效的测量。

因式(2-63)和式(2-68)中ω不能为零，所以不论采用电压放大器还是电荷放大器，压电式传感器都不能测量频率太低的被测量，特别是不能测量静态参数($\omega=0$)，因此压电传感器多用来测量加速度和动态力或压力。

2.3.5 任务总结

通过本任务的学习，应掌握压电式传感器的基本工作原理、压电效应的基本变形方式、常用压电材料的特性、压电元件的等效电路、压电传感器的接口电路和应用注意事项等知识重点。

通过本任务的学习，应掌握如下实践技能：①正确分析、制作与调试压电传感器的应用电路；②根据设计任务要求，完成硬件电路相关元器件的选型，并掌握其工作原理。

【参考图文】

2.3.6 请你做一做

(1) 上网查找3家以上生产压电式传感器的企业，列出这些企业生产的压电式传感器的型号、规格，了解其特性和适用范围。

(2) 动手设计一个采用声振动传感器的电子狗。一般来说，狗在休息时，一只耳朵总贴着地面，监听着地面传来的信号，一有动静，便发出“汪汪”的叫声，一方面报告主人有客来，一方面警示来人不可近前。这里采用了狗的这种特别功能，利用土层传感，将人走动时的脚对地面接触摩擦声、振动声经高灵敏度接收放大，触发模拟狗叫声——集成电路发声。不管是白天黑夜，它均能忠实地为你看家守舍。

阅读材料 压力传感器的发展

1. 压力传感器的发展历程

现代压力传感器以半导体传感器的发明为标志，而半导体传感器的发展可以分为4个阶段。

(1) 发明阶段(1945—1960年)：这个阶段主要是以1947年双极性晶体管的发明为标志。此后，半导体材料的这一特性得到较广泛应用。史密斯(C.S. Smith)于1945年发现了硅与锗的压阻效应，即当有外力作用于半导体材料时，其电阻将明显发生变化。依据此原理制成的压力传感器是把应变电阻片粘在金属薄膜上，即将力信号转化为电信号进行测量。此阶段最小尺寸约为1cm。

(2) 技术发展阶段(1960—1970 年)：随着硅扩散技术的发展，技术人员在硅的(001)或(110)晶面选择合适的晶向直接把应变电阻扩散在晶面上，然后在背面加工成凹形，形成较薄的硅弹性膜片，称为硅杯。这种形式的硅杯传感器具有体积小、质量轻、灵敏度高、稳定性好、成本低、便于集成化的优点，实现了金属-硅共晶体，为商业化发展提供了可能。

(3) 商业化集成加工阶段(1970—1980 年)：在硅杯扩散理论的基础上应用了硅的各向异性的腐蚀技术，扩散硅传感器其加工工艺以硅的各向异性腐蚀技术为主，发展成为可以自动控制硅膜厚度的硅各向异性加工技术，主要有 V 形槽法、浓硼自动中止法、阳极氧化自动中止法和微机控制自动中止法。由于可以在多个表面同时进行腐蚀，数千个硅压力膜可以同时生产，实现了集成化的工厂加工模式，成本进一步降低。

(4) 微机械加工阶段(1980 年至今)：20 世纪末出现的纳米技术，使得微机械加工工艺成为可能。

通过微机械加工工艺可以由计算机控制加工出结构型的压力传感器，其线度可以控制在微米级范围内。利用这一技术可以加工、蚀刻微米级的沟、条、膜，使得压力传感器进入了微米阶段。

2. 压力传感器国内外研究现状

从世界范围看压力传感器的发展动向主要有以下几个方向。

1) 光纤压力传感器

光纤压力传感器是一类研究成果较多的传感器，但投入实际领域的并不是太多。它的工作原理是利用敏感元件受压力作用时的形变与反射光强度相关的特性，由硅框和金铬薄膜组成的膜片结构中间夹了一个硅光纤挡板，在有压力的情况下，光线通过挡板的过程中会发生强度的改变，通过检测这个微小的改变量，就能测得压力的大小。这种敏感元件已被应用于临床医学，用来测扩张冠状动脉导管气球内的压力。可预见这种压力传感器在显微外科方面一定会有良好的发展前景。同时，在加工与健康保健方面，光纤传感器也在快速发展。

2) 电容式真空压力传感器

E + H 公司的电容式压力传感器是由一块基片和厚度为 0.8～2.8mm 的氧化铝(Al_2O_3)构成的，其间用一个自熔焊接圆环钎焊在一起。该环具有隔离作用，不需要温度补偿，可以保持长期测量的可靠性和持久的精度。测量方法采用电容原理，基片上一电容 C_P 位于位移最大的膜片的中央，而另一参考电容 C_R 位于膜片的边缘，由于边缘很难产生位移，电容值不发生变化，C_P 的变化则与施加的压力变化有关，膜片的位移和压力之间的关系是线性的。遇到过载时，膜片贴在基片上不会被破坏，无负载时会立刻返回原位无任何滞后，过载量可以达到 100 %，即使是破坏也不会泄漏任何污染介质，因此具有广泛的应用前景。

3) 耐高温压力传感器

新型半导体材料碳化硅(SiC)的出现使得单晶体的高温传感器的制作成为可能。Rober. S. Okojie 研制了一种运行试验达 500℃的 α(6H)SiC 压力传感器。实验结果表明，在输入电压为 5V，被测压力为 6. 9MPa 的条件下，23500℃时的满量程输出为 44.66～20.03mV，满量程线度为 20.17 %，迟滞为 0.17 %。在 500℃条件下运行 10h，性能基本不变，在 100℃

和 500℃两点的应变温度系数(TCGF)分别为 20.19%/℃和−0.11%/℃。这种传感器的主要优点是 PN 结泄漏电流很小，没有热匹配问题及升温不产生塑性变形，可以批量加工。Ziermann、Rene 研制了使用单晶体 n 型 β-SiC 材料制成的压力传感器，这种压力传感器工作温度可达 573K，耐辐射。在室温下，此压力传感器的灵敏度为 20.2muV/kPa。

4) 硅微机械加工传感器

在微机械加工技术逐渐完善的今天，硅微机械传感器在汽车工业中的应用越来越多。而随着微机械传感器的体积越来越小，线度可以达到 1～2mm，可以放置在人体的重要器官中进行数据的采集。Hachol、Andrzej、dziuban、Jan Bochenek 研制了一种可以用于测量眼球的眼压计，其膜片直径为 1mm。在内眼压为 60mmHg 时，静态输出为 40mV，灵敏度系数比较高。

5) 具有自测试功能的压力传感器

为了降低调试与运行成本，Dirk De Bruyker 等人研制了一种具有自测试功能的压阻、电容双组件传感器，它的自测试功能是根据热驱动原理进行的，该传感器尺寸为 1.2mm×3mm ×0.5mm，适用于生物医学领域。

6) 多维力传感器

六维力传感器的研究和应用是多维力传感器研究的热点，现在国际上只有美、日等少数国家可以生产。在我国，北京理工大学在跟踪国外发展的基础上，又开创性的研制出组合有压电层的柔软光学阵列触觉，阵列密度为 2438tactels/cm^2，力灵敏度 1g，结构柔性很好，能抓握和识别鸡蛋和钢球，现已用于机器人分选物品。

3. 压力传感器的发展趋势

目前，世界各国压力传感器的研究领域十分广泛，几乎渗透到了各行各业，但归纳起来主要有以下几个趋势。

1) 小型化

目前市场对小型压力传感器的需求越来越大，这种小型传感器可以工作在极端恶劣的环境下，并且只需要很少的保养和维护，对周围的环境影响也很小，可以放置在人体的各个重要器官中收集资料，不影响人的正常生活。如美国 Entran 公司生产的量程为 2～500psi(1psi=6.895kPa)的传感器，直径仅为 1.27mm，可以放置在人体的血管中而不会对血液的流通产生大的影响。

2) 集成化

压力传感器已经越来越多地与其他测量用传感器集成以形成测量和控制系统。集成系统在过程控制和工厂自动化中可提高操作速度和效率。

3) 智能化

由于集成化的出现，在集成电路中可添加一些微处理器，使得传感器具有自动补偿、通信、自诊断、逻辑判断等功能。

4) 广泛化

压力传感器的另一个发展趋势是正从机械行业向其他领域扩展，如汽车组件、医疗仪器和能源环境控制系统。

5) 标准化

传感器的设计与制造已经形成了一定的行业标准，如 ISO 国际质量体系、美国的 ANSI、ASTM 标准、俄罗斯的 ГОСТ、日本的 JIS 标准。

小　　结

本章结合压力传感器的典型应用介绍了电阻应变式传感器、压阻式传感器和压电式传感器 3 类常用的典型压力传感器的工作原理和典型信号处理电路等基本知识，并给出了称重仪(电阻应变式传感器)、汽车发动机吸气压力检测(压阻式传感器)和玻璃破碎报警器(压电式传感器)的典型应用案例，从任务目标、任务分析、任务实施、知识链接和任务总结等几个方面加以详细介绍，给大家提供了具体的设计思路。

习题与思考

1. 什么是电阻应变效应、压阻效应和压电效应？
2. 应变式传感器可否用于测量温度？
3. 温度对传感器的影响大吗？对于温度影响有哪些消除方法？
4. 选用合适的传感器和处理电路，设计一个大气压力测量仪。
5. 选用合适的传感器和处理电路，设计一个数字血压计。
6. 压电式传感器的典型应用还有哪些？至少列举两种以上，并说明其工作原理。
7. 除了上述两种压力传感器外，常用的压力传感器还有哪些？试列举至少 3 种，并说明其工作原理、典型应用。

【参考图文】

项目 3

长度、角度检测

教学目标

本部分内容中，给出了工农业生产中常见的长度、角度测量子任务：镀膜厚度检测、电子水平仪和静力水准仪。从任务目标、任务分析到任务实施，介绍了 3 个完整的检测系统，并给出了应用注意事项；在任务的知识链接中介绍了电涡流传感器、倾角传感器和差动变压器传感器的基本工作原理、结构类型、典型电路和应用注意事项等。同时在最后给出了位移传感器和长度、角度测量的发展两个阅读材料，以扩大对相关传感器的认识。

通过本项目的学习，要求学生了解常用长度、角度测量传感器的类型和应用场合，理解并掌握此类传感器的基本工作原理；熟悉涡流、倾角和差动变压器传感器的相关知识，包括测量原理、结构类型、典型电路和应用注意事项等；能正确分析、制作与调试相关应用电路，根据设计任务要求，完成硬件电路相关元器件的选型，并掌握其工作原理。

教学要求

知识要点	能力要求	相关知识
电涡流传感器	(1) 了解常见涡流传感器的种类和应用场合； (2) 理解并掌握涡流传感器的基本工作原理； (3) 掌握涡流传感器测位移、测厚原理及典型测量电路，了解涡流传感器应用注意事项； (4) 熟悉电涡流传感器的选型	电涡流传感器
电涡流传感器的典型应用	(1) 熟悉电涡流传感器的基本应用电路； (2) 正确分析、制作与调试相关测量电路； (3) 根据设计任务要求，能完成硬件电路相关元器件的选型，并掌握其工作原理	(1) 穿透式电涡流测厚； (2) 反射式电涡流测位移
倾角传感器	(1) 了解常见倾角传感器的种类和应用场合； (2) 理解并掌握倾角传感器的基本工作原理； (3) 掌握测角原理及典型测量电路，了解倾角传感器应用注意事项； (4) 了解倾角传感器的补偿方式及工作模式； (5) 了解倾角传感器的发展	MEMS 器件

续表

知识要点	能力要求	相关知识
倾角传感器的典型应用	(1) 熟悉倾角传感器的基本应用电路； (2) 正确分析、制作与调试相关测量电路； (3) 根据设计任务要求，能完成硬件电路相关元器件的选型，并掌握其工作原理	倾角传感器的安装要求
差动变压器传感器	(1) 了解常见差动变压器传感器的种类和应用场合； (2) 理解并掌握差动变压器传感器的基本工作原理； (3) 掌握线性差动变压器传感器的原理及典型测量电路，了解差动变压器应用注意事项； (4) 熟悉差动变压器传感器选型； (5) 掌握静力水准仪数据处理	(1) 静力水准仪； (2) 差动变压器； (3) LVDT
差动变压器传感器的典型应用	(1) 熟悉差动变压器的基本应用电路； (2) 正确分析、制作与调试相关测量电路； (3) 根据设计任务要求，能完成硬件电路相关元器件的选型，并掌握其工作原理	工业数据传输方式

项目背景

长度是国际单位制规定的 7 个基本单位量之一，是表征物体距离程度的物理量。长度的标准单位是“米”，用符号“m”表示。国际单位制的长度单位“米”(meter，metre)起源于法国。1790 年 5 月由法国科学家组成的特别委员会，建议以通过巴黎的地球子午线全长的四千万分之一作为长度单位——米。1889 年的第一届国际计量大会确定“米原器”(图 3.1)为国际长度基准，它规定 1m 就是米原器在 0℃时两端的两条刻线间的距离。米原器的精度可以达到 0.1μm，即千万分之一米。

图 3.1　米原器

在 1960 年召开的第十一届国际计量大会上规定了新的“米”的标准，氪 86 同位素灯在规定条件下发出的橙黄色光在真空中的波长，精确度可以达到 0.001μm，大约相当于一根头发直径的十万分之一。

随着科学技术的进步，20 世纪 70 年代以来，对时间和光速的测定都达到了很高的精确度。因此，1983 年 10 月在巴黎召开的第十七届国际计量大会上又通过了米的新定义：“米是 1/299792458s 的时间间隔内光在真空中行程的长度”。实际上，米是被定义为光在以铂原子钟测量的 0.000000003335640952s 内走过的距离。

其他的长度单位还有：光年、天文单位、拍米(Pm)、兆米(Mm)、千米(km)、分米(dm)、厘米(cm)、毫米(mm)、丝米(dmm)、忽米(cmm)、微米(μm)、纳米(nm)、皮米(pm)、飞米(fm)、阿米(am)等。

长度是最基本的被测量之一，相当多的被测量跟长度有关，如面积、体积、压强、角度等。长度的测量和工农业生产生活密不可分，对产品形状、质量有非常大的影响。

长度的测量方法多种多样，有直接测量、间接测量等，最常见的测量工具是刻度尺，精度最高的测量方法是光学方法。常用测量长度的传感器是位移类传感器。图 3.2 所示为古代人的长度测量方法。

【参考图文】

图 3.2　古代人的长度测量方法

可用于位移测量的传感器的种类很多，其中用于直线位移测量的有电阻式、电感式、电容式、振弦式、编码式、感应同步器式、光栅式、磁栅式、光电式、霍尔效应式、磁敏电阻式、喷射式、激光式、复合式及光纤式等，但这些传感器在实际应用中都有各自的优缺点，有的结构复杂、精度高、成本高，有的对环境要求高，有的精度低、线性范围小，但成本低。各种测量传感器的主要性能见表 3-1。在测量领域，高精度、高可靠和低成本之间始终是一对矛盾，需要在实践中不断总结权衡。

表 3-1　位移传感器性能比较

原　理		量程/mm	精确度/(%)	线性度/(%)	优点	缺点
电阻式	电位器	1～300	0.1～1	0.1～1	简单、稳定	分辨力不高、易磨损
	电阻应变计	1～50	0.1～0.5	0.1～0.5	精确度高、线性好	量程受限制
电感式	差动电感	1～200	0.1～1	0.1～1	量程大、线性好、分辨力高	有残余电压，精确度受限制
	差动变压器	1～1000	0.1～0.5	0.1～0.5	线性好、分辨力高	有残余电压，精确度受限制
	电感调频	1～100	0.2～1.5	0.2～1.5	抗干扰、能接长导线	线圈结构复杂
	电涡流	1～100	1～3	1～3	结构简单、非接触式测量	被测对象的材料不同，灵敏度改变
电容式	变面积	1～100	0.5～1.5	0.5～1	线性范围大、精确度高	体积较大
	变间隙	0.001～10	0.1	-1～1	可用于非接触式测量、分辨力高	非线性较大
振弦式		2～6	0.2～0.5		抗干扰、能接长导线、防潮	量程小
光栅式		30～1000			精确度高	结构较复杂
磁栅式		1000～20000			量程大、精确度高	需防尘、磁屏蔽
光电式		1			高精确、高可靠、非接触测量	安装不方便
光纤式		0.5～5	1～2	0.5～1	体积小、灵敏度高、抗干扰	量程受限制，制造工艺要求高
霍尔效应式	霍尔片	0.5～5			简单、体积小	对温度敏感
	霍尔开关集成电路	>2000			量程大、体积小	对温度敏感

任务 3.1　镀膜厚度检测(电涡流传感器)

3.1.1　任务目标

通过本任务的学习，掌握涡流传感器的基本原理，根据所选择的涡流传感器设计相关接口电路，并完成电路的制作与调试。涡流式镀膜厚度检测仪如图 3.3 所示。

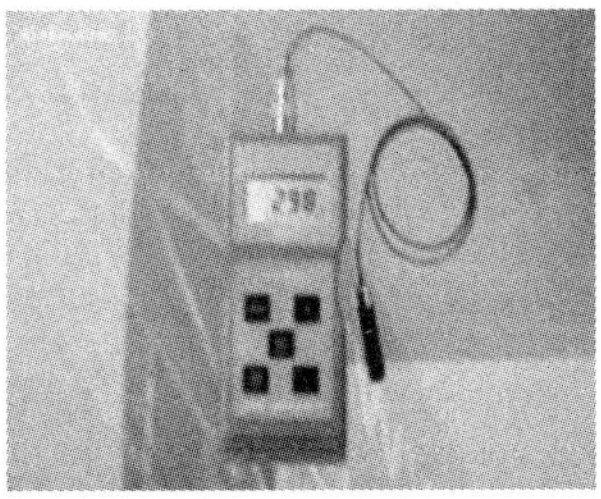

图 3.3　BH 型镀膜厚度检测仪

3.1.2　任务分析

【参考图文】

1. 任务要求

利用电涡流传感器，设计一个镀膜厚度检测仪，要求能够测量非金属表面镀层的厚度，测量范围为 0～400μm，误差小于 5%，系统采用 9V 电池供电，具备液晶显示功能。镀膜厚度检测仪任务要求见表 3-2。

表 3-2　镀膜厚度检测仪任务要求

检测范围/μm	测量精度要求/(%)	刷新时间间隔/s	显示方式
0～400	5	1	液晶显示

2. 主要器件选用

本任务中要用到的主要器件及其特性见表 3-3。

表 3-3　镀膜厚度检测主要器件及其特性

主要器件	主要特性
电涡流传感器 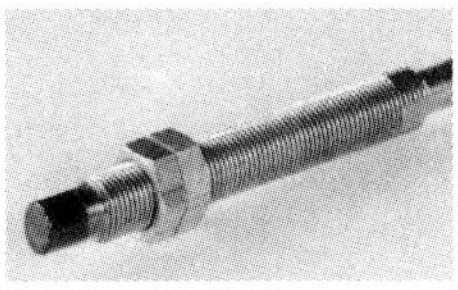 电涡流传感器实物图	非接触测量，永不磨损；抗干扰能力强，高可靠性，长寿命；工作温度：−25～+85℃，温漂 0.05%/℃；防护等级：IP68；输出形式：三线制电压或电流输出；频响：0～10kHz；幅频特性：0～1kHz 衰减小于 1%，10kHz，衰减小于 5%；相频特性：0～1kHz 相位差小于−10°，10kHz 相位差小于−100°
比较器  LM393	工作电源电压范围宽，单电源、双电源均可工作，单电源：2～36V，双电源：±1～±18V；消耗电流小，I_{CC}=0.8mA；输入失调电压小，V_{IO}=±2mV； 共模输入电压范围宽，V_{IC}=(0～V_{CC}−1.5)V；输出与 TTL、DTL、MOS、CMOS 等兼容；输出可以用开路集电极连接“或”门
单片机 C8051F330	具体特性见项目 1 任务 1.1 中 C8051F330 单片机介绍
显示模块 12864	具体特性见项目 1 任务 1.1 中 12864 芯片介绍

3.1.3 任务实施

1. 任务方案

基于涡流传感器的镀层厚度检测系统原理框图如图 3.4 所示。系统主要由振荡电路、涡流传感器探头、FV 转换器、线性化、C8051F330 单片机、12864 液晶显示器模块构成。

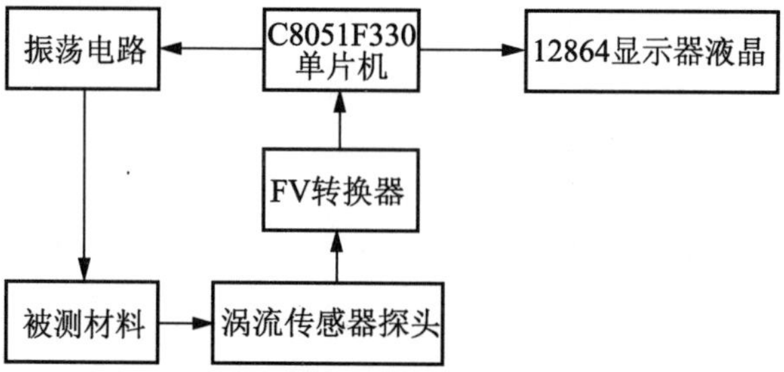

图 3.4 镀层厚度检测系统原理框图

2. 硬件电路

基于涡流传感器的镀层厚度检测系统硬件电路如图 3.5 所示。

电路主要由 LC 振荡器和频率测量电路两部分组成：涡流传感器以 LC 振荡器中的电感方式接入电路，将被测镀膜厚度信号转换成与之对应的数字量；由 LM393 和单片机 C8051F330 构成频率电压转换、A/D 转换，数据处理后在显示器 12864 上显示和报警。

【参考图文】

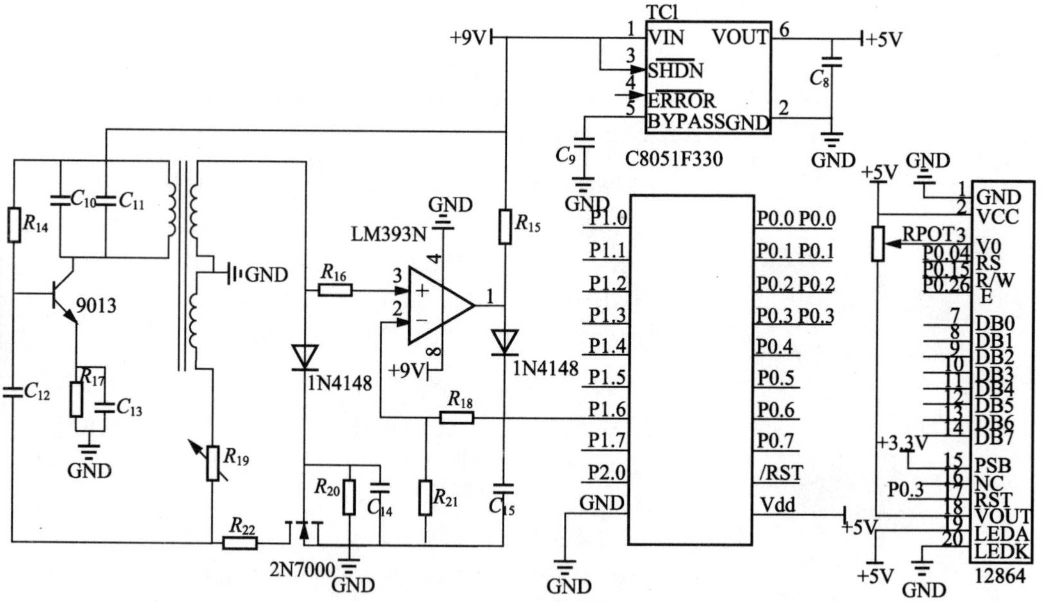

图 3.5 基于涡流传感器的镀层厚度检测系统硬件电路图

3. 电路调试

系统制作完成后，要对系统进行调试，包括硬件调试和软件调试及软、硬件联调。硬件调试和软件调试分别独立进行，可以先调试硬件再调试软件。在调试中找出错误、缺陷，判断各种故障，并对软硬件进行修改，直至没有错误。

在系统接上电源进行调试前，还要注意地与电源是否短接、芯片是否插反等，防止芯片烧坏。在硬件调试过程中，接通电源后，要测量各个芯片的电源引脚是否符合要求的电压。因电路中包含元器件较多，调试的时候可以分块进行，从电源出发，以单片机为核心进行调试。使用示波器查看 LC 振荡器是否有输出，可以判断振荡器电路是否工作正常；观察单片机输入 A/D 的信号是否有变化，可以判断 LM393 电路能否正常工作；结合硬件调试，判断系统软件是否正常。

用多种厚度的镀膜器件，分别用成品测厚仪和设计的测厚仪进行测量，测试结果填入表 3-4 中，对这些数据进行数据处理后得到修正表，导入到单片机软件中进行数据修正。

提示

涡流传感器测量对象不一样，它的电感变化特性也会不一样。对不同的测量对象，必须进行修正。

表 3-4　基于涡流传感器的镀层厚度检测系统测试数据　　(单位：mm)

实际厚度	测得厚度	误差	实际厚度	测得厚度	误差

4. 应用注意事项

(1) 被测物体的表面要光滑、平坦。非钢材被测体和小于 3 倍传感器直径的被测表面会影响传感器输出特性。例如，被测材料和传感器等面积，灵敏度会降至原来的 70%左右。

(2) 应当保持传感器探头周围有足够的空间，在 3 倍探头直径范围内，不应有金属体，传感器安装应远离转动体台阶面，这样可避免周围金属结构的干扰，准确测量振动值。

(3) 对于有塑料保护外壳的涡流传感器，可在有酸碱腐蚀的环境中使用。

(4) 对于电涡流高频反射式测量，镀膜厚度小时，电涡流产生的磁场对传感器线圈中原磁场的影响较厚镀膜的大，即 LC 振荡器的幅值变小的多，这与透射式测量中厚度越大，幅值变化的多不同。

(5) 对于不同的镀膜厚度，正弦波信号的电压幅值不是线性地对应变化，而是在一定范围内为线性关系。

(6) 涡流测厚仪对妨碍探头与覆盖层表面紧密接触的附着物质敏感(铁磁性)，因此测量前应清除探头和覆盖层表面的污物；测量时应使测头与测试表面保持恒压垂直接触。

3.1.4 知识链接

1. 电涡流传感器

电涡流传感器是一种利用磁路磁阻变化引起传感器线圈的电感变化来检测非电量的机电转换装置。它可用来广泛测量位移、振动、厚度、转速、温度、硬度等参数。由于它结构简单、工作可靠、寿命长，并具有良好的性能与宽广的适用范围，适合在较恶劣的工作环境中工作，因而在计量技术、工业生产和科学研究领域得到了广泛应用。

1) 电涡流效应

一个块状金属导体置于变化的磁场中或在磁场中做切割磁力线运动时，导体内部会产生一圈圈闭合的电流，这种电流称为电涡流，这种现象称为电涡流效应。

如图 3.6 所示，有一通以交变电流 $\dot{I}_1$ 的线圈。由于电流 $\dot{I}_1$ 的存在，线圈周围就产生一个交变磁场 H_1。若有金属置于该磁场范围内，导体内便产生电涡流 $\dot{I}_2$，$\dot{I}_2$ 也将产生一个新磁场 H_2，H_2 与 H_1 方向相反，力图削弱原磁场 H_1，从而导致线圈的电感量、阻抗和品质因数发生变化。这些参数变化与导体的几何形状、电导率、磁导率、线圈的几何参数、电路的频率及线圈到被测导体间的距离有关。如果控制上述参数中一个参数改变，余者皆不变，就能构成测量该参数的传感器。

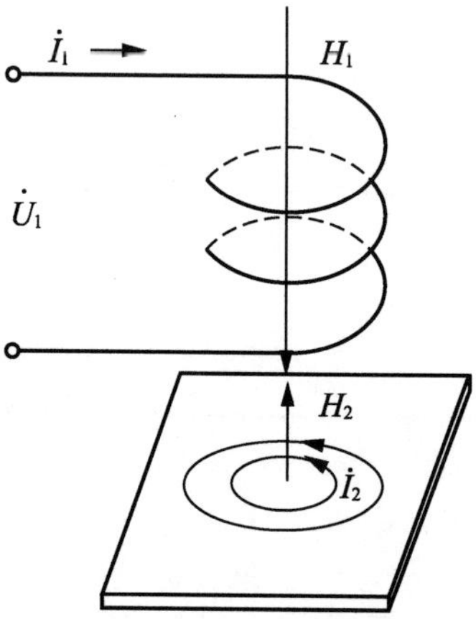

图 3.6 电涡流传感器的基本原理

形成电涡流必须具备两个条件：①存在交变磁场；②导电体处于交变磁场中。

2) 电涡流的强度与分布

如图 3.7 所示，励磁线圈 1 产生交变磁场，其外半径为 $D/2$，内半径为 $d/2$；金属导体 2，其表面离励磁线圈的距离为 s，则金属导体上产生的电涡流强度为

$$I_2 = I_1\left[1-\frac{1}{\sqrt{1+\left(\frac{D}{2s}\right)^2}}\right] \tag{3-1}$$

电涡流强度 I_2 正比于励磁电流 I_1，并随 s/D 的增加而急剧减小。利用涡流传感器测量位移时，在很小的范围内，一般 $s/D=0.05\sim0.15$ 能取得较好的线性和较高的灵敏度。

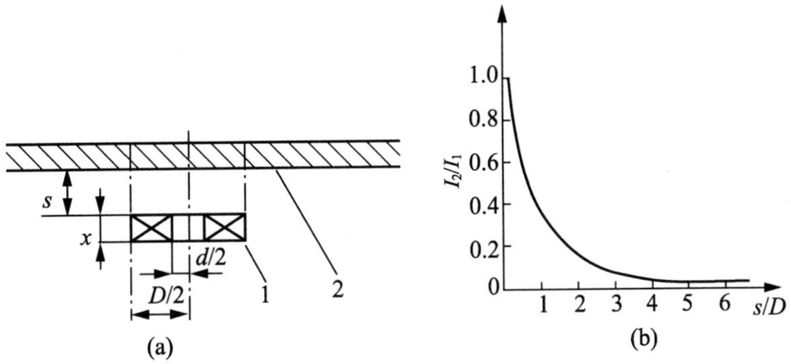

图 3.7　电涡流强度与 s/D 关系曲线

如图 3.8 所示，因为金属存在趋肤效应，电涡流只存在于金属导体的表面薄层内，涡流区基本上在内径为 $2r$、外径为 $2R$、厚度为 h 的矩形截面圆内，而且涡流的分布是不均匀的。涡流区内各处的涡流密度不同，存在径向分布和轴向分布。

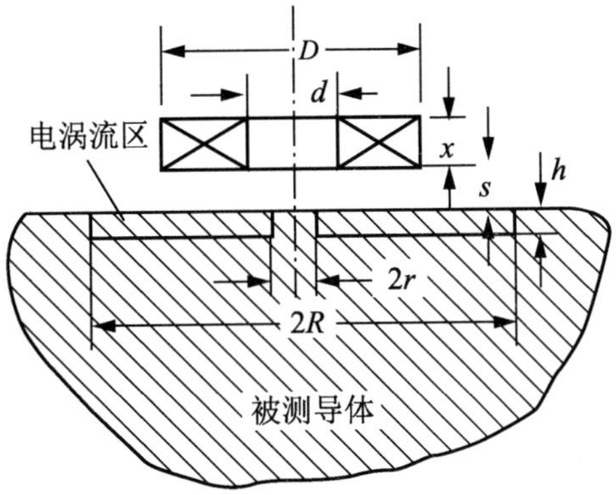

图 3.8　电涡流区分布区域

径向分布中，涡流区大小与励磁线圈外径 D 的关系为：$2r=0.525D$，$2R=1.39D$。为了全部利用产生的电涡流效应，保证灵敏度，被测金属导体的表面不应少于励磁线圈外径的两倍。

轴向分布中，电涡流轴向渗透深度定义为电涡流强度减小到表面涡流强度的 $1/e$ 处的表面厚度，即

$$h=\sqrt{\frac{\rho}{\pi\mu f}} \tag{3-2}$$

式中，ρ为金属导体的电阻率；f为励磁频率；μ为金属导体的磁导率。

由式(3-2)可见电涡流在金属导体内的渗透深度 h 与传感器线圈的励磁信号频率 f 有关，故电涡流传感器可分为高频反射式和低频透射式两类。目前高频反射式电涡流传感器应用较广泛。

电涡流传感器是建立在电磁场理论的基础上工作的。根据电磁场的理论，导体的电导率β、磁导率μ、导体厚度x，以及线圈与导体之间的距离s、线圈的励磁频率f等参数，都将通过电涡流效应与磁效应与线圈参数(线圈阻抗Z、电感L和品质因数Q)发生联系。或者说，线圈参数是导体参数的函数。固定其中若干参数不变，就能按涡流大小测量另外一个参数，电涡流传感器就是按此原理构成的。

3) 等效电路

电涡流传感器对金属导体进行测量时，在被测导体中形成的电涡流可等效为一短路环电流，从而线圈与被测金属体可等效为相互耦合的两个线圈，等效电路如图 3.9 所示。

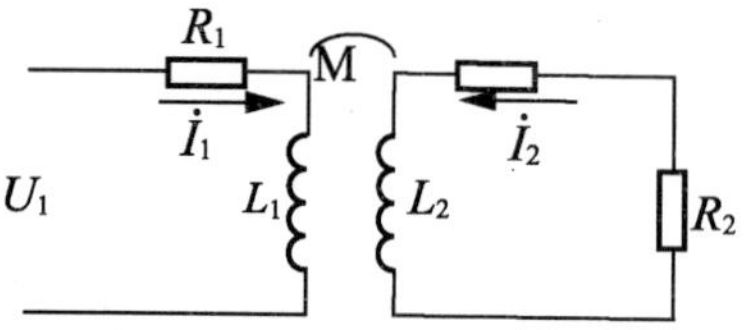

图 3.9　等效电路

图 3.9 中，R_1为线圈电阻；L_1为线圈电感；R_2为短路环电阻；L_2为短路环电感；$\dot{U}_1$为励磁电压；M为线圈与短路环间的互感。

在等效电路中，由基尔霍夫定律得

$$\begin{cases} R_1\dot{I}_1+\mathrm{j}\omega L_1\dot{I}_1-\mathrm{j}\omega M\dot{I}_2=\dot{U}_1 \\ -\mathrm{j}\omega M\dot{I}_1+R_2\dot{I}_2+\mathrm{j}\omega L_2\dot{I}_2=0 \end{cases} \tag{3-3}$$

解上面的方程组，有

$$\dot{I}_1=\frac{\dot{U}_1}{\left[R_1+\frac{\omega^2M^2R_2}{R_2^2+(\omega L_2)^2}\right]+\mathrm{j}\omega\left[L_1-\frac{\omega^2M^2\omega L_2}{R_2^2+(\omega L_2)^2}L_2\right]} \tag{3-4}$$

$$\dot{I}_2=\mathrm{j}\omega\frac{M\dot{I}_1}{R_2+\mathrm{j}\omega L_2}=\frac{M\omega^2L_2\dot{I}_1+\mathrm{j}\omega MR_2\dot{I}_1}{{R_2}^2+(\omega L_2)^2} \tag{3-5}$$

电涡流传感器探头内线圈在受到被测金属体影响后的等效阻抗为

$$Z=R_1+R_2\frac{\omega^2M^2}{{R_2}^2+\omega^2{L_2}^2}+\mathrm{j}\omega\left[L_1-L_2\frac{\omega^2M^2}{{R_2}^2+\omega^2{L_2}^2}\right] \tag{3-6}$$

线圈的等效电感为

$$L=L_1-L_2\frac{\omega^2M^2L_2}{R_2^2+(\omega L_2)^2} \tag{3-7}$$

由式(3-7)可见，由于涡流的影响，线圈阻抗的实数部分增大，虚数部分减小，因此线圈的品质因数Q下降。阻抗由Z_1变为Z，常称其变化部分为“反射阻抗”。由式(3-7)可得

$$Q=Q_0\left(1-\frac{L_2}{L_1}\cdot\frac{\omega^2M^2}{{Z_2}^2}\right)\Big/\left(1+\frac{R_2}{R_1}\cdot\frac{\omega^2M^2}{{Z_2}^2}\right) \tag{3-8}$$

式中，$Q_0=\omega L_1/R_1$为无涡流影响时线圈的Q值；$Z_2=\sqrt{{R_2}^2+\omega^2{L_2}^2}$为短路环的阻抗。

Q 值的下降是由于涡流损耗所引起，并与金属材料的导电性和距离 x 直接有关。当金属导体是磁性材料时，影响 Q 值的还有磁滞损耗与磁性材料对等效电感的作用。在这种情况下，线圈与磁性材料所构成磁路的等效磁导率 μ_e 的变化将影响 L 。当距离 x 减小时，由于 μ_e 增大而使式(3-7)中的 L_1 变大。

由式(3-6)～式(3-8)可知，线圈-金属导体系统的阻抗、电感和品质因数都是该系统互感系数平方的函数，而互感系数又是距离 x 的非线性函数，因此当构成电涡流传感器时，$Z=f_1(x)$、$L=f_2(x)$、$Q=f_3(x)$ 都是非线性函数。但在一定范围内，可以将这些函数近似地用一线性函数来表示，于是在该范围内通过测量 Z、L 或 Q 的变化就可以线性地获得位移的变化。

例如，由式(3-7)可见，涡流传感器探头内线圈在受到被测导体影响后，等效电感减小，线圈阻抗发生了变化。探头线圈受到了涡流的阻抗反射作用后，由电磁场理论中的诺埃曼公式有

$$M=\frac{\mu_0}{4\pi}\oint_{L_1}\oint_{L_2}\frac{\mathrm{d}l_1\times\mathrm{d}l_2}{s} \tag{3-9}$$

式中，$\mu_0=4\pi\times10^{-7}\ \mathrm{H/m}$，为空气介质磁导率；$\mathrm{d}l_1$ 和 $\mathrm{d}l_2$ 分别为 L_1 和 L_2 的长度元；$\mathrm{d}l_1$ 按线圈匝数串联计算；$\mathrm{d}l_2$ 按单匝线圈计算并决定于金属导体几何尺寸；s 为测量线圈至被测金属导体表面的距离。若测量初始距离为 s_0，那么距离 s 与被测金属厚度值 x 有 $s=s_0-x$ 的关系，因此有

$$M=\frac{\mu_0}{4\pi}\oint_{L_1}\oint_{L_2}\frac{\mathrm{d}l_1\times\mathrm{d}l_2}{s_0-x} \tag{3-10}$$

式(3-10)代入式(3-7)得，受到涡流阻抗反射作用后的线圈电感 L 是被测金属导体厚度 x 的映射函数。

2. 电涡流传感器测量位移原理

在利用电涡流传感器测量位移时如图 3.10 所示，励磁线圈与被测金属体之间的距离的变化引起互感 M 发生变化，其等效电感 L 变化。当线圈与金属体之间的距离比较远时，电涡流对线圈电感的影响可以忽略不计，线圈中电感最大，谐振频率最低，输出最大。随着距离的减小，涡流逐渐增强，线圈的电感减小，从而使谐振频率增高，于是输出 U 幅值下降。

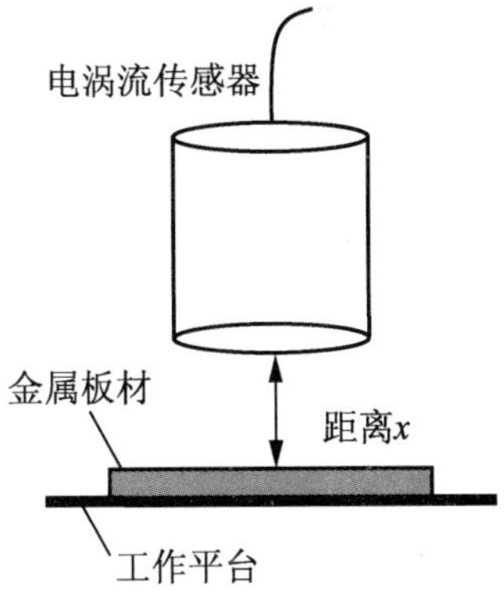

图 3.10　电涡流测位移的原理

由于电涡流传感器是利用线圈与被测金属之间的电耦合进行工作的，因而被测金属作为“实际传感器”的一部分，其材料性质、尺寸与形状都与传感器特性密切相关。

被测金属的电导率、磁导率对传感器的灵敏度有影响。一般来说，被测金属的电导率越高，灵敏度也越高。磁导率则相反。被测金属的大小、形状与灵敏度也密切相关，从分析知，若被测金属为平面，在涡流环的直径为线圈

直径的 1.8 倍处，电涡流密度已衰减为最大值的 5%。为充分利用电涡流效应，被测金属的厚度不应小于线圈直径的 1.8 倍。当被测金属的直径为线圈直径的一半时，灵敏度将减小一半；更小时，灵敏度下降更严重。

3. 电涡流传感器测厚原理

电涡流测厚仪有两种方式：高频反射式和低频透射式。下面介绍频率选择问题和这两种方式测量金属板材厚度的基本原理及应用特点。

1) 励磁频率的选择

当选取的励磁频率 f 一定时，不同材料的 ρ 不同，贯穿深度也不同，由此将造成输出电压 $U_2 = f(x)$ 曲线形状的变化。

$$U_2 = kU_1\mathrm{e}^{-x/h} \tag{3-11}$$

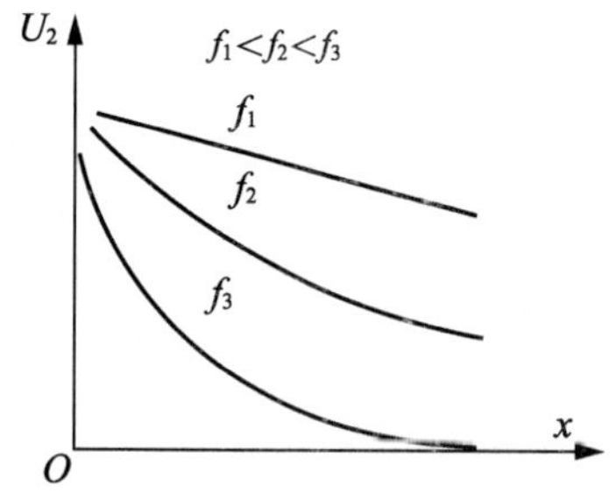

图 3.11　不同频率下的 $U_2=f(x)$ 曲线

图 3.11 为不同频率下 U_2 和板厚 x 的关系曲线。为使 U_2 与 x 接近线性关系，f 应选低些(约 1kHz)；从灵敏度考虑，测薄板时，f 应选高些，测厚板时应选较低的励磁频率；为使测量不同 ρ 的材料的 $U_2=f(d)$ 曲线相近，ρ 较小，f 应选低些；ρ 较大，f 应选高些。

所以为了保证使同一传感器测量不同材料的线性度和灵敏度一致，可采用改变励磁频率的方法来达到。例如，测量纯铜时采用 500Hz；测量黄铜和铝材时采用 2Hz，这样传感器的线性度和灵敏度基本上仍能保持在标定状态下工作。

由于此种方式的贯穿厚度与励磁频率有关，而励磁又不能太低，故低频透射式电涡流传感器适用测量厚度不大的金属涂层，在较厚的金属板材厚度测量中不太适用。

2) 低频透射式

低频透射式电涡流传感器如图 3.12 所示。为克服金属板移动过程中上下波动及板材不够平整的影响，常在板材上下两侧对称放置两个特性相同的传感器 L_1 和 L_2。板厚的 $x=D-(d_1+d_2)$。工作时，两个传感器分别测得 d_1 和 d_2。初级线圈(发射线圈)L_1 和二次线圈(接收线圈)L_2 分别位于被测金属的两侧。L_1 两端加交流励磁电压 U_1 时，L_2 两端将产生感应电压 U_2；若两线圈间无金属板，L_1 的磁场就能直接贯穿 L_2，这时 U_2 最大；有金属板后，产生的涡流削弱了 L_1 的磁场，U_2 下降，金属板厚度 x 越大，涡流越大，U_2 越小。

3) 高频反射式

高频反射式电涡流传感器测厚度的原理图如图 3.13 所示。金属板材中涡流环的损耗与金属板材的厚度成正比。由于涡流是由发射线圈产生的电磁场所激励，根据能量守恒定律，涡流损耗功率 P 的变化必然影响到发射线圈所建立起来的磁感应强度 B_m。接收线圈感应到由发射线圈所建设起来的、受金属板材厚度变化所影响的感应强度 B_m。在接收线圈中就感应出与 B_m 变化相对应的感生电动势 E_m，从而实现了对金属板材厚度的测量。传感器和基准面的距离 h 是固定的，将被测物体放在基准面上以后，可测量出涡流传感器与被测物体间的距离 d_1，于是可以求出被测物体的厚度 $x = d_2 - d_1$。

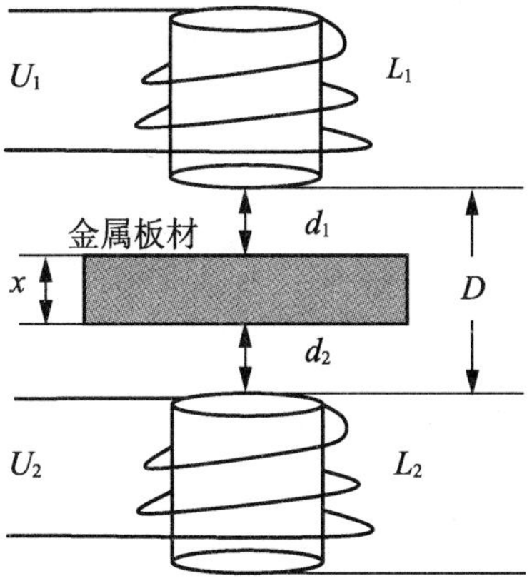

图 3.12　低频透射式电涡流传感器测量金属厚度原理图

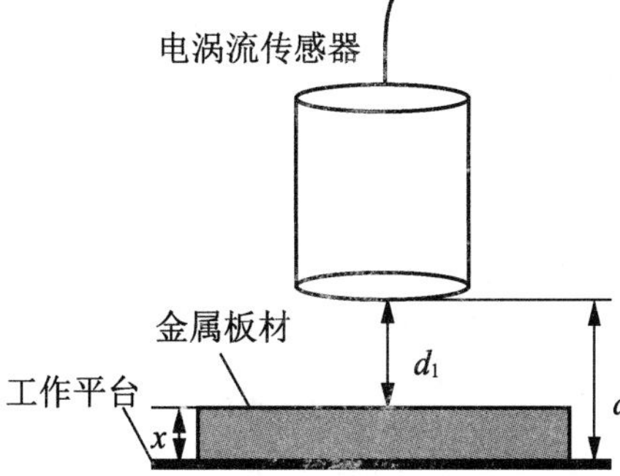

图 3.13　高频反射涡流传感器测量厚度原理图

此类传感器适宜金属板材的厚度测量，并且特性曲线接近线性，可根据测量时的精度要求对其进行分段线性化，分段越多测量精确度越高。

下面以测量铜膜为例，计算参数。

基于铜膜等效电阻 R_2 的损耗进行测量，属于能耗测量方式，应该充分体现不同厚度的等效电阻值 R_2 大小的区别。也就是用电磁辐射方式对铜膜厚度进行测量，必须将电磁波有效射入铜膜内部。而金属铜是良导体，存在集肤效应，高频电磁场不能透过较厚的铜膜，仅作用于表面的薄层。电磁波的穿透深度有限，形成电涡流的深度也就有限。电磁场频率越高，集肤效应越显著，即形成电涡流的深度越小。其有效穿透深度计算式为

$$h = 5030\sqrt{\frac{\rho}{u_{\mathrm{r}} f}} \tag{3-12}$$

式中，ρ为导体电阻率(Ω·cm)；μ_{r}为导体相对磁导率；f为交变磁场频率。

在常温下，对于铜来说，有

$$\rho = 1.7 \times 10^{-6}\,\Omega\text{·cm} \tag{3-13}$$

$\mu_{\mathrm{r}} = 0.9999$，而一般 PCB 板的铜膜厚度为 10～200μm。以 200μm 代入式(3-12)，可计算得

$$f_0 = 107\text{kHz} \tag{3-14}$$

由式(3-14)得出的频率可知，对于本任务中要检测的是 PCB 板铜膜，应采用高频反射方式。当测量厚度大的铜膜时，需要贯穿深度大，用低频 f 励磁，其线性度较好；当测量薄的铜膜时，贯穿深度 h 小，则选取高频 f 励磁，但此时的线性范围随频率的变大而变小。

【参考图文】

4. 电涡流传感器选型

涡流传感器种类繁多，以一体化为主(可以只使用探头部分，但各项参数需要向厂家索取或者测量)。下面以上海航振仪器 HZ891YT 系列为例说明选型。HZ891YT 系列一体化电涡流位移传感器是在 HZ891XL 系列电涡流位移传感器基础上，通过表面贴装微型封装

技术，将前置器电路和探头集成一体，是一种高性能、低成本的新型电涡流位移传感器。

HZ891YT 系列一体化电涡流位移传感器广泛用于电力、石化、冶金、机械等行业，对大型旋转机械的轴位移、轴振动、轴转速等参数进行在线实时监测，可以分析出设备的工作状况和故障原因，有效地对设备进行保护及进行预测性维修，可测量位移、振幅、转速、尺寸、厚度、表面不平度等。其命名方式如图 3.14 所示。

选型示例：HZ891YT－04-B-M16×1－80－30K。

表示：HZ891YT 系列一体化电涡流传感器，量程 4mm，1～5V 输出，螺纹规格为 M16×1，壳体长为 80mm，输出电缆长 3m，带不锈钢金属软管铠装。

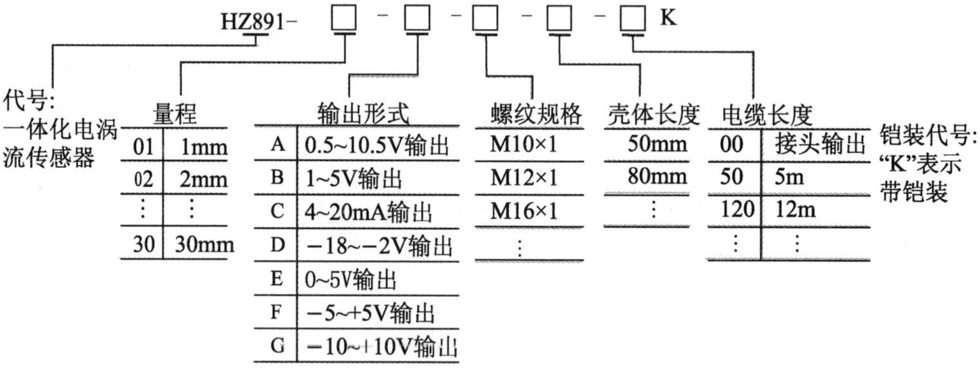

图 3.14　HZ891YT 系列一体化电涡流位移传感器命名方式

该系列传感器的主要测量参数见表 3-5。

表 3-5　HZ891 系列测量参数

探头直径/mm	线性量程/mm	非线性误差/(%)	最小被测面/mm
$\phi 5$	1(可扩展到 2)	≤±1	$\phi 15$
$\phi 8$	2(可扩展到 4)	≤±1	$\phi 25$
$\phi 11$	4(可扩展到 10)	≤±1	$\phi 35$
$\phi 25$	12(可扩展到 20)	≤±1.5	$\phi 50$
$\phi 50$	25	≤±2	$\phi 100$

5. 常见故障分析及处理

电涡流传感器常见故障及其产生原因和处理方法见表 3-6。

表 3-6　电涡流传感器常见故障及其产生原因和处理方法

故障现象	可能原因	处理方法
测量数据显示异常	探头松动； 其他金属干扰	查看探头是否拧紧，与测量面是否紧密贴紧；移开周边其他可以引起磁场变化的金属
测量数据无显示	连线故障	接好连线
数据无显示，测量不准确	探头破损	更换探头

3.1.5　任务总结

通过本任务的学习，应掌握涡流传感器的基本工作原理、结构类型、典型电路和应用注意事项等知识重点。

通过本任务的学习，应掌握如下实践技能：①正确分析、制作与调试涡流传感器应用电路；②根据设计任务要求，完成硬件电路相关元器件的选型，并掌握其工作原理。

3.1.6　请你做一做

(1) 上网查找 3 家以上生产涡流传感器的企业，列出这些企业生产的涡流传感器的型号、规格，了解其特性和适用范围。

(2) 动手设计一个多点(3 点)测量平均厚度的电路。

任务 3.2　电子水平仪（倾角传感器）

3.2.1　任务目标

通过本任务的学习，掌握倾角传感器的结构、基本原理，根据所选倾角传感器设计接口电路，并完成电路的制作与调试。

3.2.2　项目分析

1. 项目任务

图 3.15　电子水平仪

如图 3.15 所示，电子水平仪用于测量小角度，在生产过程中常用以检验和调整机器或机件的水平位置或垂直位置，进而可对机器或机件做垂直度或水平度的检验工作。传统的水平仪大多是采用物理原理，根据在 U 形管中水在重力作用下总是两边同高度的性质原理设计的，通过看 U 形管中水倾斜了多少度来判断倾角，这种方法操作起来不太方便，使用范围比较局限，而且测量比较烦琐，不适应高速自动应用。随着科技的日新月异，水平仪发展到用倾角传感器自动测量的方式测量水平倾角。利用倾角传感器和单片机实现对水平坡度的自动测量，可以大大提高测量的方便程度、提高测量精度，并使得整个测量过程更加的快捷。利用清晰的液晶显示和超标报警功能，使用起来将更加方便。

水平仪利用倾角传感器测量水平坡度，采集到的温度信号送至单片机处理后在 LED 上显示，能够实现以下功能：

(1) 倾角的自动测量，实时显示。系统角度测量范围为 0°～90°，误差为±0.2°。

(2) 大屏幕显示功能。

(3) 数码显示角度或斜率。

(4) 低功耗。

(5) 带报警功能。

2. 主要器件选用

本任务中要用到的主要器件及其特性见表 3-7。

表 3-7　倾角检测主要器件

主要器件	主要特性
倾角传感器  SCA100T 型倾角传感器实物图	*xy* 双轴高分辨率双向测量；+5V DC 单电源供电，工作电流为 4mA；工作温度范围为-40～+125℃；线性模拟电压输出；模拟量(带宽为 10Hz)输出分辨率为 0.0025°；片内 A/D 精度为 11 位，转换时间为 150μs；内置温度传感器可自动实现温度补偿；数字 SPI 串行外围接口，输出角度信号和温度信号；输出灵敏度为 4V/g(±0.5g)和 2V/g(±1g)；内置过阻尼频率响应敏感元件(-3dB，18Hz)；内置智能故障自诊断功能，抗振性好，可承受 20000g 的机械冲击
单片机 C8051F330	具体特性见项目 1 任务 1.1 中 C8051F330 单片机介绍
显示模块 12864	具体特性见项目 1 任务 1.1 中 12864 芯片介绍

3.2.3　任务实施

1. 任务方案

电子水平仪检测系统原理框图如图 3.16 所示，由 SCA100T-D02 倾角传感器、单片机、液晶显示器和报警电路等构成，从而实现了快速测量倾角的目的，它能够在 1/3s 内准确测量出当前倾角，当倾角数据稳定 180s 后，系统蜂鸣器将报警，然后关闭，以节约电池电量。

【参考图文】

图 3.16　电子水平仪检测系统原理框图

2. 硬件电路

电子水平仪硬件电路如图 3.17 所示。电路主要由 3 部分组成：倾角传感器将被倾斜程度转换成数字信号输出；由单片机 C8051F330 管理整个系统，并实现对倾角信号的处理和显示；显示器 12864 及其外围电路负责显示。

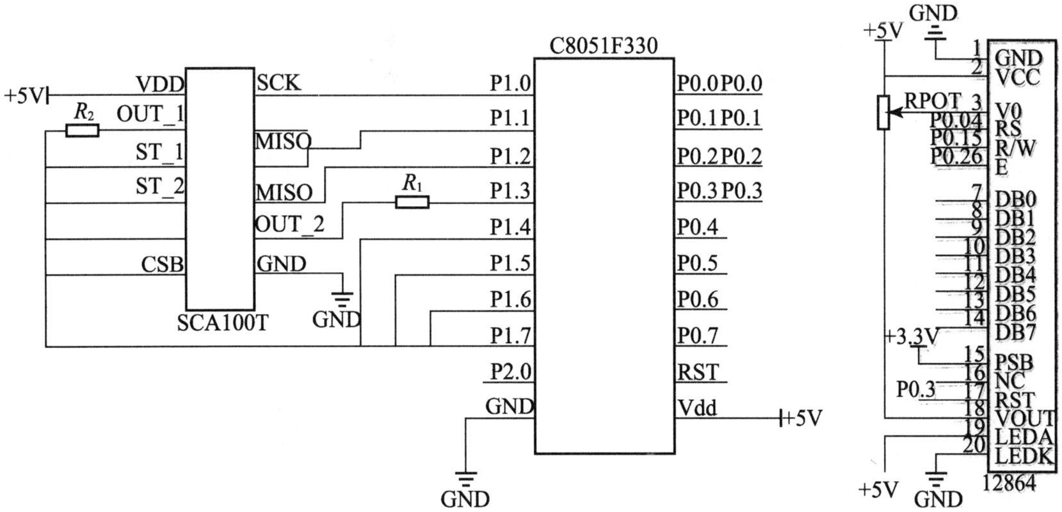

图 3.17　电子水平仪电路图

3. 电路调试

系统制作完成后，要对系统进行调试，包括硬件调试和软件调试及软、硬件联调。硬件调试和软件调试分别独立进行，可以先调试硬件再调试软件。在调试中找出错误、缺陷，判断各种故障，并对软硬件进行修改，直至没有错误。

在系统接上电源进行调试前，还要注意地与电源是否短接、芯片是否插反等，防止芯片烧坏。在硬件调试过程中，接通电源后，要测量各个芯片的电源引脚是否符合要求的电压。因电路中包含元器件较多，调试的时候可以分块进行，从电源出发，以单片机为核心进行调试。结合软件调试的时候，可以使用示波器查看信号输出波形，从中找到问题并解决。

提示

双轴倾角传感器对电源噪声干扰比较敏感，需要按照推荐要求设计电路。

用量角器设定角度，对系统进行标定和修正。测试结果填入表 3-8 中。

表 3-8　电子水平仪测试数据　　(单位：°)

x 实际角度	x 测得角度	误差	y 实际角度	y 测得角度	误差

4. 应用注意事项

倾角传感器集成度高，使用较为方便。为保证较高的测量精度，需要在使用中注意以下几个方面。

(1) 在安装传感器时，不正确安装会导致测量角度误差大。要保证倾角传感器与被测面尽可能近地贴合；要使系统的定义方向与倾角传感器的 x 轴或者 y 轴方向平行。如果不能保证这两点要求，系统测量时会有固定误差。

(2) 强磁场对倾角传感器有影响，应避免周边有强磁场。

(3) 电源干扰影响输出，需要对电源进行退偶，退偶电容和接法参考用户手册。

(4) 应尽可能避免安装在有强烈振动的地方，虽然传感器内部有抑制高频振动的电路和措施，但无法避免对输出产生影响，尤其是在输出特征频率附近的振动。

(5) 焊接时要注意保护。焊接要迅速、可靠，不能长时间焊接，否则容易损坏器件，而且这种损坏是不可逆的。不推荐使用波峰焊，会损坏器件。

3.2.4 知识链接

1. 倾角传感器

随着 MEMS 技术的发展，惯性传感器件在过去的几年中成为最成功、应用最广泛的微机电系统器件之一，而微加速度计就是惯性传感器件的杰出代表。作为最成熟的惯性传感器应用，现在的 MEMS 加速度计有非常高的集成度，即传感系统与接口线路集成在一个芯片上。

倾角传感器把 MCU、MEMS 加速度计、A/D 转换电路、通信单元全都集成在一块非常小的电路板上面，可以直接输出角度等倾斜数据，让人们更方便地使用它。其特点是：硅微机械传感器测量以水平面为参考面的双轴倾角变化；输出角度以水准面为参考，基准面可被再次校准；数据方式输出，接口形式包括 RS232、RS485 和可定制等多种方式；抗外界电磁干扰能力强，可承受冲击振动 10000g。

倾角传感器的理论基础是牛顿第二定律：根据基本的物理原理，在一个系统内部，速度是无法测量的，但却可以测量其加速度。如果初速度已知，就可以通过积分算出线速度，进而可以计算出直线位移，所以它其实是运用惯性原理的一种加速度传感器。

当倾角传感器静止时，也就是侧面和垂直方向没有加速度作用时，作用在它上面的只有重力加速度。重力垂直轴与加速度传感器灵敏轴之间的夹角就是倾斜角了。

倾角传感器的种类可以分为单轴和双轴两种。单轴倾角传感器只能测量相对于水平面的倾角变化。双轴倾角传感器的双轴互相垂直，可以同时测量相对于两个轴的角度变化，也可以同时测量翻转角与俯仰角。

倾角传感器从工作原理上可分为固体摆式、液体摆式、气体摆式 3 种。就基于固体摆、液体摆及气体摆原理研制的倾角传感器而言，它们各有所长。在重力场中，固体摆式的敏感质量是摆锤质量，液体摆式的敏感质量是电解液，而气体摆式的敏感质量是气体。

1) 固体摆式倾角传感器

图 3.18 所示为应变式倾角传感器，应变梁 3 下端连有摆锤 1 构成悬挂式摆。梁上贴有

四片应变片 4 组成全桥。应变梁周围灌满硅油 2，形成阻尼使摆易于稳定。为了防水，在电缆引出端充满防水绝缘胶密封。当传感器倾斜角为 α 时，应变 ε 为

$$\varepsilon = \frac{3W\sin\alpha}{Eh^2\tan\dfrac{\beta}{2}} \tag{3-15}$$

式中，E为梁的弹性模量；h为梁厚度；β为梁夹角；W为摆锤质量。

可见，悬挂摆锤的应变梁是一个将被测非电量 α 转换为可用非电量 ε 的敏感器。

由于摆锤摆动某一角度后摆锤下端相应产生一个位移，因此利用位移传感器与摆锤相结合就能构成倾角传感器。图 3.19 所示为电位器式倾角传感器，在传感器壳体中悬挂一个摆锤，电位器固定在壳体上，其电刷与摆锤相连。圆弧形电位器 R 电刷两边的电阻与控制盒内的精密多圈电位器 R_P 构成惠斯顿电桥。斜角 α=0° 时调整多圈电位器 R_P 使得电桥平衡，与电位器相连的仪表读数便与倾角 α 成正比。

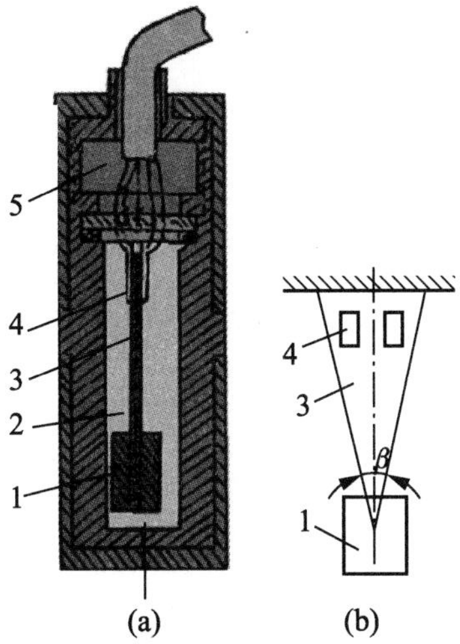

图 3.18　应变式倾角传感器

1—摆锤；2—硅油；3—应变梁；
4—应变片；5—放水绝缘胶

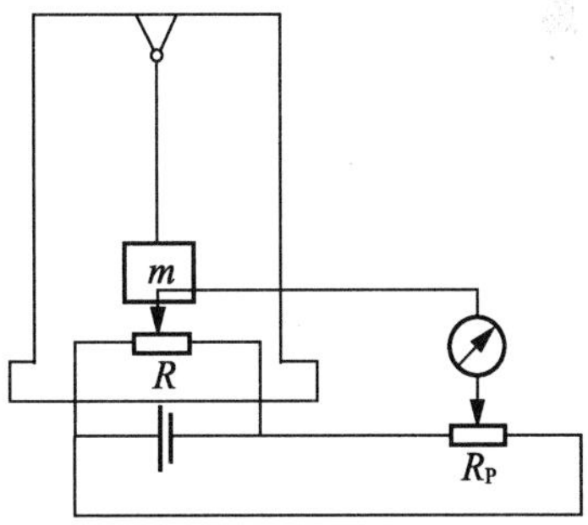

图 3.19　电位器式倾角传感器

同理，利用差动电感、差动电容、差动变压器等也可与摆锤构成倾角传感器。

2) 液体摆式倾角传感器

电解液气泡式电子水平仪是液体摆式倾角传感器的一个例子，如图 3.20 所示。在普通管状水准器内装电解液，并在玻璃管壁内壁贴 4 块铂电极，左右两对电极间电解液电阻组成差动交流电桥相邻两臂的电阻。当气泡居中时，两边电阻值相等，电桥平衡。当倾斜使气泡移动时，电解液与电极的接触面发生变化，引起电阻变化，电桥失去平衡。

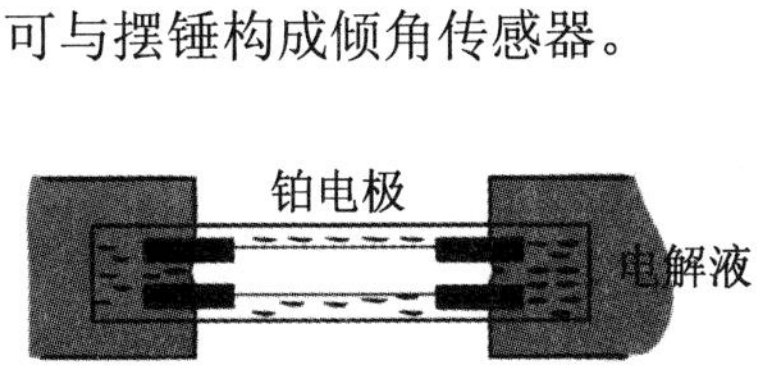

图 3.20　电子水平仪

图 3.21 是另一种液体摆式倾角传感器的示意图。圆柱形玻璃管 5 内装有三根垂直通过管轴线的铂电极 1、2、3。工作时，由于电极浸入工作液(导电液)4 深度发生变化而引起电

极间电阻变化，导致电桥不平衡。

3) 气体摆式倾角传感器

气体摆式倾角传感器工作原理如图3.22所示。传感器壳体平行于水平面时，密封盒内两几何对称的热敏电阻丝 R_1 和 R_2 所产生的热气流均垂直向上，二者互不影响，电桥平衡，输出为0。若传感器壳体相对于地球重心方向产生倾斜角 θ，由于重力作用，热气流仍然保持在铅垂方向，但是两束热气流对彼此的热源产生作用。若倾角为正，R_2 产生的热气流作用到 R_1 上，电桥失去平衡，输出与 θ 大小成正比的正模拟电压。反之输出与 θ 大小成正比的负模拟电压。

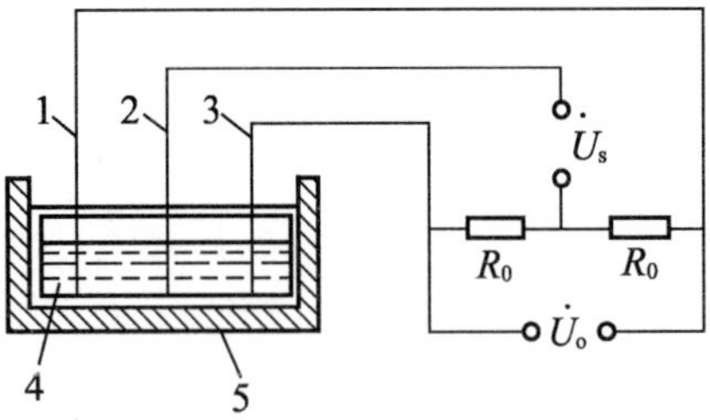

图 3.21 液体摆式倾角传感器

1、2、3—铂电极；4—工作液；5—圆柱形玻璃管

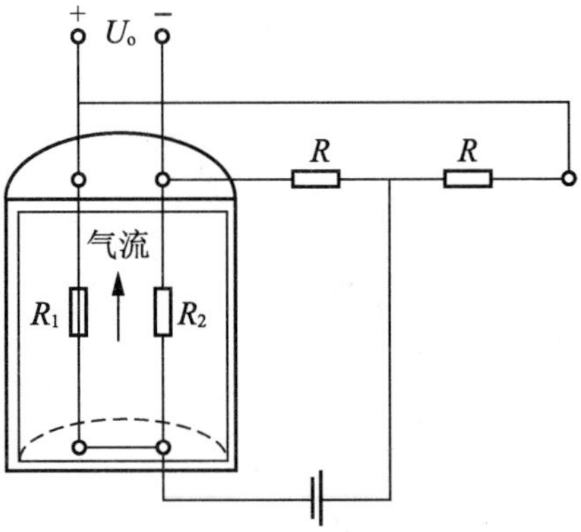

图 3.22 气体摆式倾角传感器工作原理

这种倾角传感器可用于坦克、舰船和机器人的姿态参考系统。其优点是动态范围宽、响应快、精度高、寿命长、成本低。

气体是密封腔体内的唯一运动体，它的质量较小，在大冲击或高过载时产生的惯性力也很小，所以具有较强的抗振动或抗冲击能力。但气体运动控制较为复杂，影响其运动的因素较多，其精度无法达到军用武器系统的要求。固体摆倾角传感器有明确的摆长和摆心，其机理基本上与加速度传感器相同，在实用中产品类型较多，如电磁摆式，其产品测量范围、精度及抗过载能力较高，在武器系统中应用也较为广泛。液体摆倾角传感器介于上述两者之间，但系统稳定，在高精度系统中，应用较为广泛，而且国内外产品多为此类。

【参考图文】

倾角传感器用于各种角度测量中，如高精度激光仪器水平、工程机械设备调平、远距离测距仪器、高空平台安全保护、定向卫星通信天线的俯仰角测量、船舶航行姿态测量、盾构顶管应用、大坝检测、地质设备倾斜监测、火炮炮管初射角度测量、雷达车辆平台检测、卫星通信车姿态检测等。

2. SCA100T 倾角传感器

SCA100T 系列是基于 3D-MEMS 的高精度双轴倾角传感器设计的芯片，能提供仪表级的性能。芯片在测量时需要与测量平台保持平行，并且传感器双轴需相互垂直。低温度相关性、高分辨率、低噪声和高度集成使 SCA100T 系列芯片使用非常方便。SCA100T 系列倾角传感器内部自带高频滤波，对高频振动不敏感，并且能承受高达 20kgf 的机械冲击力。

SCA100T 倾角传感器的引脚如图 3.23 所示。引脚说明见表 3-9。

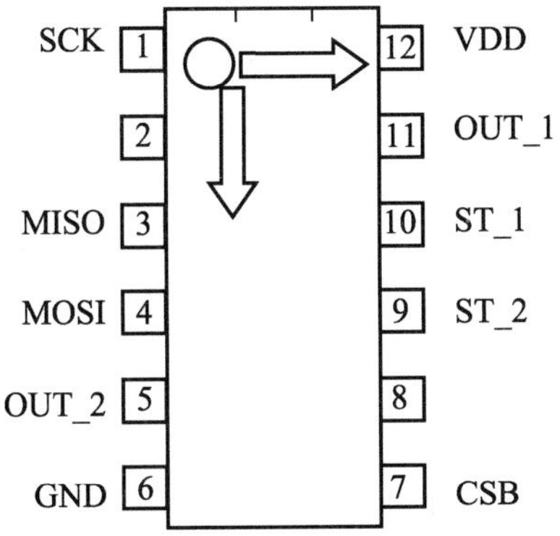

图 3.23 SCA100T 倾角传感器的引脚

表 3-9 SCA100T 倾角传感器的引脚说明

管脚	名称	输入/输出	描述
1	SCK	输入	时钟
2	NC	输入	空
3	MISO	输出	主输入从输出；数据输出
4	MOSI	输入	主输出从输入；数据输入
5	OUT_2	输出	y 轴输出(Ch2)
6	GND	供电	地
7	CSB	输入	片选(低电平有效)
8	NC	输入	空
9	ST_2	输入	Ch2 自检输入
10	ST_1	输入	Ch1 自检输入
11	OUT_1	输出	x 轴输出(Ch1)
12	VDD	供电	正电源电压(+5V)

如果不使用 SCK (1 脚)、MISO (3 脚)、MOSI (4 脚)及 CSB (7 脚)，那么这些引脚就需要悬空。ST_1 或 ST_2 (10 脚或 9 脚)接“1” (正电源电压)可以激活自检模式。两个通道不能同时处于自检模式。如果不使用自检模式，那么 10 脚和 9 脚必须悬空或者接地。倾角信号从 OUT_1 和 OUT_2 引脚输出。

SCA100T 倾角传感器的内部结构框图如图 3.24 所示。

3. SCA100T 倾角传感器的数据处理

1) 模拟信号输出数据处理

如图 3.25 所示，SCA100T 角度和输出电压之间成比例关系。电源电压对零度输出和传感器的灵敏度都有影响，如果电源电压发生波动，那么 SCA100T 输出也会发生波动。因此 SCA100T 的电源最好和 A/D 的参考电压采用同一电源，以便能自动补偿因电压波动而引起的误差。

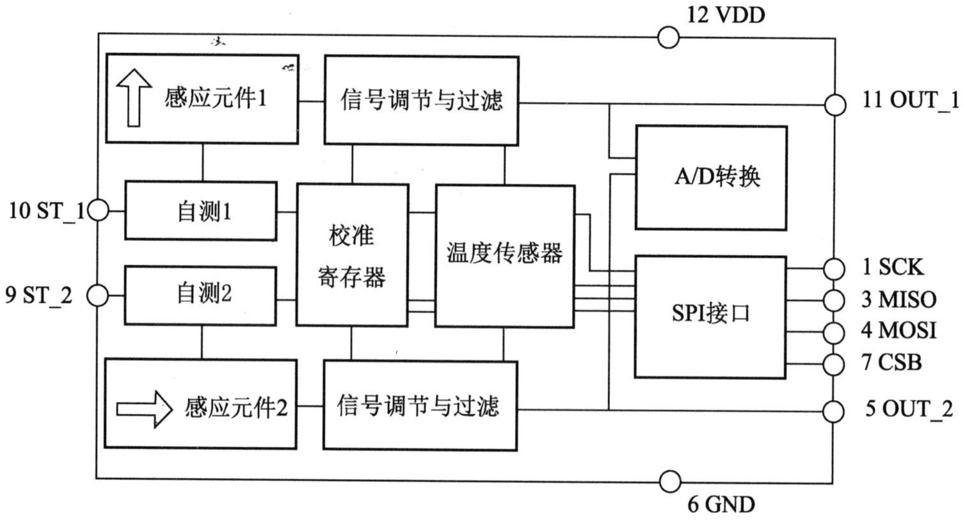

图 3.24　SCA100T 传感器的内部结构框图

用下面的方法计算芯片的偏转角度，主要和输出电压有关。

输出电压转换为角度的方程式为式(3-16)。

$$\alpha = \arcsin\left(\frac{V_{out} - \text{Offset}}{\text{Sensitivity}}\right) \tag{3-16}$$

式中，Offset是在0° 输出的电压值(一般取电压2.5V)，Sensitivity是芯片灵敏度(SCA100T-D01是4V/g，SCA100T-D02是2V/g)，V_{out}是芯片输出的模拟电压。

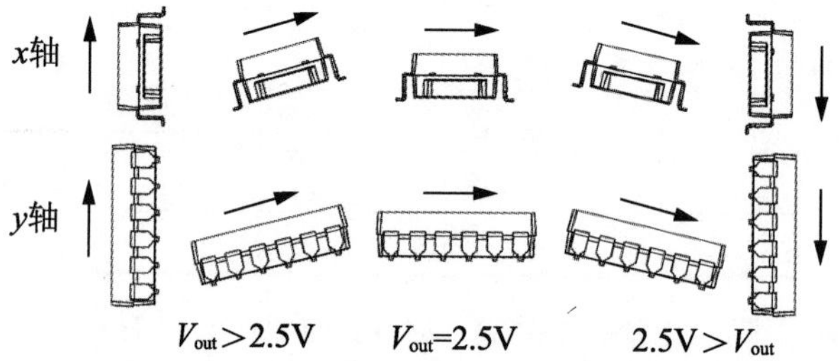

图 3.25　SCA100TSCA100T 的测量方向

当角度接近于 0° 时(水平方向，一般不超过 5°)，方程式可以简化。在一般精度要求不是很高的情况下，计算结果的准确性是可以接受的。

简化转换方程式

$$\alpha = \frac{V_{out} - \text{Offset}}{\text{Sensitivity}} \tag{3-17}$$

式中，Sensitivity = 70mV/° (SCA100T-D01)或Sensitivity=35mV/° (SCA100T-D02)。

使用简化公式计算结果与实际倾斜角度之间的误差见表 3-10。

表 3-10 简化方程计算误差

实际倾斜角度/(°)	使用简化方程计算引起的误差/(°)
0	0
1	0.0027
2	0.0058
3	0.0094
4	0.0140
5	0.0198
10	0.0787
15	0.2185
30	1.668

2) 数字信号输出数据处理

传感器内部 A/D 为 11 位，测量后产生的数据是 11 位数据格式，并且存储在 RDAX 和 RDAY 两个数据寄存器中。数据范围是 0～2048。正常情况下，零度位置 RDAX 和 RDAY 数据寄存器的数字量是 100 0000 0000(二进制)或者 1024(十进制)。

按照某一旋转角度的数字量转换为角度值的函数为式(3-18)。

$$\alpha = \arcsin\left(\frac{D_{\text{out}}[\text{LSB}] - D_{\text{out}@0^\circ}[\text{LSB}]}{\text{Sensitivity}[\text{LSB}/\text{g}]}\right) \tag{3-18}$$

式中，D_{out}为X或Y通道的数字输出量；$D_{\text{out}@0^\circ}$为零度位置数值(一般为1024)；α为芯片旋转的角度；Sensitivity为芯片敏感度(SCA100T-D01：1638，SCA100T-D02：819)。

表 3-11 为倾斜角度在−5°、−1°、0°、1° 和 5° 时对应的加速度和数据寄存器的数值。

表 3-11 角度和 A/D 值转换表

角度/(°)	加速度/mg	RDAX (SCA100T-D01)	RDAX (SCA100T-D02)
−5	−87.16	十进制：881 二进制：011 0111 0001	十进制：953 二进制：011 1011 1001
−1	−17.45	十进制：995 二进制：011 1110 0011	十进制：1010 二进制：011 1111 0010
0	0	十进制：1024 二进制：100 0000 0000	十进制：1024 二进制：100 0000 0000
1	17.45	十进制：1053 二进制：100 0001 1101	十进制：1038 二进制：100 0000 1110
5	87.16	十进制：1167 二进制：100 1000 1111	十进制：1095 二进制：100 0100 0111

4. SCA100T 的通信

SCA100T 有一个串行通信接口(SPI)，由一个主设备和一个或多个从设备组成，主设备提供时钟，从设备接收主设备提供的 SPI 时钟。在该公司的产品中，串行通信接口总是在主从模式中作为从设备，如图 3.26 所示。

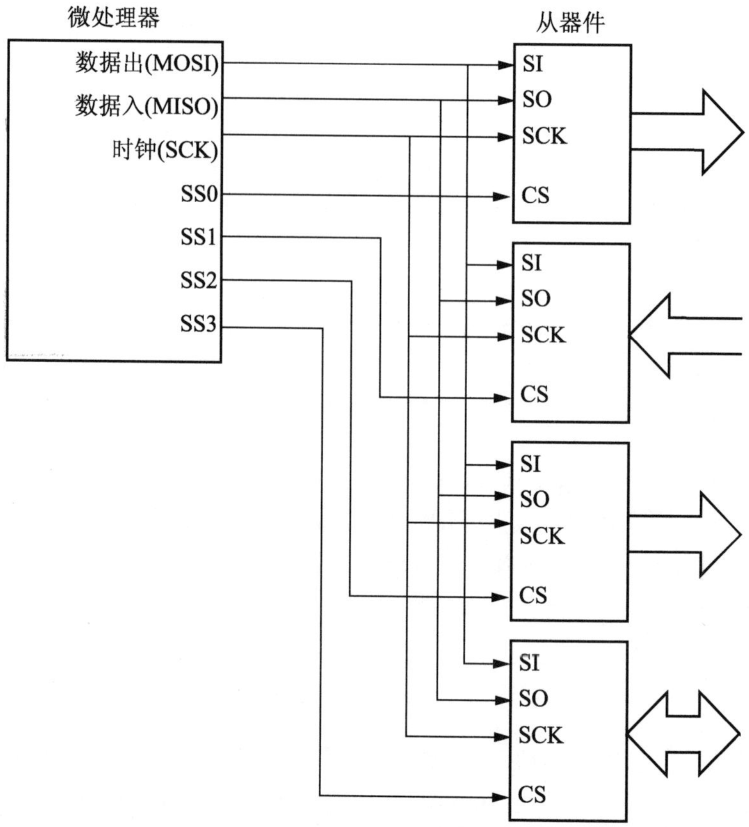

图 3.26　典型的 SPI 连接图

SPI 是四线的同步串行接口，通过选择从设备或者 CSB 端口来允许通信。数据通过三线接口来传输，分别是串行数据输入线(MOSI)、串行数据输出线(MISO)和串行时钟(SCK)。

SPI 接口能够支持任何有 SPI 总线的微处理器。特别需要注意，在基于硬件的 SPI 通信中，接收的数据是 11bit。数据通信用到的是以下 4 个端口：

MOSI	SCA100T 数据入	μP → SCA100T
MISO	SCA100T 数据出	SCA100T → μP
SCK	时钟入	μP→SCA100T
CSB	片选(低电平)	μP → SCA100T

CSB 为低时开始传送数据，变高时结束传输。传输指令和数据时的控制规则如下所述：

(1) 传输指令或数据时，MSB(高位)首先发送，LSB(低位)其后发送。

(2) 每个输出数据/状态位在 SCK 下降沿被改变(MISO 线)。

(3) 每一个传输数据是在 SCK 的上升沿(MOSI 线)采样。

(4) 从 CSB 下降沿开始，被选中的设备开始进行 8bit 的指令传输。指令定义要执行的运算。

(5) 在 CSB 的上升边缘结束所有的数据传输而且重新设定内部的计数器和指令寄存器。

(6) 如果一个无效的命令被收到，MISO 将呈现高阻态并且不允许移动芯片内的数据，直到 CSB 下降沿重新初始化串行通信。

(7) 数据传送到 MOSI 时，连续接收所有数据并直接写到 SCA100T 的内部数据寄存器上。

(8) 向外输出数据通过 MISO，从控制命令最后一位采样的上升沿后第一个 SCK 下降沿开始。

(9) 最大的 SPI 时钟频率是 500kHz。

(10) 最大的数据采样传输速度 RDAX 和 RDAY 是每秒 5300 次/通道。

SPI 指令可以是任意一个单独的命令或是一个命令和数据的组合。在组合的命令和数据的情况，输入数据连续跟随 SPI 指令，并且输入和输出数据并行传输。

SPI 接口使用一个 8bit 指令寄存器，指令定义见表 3-12。

表 3-12　串口指令

指令名字	指令格式	作用
MEAS	00000000	测量模式(在上电后的正常工作模式)
RWTR	00001000	读和写温度数据寄存器
RDSR	00001010	读状态寄存器
RLOAD	00001011	重新载入 NV 数据到内存输出寄存器
STX	00001110	激活 *X* 自测通道
STY	00001111	激活 *Y* 自测通道
RDAX	00010000	经 SPI 读 *X* 通道的加速度
RDAY	00010001	经 SPI 读 *Y* 通道的加速度

测量模式(MEAS)是上电后的标准工作模式。在正常运转时，这条指令是退出自测的命令。

串口温度数据传输时序如图 3.27 所示。在不影响正常工作的期间读取温度数据寄存器(RWTR)。温度数据寄存器每 150μs 更新一次。在这期间给 CSB 加低电平无效，因此，为了保证读取到正确的数据，在发出 RWTR 指令之前 CSB 的高电平持续时间至少要保持 150μs。数据传送格式在图 3.27 中呈现。传输的数据 MSB 在前。在正常工作中，写入温度数据寄存器任何数据都没有意义，因此推荐空位全部写“0”。

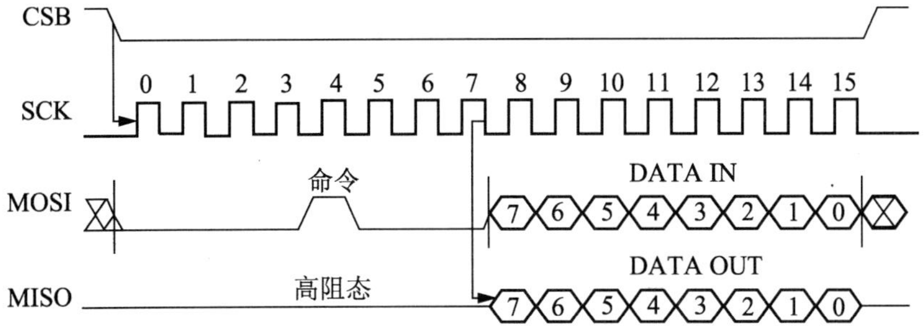

图 3.27　串口温度数据传输时序

对 X 通道自测(STX)启动 X 通道自测试。内在的电荷泵被启动，产生一个高电压加载到 X 信道的加速度感应组件电极。这内部电压引起内部传感组件的偏转，从而模拟了正向的加速度。解除自测模式要使用 MEAS 指令，两个信道的自测模式不能同时进行。

对 Y 通道自测(STY)启动 Y 通道自测试。内在的电荷泵被启动，产生一个高电压加载到 Y 信道的加速度感应组件电极。

读 X 通道的加速度(RDAX)访问经过 A/D 转换的 X 通道的加速度，加速度信号存储在加速度数据寄存器 X 中。

读 Y 通道的加速度(RDAX)访问经过 A/D 转换的 Y 通道的加速度，加速度信号存储在加速度数据寄存器 Y 中。

在正常工作时，加速度数据寄存器每 150μs 更新一次。在这期间给 CSB 加低电平是无效的，因此，为了保证读取到正确的数据，在发出 RWTR 指令之前 CSB 的高电平持续时间至少要保持 150μs。输出数据是一个 11 位的数字量，MSB 在前 LSB 在后。串行数据传输时序图如图 3.28 所示。

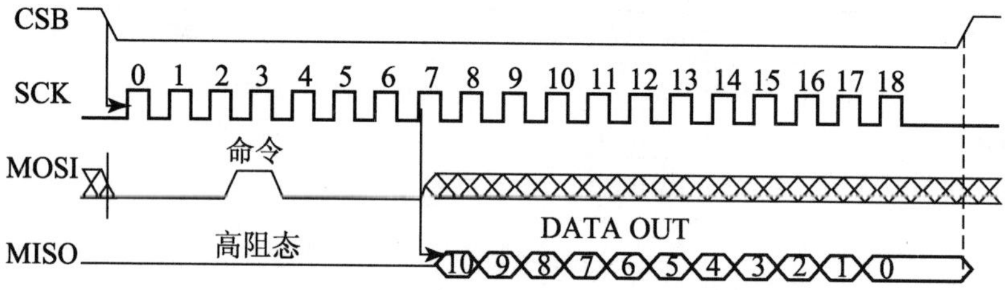

图 3.28　串行数据传输时序图

5. SCA100T 的工作模式

为了确保测量结果准确可靠，SCA100T 要检测连接是否失败和校准存储器有效性。一旦发现故障，强制输出信号电平接近于电源地或 V_{DD}，在正常输出范围之外。正常输出范围是：模拟量 0.25～4.75V(@V_{DD}=5V)和 SPI 值 102～1945。

打开连续的奇偶校验检查控制寄存器内容的有效性。如果发现奇偶校验错误，会将原始数据从 EEPROM 中自动地重新载入控制寄存器中。如果载入数据之后又发现一个新的奇偶校验错误，两个模拟电压输出端将强迫输出低电平(小于 0.25V)，并且 SPI 输出值低于 102。

SCA100T 也包含一个单独(分开)的自测试模式。使用一个内部电压，真实自测试模拟加速度或减速(度)。内部电压模拟加速度，也就是高度偏斜内部质量(块)到极端的实际位置，这将导致输出信号达到最大值。

自测试时产生一个内部电压，使敏感元件质量块偏斜，从而校验全部的信号通道。正确自测要执行下列各项检查：

(1) 传感组件运动检查。

(2) ASIC(集成电路)信号通道检查。

(3) 电路板信号通道检查。

(4) 微控制器 A/D(模数转换)和信号通道检查。

图 3.29 为自测波形图，自测的内部电压能影响 SPI 或模拟输出，激活自测试功能要使用 STX 或 STY 命令，解除自测试要用 MEAS 命令。激活自测试功能也可以加载逻辑“1”(高电平)到 SCA100T 的 9、10 脚。自测时输入高电平范围是(4～V_{DD}+0.3)V，低电平在 0.3～1V。两个自测通道不能同时启动。

图 3.29 中，V_1 为在激活自测功能之前的初始电压，V_2 为在自测期间的输出电压，V_3 为在解除自测功能而且在稳定时间之后的输出电压。必须注意 T_4 这个时段，这段时间内输出不稳定。T_3 的时间截止时，V_3 与 V_1 相差必须在 5%以内。在一段时间之后(最大 1s)，输出恢复到初始电压，V_1=V_3。

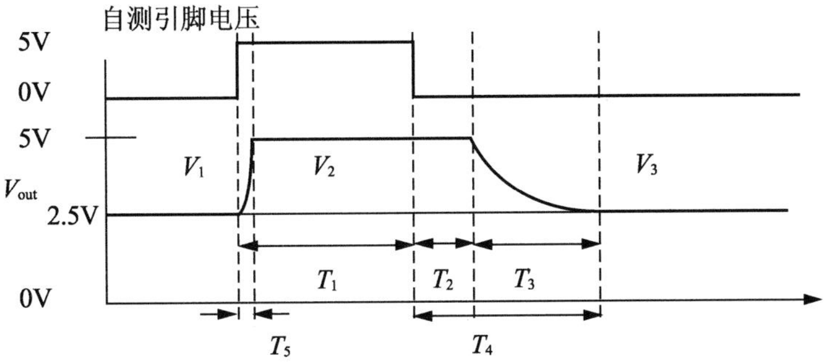

图 3.29　自测波形图

图 3.29 中，T_1 为激活自测试时的脉冲宽度，T_2 为饱和延迟时间，T_3 为恢复时间，T_4 为稳定时间即 T_2+T_3，T_5 为自测试时的上升时间。自测试的特征值见表 3-13。

表 3-13　自测特征值(典型值)

T_1/ms	T_2/ms	T_3/ms	T_4/ms	T_5/ms	V_2	V_3
20～100	25	30	55	15	>0.95×V_{DD} (4.75V@ V_{DD} =5V)	(0.95～1.05)×V_1

6. SCA100T 的温度补偿

1) 内部温度测量

SCA100T 有一个内在的温度传感器，作为内在的补偿。此温度信息也可用作外部补偿，并且可以通过 SPI 进行访问(存取)。它是一个 8bit 的数据(0～255)。转换数据通过式(3-19)计算。

$$T = \frac{\text{Counts} - 197}{-1.083} \tag{3-19}$$

式中，Counts为读取温度数据，T为温度(℃)。

以上温度测量输出没有校正，其精度已经足够温度补偿程序使用，没有必要使用精度更高的温度。如果该温度测量结果还要作为外部其他器件补偿使用，那就有可能要转换成绝对温度(+273℃)，它的准确度是±1℃。

2) 温度特性

SCA100T典型温度偏移如图3.30和图3.31所示。这些数据表明SCA100T的典型温度数据偏差只有3σ，也就是真值有99.73%的概率落在测量值$\pm 3\sigma$之内。

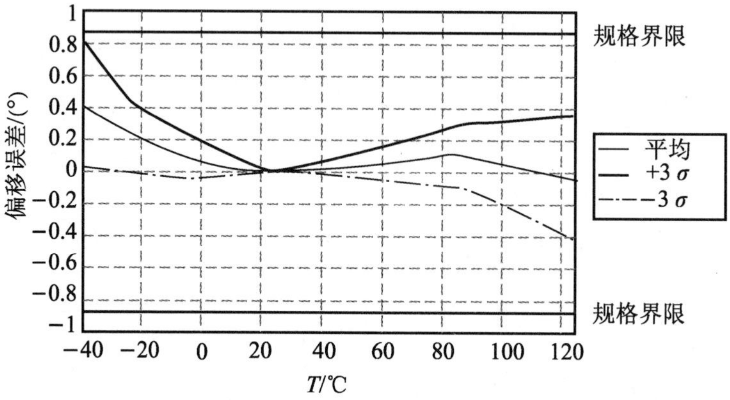

【参考图文】

图3.30　SCA100T典型温度变化引起的角度偏移曲线图

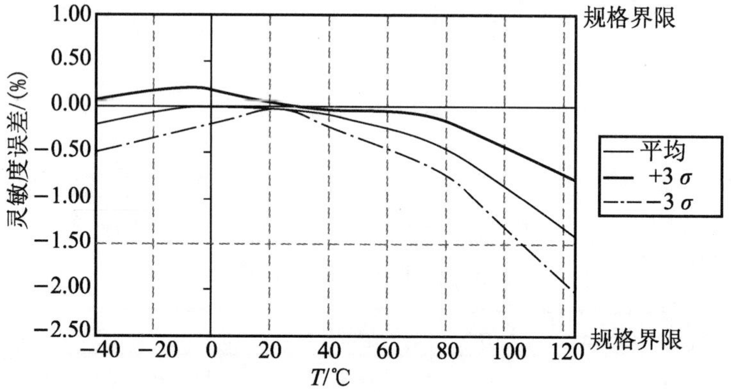

图3.31　SCA100T典型温度变化引起的灵敏度偏移曲线图

3) 外部温度补偿

为了得到更高的精度，除了通过上面的曲线图进行查表外，还可以通过计算进行补偿，补偿的三阶多项式拟合曲线方程如式(3-20)所示。

$$\text{Offcorr} = -0.0000006\times T^3 + 0.0001\times T^2 - 0.0039\times T - 0.0522 \tag{3-20}$$

式中，Offcorr为平均角度温度曲线结果；T为温度(℃)。

式(3-21)用于修正温度误差：

$$\text{OFFSETcomp}=\text{Offset} - \text{Offcorr} \tag{3-21}$$

式中，OFFSETcomp为经校正的0刻度电压值；Offset为没有经过校正的0刻度电压值。

采用二项式拟合曲线方程式(3-22)进行灵敏度补偿：

$$\text{Scorr} = -0.00011\times T^2 + 0.0022\times T + 0.0408 \tag{3-22}$$

式中，Scorr为灵敏度温度补偿值；T为温度(℃)。

使用式(3-23)补偿因温度变化引起的灵敏度偏移：

$$SENScomp=SENS\times(1+Scorr/100) \tag{3-23}$$

式中，SENScomp为经校正的灵敏度(因温度变化)；SENS为没有经过校正的灵敏度。

经过外部补偿后的典型温度引起灵敏度、角度变化的关系如图 3.32 和图 3.33 所示。

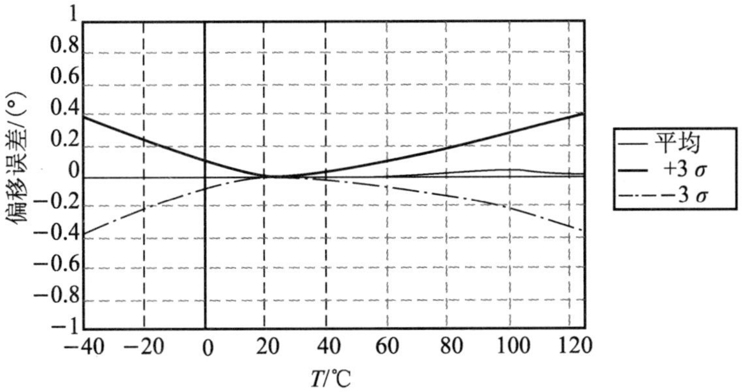

图 3.32　SCA100T 经外部补偿抵消后的温度变化引起的角度偏差

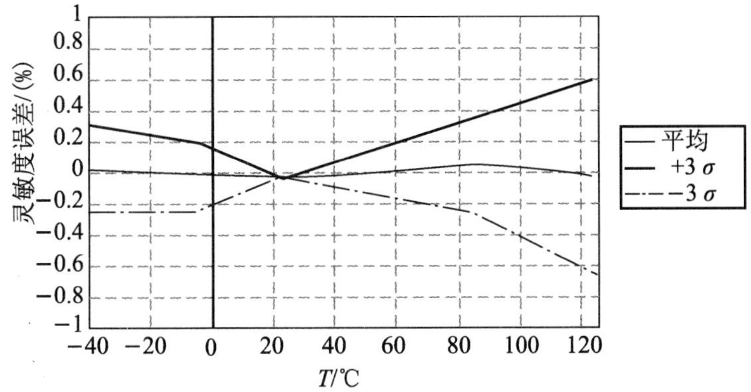

图 3.33　SCA100T 经外部补偿抵消后的温度变化引起的灵敏度偏移曲线图

3.2.5　任务总结

通过本任务的学习，了解倾角传感器的基本特性、应用领域，掌握倾角传感器的基本工作原理、结构类型、典型电路和应用注意事项等知识重点。

通过本任务的学习，应掌握如下实践技能：①正确分析、制作与调试倾角传感器应用电路；②根据设计任务要求，完成硬件电路相关元器件的选型，并掌握其工作原理。

【参考图文】

3.2.6　请你做一做

(1) 上网查找 3 家以上生产角度传感器的企业，列出这些企业生产的角度传感器的型号、规格，了解其特性和适用范围。

(2) 动手设计一个三轴角度传感器的电路。

任务 3.3　静力水准仪（差动变压器传感器）

3.3.1　任务目标

通过本任务的学习，掌握差动变压器式传感器的结构、基本原理，根据所选差动变压器传感器设计接口电路，并完成电路制作与调试。

3.3.2　项目分析

1. 项目任务

静力水准仪检测原理如图 3.34 所示。静力水准系统是测量两点间或多点间相对高程变化的精密仪器，主要用于大坝、核电站、高层建筑、基坑、隧道、桥梁、地铁等垂直位移和倾斜的监测。静力水准系统一般安装在被测物体等高的测墩上或被测物体墙壁等高线上，通常采用一体化模块化自动测量单元采集数据，通过有线或无线通信与计算机连接，从而实现自动化观测。

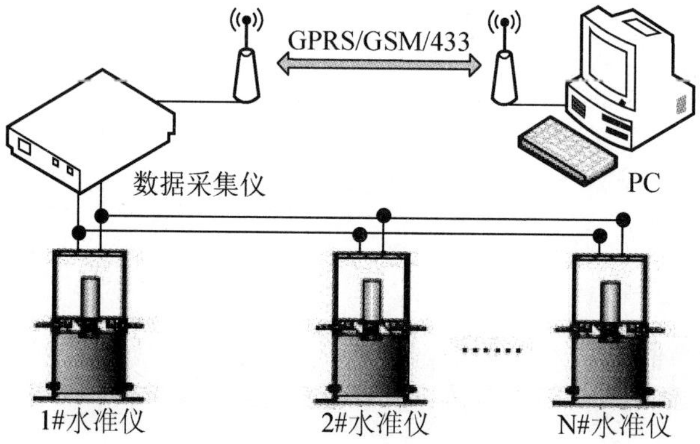

图 3.34　静力水准仪

静力水准仪是一种高精密液位测量系统，该系统适用于测量多点的相对沉降。在使用中，多个静力水准仪的容器用 U 形管(内注满液体)连接，每一容器的液位由传感器测出，传感器的测头位置随液位的变化而同步变化，由此可测出各测点的液位变化量。在静力水准仪的系统中，所有各测点的垂直位移均是相对于其中的一点(又叫作基准点)变化，该点的垂直位移是相对恒定的或者是可用其他方式准确确定，以便能精确计算出静力水准仪系统各测点的沉降变化量，是一种非接触式液位测量传感器。传感器具有高分辨率、高精度、高稳定性、高可靠性、响应时间快、工作寿命长等优点；传感器不用重新标定，也不用定期维护，输入/输出多种选择，可选择电压、电流模拟信号输出，RS485 数字信号输出；安装简单方便，与其他液位变送器和液位计相比有明显的优势。

静力水准仪系统采用单片机控制，LED 显示。静力水准仪检测任务要求见表 3-14。

表 3-14　静力水准仪检测任务要求

检测范围/ mm	测量误差/ mm	功能	显示方式
0～50	±0.2	工作温度-25～+80℃；供电电压+12V DC±10%；输出电流范围：4～20mA；最大负载 200Ω	液晶显示

2. 主要器件选用

本任务中要用到的主要器件及其特性见表 3-15。

表 3-15　静力水准仪测试主要器件及其特性

主要器件	主要特性
差动变压器传感器 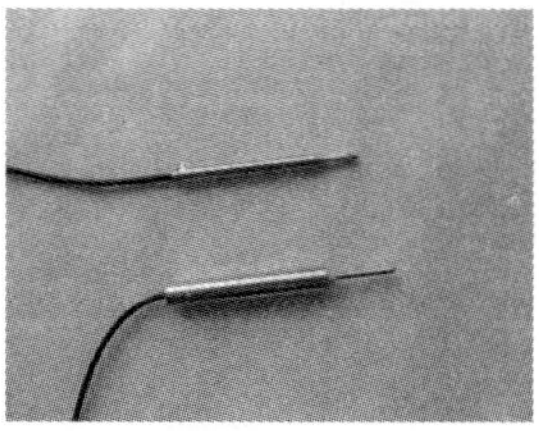 LVDT 型差动变压器传感器实物图	无摩擦测量； 无限的机械寿命； 无限的分辨率； 零位可重复性； 轴向抑制； 坚固耐用； 环境适应性； 输入/输出隔离
单片机 C8051F330	具体特性见项目 1 任务 1.1 中 C8051F330 单片机介绍
显示模块 12864	具体特性见项目 1 任务 1.1 中 12864 芯片介绍

3.3.3　任务实施

1. 任务方案

基于 LVDT 差动式位移传感器的静力水准仪检测系统原理框图如图 3.35 所示。系统主要由 LVDT 差动变压器式位移传感器、C8051F330 单片机、12864 液晶显示器和声光报警模块构成。

图 3.35　静力水准仪检测系统原理框图

2. 硬件电路

基于 LVDT 差动式位移传感器的静力水准仪系统硬件电路如图 3.36 所示。电路主要由两部分组成：LVDT 差动式位移传感器将地面沉降转换成与之对应的模拟电压；由单片机 C8051F330、显示器 12864、声光报警电路及其他外围电路实现对信号的处理、显示和报警。

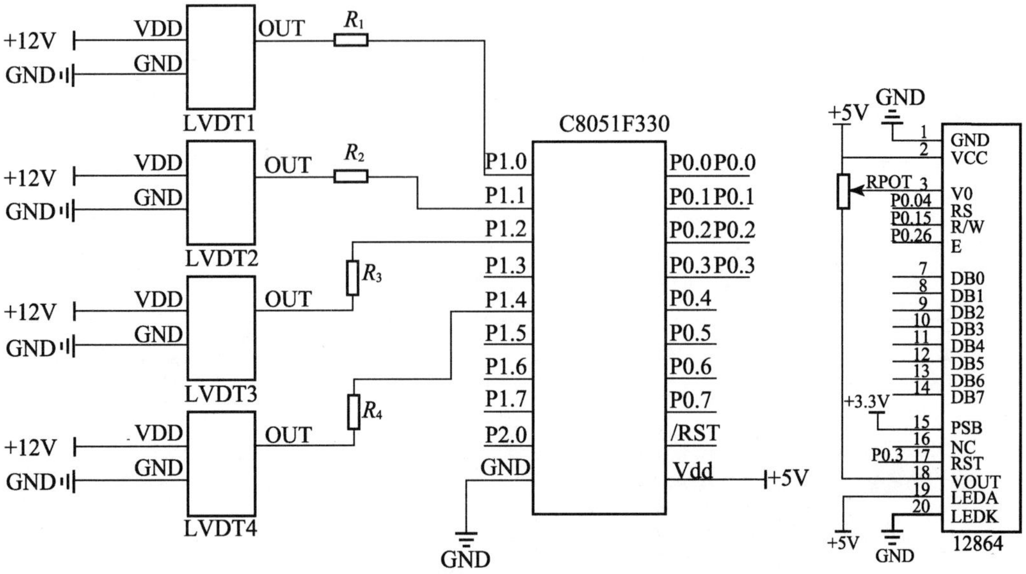

图 3.36　静力水准仪系统原理图

3. 电路调试

首先检查电路的焊接是否正确，然后用万用表测试。软件调试可以先编写显示程序并进行硬件的正确性检验，然后分别进行主程序、从程序的编写和调试。在 LVDT 与单片机采用电流环传送的情况下，要保证负载电阻的精度，并对传输线路进行必要的防电磁干扰处理。性能测试可用制作的静力水准仪和千分尺等较高精度的成品同时测量比较。由于 LVDT 精度较高，所以误差指标可以限制在 0.1mm 以内。

提示

LVDT 差动变压器式位移传感器较为精密，磁芯使用时不能和金属外壁等强导磁材料接触，也不能弯曲和从高处跌落。

用 U 形管模拟沉降，将沉降(位移)测试结果填入表 3-16 中。实际沉降可以用千分尺等现有高精度测量设备测量。

表 3-16　静力水准仪测试数据　（单位：mm）

实际沉降	测得沉降	误差	实际沉降	测得沉降	误差

续表

实际沉降	测得沉降	误差	实际沉降	测得沉降	误差

4. 应用注意事项

LVDT 位移传感器(差动变压器式位移传感器)是一款精度高、动态性好、使用寿命长的产品。在众多行业的位移测量中，LVDT 位移传感器应用较为广泛。

针对不同的使用要求和测量的技术指标，LVDT 有着众多不同型号的产品。但在实际应用中，会有各种各样的特殊情况，为保证精度和使用寿命，需要注意以下几点：

(1) 电路虽采用了内部电源保护措施，但还是需要进行检查后再接通电源。不要超过额定电压值，以免影响测量的精确性和带来不必要的损失。

(2) 传感器的安装位置不得靠近强电磁场，如无特殊说明，保证传感器不在对金属强烈腐蚀作用的环境中使用。

(3) 被测点的运动轨迹最好与传感器测杆的轴线平行，这样测量结果就是移动量。如传感器测头移动，测头与被测物的接触面应平整或者可靠连接。

(4) 安装使用传感器，应轻拿轻放，避免敲打与跌落。固定传感器时，夹紧壳体即可，不可用力太大、太猛，更不可使壳体出现凹陷、变形，影响测量精确度。注意其测量量程，请勿超量程使用，而损坏传感器。

(5) 将传感器通电预热 5min 后，再进行正式测量。

(6) 位移传感器为精密仪器，出厂前进行了检定与老化。不可随意拆卸，否则影响测量精确性，还可能造成传感器损坏。

3.3.4　知识链接

【参考图文】

1. 差动变压器

图 3.37 为差动变压器实物图，差动变压器由一只一次线圈和两只二次线圈及一个铁心组成，根据内外层排列不同，有二段式和三段式。

图 3.37　差动变压器实物图

1) 差动变压器工作原理

如图 3.38 所示，当差动变压器随着被测体移动时，差动变压器的铁心也随着轴向位移，从而使一次线圈和二次线圈之间的互感发生变化，促使二次线圈感应电动势产生变化，一只二次侧感应电动势增加，另一只感应电动势则减少，将两只二次线圈反向串接(同名端连接)，就引出差动电动势输出。利用两个线圈之间互感的变化引起感应电动势的变化，来获得与被测量成一定函数关系的输出电压，实现非电量的测量。

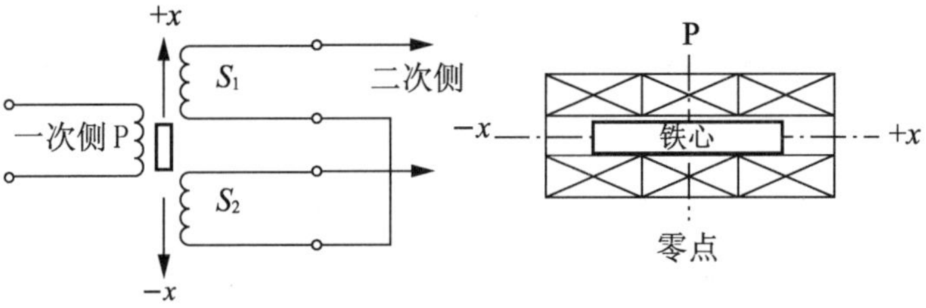

图 3.38　差动变压器工作原理

2) 差动变压器类型

差动变压器可分为变气隙式、变面积式和螺管式。

如图 3.39 所示为变气隙式差动变压器，其灵敏度较高，测量范围小，一般用于测量几微米到几百微米的位移。

【参考动画】

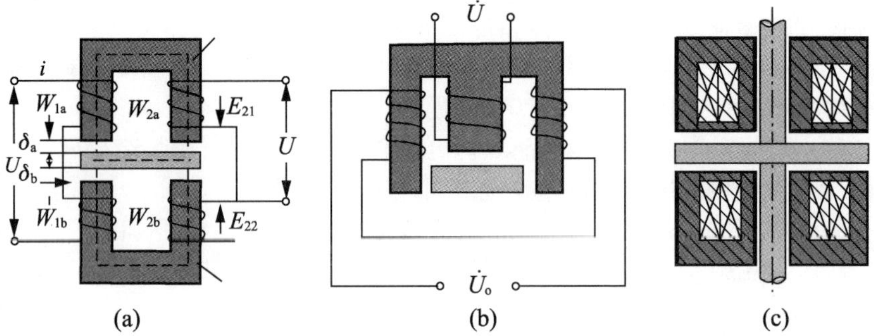

(a)　　(b)　　(c)

图 3.39　变气隙式差动变压器的结构示意图

如图 3.40 所示为变面积式差动变压器，一般可分辨零点几秒以下的角位移，线性范围达±10°，常见的有 E 型、四极型、八极型和十六极型。

【参考动画】

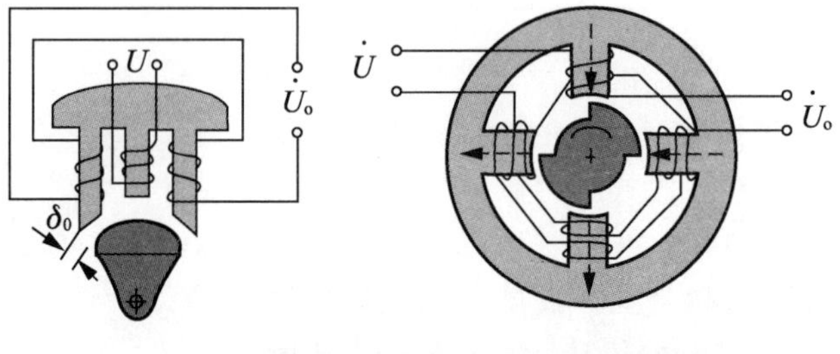

图 3.40　变面积式差动变压器的结构示意图

如图 3.41 所示为螺管式差动变压器，可测量几毫米到 1m 的位移，但灵敏度稍低。

应用最多的是螺线管式差动变压器，它可以测量 1～100mm 的机械位移、150Hz 以下的低频振动、加速度、应变、密度、张力、厚度、称重等一切能引起机械位移变化的非电物理量。

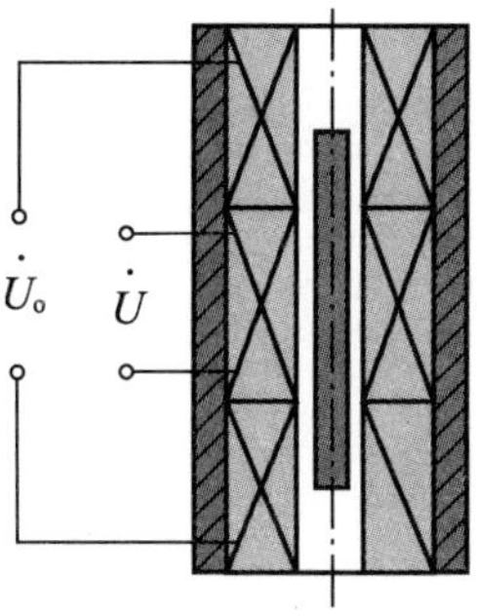

【参考动画】

图 3.41　螺线管式差动变压器的结构示意图

3) 差动变压器测量电路

差动变压器的测量电路一般采用反串电路和桥路两种。

如图 3.42 所示，反串电路是直接把两个二次线圈反向串接，空载输出电压等于两个二次线圈感应电压之差，即

$$\dot{U}_2 = \dot{U}_{21} - \dot{U}_{22} \tag{3-24}$$

如图 3.43 所示，桥路中，R_W 为输出调零电位器，当两桥臂电阻相等时，空载输出电压为

$$U_o = \frac{1}{2}(\dot{U}_{21} + \dot{U}_{22}) - \dot{U}_{22} = \frac{1}{2}(\dot{U}_{21} - \dot{U}_{22}) \tag{3-25}$$

可见，桥路的灵敏度是反串电路的 1/2，其优点是不需要另外配置调零电路。

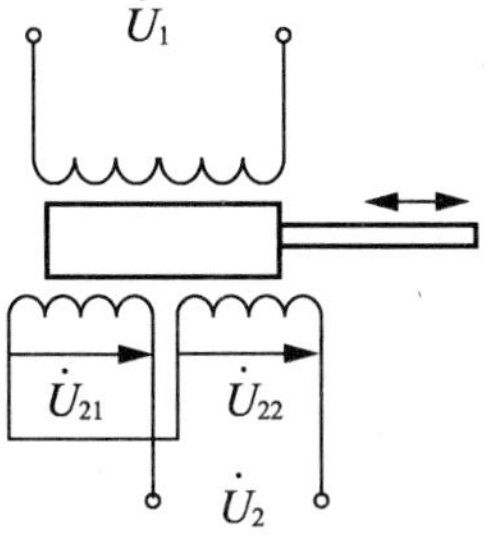

图 3.42　反串电路

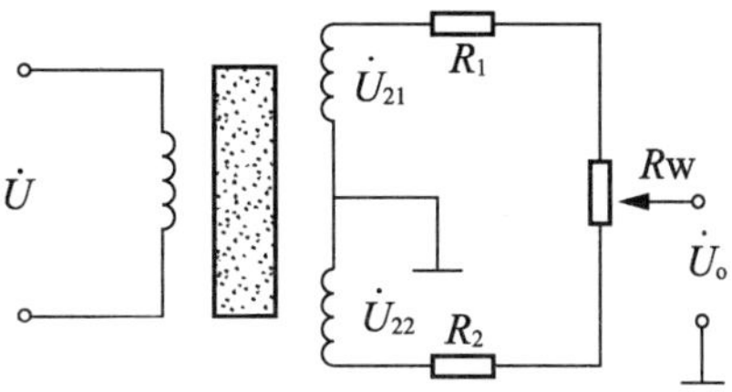

图 3.43　桥路

差动变压器的输出电压是调幅波，为了判别衔铁的移动方向，需要进行解调。常用的解调电路有差动相敏检波电路与差动整流电路。差动整流电路如图 3.44 所示。其中图 3.44(a)和图 3.44(b)分别为全波电流输出型和半波电流输出型，用于连接低阻抗负载的场合；图 3.44(c)和图 3.44(d)分别为全波电压输出型和半波电压输出型，用于连接高阻抗负载的场合。图中可调电阻用于调整零点输出。

图 3.44(a)和图 3.44(b)输出电流为 $I_{ab} = I_1 - I_2$，图 3.44(c)和图 3.44(d)输出电压为 $U_{ab} = U_{ac} - U_{bc}$。当衔铁位于零位时，$I_1=I_2$，$U_{ac}=U_{bc}$，$I_{ab}=0$，$U_{ab}=0$；当衔铁位于零位以上时，$I_1>I_2$，$U_{ac}>U_{bc}$，$I_{ab}>0$，$U_{ab}>0$；当衔铁位于零位以下时，$I_1<I_2$，$U_{ac}<U_{bc}$，$I_{ab}<0$，$U_{ab}<0$。

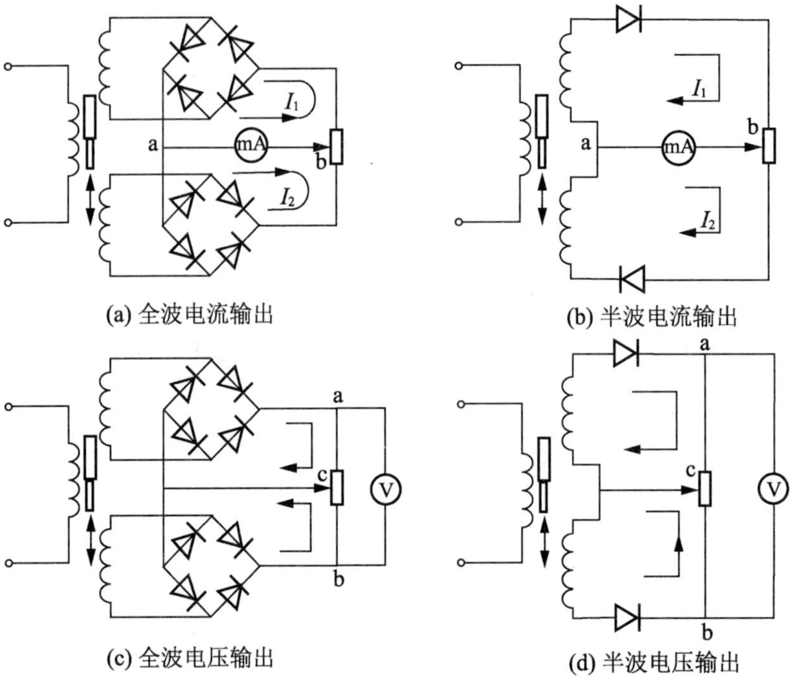

图 3.44　差动整流电路

普通差动变压器传感器因受设计和制作工艺影响，线性度不是很好，应用受到一定限制。近年，特殊设计的线性差动变压器式位移传感器(Linear Variable Differential Transformer，LVDT)得到广泛应用。LVDT 是线性可变差动变压器缩写，属于直线位移传感器，工作原理和差动变压器相同。LVDT 输出的电压是两个二次线圈的电压之差，这个输出的电压值与铁心的位移量呈线性关系。

常见的 LVDT 分拉杆式和直流回弹式两种。

LVDT 的工作电路称为调节电路或信号调节器。一个典型的调节电路应包括稳压电路、正弦波发生器、解调器和一个放大器。正弦波发生器、解调器和放大电路已组合成商品化 IC，使用这些器件将极大地简化 LVDT 信号调节器的设计。最常用的有 Philips 出品的 NE5521 和 ADI 公司的 AD598/698。此外，细间距封装的标准模拟和数字器件的出现，使电路设计更加简化，并可固定在 LVDT 外壳的内部。

LVDT 也可制作成旋转器件，工作方式与线性模型相似，只是加工后的铁心沿曲线路径移动，这就是 RVDT(Rotary Variable Differential Transformer)。RVDT 是旋转可变差动变压器缩写，属于角位移传感器。它采用与 LVDT 相同的差动变压器式原理，即把机械部件的旋转传递到角位移传感器的轴上，带动与之相连的扰流片/铁心，改变线圈中的感应电压/电感量，输出与旋转角度成比例的电压/电流信号。RVDT 为非接触设计，具有无限分辨率、使用寿命长、精度高的特点，可实现 360° 转动测量，广泛应用于球阀阀位、液压泵、叉车、机器人、风机等设备的传动和反馈控制。

2. LVDT 传感器选型

WYDC 系列 LVDT 传感器型号见表 3-17。

表 3-17　WYDC 系列 LVDT 传感器

型号	量程/mm	精度	A/mm	B/mm		C/mm	D/mm	E/mm
				最小	最大			
WYDC-1L、WYDC-0.5D	1、±0.5	0.5%、0.2%、0.1%、0.05%	49	30	54	15	ϕ20	M4、M5 回弹
WYDC-2L、WYDC-1D	2、±1	0.5%、0.2%、0.1%、0.05%	49	30	54	15	ϕ20	M4、M5 回弹
WYDC-5L、WYDC-2.5D	5、±2.5	0.5%、0.2%、0.1%、0.05%	71	30	80	15	ϕ20	M4、M5 回弹
WYDC-10L、WYDC-5D	10、±5	0.5%、0.2%、0.1%、0.05%	71	30	80	15	ϕ20	M4、M5 回弹
WYDC-20L、WYDC-10D	20、±10	0.5%、0.2%、0.1%、0.05%	71	30	95	15	ϕ20	M4、M5 回弹
WYDC-30L、WYDC-15D	30、±15	0.5%、0.2%、0.1%、0.05%	91	30	95	15	ϕ20	M4、M5 回弹
WYDC-40L、WYDC-20D	40、±20	0.5%、0.2%、0.1%、0.05%	109	30	111	15	ϕ20	M4、M5 回弹
WYDC-50L、WYDC-25D	50、±25	0.5%、0.2%、0.1%、0.05%	109	30	155	15	ϕ20	M4、M5 回弹
WYDC-100L、WYDC-50D	100、±50	0.5%、0.2%、0.1%	169	30	205	15	ϕ20	M4、M5 回弹
WYDC-150L、WYDC-75D	150、±75	0.5%、0.2%、0.1%	272	40	265	15	ϕ20	M4、M5 回弹
WYDC-200L、WYDC-100D	200、±100	0.5%、0.2%、0.1%	300	40	321	15	ϕ20	M4、M5 回弹
WYDC-300L、WYDC-150D	300、±150	0.5%、0.2%、0.1%	489	40	485	15	ϕ20	M5
WYDC-400L、WYDC-200D	400、±200	0.5%、0.2%、0.1%	568	40	644	15	ϕ20	M5
WYDC-500L、WYDC-250D	500、±250	0.5%、0.2%、0.1%	688	50	749	15	ϕ20	M5
WYDC-600L、WYDC-300D	600、±300	1%、0.5%、0.2%	908	50	749	15	ϕ20	M5
WYDC-700L、WYDC-350D	700、±350	1%、0.5%、0.2%	950	50	791	20	ϕ20	M5
WYDC-800L、WYDC-400D	800、±400	1%、0.5%、0.2%	1014	50	845	20	ϕ20	M5

续表

型号	量程/mm	精度	A/mm	B/mm		C/mm	D/mm	E/mm
				最小	最大			
WYDC-900L、WYDC-450D	900、±450	1%、0.5%、0.2%	1163	50	1004	20	ϕ20	M6
WYDC-1000L、WYDC-500D	1000、±500	1%、0.5%、0.2%	1247	50	1088	20	ϕ20	M6
WYDC-1200L、WYDC-600D	1200、±600	1%、0.5%、0.2%	1451	50	1292	20	ϕ20	M6
WYDC-1500L、WYDC-750D	1500、±750	1%、0.5%、0.2%	1790	50	1631	20	ϕ20	M6
WYDC-2000L、WYDC-1000D	2000、±1000	1%、0.5%、0.2%	2251	50	2092	20	ϕ20	M6

3. LVDT 传感器变送器

LVDT 传感器的变送器已经有成品可以购买，如图 3.45 所示，分为电压输出和电流输出两种。

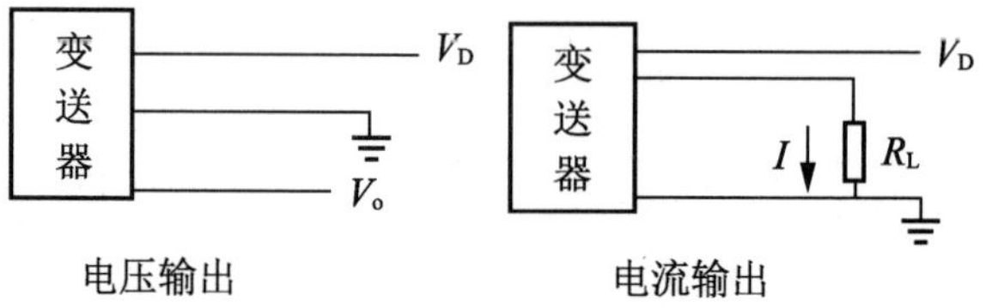

图 3.45　LVDT 传感器变送器

4. 静力水准仪原理

静力水准系统又称连通管水准仪，系统至少由两个观测点组成，每个观测点安装一套静力水准仪。系统的储液容器相互用通液管完全连通，储液容器内注入液体，当液体液面完全静止后系统中所有连通容器内的液面应同在一个大地水准面上▽0，此时每一容器的液位由传感器测出，即初始液位值分别为：H_{10}，H_{20}，H_{30}，H_{40}，…，H_{i0}，如图 3.46 所示。

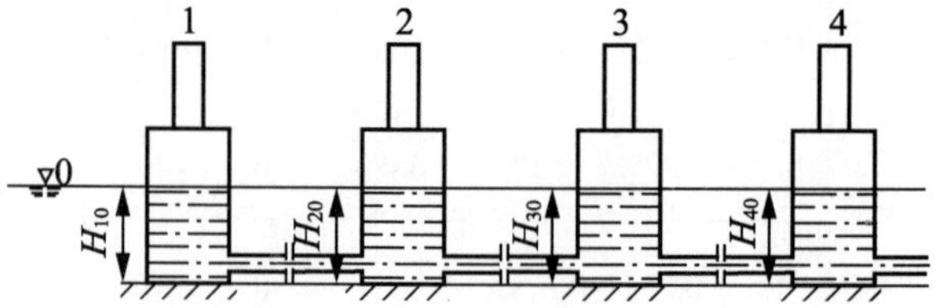

图 3.46　静力水准仪初始图

假设被测物体测点 1 作为基准点，测点 2 的地基下沉，测点 3 的地基上升，测点 4 的地基不变等，当系统内液面达到平衡静止后形成新的水准面▽i0，则各测点连通容器内的新液位值分别为 H_1，H_2，H_3，H_4，…，H_i，如图 3.47 所示。

系统各测点的液位由静力水准仪传感器测得，各测点液位变化量分别计算为：$\Delta h_1=H_1-H_{10}$，$\Delta h_2=H_2-H_{20}$，$\Delta h_3=H_3-H_{30}$，$\Delta h_4=H_4-H_{40}$，…，$\Delta h_i=H_i-H_{i0}$。其中计算结果：Δh_i 为正值，表示该测点储液容器内的液面升高，Δh_i 为负值，表示该测点储液容器内的液面降低，如图 3.47 所示。

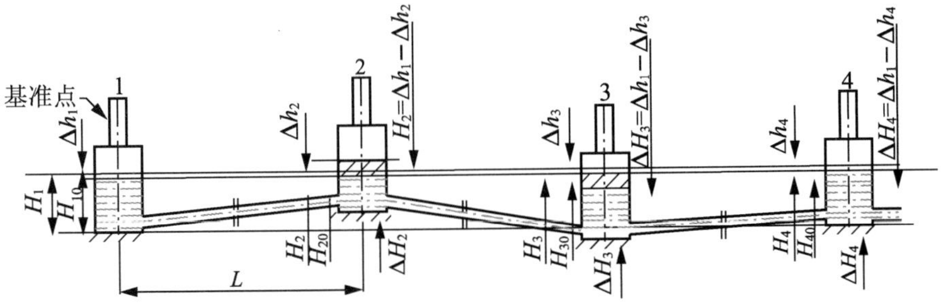

注：▨部分为测点垂直位移(沉降)量

图 3.47 静力水准仪原理图

在此，选定测点 1 为基准点，则其他各测点相对基准点的垂直位移(沉降量)为：$\Delta H_2=\Delta h_1-\Delta h_2$，$\Delta H_3=\Delta h_1-\Delta h_3$，$\Delta H_4=\Delta h_1-\Delta h_4$，…，$\Delta H_i=\Delta h_1-\Delta h_i$。其中计算结果：$\Delta H_i$ 为正值，表示该测点地基抬高，ΔH_i 为负值，表示该测点地基沉降，如图 3.47 所示。

如果知道两测点间的水平距离 L，则两测点间相对倾斜的变化也可算得，如图 3.47 所示。

依照上述原理，在静力水准仪的系统中，不但可以观测两测点间的相对垂直位移，而且可在建筑物及其他地基内布置多个测点并连成系统，并选一稳定不动的测点作为基准点，来观测各测点相对基准点的垂直位移(沉降量)。

往往基准点是相对恒定的或者是可用其他方式准确测定的点，精确计算各点的绝对垂直位移，必须核定基准点地基的沉降变化量。

对于多测点的静力水准系统，每个测点的静力水准仪均需加接三通接头，使各测点储液容器用水管连通，各点容器上部与大气连通，而且各点安装高度应基本相同，基准点必须稳固。

静力水准仪中相应的测量值的计算公式如下。

静力水准仪基准点液位变化量Δh_j(mm)可按式(3-26)计算

$$\Delta h_j = K_j(F_j - F_{0j}) \tag{3-26}$$

式中，K_j为静力水准仪基准点传感器系数(mm/F)；F_{0j}为静力水准仪基准点的初始读数(F)；F_j为静力水准仪基准点的当前读数(F)。

静力水准仪各观测点液位变化量Δh_i(mm)可按式(3-27)计算

$$\Delta h_i = K_i(F_i - F_{0i}) \tag{3-27}$$

式中，K_i为静力水准仪观测点传感器系数(mm/F)；F_{0i}为静力水准仪观测点的初始读数(F)；F_i为静力水准仪观测点的当前读数(F)。

各观测点沉降或抬高的变化量ΔH_i(mm)可按式(3-28)计算

$$\Delta H_i = \Delta h_j - \Delta h_i = K_j(F_j - F_{0j}) - K_i(F_i - F_{0i}) \tag{3-28}$$

5. LVDT 常见故障分析及处理

常见故障及其产生原因和处理方法见表 3-18。

表 3-18　常见故障及其产生和处理方法

故障现象	可能原因	处理方法
LVDT 传感器显示的参数不正确	这种情况大多数属于定位不准	可以将传感器取出来重新放置，调整安装位置。如未解决，重新检查安装及线路问题(少数情况为传感器的制作问题，如一些小参数值为传感器制订的精确度不准)
LVDT 位移传感器输出不正常	磁环脱落、供电不足、接线不牢、安装不牢及工作盲区	检查磁环、电源、电线、接线等
误差大	周边有强磁场，安装倾斜	移除磁场，加屏蔽，重新安装

3.3.5　任务总结

通过本任务的学习，应掌握差动式位移传感器(LVDT)的基本工作原理、结构类型、典型电路和应用注意事项等知识重点。

通过本任务的学习，应掌握如下实践技能：①正确分析、制作与调试 LVDT 应用电路；②根据设计任务要求，完成硬件电路相关元器件的选型，并掌握其工作原理。

3.3.6　请你做一做

(1) 上网查找 3 家以上生产 LVDT 传感器的企业，列出这些企业生产的 LVDT 传感器的型号、规格，了解其特性和适用范围。

(2) 动手设计一个长悬臂曲度测量电路。

阅读材料 1　位移传感器

位移传感器的发展经历了两个阶段，即经典位移传感器阶段和半导体位移传感器阶段。20 世纪 80 年代以前，人们以经典电磁学为理论基础，把不便于定量检测和处理的位移、速度等物理量转换为易于定量检测、便于做信息传输与处理的电学量，经典的位移传感器，如电阻式、电感式、电容式等，都以电磁学原理和物理定律为工作原理。80 年代以后，半导体技术蓬勃发展，出现了多种以半导体技术为支撑的位移传感器技术，如半导体激光位移传感器、半导体 InSb 磁敏电阻的小位移传感器等。半导体式位移传感器还是以电磁理论为基础，但在上面集成了各种新的功能和器件，使得应用和更换更为方便，拓展了测量领域。

位移检测技术经过多年发展已经相当成熟，各种位移传感器也出现在人们的视野中。目前人们常用的传感器有电位器式、电阻应变式、电容式、电感式、磁敏式、光电式、超声波式等。

1. 电位器式位移传感器

线绕电位器式位移传感器(图 3.48)：绕线电位器一般由电阻丝烧制在绝缘骨架上，由电刷引出与滑动点电阻对应的输入变化。电刷由待测量位移部分拖动，输出与位移成正比的电阻或电压的变化。线绕电位器的突出优点是结构简单、使用方便，缺点是存在摩擦和磨损、有阶梯误差、分辨率低、寿命短等。

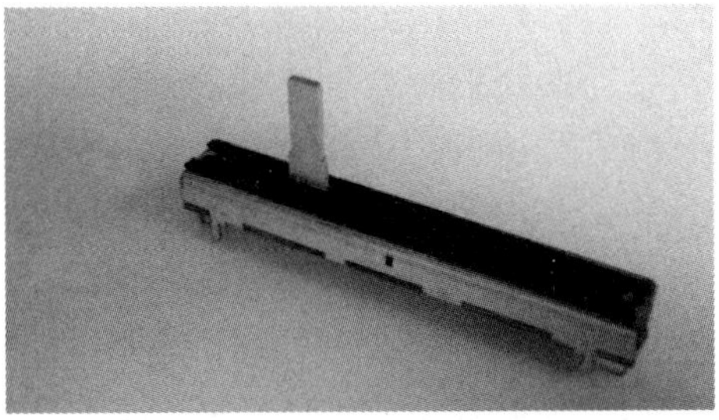

图 3.48　电位器式位移传感器

非线绕式电位器位移传感器(图 3.49)：常见的非线绕式电位器位移传感器是在绝缘基片上制成各种薄膜组件，如合成膜式、金属膜式、导电塑料和导电玻璃釉电位器等。其优点是分辨率高、耐磨、寿命长和易校准，缺点是易受温度、湿度影响，难以实现高精度。

图 3.49　电位器

2. 电阻应变式位移传感器

电阻应变式位移传感器(图 3.50)是以弹簧和悬臂梁串联作为弹性元件，在矩形界面悬臂梁根部正反两面贴四片应变片，并组成全桥电路，拉伸弹簧一端与测量杆连接，当测量杆随试件产生位移时，带动弹簧使悬臂梁根部产生弯曲，弯曲所产生的应变与测量杆的位移呈线性关系。这种传感器具有线性好、分辨率较高、结构简单和使用方便等特点，但是位移测量范围较小，在 0.1μm～0.1mm，其测量精度小于 2%，线性度为 0.1%～0.5%。

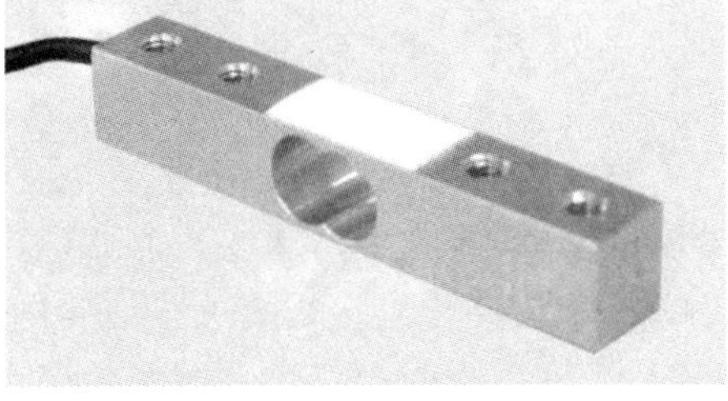

图 3.50　电阻应变式位移传感器

3. 电容式位移传感器

电容式位移传感器(图 3.51)是以理想的平板电容为基础，两个平行极板由传感器测头和被测物体表面构成，基于运算放大器测量电路原理，当恒定频率的正弦励磁电流通过传感器电容时，传感器上产生的电压幅值与电容极板间隙成比例关系。电容式位移传感器具有功率小、阻抗高、动态特性好、可进行非接触测量等优点，因此获得广泛的应用。但是电容式传感器存在寄生电容和分布电容，会影响测量精度，而且常用的变隙式电容传感器存在测量量程小，有非线性误差等缺点。一般我们使用极距变化型电容式位移传感器和面积变化型电容式位移传感器。

图 3.51　电容式位移传感器

4. 电感式位移传感器

自感式位移传感器：自感式位移传感器是利用电磁感应原理进行工作的，把被测位移量转换为线圈的自感变化，输出的电感变化量需经电桥及放大测量电路得到电压、电流或频率变化的电信号，从而实现位移测量。该传感器的优点是结构简单可靠、没有摩擦、灵敏度高、输出功率大、测量精度高、测量范围宽、有利于信号的传输。其主要缺点是灵敏度、线性度和测量范围相互制约，传感器本身频率响应低，不宜于高频动态测量；对传感器线圈供电电源的频率和振幅稳定度要求较高。在实际应用中，差动电感式位移传感器(图 3.52)应用比较广泛。这种传感器是将两个相通的电感线圈按差动方式连接起来，利用线圈的互感作用将机械位移转换为感应电动势的变化。

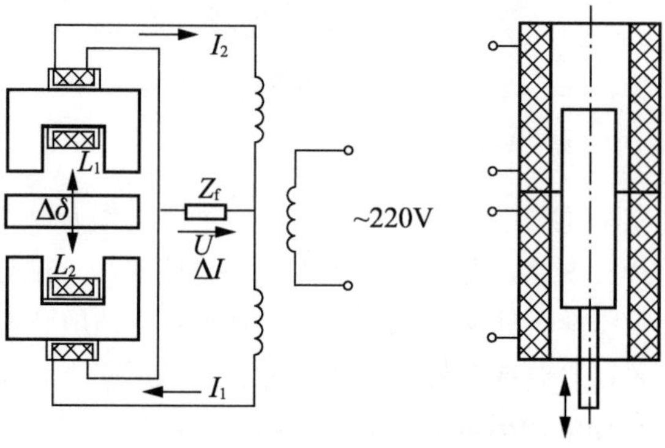

(a) 变气隙式差动自感传感器　　(b) 螺线管式差动自感传感器

图 3.52　自感式位移传感器

电涡流式位移传感器(图 3.53)：电涡流式位移传感器是一种非接触的线性化计量工具。电涡流传感器的敏感元件是线圈，其工作原理是通过一个高频信号源产生高频电压，将这个高频电压施加在电涡流传感器探头内的电感线圈上，这样电感线圈就会产生高频磁场时，如果在这个交变的高频磁场范围内有被测导体存在，当被测金属体靠近这一磁场时，在此金属表面产生感应电流，与此同时该电涡流场也产生一个方向与头部线圈方向相反的交变磁场，由于其反作用，使头部线圈高频电流的幅度和相位得到改变(线圈的有效阻抗)，这一变化与金属体磁导率、电导率、线圈的几何形状、几何尺寸、电流频率及头部线圈到金属导体表面的距离等参数有关。如果使上述参量中的某一个变动，其余皆不变，就可制成各种用途的传感器，能对表面为金属导体的物体进行多种物理量的非接触测量。这种传感器的优点是结构简单、长期工作可靠性好、频率响应宽、灵敏度高、测量线性范围大、响应速度快、抗干扰能力强、不受油污等介质的影响、体积小等。电涡流式传感器是一种很有发展前途的传感器，目前已经在大型旋转机械状态的在线监测与故障诊断中得到了广泛应用。

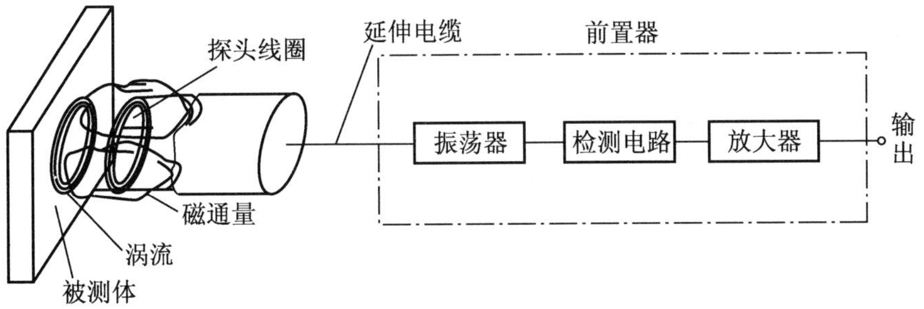

图 3.53　电涡流式位移传感器

5. *磁敏式位移传感器*

霍尔式位移传感器(图 3.54)：霍尔式位移传感器主要由两个半环形磁钢组成的梯度磁场和位于磁场中心的锗材料半导体霍尔片装置构成。此外，还包括测量电路(电桥、差动放大器等)及显示部分。霍尔片置于两个磁场中，调整它的初始位置，即可使初始状态的霍尔电动势为零。当霍尔元件通过恒定电流时，在其垂直于磁场和电流的方向上就有霍尔电动势输出。霍尔元件在梯度磁场中上、下移动时，输出的霍尔电动势 V 取决于其在磁场中的位移量 x。测得霍尔电动势的大小便可获知霍尔元件的静位移。磁场梯度越大，灵敏度越高；梯度变化越均匀，霍尔电动势与位移的关系越接近于线性。霍尔位移传感器的惯性小、频响高、工作可靠、寿命长，常用于将各种非电量转换成位移后再进行测量的场合。

图 3.54　霍尔式位移传感器

磁栅式位移传感器(图 3.55)：磁栅也是一种测量位移的数字传感器，它是在非磁性体的平整面上镀一层磁性薄膜，并用录制磁头沿长度方向按一定的节距 λ 录上磁性刻度线而构成的，因此又把磁栅称为磁尺。磁栅可分为单面型直线磁栅、同轴型直线磁栅和旋转型磁栅等。磁栅主要用于大型机床和精密机床的位置或位移量的检测元件。磁栅式位移传感器具有结构简单、使用方便、测量范围大(1～20m)和磁信号可以重新录制等优点。其缺点是需要屏蔽和防尘。

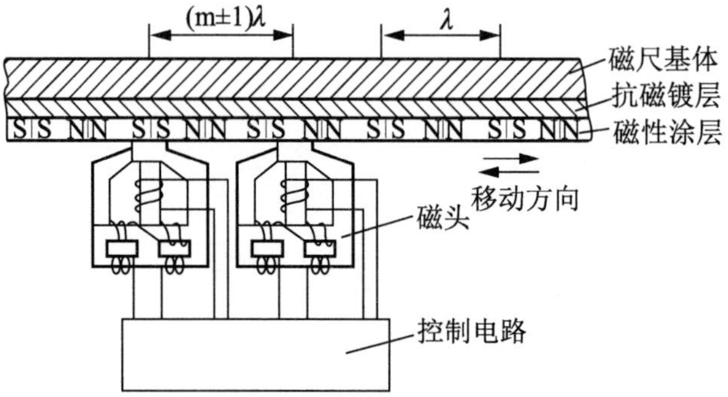

图 3.55　磁栅式位移传感器

感应同步器系统：感应同步器是利用电磁感应原理把位移量转换成数字量的传感器。它有两个平面绕组，类似于变压器的一次绕组和二次绕组，位移运动引起两个绕组间的互感变化，由此可进行位移测量。按测量位移对象的不同，感应同步器可分为直线型感应同步器(图 3.56)和圆盘型感应同步器两大类，前者用于直线位移的测量，后者用于角位移的测量。感应同步器具有测量精度高、抗干扰能力强、非接触性测量、可根据需要任意接长等优点。直线型感应同步器已广泛应用在各种机械设备上，圆盘型感应同步器应用于导弹制导、雷达天线定位等领域。

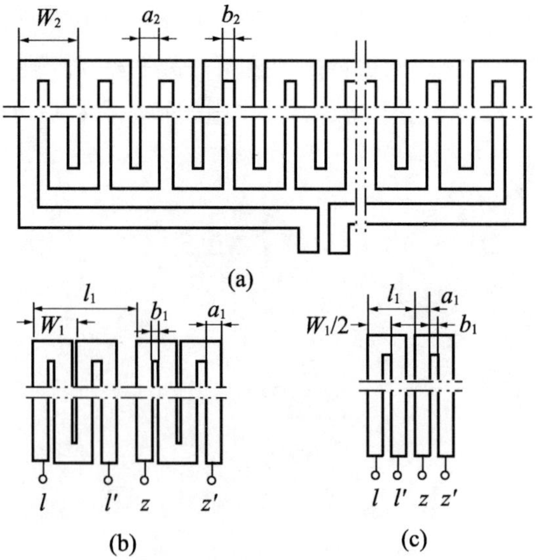

图 3.56　直线型感应同步器绕组结构

6. 光电式位移传感器

激光式位移传感器：激光式位移传感器是一种非接触式的精密激光测量装置。它是根据激光三角原理(图 3.57)设计和制造的，由半导体激光机发出一定波长的激光光束，经过发射光学系统后会聚在被测物体表面，形成漫反射。该漫反射像经过光学系统后成像在 CCD 上，并被转换成电信号。当被测面相对传感器在 *Y* 方向移动时，漫反射像也将移动，在 CCD 光敏面上的成像也必将跟着移动位置，这样即输出不同的电信号。这样便将位移量最终转换成电信号，从而与其他设备进行接口。

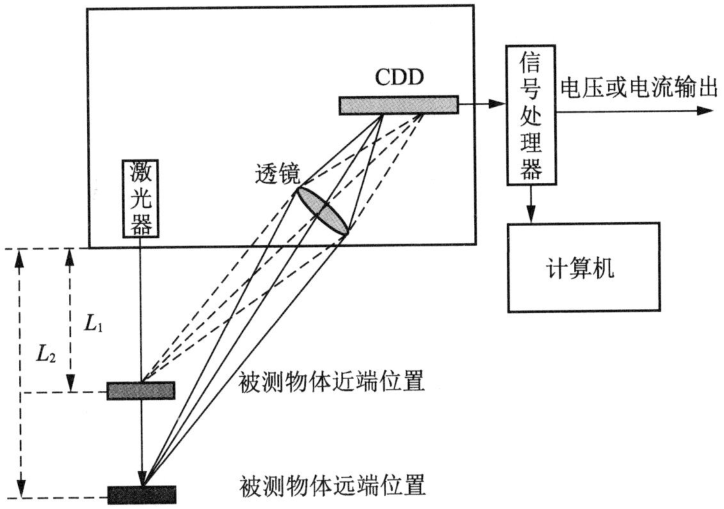

【参考图文】

图 3.57　三角法激光测距原理

激光式位移传感器具有适应性强、速度快、精度高等特点，适用于检测各种回转体、箱体零件的尺寸和几何误差。该传感器可与快速的反馈跟踪系统配合使用，能够准确快速地测出表面的形状和轮廓，但存在成本比较高的问题。目前主要应用在对灵敏度和精度要求比较高位移、角度、同轴度的非接触测量与校准领域。

光栅式位移传感器：光栅式位移传感器可以把位移转换为数字量输出，属于数字式传感器。基本工作原理是利用计量光栅的莫尔条纹现象进行位移测量，它一般由光源、标尺光栅、指示光栅和光电器件组成。发光二极管经聚光透镜形成平行光，平行光以一定角度射向裂相指示光栅，由标尺光栅的反射光与指示光栅作用形成莫尔条纹，光电器件接收到的莫尔条纹光强信号经电路处理后可得到两光栅的相对位移。光栅式位移传感器具有测量精度高、大量程测量兼有高分辨率、可实现动态测量、易于实现测量及数据处理、易于实现数字化、安装调整方便、使用稳定可靠、有较强抗干扰能力的优点。但是其价格极为昂贵，工艺复杂且抗冲击和振动能力不强，对工作环境敏感，易受油污和尘埃的影响，因此主要适用于在实验室和环境较好的车间使用。光栅尺实物如图 3.58 所示。

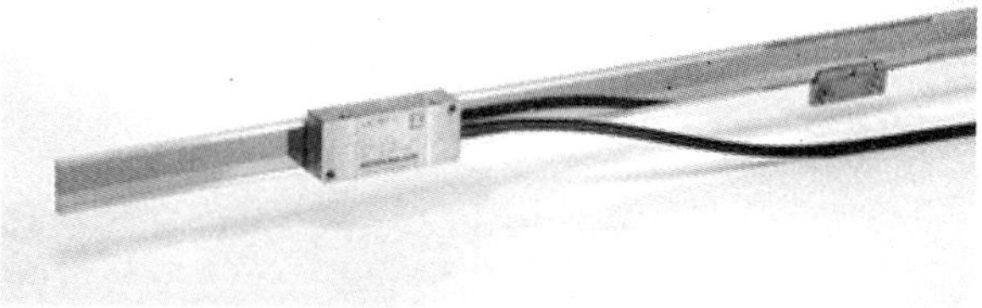

图 3.58　光栅尺

光纤式位移传感器：光纤测位移原理如图 3.59 所示。光纤式位移传感器可以分为元件型和反射型两种。元件型位移传感器通过压力或应变等形式作用在光纤上，使光在光纤内部传输过程中，引起相位、振幅、偏振态等变化，只要能测得光纤的特性变化，就可测得位移，在这里光纤是作为敏感元件使用的。反射式光纤位移传感器的工作原理是入射光纤的光射向被测物体，被测物体反射的光一部分被接收光纤接收，根据光学原理可知反射光的强度与被测物体的距离有关，因此，只要测得反射光的强度，就可知物体位移的变化，这里主要是利用光纤传输光信号的功能。

光纤式传感器属于非接触式测量，消除了机械接触对测量造成的影响，具有寿命长、可靠性高、测量精度高等优点，其主要缺点是数据处理复杂，光源的波动、光电器件和电路的漂移、光纤自身的弯曲损耗、被测物体表面的折射率改变和环境变化等都会影响测量的灵敏度和精度。

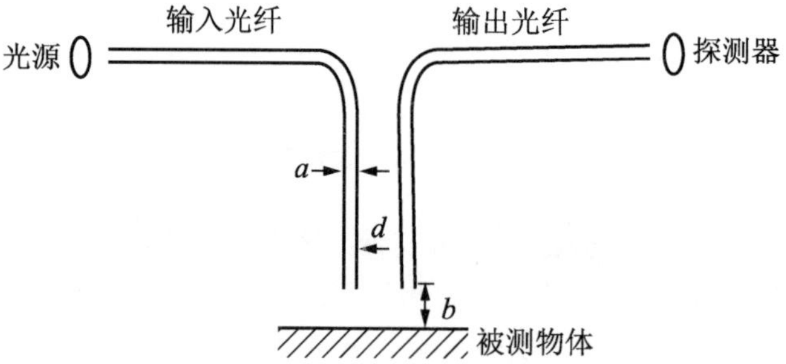

图 3.59　光纤测位移原理

7. 超声波式位移传感器

超声波式位移传感器是利用超声波在两种介质分界面上的反射特性制作的。如果从发射超声波脉冲开始，到接收换能器接收到发射波为止的这个时间间隔为已知，就可以求出分界面的位置，从而对物体位移进行测量。根据发射和接收换能器的不同功能，传感器又分为单换能器和双换能器。一般在空气中超声波的传播速度 V 主要与温度 T 有关，即 $V=331.5+0.607T$，所以当温度已知时，超声波的速度是确定的，只需记录从发射到接收超声波的时间即可求出被测距离。该传感器操作简单，价格低廉，在恶劣环境下也能保持较高的精度，安装和维护方便，但易受温度的影响。具体可见本书其他项目相关内容。

阅读材料 2　长度、角度测量的发展

长度测量伴随整个人类发展史，角度测量方法派生于长度测量。长度测量技术对于人们从事各领域的研究和促进科学进步有着非常重要的意义。

1. 长度测量现状

随着科学技术的发展，大到天文尺度，小到纳米尺度的长度测量技术都有了飞速的发展。

在宏观领域，最初人们是采用三角视差法测量地球到月亮距离的，现在采用激光测距法。根据信号和返回信号之间的时间间隔推断测量目标的距离。自 20 世纪 70 年代阿波罗号宇航员在月球上放置了激光反射器以后，测量精度不断提高。对于河外星系的距离测量主要采用哈勃红移法，根据哈勃定律，河外星系的光谱线都向红端移动，并且红移的大小与星系的距离成正比，可以对星系的光谱线进行分析，通过红移计算出河外星系的视向退行速度，进而得出天体距离。但是这种方法所要用到的哈勃常数并不容易准确取值。

在微观领域，目前，微观尺度的长度量测量可分为电学测量技术、光学测量技术和显微镜测量技术等。电学测量技术有电涡流式传感器测量、电容式传感器测量等。光学测量法是伴随着激光全息等技术的发展而产生的方法，它具有非接触、材料适应范围广、测量精度高等特点。近 20 年来随着电子技术和计算机技术的飞速发展，光学测量技术研究也取得了很多成果并应用到了工业生产领域。按使用的光学原理不同，光学测量技术可分为激光干涉法、光杠杆法、光栅尺测量技术等。

2. 长度测量器具发展简史

在 18 世纪中期，机械制造业中所使用的测量器具主要还是刻线尺，只有在某些部门(如军工生产中)才使用标准量规。18 世纪后半期，测量器具迅速发展，标准量规得到广泛应用，以后又出现了界限量规。

欧洲工业革命后，机械制造业飞速发展，对量具产业提出了新的课题。1850 年起，游标卡尺开始生产并迅速获得广泛应用；1867 年，开始制造出千分尺；1895 年出现了量块，并把它作为长度量值标准，推动了比较测量的发展。于是在 1907 年出现了米尼表，以后又相继出现了百分表、千分表、机械杠杆式测微仪、扭簧表等。

20 世纪 70 年代出现了容栅技术，1972 年，瑞士 Trimos 公司及其子公司 Sylvac 公司开始研究容栅测量技术，并申请了专利。1978 年后，国外市场上相继出现电子数显卡尺、电子数显百分表、电子数显千分表、电子数显千分尺、电子数显角度尺等新型电子数显量具。它比传统量具有着明显的优越性：读数方便、准确度和分辨力高、量程大、功能多，有记忆功能、极值功能、单位转换；有数据输出接口，能够进行数据的计算机管理；还具有测控功能，可实现机械加工的自动化生产。

电子数显量具的出现和广泛应用是量具产业的一次革命。自 20 世纪 90 年代以来，由于新技术、新工艺、新型传感器的更新换代，使电子数显量具迅猛发展，准确度提高，产

量大幅上升。目前，电子数显量具的产量已占量具产业的半壁江山。随着电子数显量具制造技术的成熟和成本的降低，以及新型传感器的出现，便携式电子数显量具工作的可靠性及对环境条件的适应性等性能会得到增强，电子数显量具必将获得更广泛的普及应用。

小　　结

本项目结合位移、角度测量传感器的典型应用介绍了涡流传感器、角度传感器、差动式位移传感器这几类常用的典型位移、角度传感器的工作原理和典型电路，并给出了镀膜厚度检测仪、电子水平仪、静力水准仪的典型应用案例，从任务目标、任务分析、任务实施、知识链接、任务总结等几个方面加以详细介绍，给大家提供了具体的设计思路。

习题与思考

1. 什么是涡流效应？试说明涡流测厚原理。
2. 涡流传感器的主要特性是什么？
3. 涡流传感器需要标定吗？怎么标定？
4. 二轴角度传感器的原理是什么？
5. 试用两个二轴角度传感器设计制作一个三轴角度传感器。
6. 采用电磁式传感器设计一个穿透式测厚电路。
7. 试用角度传感器设计一个公路路面检测用坡度仪。
8. 试采用 LVDT 设计一个曲面(汽车风窗玻璃)测量电路。

【参考图文】

项目 4

速 度 检 测

教学目标

本部分内容中，给出了 3 个生产生活中常见的速度测量子任务：自行车速度计、机床主轴速度检测系统和风速检测，从任务目标、任务分析到任务实施，介绍了 3 个完整的检测系统，并给出了应用注意事项；在任务的知识链接中介绍了霍尔传感器、光电编码器和超声波传感器的基本工作原理、结构类型、典型电路和应用注意事项等；在最后给出了光电编码器的发展历程和国内外现状及光电编码器的发展趋势两个阅读材料，以供学生扩大对速度传感器的认识。

通过本项目的学习，要求学生了解常用速度传感器的类型和应用场合，理解掌握其基本工作原理；熟悉霍尔传感器、光电编码器和超声波传感器的相关知识，包括测速原理、结构类型、典型电路和应用注意事项等；能正确分析、制作与调试相关应用电路，根据设计任务要求，完成硬件电路相关元器件的选型，并掌握其工作原理。

教学要求

知识要点	能力要求	相关知识
霍尔传感器	(1) 了解常见霍尔传感器的种类和应用场合； (2) 理解霍尔效应、霍尔元件、集成霍尔器件的基本工作原理，以及霍尔元件的特点； (3) 掌握霍尔传感器的测速原理及典型测量电路，了解霍尔器件的应用注意事项； (4) 了解霍尔传感器的补偿及选型要点； (5) 了解自行车测速的原理	(1) 霍尔效应； (2) 霍尔集成传感器
霍尔传感器的典型应用	(1) 熟悉测速的基本应用电路； (2) 正确分析、制作与调试相关测量电路； (3) 根据设计任务要求，能完成硬件电路相关元器件的选型，并掌握其工作原理	(1) 霍尔元件测速； (2) OH137 霍尔传感器
光电编码器	(1) 了解常见光电编码器的种类和应用场合； (2) 理解光电编码器件的基本工作原理，了解绝对编码型、计数型、混合型光电编码器的区别和特点；	(1) 光电效应； (2) 光电编码器

续表

知识要点	能力要求	相关知识
光电编码器	(3) 掌握光电编码器的测速原理及典型测量电路，了解光电编码器的应用注意事项； (4) 理解光电编码器的分辨率与精度的区别，了解光电编码器的误差及选型要点； (5) 了解机床主轴测速的原理	
光电编码器的典型应用	(1) 熟悉光电编码器测速的基本应用电路； (2) 正确分析、制作与调试相关测量电路； (3) 根据设计任务要求，能完成硬件电路相关元器件的选型，并掌握其工作原理	(1) 光电编码器测速； (2) BC40S6 光电编码器
超声波传感器	(1) 了解常见超声波传感器的种类和应用场合； (2) 理解超声波效应、超声波传感器的基本工作原理，以及超声波传感器的特点； (3) 掌握超声波传感器的测速原理及典型测量电路，了解霍尔器件的应用注意事项； (4) 了解超声波传感器的补偿及选型要点； (5) 了解风速测速的原理	(1) 超声波效应； (2) 超声波传感器
超声波传感器的典型应用	(1) 熟悉超声波测速的基本应用电路； (2) 正确分析、制作与调试相关测量电路； (3) 根据设计任务要求，能完成硬件电路相关元器件的选型，并掌握其工作原理	(1) 超声波测速； (2) WS801 超声波传感器

项目背景

一物体相对另一物体的位置随时间而改变，则此物体对另一物体发生了运动，此物体处于相对运动的状态。速度是表征物体运动相对快慢的物理量。速度不能直接测量，只能通过物体随时间变化的某些特性(位置、电压等)来间接测量(图 4.1)。科学上用速度来表示物体运动的快慢。速度在数值上等于单位时间内通过的路程。速度的计算公式为 $v=S/t$。速度的单位是 m/s 和 km/h。日常中使用的速度单位有迈。

图 4.1　速度检测应用

物体转动的速度叫作角速度，表征物体转动的快慢。用一个以弧度为单位的圆(一个圆周为 2π，即 360° =2π)，在单位时间内所走的弧度即为角速度。公式为 ω=Ч/t(Ч为所走过弧度，t 为时间)，角速度的单位为 rad/s。在电动机场合常用(kr/min)(千转/分)为单位，用来表示电动机转速快慢。

物体的许多性质和现象都和速度有关，很多重要的物理、化学过程都需要一定的速度条件才能正常进行，在工农业生产过程中速度是影响生产成败和产品质量的重要参数，是测量和控制的重点。各个领域都离不开速度的测量和控制。因此对速度进行准确测量和有效控制、研究速度的测量方法和装置具有重要的意义。

速度传感器(velocity transducer)是指能感受速度并转换成可用输出信号的传感器。速度传感器将非电学的物理量转换为电学量，从而可以进行速度精确测量与自动控制。

常用的速度传感器有光电式、电容式、磁电式、编码式等。在这些传感器中，光电式和磁电式均是把速度信号转换成电信号；编码式又有机械编码式、光电编码式、磁电编码式等。

常见速度测量方法的分类和适用的速度范围见表 4-1。

【参考图文】

表 4-1　常见速度测量方法的分类和适用范围

<table>
<tr><th>类型</th><th>原理</th><th colspan="2">测量范围</th><th>精度</th><th>特点</th></tr>
<tr><td rowspan="2">线速度测量</td><td>磁电式</td><td colspan="2">工作频率
10～500Hz</td><td>≤10%</td><td>灵敏度高，性能稳定，移动范围±(1～15)mm，尺寸、质量较大</td></tr>
<tr><td>空间滤波器</td><td colspan="2">1.5～200km/h</td><td>±0.2%</td><td>无需两套特性完全相同的传感器</td></tr>
<tr><td rowspan="9">转 速
测 量</td><td>交流测速发电机</td><td colspan="2">400～4000r/min</td><td><1%满量程</td><td>示值误差在小范围内可调整预扭弹簧转角</td></tr>
<tr><td>直流测速发电机</td><td colspan="2">1400r/min</td><td>1.5%</td><td>有电刷压降形成不灵敏区，电刷及整流子磨损影响转速表精度</td></tr>
<tr><td>离心式转速表</td><td colspan="2">30～24000r/min</td><td>±1%</td><td>结构简单，价格便宜，不受电磁干扰</td></tr>
<tr><td>频闪式</td><td colspan="2">$0～1.5\times10^5$ r/min</td><td>1%</td><td>体积小，量程宽，使用简便，精度高，是非接触测量</td></tr>
<tr><td rowspan="2">光电式</td><td>反射式</td><td>30～4800 r/min</td><td>±1 脉冲</td><td>非接触测量，要求被测轴径大于3mm</td></tr>
<tr><td>直射式</td><td>1000r/min</td><td></td><td>在被测轴上装有测速圆盘</td></tr>
<tr><td rowspan="2">激光式</td><td>测频法</td><td>每分钟几万至几十万转</td><td>±1 脉冲</td><td>适合高转速测量，低转速测量误差大</td></tr>
<tr><td>测周法</td><td>1000r/min</td><td></td><td>适合低转速测量</td></tr>
<tr><td>汽车发动机转速表</td><td colspan="2">70～9999r/min</td><td>$(0.1\%n\pm1)$r/min
($n\leqslant4000$r/min)</td><td>利用汽车发动机点火时，线圈高压放电，感应出脉冲信号，实现对发动机不剖体测量</td></tr>
</table>

任务 4.1　自行车速度计(霍尔传感器)

4.1.1　项目目标

通过本任务的学习，掌握霍尔传感器的结构、基本原理，根据所选霍尔传感器设计接口电路，并完成一个自行车速度计电路的制作与调试。

4.1.2 项目分析

1. 任务要求

随着居民生活水平的不断提高，自行车不再仅仅是普通的运输、代步的工具，其辅助功能也变得越来越重要。因此，人们希望自行车的娱乐、休闲、锻炼的功能越来越多，能带给大家更多的健康和快乐。在这个背景下，自行车速度计(图 4.2)作为自行车的一大辅助工具迅速发展起来。科学、美观、合理设计的自行车速度计有一定的实用价值，能合理计算出速度及里程数，让人们清楚地知道当前的速度、里程等，使运动者运动适量，达到健康运动与代步的最佳效果。

图 4.2 自行车速度计

国内外现在已经有生产销售类似的自行车速度计，有些简单的产品功能比较单一，就是单单只能测速或里程，然而一些复杂的产品除了能测速和里程外，还集成了 GPS 全球定位、单次行车里程、平均速度、时钟、行车时间、车轮转数。未来的发展趋势可能还将加入 MP3 和短信收发、新闻播报、通信功能等，使得自行车速度计更加人性化、现代化、生活化。

自行车速度计任务要求见表 4-2。

表 4-2 自行车速度计任务要求

检测范围/(km/h)	测量误差/(km/h)	报警功能	显示方式
0～60	0.1	最高速度报警，默认为 30km/h；可以设置累计里程报警	液晶显示

2. 主要器件选用

本任务中要用到的主要器件及其特性见表 4-3。

表 4-3 自行车速度计系统主要器件及其特性

主要器件	主要特性
霍尔传感器  OH137 霍尔传感器实物图	OH137 单极霍尔开关封装为 TO-92S； 电源电压 4.5～24V； 输出负载电流 25mA； 工作温度范围-20～85℃； 贮存温度范围-55～150℃
单片机及 A/D C8051F330	见项目 1 任务 1.1 中主要器件 C8051F330 相关特性
显示模块 12864 液晶模块	见项目 1 任务 1.1 中主要器件 12864 相关特性

【参考图文】

4.1.3 项目实施

1. 项目方案

自行车速度计系统框图如图 4.3 所示。系统由传感器、键盘、单片机、显示器和报警电路 5 个模块组成。

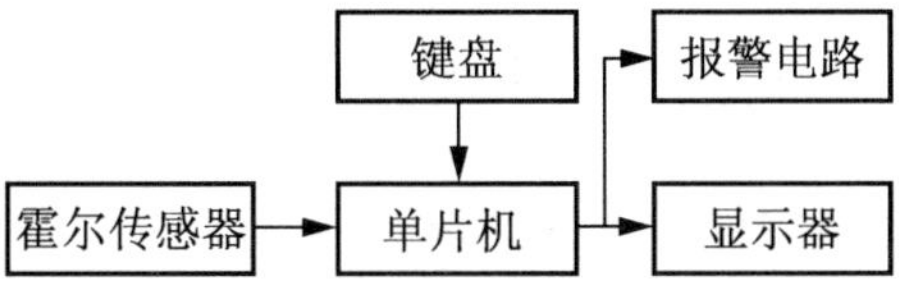

图 4.3 自行车速度计系统框图

2. 硬件电路

自行车速度计系统的电路图如图 4.4 所示。采用 C8051F330 单片机作主控芯片，用 OH137 型霍尔传感器将车轮的转速转换成电脉冲，送入单片机，经单片机计时(定时/计数器测出总的脉冲数和每转一圈的时间)，再经过单片机的计算得出里程及速度，结果送 12864 显示器显示，当骑行速度超过设定值时报警电路发出报警信号。电容 $C1$ 作滤波电容，防止干扰信号进入单片机。

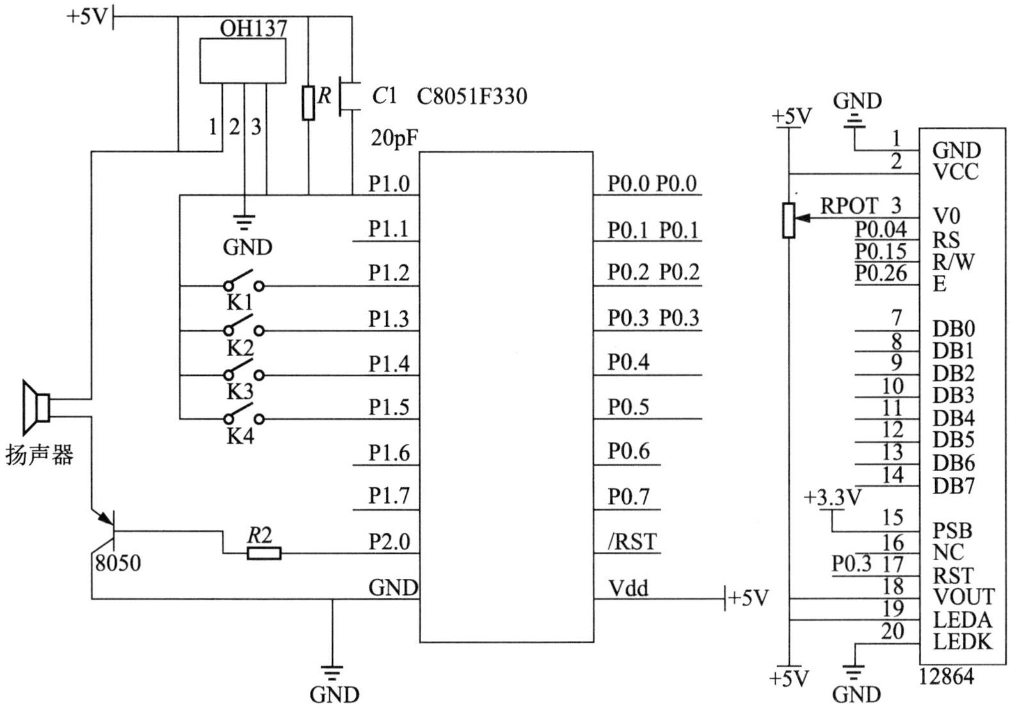

【参考图文】

图 4.4 自行车速度计系统电路图

3. 电路调试

系统制作完成后，要对系统进行调试，包括硬件调试和软件调试及软、硬件联调。硬件调试和软件调试分别独立进行，可以先调试硬件再调试软件。在调试中找出错误、缺陷，判断各种故障，并对软硬件进行修改，直至没有错误。

在硬件调试过程中，接通电源后，调整信号源，用标准信号源 TTL 输出对系统进行标定，使得信号频率为 0Hz 时显示速度为零，50Hz 时显示速度为 50××车轮周长。标定计算公式为

$$里程=脉冲总数\times车轮周长$$

$$速度=车轮周长\div车轮转一圈所用的时间$$

电路中包含元器件较少，结构较为简单，调试时首先保证各个元件连通正常、供电正常。

测试结果填入表 4-4 中。自行车的实际行驶距离可以用卷尺测量。

表 4-4　自行车速度检测系统测试数据

实际距离/m	测得距离/m	误差/m	实际速度/(km/h)	测得速度/(km/h)	误差/(km/h)

提示

霍尔元件信号输出和磁铁信号强弱有关系，要注意磁铁的方向和距离。安装时要尽量减小施加到电路外壳或引线上的机械应力。焊接温度要低于 260℃，时间小于 3s。

4. 应用注意事项

霍尔传感器是一种最简单、最普通、最常用的磁场传感器。霍尔传感器的结构简单，接线方便，但在使用中仍然会出现各种问题，在使用时不注意，也会引起较大的测量误差。在本项目实施过程中要注意以下几个方面：

(1) 焊接温度不能太高，时间不能过长。霍尔传感器芯片焊接速度要快，焊接时间不能过长，否则容易烧毁芯片。在焊接过程中，要有防静电措施。

(2) 避免高温，霍尔传感器的设计工作温度不超过 85℃。如果工作环境超过 85℃时，必须选用在 120℃下仍然能够正常工作的高温集成电路。高温集成电路的设计和加工制造与常规电路有很大的不同，成本要远高于常温集成电路。市面上流行的许多种电动机霍尔传感器芯片并不是高温集成电路。

(3) 要考虑霍尔传感器芯片的抗静电能力。市面上流行的电动机霍尔传感器芯片由两

种制造工艺加工生产：双极工艺和 CMOS 工艺。用 CMOS 工艺生产的电动机霍尔传感器芯片抗静电能力很差，如果没有特别的防静电设施，霍尔传感器很容易受到静电损伤，通常这种损伤无法检测出来，因为当时受到静电伤害的霍尔传感器仍然能够工作。但是它的寿命已经大大缩短，尤其是在高温或潮湿环境下，受到静电伤害的霍尔传感器特别容易失效。用双极工艺生产的电动机霍尔传感器芯片抗静电能力较好，能基本满足无静电防护设施电动机生产厂家的要求。但是，双极工艺价格昂贵，国外的霍尔传感器生产厂家都已经放弃双极工艺而采用 CMOS 工艺。

(4) 霍尔传感器芯片的抗浪涌电压或抗浪涌电流能力。当该方案应用于电动自行车时，电动自行车用的无刷电动机通常在较大功率下工作，电动机的定子绕组会流过较大的电流。尽管霍尔传感器芯片与定子绕组电学上完全隔开，但是，当绕组里的电流快速换相时，会产生很大的反冲电压或称为浪涌电压。如果控制器里逆变器的续流二极管不能有效抑制浪涌电压脉冲(这个浪涌电压对逆变器的功率场效应管危害更甚)，就有可能通过控制器传给霍尔传感器的电源输入端或输出端，导致霍尔传感器受到损伤，缩短霍尔传感器的使用寿命。霍尔传感器芯片里的电源输入端或输出端的保护电路要有足够的能力来抵抗浪涌电压或浪涌电流，这会增加芯片的成本。

(5) 避免传感器周围有其他强磁场存在。或者调整方向，使外磁场对模块的影响最小。要考虑磁场分布和磁场分布涨落。如果霍尔传感器的磁灵敏度太高或太低，由于磁钢和磁钢缝隙磁场分布的不规则涨落，会导致位置传感器给出错误的信号，引起控制器发生逻辑混乱。

4.1.4 知识链接

霍尔传感器是一种磁传感器，用它可以检测磁场及其变化，可在各种与磁场有关的场合中使用。霍尔传感器以霍尔效应为其工作基础，是由霍尔元件和它的附属电路组成的集成传感器。霍尔传感器在工业生产、交通运输和日常生活中有着非常广泛的应用。

1. 霍尔效应

如图 4.5 所示，把一个导体(半导体薄片)两端通以控制电流 I，在薄片垂直方向施加磁感应强度为 B 的磁场，在薄片的另外两侧会产生一个与控制电流 I 和磁感应强度 B 的乘积成比例的电势 U_H。这种现象称为霍尔效应。它是德国物理学家霍尔于 1879 年研究载流导体在磁场中受力的性质时发现的。

导体或半导体薄片称为霍尔片或霍尔元件。

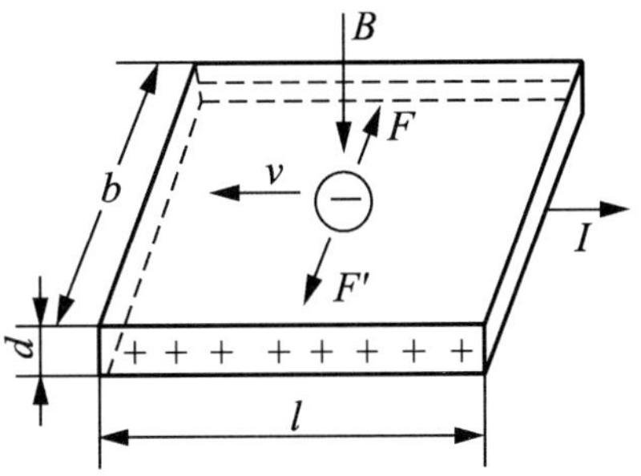

图 4.5 霍尔效应

霍尔效应的产生是由于电荷受磁场中洛伦兹力作用的结果。

如图 4.6 所示，N 型半导体薄片(霍尔基片)沿基片长度通以电流 I(励磁电流或控制电流)，在垂直于半导体薄片平面方向加磁场 B，则半导体中载流子电子受到洛伦兹力 F 的作用为

$$F = qvB \tag{4-1}$$

式中，q为电子电荷量；v为半导体中电子运动速度。

每个电子受洛仑兹力作用被推向导体的另一侧，这样在基片两侧面间建立起静电场，电子又受到电场力F'的作用：

$$F' = qE_H \tag{4-2}$$

式中，E_H为静电场的电场强度。

当$F'=F$时，电子积累处于动态平衡，则

$$qE_H = qvB \tag{4-3}$$

基片宽度两侧面间由于电荷积累形成的电位差 U_H 称为霍尔电势，它与霍尔电场强度 E_H 的关系为

$$U_H = bE_H = bvB \tag{4-4}$$

假设流过基片的电流分布均匀，则有

$$I = nqdbv \tag{4-5}$$

式中，n为N型半导体载流子浓度(单位体积中电子数)；bd为与电流方向垂直的截面积。

由式(4-4)和式(4-5)，有

$$U_H = \frac{BI}{nqd} = R_H \frac{BI}{d} \tag{4-6}$$

R_H为霍尔系数，是由材料性质决定的常数，对 N 型半导体，有

$$R_H = \frac{1}{nq} \tag{4-7}$$

对 P 型半导体，有：

$$R_H = \frac{1}{pq} \tag{4-8}$$

式中，p为P型半导体载流子浓度(单位体积中空穴数)。

令霍尔元件灵敏度系数为

$$K_H = \frac{R_H}{d} \tag{4-9}$$

由式(4-9)可见，其灵敏度与霍尔常数 R_H 成正比，而与霍尔片厚度 d 成反比。厚度 d 越小，霍尔灵敏度 K_H 越大，所以为了提高灵敏度，霍尔元件常制成薄片形状，通常近似 1μm，则霍尔电势表达式为

$$U_H = K_H IB \tag{4-10}$$

可见霍尔电势正比于霍尔元件灵敏度系数、励磁电流及磁感应强度。

2. 霍尔元件

根据霍尔效应，人们用半导体材料制成的元件叫作霍尔元件。它具有对磁场敏感、结

构简单、体积小、频率响应宽、输出电压变化大和使用寿命长等优点，因此，在测量、自动化、计算机和信息技术等领域得到广泛的应用。

霍尔元件的结构很简单，它由霍尔片、引线和壳体组成，如图4.6所示，霍尔片上有四根引线，1、1′两根引线加励磁电压或电流，称为励磁电极(控制电极)；2、2′两根引线为霍尔输出引线，称为霍尔电极。霍尔元件壳体由非导磁金属或陶瓷环氧树脂封装而成。

常用H代表霍尔元件，后面的字母代表元件的材料，数字代表产品的序号。例如，HZ-1元件，说明是用锗材料制成的霍尔元件；HT-1元件，说明是用锑化铟材料制成的元件，霍尔元件符号如图4.7所示。

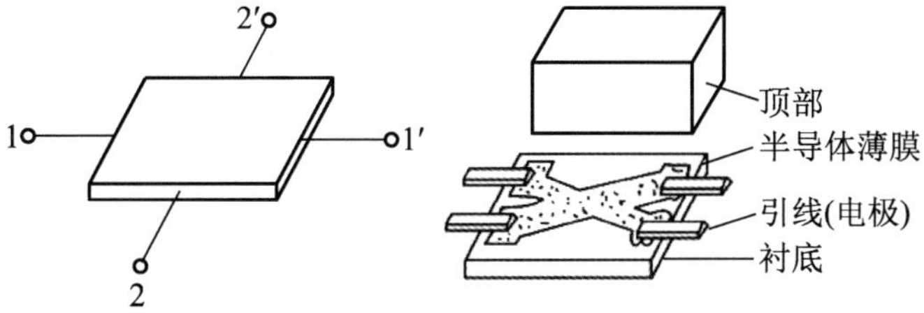

图4.6 霍尔元件结构

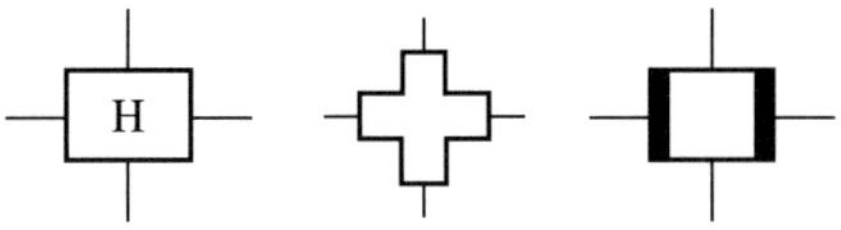

图4.7 霍尔元件符号

3. 霍尔元件的主要技术参数

1) 输入电阻 R_i

霍尔元件两励磁电流端的直流电阻称为输入电阻。它的数值从几欧到几百欧，视不同型号的元件而定。温度升高输入电阻变小，从而使输入电流变大，最终引起霍尔电压变化，为了减少这种影响，最好采用恒流源作为励磁源。

2) 输出电阻 R_o

两个霍尔电压输出端之间的电阻称为输出电阻。它的数值与输入电阻同一数量级，也随温度改变而改变。选择适当的负载电阻与之匹配，可以使由温度引起的霍尔电压的漂移减至最小。

3) 额定励磁电流 I_C

在磁感应强度 B=0 时，静止空气中环境温度为25℃条件下，焦耳热所产生的允许温升10℃时从霍尔器件电流输入端的电流称为额定励磁电流 I_C。

4) 灵敏度 K_H

在单位控制电流 I_C 和单位磁感应强度 B 的作用下，霍尔器件输出端开路时测得的霍尔电压称为灵敏度 K_H，其单位为 $V/(A\cdot T)$。表达式为

$$K_H = \frac{R_H}{d} \tag{4-11}$$

5) 不等位电势 U_M

当输入额定的励磁电流 I_C 时，即使不外加磁场(B=0)，由于在生产中材料厚度不均匀或输出电极焊接不良等，造成两个输出电压电极不在同一等位面上，在输出电压电极之间仍有一定的电位差，这种电位差称为不等位电势。使用时多采用电桥法来补偿不等位电压引起的误差。

6) 寄生直流电势 U_g

在不加外磁场时，交流控制电流通过霍尔元件时，在霍尔电极间产生的直流电势称为寄生直流电势。

7) 霍尔电压温度系数 α

在一定磁场强度和励磁电流的作用下，温度每变化 1℃时，霍尔电压变化的百分数称为霍尔电压温度系数，它与霍尔元件的材料有关。

8) 电阻温度系数 β

电阻温度系数 β 为温度每变化 1℃，霍尔元件材料的电阻变化率。

4. 集成霍尔传感器

利用集成电路技术，将霍尔敏感元件、放大器、温度补偿电路及稳压电源等集成于一个芯片上构成独立器件——霍尔集成传感器，霍尔集成传感器不仅尺寸紧凑，便于使用，而且有利于减小误差，改善稳定性。根据内部测量电路和霍尔元件工作条件的不同，可分为线性霍尔集成传感器和开关型霍尔集成传感器。

1) 线性霍尔集成传感器

线性霍尔集成传感器的输出电压与外加磁场强度在一定范围内呈线性关系，广泛用于位置、力、质量、厚度、速度、磁场、电流等的测量控制。此种传感器有单端输出和双端输出两种电路，如图 4.8 所示。

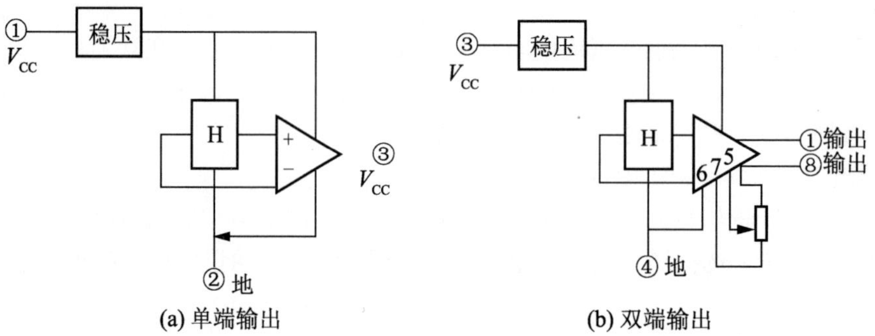

(a) 单端输出　　(b) 双端输出

图 4.8　线性霍尔集成传感器的结构

图 4.9 显示了双端输出特性的线性霍尔集成传感器的输出特性曲线。当磁场为零时，它的输出电压等于零；当感受的磁场为正向(磁钢的 S 极对准霍尔器件的正面)时，输出为正；磁场反向时，输出为负。

2) 开关型霍尔集成传感器

开关型霍尔集成传感器由霍尔元件、放大器、施密特整形电路和开关输出等部分组成，如图 4.10 所示。

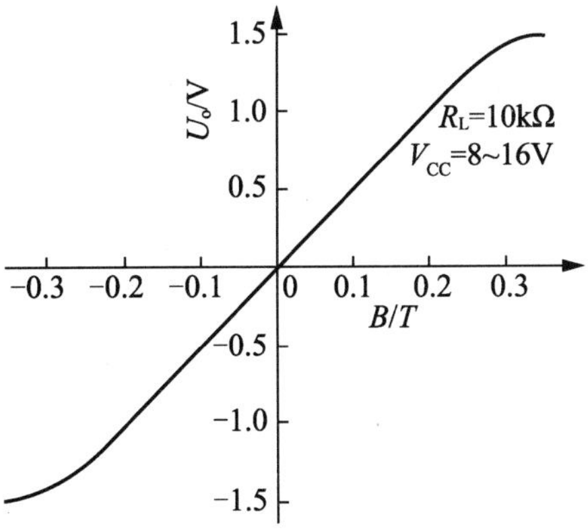

图 4.9 双端输出特性曲线

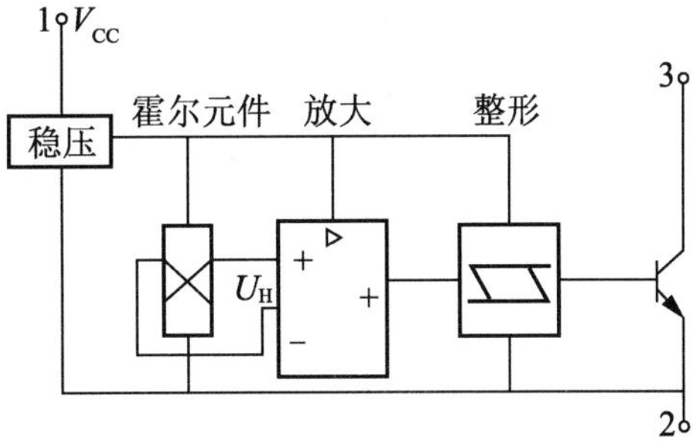

图 4.10 开关型霍尔集成传感器内部结构框图

开关型霍尔集成传感器的特性如图 4.11 所示，其中 B_{OP} 为工作点“开”的磁感应强度，B_{RP} 为释放点“关”的磁感应强度。当外加的磁感应强度超过动作点 B_{OP} 时，传感器输出低电平；当磁感应强度降到动作点 B_{OP} 以下时，传感器输出电平不变，一直到降到释放点 B_{RP} 时，传感器才由低电平跃变为高电平。B_{OP} 与 B_{RP} 之间的滞后使开关动作更为可靠。

另外，还有一种“锁键型”(或称“锁存型”)开关霍尔集成传感器，其特性如图 4.12 所示。当磁感应强度超过动作点 B_{OP} 时，传感器输出由高电平跃变为低电平，而在外磁场撤销后，其输出状态保持不变(即锁存状态)，必须施加反向磁感应强度达到 B_{RP} 时，才能使电平产生变化。

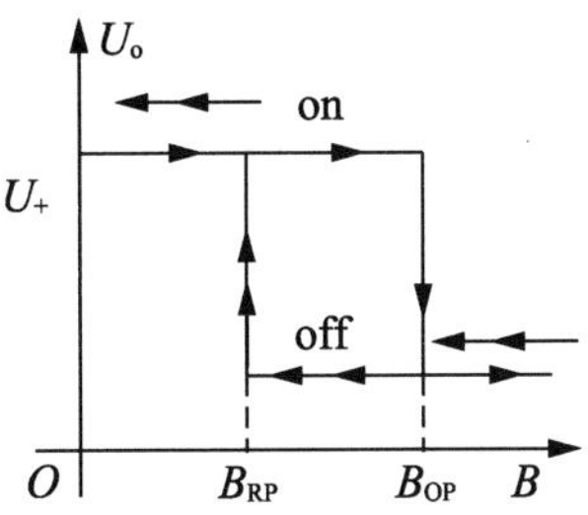

图 4.11 开关型霍尔集成传感器特性图

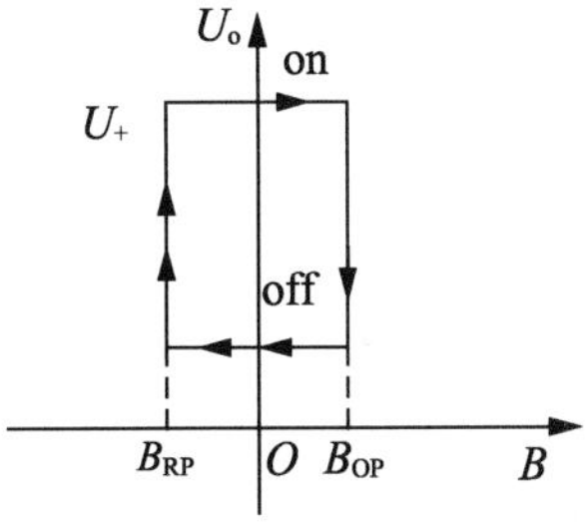

图 4.12 锁存型开关霍尔集成传感器特性图

5. 霍尔传感器基本测量电路

霍尔元件的基本测量电路如图 4.13 所示，电源提供控制电流，R 为调节电阻，用以根据要求调节控制电流的大小。霍尔电势输出端的负载电阻 R_L 可以是放大器的输入电阻或表头内阻等。所施加的外磁场 B 一般与霍尔元件的平面垂直。在磁场和控制电流的作用下，负载上就有电压输出。霍尔效应建立的时间很短(10^{-14}～10^{-12}s)，当控制电流为交流时，频率可以很高。

在实际应用中，霍尔元件常用以下电路，其特性不一样，要根据实际用途来选择。

1) 恒流工作电路

温度变化引起霍尔元件的输入电阻变化，从而使控制电流发生变化带来误差，为了减少这种误差，常采用恒流源供电，如图 4.14 所示。在恒流工作条件下，没有霍尔元件输入电阻和磁阻效应的影响，但偏移电压的稳定性比恒压工作时差些。

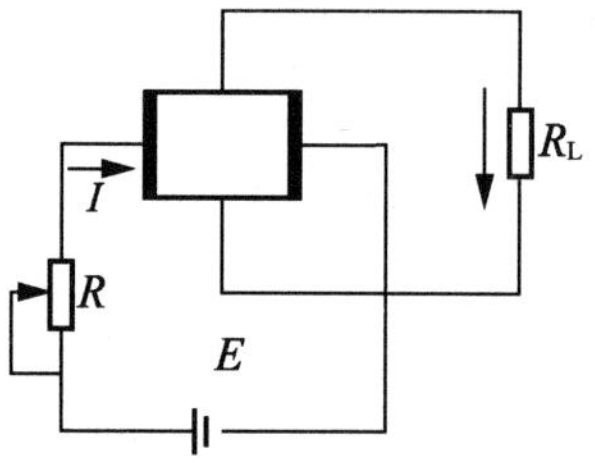

图 4.13　霍尔元件的基本测量电路

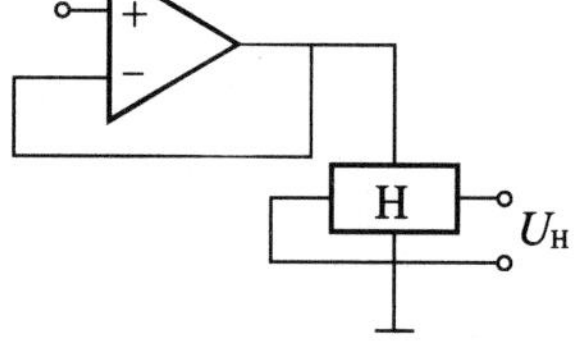

图 4.14　恒流工作的霍尔传感器

2) 恒压工作电路

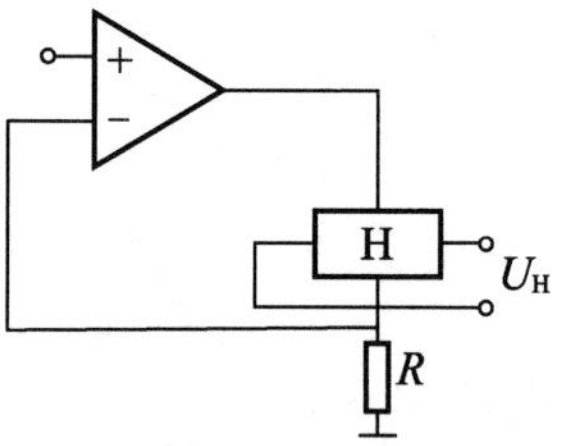

图 4.15　恒压工作的霍尔传感器

恒压工作的霍尔传感器(图 4.15)比恒流工作的霍尔传感器的性能要差些，只适用于精度要求不太高的地方。由于霍尔元件输入电阻温度变化和磁阻效应的影响，使得恒压条件下性能不好。

3) 差分放大电路

霍尔元件的输出电压一般较小，需要用放大电路放大其输出电压。使用一个运算放大器时的电路如图 4.16 所示。霍尔元件的输出电阻可能会大于运算放大器的输入电阻，从而产生误差。为了获得较好的放大效果，常采用差分放大电路，电路如图 4.17 所示。

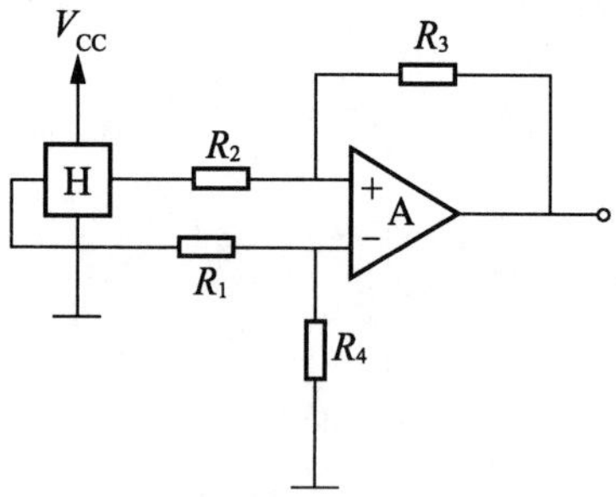

图 4.16　单运放差分式放大电路图

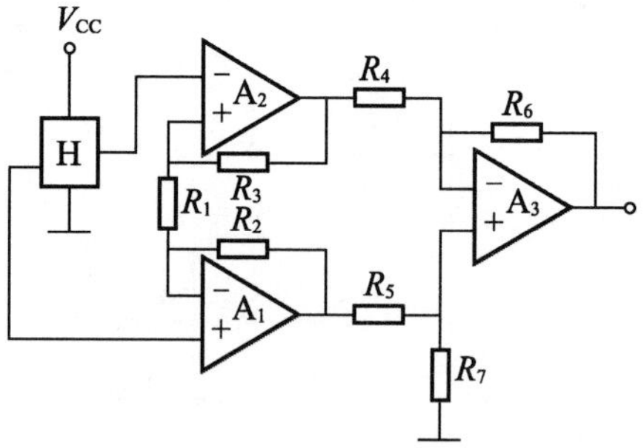

图 4.17　3 个运算放大器的放大电路

6. 霍尔元件的误差及其补偿

由于制造工艺问题及其他各种影响霍尔元件性能的因素，如元件安装不合理、环境温度变化等，都会影响霍尔元件的转换精度，带来误差。霍尔元件的主要误差有温度误差和零位误差。

1) 温度误差及补偿

当温度变化时，霍尔元件的载流子浓度、迁移率、电阻率及霍尔系数都将发生变化，从而使霍尔元件产生温度误差。为了减小测量中的温度误差，除了选用温度系数小的霍尔元件，或采取一些恒温措施外，也可使用一些温度补偿方法。

(1) 合理选择负载电阻。若霍尔电势输出端接负载电阻 R_L，霍尔元件的输出电阻为 R_o，

要使负载上的电压 U_L 不受温度变化的影响，必须满足

$$R_L = R_o \frac{\beta - \alpha}{\alpha} \tag{4-12}$$

式中，α为霍尔电势的温度系数；β为霍尔元件输出电阻的温度系数。

对于一个确定的霍尔元件，可以方便地获得 α、β 和 R_o 的值，因此只要使负载电阻 R_L 满足式(4-12)，就可在输出回路实现对温度误差的补偿了。虽然 R_L 通常是放大器的输入电阻或者表头内阻，其值是一定的，但是可以通过串、并联电阻来调整 R_L 的值。

(2) 采用恒流源提供控制电流。温度变化引起霍尔元件输入电阻 R_i 变化，在稳压源供电时，使控制电流变化，带来误差。为了减小这种误差，最好采用恒流源提供控制电流，如图 4.18 所示。

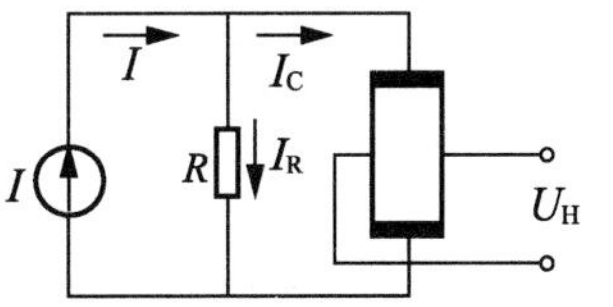

图 4.18 恒流源温度补偿电路

为进一步提高 U_H 的稳定性，图 4.18 所示的测量电路中并联了一个起分流作用的补偿电阻 R，其值满足

$$R = R_i \frac{\beta - \alpha - \gamma}{\alpha} \tag{4-13}$$

式中，γ为补偿电阻R的温度系数。

对于霍尔元件来说，α、β、R 都为已知电阻，只要选择适当的补偿电阻，使 R 和 γ 满足条件，就可以在输入回路中得到温度误差的补偿。

2) 不等位电势及其补偿

产生不等位电势的原因是由于制造工艺不可能保证两个霍尔电极绝对对称地焊在霍尔片的两侧，致使两电极点不能完全位于同一等位面上，此外霍尔片电阻率不均匀或片厚薄不均匀或控制电流极接触不良将等位面歪斜，致使两霍尔电极不在同一等位面上而产生不等位电势。

霍尔元件的不等位电势补偿电路有多种形式，图 4.19 所示为两种常用电路，其中 R_p 是调节电阻。图 4.19(a)所示是在不平衡电桥的电阻较大的一个桥臂上并联 R_p，通过调节 R_p 使电桥达到平衡状态，称为不对称补偿电路；图 4.19(b)所示则相当于在两个电桥臂上并联调节电阻，称为对称补偿电路。

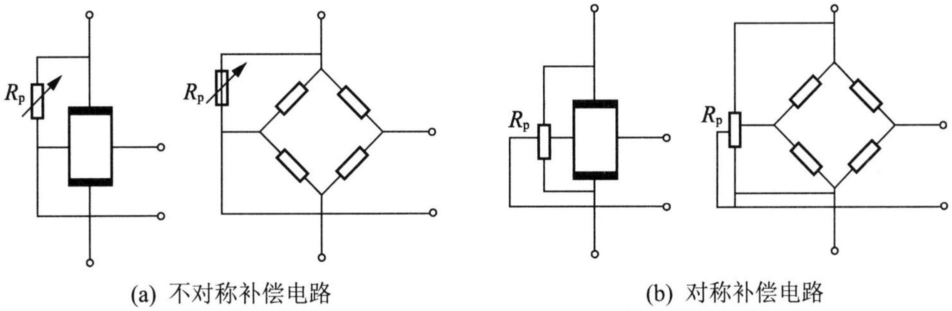

(a) 不对称补偿电路　　(b) 对称补偿电路

图 4.19 不等位电势的基本补偿电路

7. 霍尔传感器的特点

与普通互感器相比，霍尔传感器具有以下特点。

(1) 霍尔传感器可以测量任意波形的电流和电压，如直流、交流、脉冲波形等，甚至可以对瞬态峰值的电流和电压进行测量。二次电流忠实地反映一次电流的波形。而普通互感器则是无法与其比拟的，它一般只适用于测量 50Hz 正弦波。

(2) 一次侧电路与二次侧电路之间完全电绝缘，绝缘电压一般为 2～12kV，特殊要求可达 20～50kV。

(3) 精度高：在工作温度区内精度优于 1%，该精度适合于任何波形的测量。而普通互感器一般精度为 3%～5%且适合 50Hz 正弦波形。

(4) 线性度好：优于 0.1%。

(5) 动态性能好：响应时间小于 1μs，跟踪速度 di/dt 高于 50A/μs。

(6) 霍尔传感器模块这种优异的动态性能为提高现代控制系统的性能提供了关键的基础。而普通的互感器响应时间为 10～12ms，已不能适应工作控制系统发展的需要。

(7) 工作频带宽：在 0～100kHz 频率范围内精度为 1%，在 0～5kHz 频率范围内精度为 0.5%。

(8) 测量范围：霍尔传感器模块为系统产品，电流测量可达 50kA，电压测量可达 6400V。

(9) 过载能力强：当一次电流超负荷，模块达到饱和，可自动保护，即使过载电流是额定值的 20 倍，模块也不会损坏。

(10) 模块尺寸小，质量轻，易于安装，它在系统中不会带来任何损失。

(11) 模块的一次侧与二次侧之间的“电容”是很弱的，在很多应用中，共模电压的各种影响通常可以忽略，当达到每微秒几千伏的高压变化时，模块有自身屏蔽作用。

(12) 模块的高灵敏度，使之能够区分在“高分量”上的弱信号，例如，在几百安的直流分量上区分出几毫安的交流分量。

(13) 可靠性高，失效率 $\lambda=0.43\times10^{-6}$/h。

(14) 抗外磁场干扰能力强：在距模块 5～10cm 处有一个两倍于工作电流($2I_P$)的电流所产生的磁场干扰而引起的误差小于 0.5%，这对大多数应用，抗外磁场干扰是足够的，但对很强磁场的干扰要采取适当的措施。

8. 霍尔传感器的应用

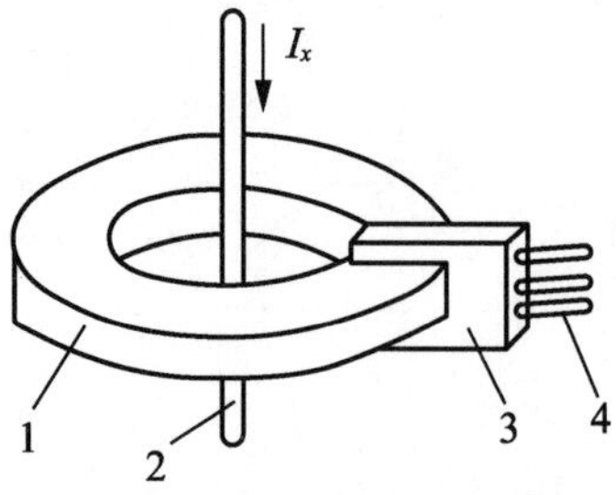

图 4.20　霍尔式钳形电流表

1—冷轧硅钢片圆环；2—被测电流导线；3—霍尔元件；4—霍尔元件引脚

(1) 线性霍尔传感器主要用于一些物理量的测量。

①电流传感器。由于通电螺旋管内部存在磁场，其大小与导线中的电流成正比，故可以利用霍尔传感器测量出磁场，从而确定导线中电流的大小。利用这一原理可以设计制成霍尔电流传感器。

图 4.20 所示为利用霍尔元件制作的钳形电流表，可以在不切断电路的情况下测量电流。

冷轧硅钢片圆环的作用：将被测电流产生的磁场集中到霍尔元件上，以提高灵敏度。

作用于霍尔片的磁感应强度为

$$B = K_B I_x \tag{4-14}$$

式中，K_B电磁转换灵敏度。

电流传感器的优点是不与被测电路发生电接触，不影响被测电路，不消耗被测电源的功率，特别适合于大电流传感器。

②位移测量。当两块永久磁铁同极性相对放置，将线性霍尔传感器置于中间时，其磁感应强度为零，这个点可作为位移的零点，当霍尔传感器在 Z 轴上作ΔZ 位移时，传感器有一个电压输出，电压大小与位移大小成正比。如果把拉力、压力等参数变成位移，便可测出拉力及压力的大小，如图 4.21 所示为按这一原理制成的力传感器。

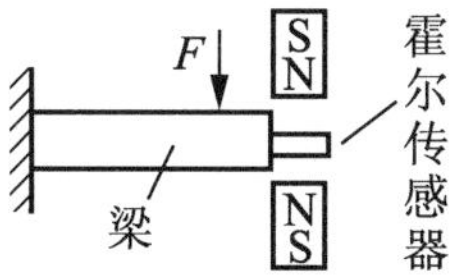

图 4.21　力传感器

(2) 开关型霍尔传感器主要用于测转数、转速、风速、流速、接近开关、关门告知器、报警器、自动控制电路等。

如图 4.22 所示，在非磁性材料的圆盘边上粘一块磁钢，霍尔传感器放在靠近圆盘边缘处，圆盘旋转一周，霍尔传感器就输出一个脉冲，从而可测出转数(计数器)，若接入频率计，便可测出转速。

如果把开关型霍尔传感器按预定位置有规律地布置在轨道上，当装在运动车辆上的永磁体经过它时，便可以从测量电路上测得脉冲信号。根据脉冲信号的分布可以测出车辆的运动速度。

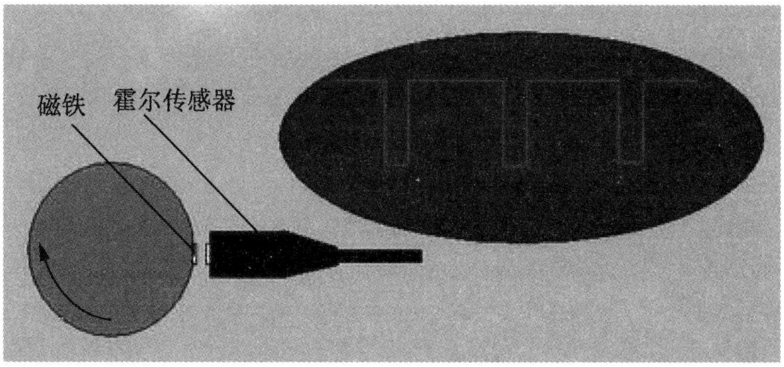

图 4.22　霍尔传感器测速原理

9. 霍尔传感器选型

单极霍尔开关只感应单向磁场，一极靠近时输出低电平，远离翻转为高电平，另一极始终是输出高电平，其型号和特性见表 4-5。它的典型应用有电动机测速、接近开关、流量检测、行程定位等。

表 4-5　单极性霍尔开关型号和特性

型号	工作电压/V	输出电流/mA	工作点 B_{op}/mT	释放点 B_{rp}/mT	工作温度/℃	封装	描述
OH137	4.5～24	25	<18	>2	-40～85	TO-92S	一致性好、通用性广
OH3144	4.5～24	25	<30	>2	-40～85	TO-92S	小回差、灵敏度高
OH4S	4.5～24	25	<30	>2	-40～85	SOT23	S 极触发贴片
OH37	4.5～24	25	<18	>2	-40～85	SOT23	S 极触发贴片
OH44N	4.5～24	25	>-20	<-3	-40～125	TO-92S	N 极触发直插
OH4N	4～28	30	>-20	<-3	-40～125	SOT23	N 极触发贴片
OH44	4～30	50	<20	>2	-40～150	SOT23	S 极触发大负载贴片
OH34	3～24	50	<20	>2	-40～150	SOT23	大负载、大驱动、耐高压
OH401	4～30	50	<15	>1	-40～125	TO-92S	高灵敏度、大负载
OH44E	4.5～24	50	<25	>3	-40～125	TO-92S	一致性好、性能稳定
OH443	4～30	50	<20	>2	-40～150	TO-92S	高耐压、大电流驱动
OH44EW	4.5～24	50	<20	>2	-40～125	SOT89	大负载贴片
OH543	4～30	50	<20	>2	-40～150	SOT89	高耐压、大电流驱动贴片
OH04E	3～24	50	<20	>2	-40～150	TO-92S	宽电压、大电流
OH44L	4～30	50	<16	>3	-40～150	TO-92S	电动机耐高压使用
OH3020	4.5～24	25	<20	>3	-40～125	TO-92S	一致性好、性能稳定
OH443H	4～30	50	<10	>1	-40～150	TO-92S	大电流、高灵敏度
OH3141E	4.5～24	50	<12	>3	-40～150	TO-92S	高灵敏度、高可靠性
OH3144-B	4.5～24	25	<25	>2	-40～85	编带盒装	单极编带

双极型霍尔开关能感应不同磁极的变化，一极使霍尔输出低电平，另一极靠近翻转为高电平，如此往复，不一定锁定，其型号和特性见表 4-6。

表 4-6　双极型霍尔开关型号和特性

型号	工作电压/V	输出电流/mA	工作点 B_{op}/mT	释放点 B_{rp}/mT	工作温度/℃	封装	描述
OH137A0	4.5～24	25	<10	>-10	-20～85	TO-92S	开关速度快、频率高、不锁定
OH17A/B	4.5～24	25	<10	>-10	-20～85	SOT23	灵敏度高、宽电压范围

锁存型霍尔开关能感应不同磁极的变化，一极使霍尔输出低电平，此状态保持直到另一极靠近状态翻转为高电平，如此往复，其型号和特性见表 4-7。它的典型应用是无刷电动机位置传感器、里程表传感器、助力传感器、转速检测、防夹门窗等。

表 4-7 锁存型霍尔开关型号和特性

型号	工作 电压/V	输出 电流/mA	工作点 B_{op}/mT	释放点 B_{rp}/mT	工作 温度/°C	封装	描述
OH413	4～30	50	<6	>-6	-40～150	TO-92S	高耐压、大负载
OH513	4～30	50	<6	>-6	-40～150	SOT89	高耐压、大负载
OH13	4～30	50	<6	>-6	-40～150	SOT23	高耐压、大负载
OH41A	4.5～24	25	>3	<-3	-40～150	TO-92S	对称性好
OH41F	4.5～24	25	<7	>-7	-40～150	TO-92S	锁定高温
OH41	4.5～24	25	<7	>-7	-40～150	TO-92S	锁定高温
OH1881	4.5～24	25	<6	>-6	-40～125	TO-92S	锁定
OH3172X	4.5～24	25	<6	>-6	-40～125	TO-92S	锁定
OH175	3.5～20	25	<6	>-6	-40～150	TO-92S	一致性好
OH920-S	3.5～20	25	<4	>-4	-40～125	SOT23	小回差、高灵敏度
OH921-T	3.5～20	25	<4	>-4	-40～125	TO-92S	小回差、高灵敏度内置上拉电阻

低功耗霍尔开关有检测和休眠两种状态，检测时感应外部磁场并做出相应动作，休眠时保持原有状态，其型号和特性见表 4-8。它的典型应用是电池供电的电子产品，如手机、便携笔记本、电子锁等低频检测应用。

表 4-8 低功耗霍尔开关型号和特性

型号	工作 电压/V	输出电流	工作点 B_{op}/mT	释放点 B_{rp}/mT	睡眠 时间/ ms	唤醒 时间/ μs	工作 温度/°C	封装	描述
OH9248-T	2.5～5.5	唤醒：2mA 睡眠：6μA	±3	±2	90	150	-40～85	TO-92S	微功耗
OH9248-S	2.5～5.5				90	150	-40～85	SOT23	SOT23 贴片
OH9249	2.5～5.5	唤醒：2mA 睡眠：6μA	±3	±2	90	150	-40～85	SOT23	贴片内置上拉电阻
OH4913	2.4～6	唤醒：2mA 睡眠：1.9μA	±3.5	±2.6	140	100	-40～85	TO-92S	微功耗
OH9213	2.4～6	唤醒：2mA 睡眠：1.9μA	±3.5	±2.6	140	100	-40～85	SOT23	SOT23 贴片

齿轮霍尔传感器指的是应用于高性能齿轮的霍尔传感芯片，其型号和特性见表 4-9。它的典型应用为凸轮轴传感器、齿轮传感器等。

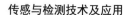

表 4-9　齿轮霍尔传感器型号和特性

型号	工作电压/V	输出电流/mA	工作点 B_{op}/mT	释放点 B_{rp}/mT	封装	工作温度/°C	描述
OH086	3.0～24	<15	<15	>-15	TO-94	-40～125	差分霍尔 IC differential
OH097	3.5～24				TO-92	-40～150	齿轮霍尔 IC

线性霍尔传感器的输出电压与磁场强度成正比，根据磁场极性和强度，其输出电压线性上升或下降，其型号和特性见表 4-10。它的典型应用是加速踏板、调速转把、压力传感器、形变检测。

表 4-10　线性霍尔传感器型号和特性

型号	工作电压/V	中点电位/V	输出电流/mA	灵敏度/(mV/GS)	工作温度/°C	封装	描述
OH3503	4.5～6	2.5±0.15	5	2.0	-20～85	TO-92S	输出电压 0.8～4.2V
OH49E	3.0～6.5	2.5±0.15	4	1.6～3.0 可定制	-20～100	TO-92S	输出电压 0.8～4.2V
OH49ES	3.0～6.5	2.5±0.15	7	2.0	-20～100	SOT23	输出电压 0.8～4.2V
OH496	4.5～10.5	2.5±0.15	5	2.5±0.2	-20～125	TO-92S	输出电压 0.2～4.8V
OH495	4.5～10.5	2.5±0.075	5	3.125±0.125	-20～125	TO-92S	输出电压 0.2～4.8V
OH549E	3.0～6.5	2.5±0.15	4	2.0	-20～100	SOT89	输出电压 0.8～4.2V

10. 自行车测速原理

如图 4.23 所示，假定轮圈的周长为 L，在轮圈上安装 m 个永久磁铁，则测得的里程值最大误差为 L/m，图中 m=1。当轮子每转一圈，通过开关型霍尔元件传感器采集到一个脉冲信号，经信号变换器、驱动器进行整形、放大后输出幅值相等、频率变化的方波信号。信号从单片机引脚 P3.2 以中断的方式输入，传感器每获取一个脉冲信号即对系统提供一次计数中断。每次中断代表车轮转动一圈，中断数 n 轮圈数与周长为 L 的乘积为里程值。计数器 T1 计算每转一圈所用的时间 t，就可以计算出即时速度 $v=Ln/t$。当 m= 1 时，显然无法测量半圈的里程。如果要提高测量的精度，就需要多设置几个磁铁。假设磁铁均匀分布，则相应的计算公式也分别为里程 $s=nL/m$，速度 $v=Ln/(mt)$。

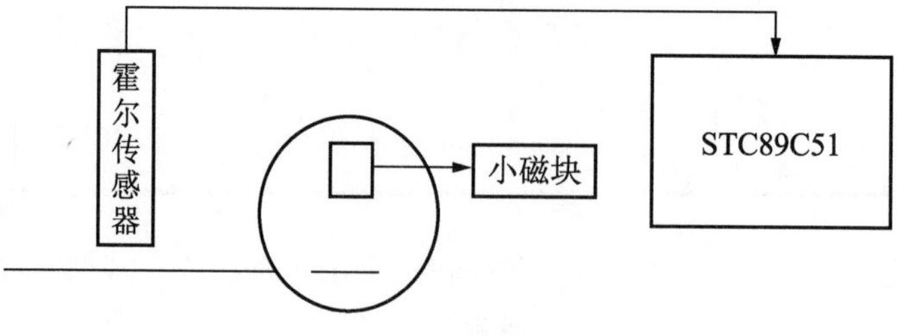

图 4.23　自行车速度检测原理

4.1.5 任务总结

通过本任务的学习，应掌握霍尔传感器的基本工作原理、结构类型、典型电路和应用注意事项等知识重点。

通过本任务的学习，应掌握如下实践技能：①正确分析、制作与调试霍尔传感器应用电路；②根据设计任务要求，完成硬件电路相关元器件的选型，并掌握其工作原理。

4.1.6 请你做一做

(1) 上网查找 3 家以上生产霍尔传感器的企业，列出这些企业生产的霍尔传感器的型号、规格，了解其特性和适用范围。

(2) 动手设计一个磁场强度测量的电路。

任务 4.2 机床主轴速度检测系统(光电编码器)

【参考图文】

4.2.1 任务目标

通过本任务的学习，掌握光电编码器测速的基本原理；了解光电编码器的结构、类型，以及常用光电编码器的特点、使用方法、注意事项及使用过程中常见故障的处理；要求通过实际设计和动手制作，能正确选择光电编码器，并按要求设计接口电路，完成电路的制作与调试，实现对机床主轴的速度测量。

4.2.2 任务分析

1. 任务要求

机床是最重要的工业装备之一，其运动控制一般用电动机实现。利用单片机和光电编码器实现对机床主轴(电动机转速)的实时测量，对提高产品质量、节约能源有着非常重要的意义。

机床主轴速度检测系统(图 4.24)利用光电编码器对机床主轴速度实时测量，采集到的速度信号送单片机处理后在 LED 上显示。机床主轴速度检测系统任务要求见表 4-11。

图 4.24 机床主轴转速检测系统

表 4-11 机床主轴速度检测系统任务要求

测量范围(r/min)	精度(r/min)	显示方式
0～100000	0.5	液晶显示

2. 主要器件选用

本任务中要用到的主要器件及其特性见表 4-12。

表 4-12　机床主轴速度检测系统主要器件及其特性

主要器件	主要特性
光电编码器  BC40S6 增量式光电编码器	分辨率：10～3600p/r； 输出电路：电压、集电极、推挽、长线驱动； 电源电压：DC10～30V、DC 5V； 消耗电流：＜60mA，＜150mA； 响应频率：＜100kHz，＜100kHz； 上升/下降时间：＜1μs，＜100ns； 允许负载/通道：＜30mA，＜20mA； 信号高电平：＜V_{CC}×70%； 信号低电平：＜0.5V； 输出相：A .B .Z/A、-A、B、-B、Z、-Z
双 D 触发器 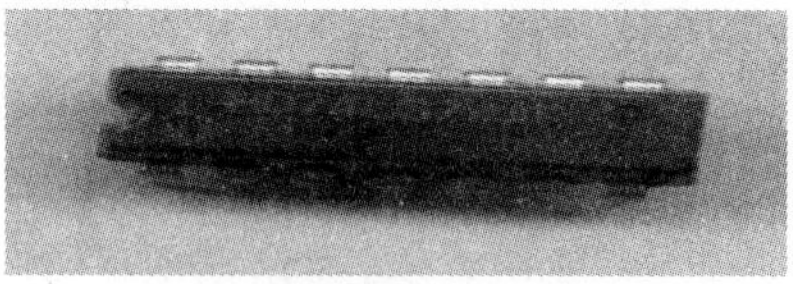 74LS74 型双 D 触发器实物图	74LS74 是 TTL 一个边沿触发器数字电路器件，每个器件中包含两个相同的、相互独立的边沿触发 D 触发器电路； 工作温度：0～70℃； 存储温度：-65～150℃； 最高工作频率：25MHz； 工作电压：4.75～5.25V
单片机 C8051F330	具体特性见项目 1 任务 1.1 中 C8051F330 单片机介绍
显示模块 12864	具体特性见项目 1 任务 1.1 中 12864 芯片介绍

4.2.3　任务实施

1. 任务方案

机床主轴速度检测系统原理框图如图 4.25 所示。系统由光电编码器、D 触发器、单片机和液晶显示模块构成。

【参考图文】

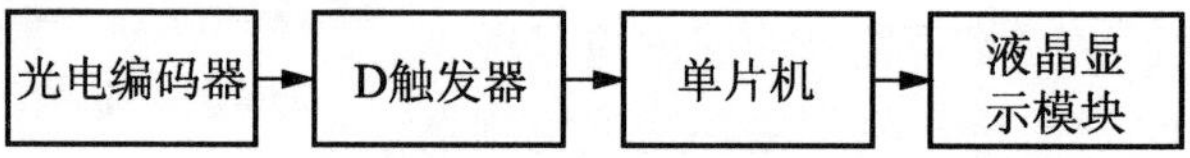

图 4.25　机床主轴速度检测系统原理框图

2. 硬件电路

机床主轴速度检测系统硬件电路图如图 4.26 所示。电路主要分 4 部分：光电编码器把主轴转速信号转换成数字信号；D 触发器完成正反转信号的调理工作；C8051F330 单片机对数字信号进行处理；液晶显示部分把单片机处理后的数字(速度)显示出来。

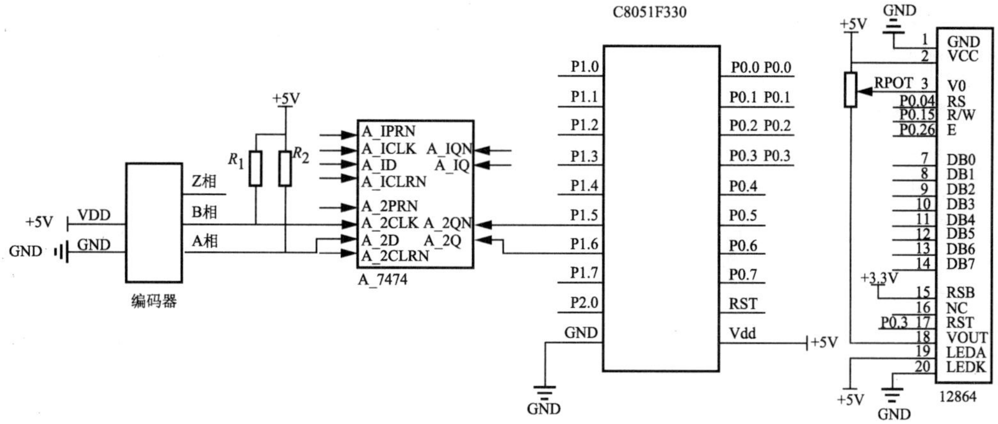

图 4.26 机床主轴速度检测系统硬件电路图

3. 电路调试

系统制作完成后，要对系统进行调试，包括硬件调试和软件调试及软、硬件联调。硬件调试和软件调试分别独立进行，可以先调试硬件再调试软件。在调试中找出错误、缺陷，判断各种故障，并对软硬件进行修改，直至没有错误。

在硬件调试过程中，接通电源后，用标准信号源模拟 A、B 想输入，对系统进行标定。假设编码器分辨率为 3600P/r，无信号输入时，系统应当显示为 0；3.6kHz 信号输入时，系统应当显示为 60；36kHz 时，系统应当显示为 600；360kHz 信号输入时，系统应当显示为 6000。

因电路中包含元器件较多，调试的时候可以分步进行，从信号源出发逐级完成调试。

提示

如果学生没有学过单片机相关知识，可以用万能板和相关器件(光电编码器)搭建相关模拟电路，输出的信号的频率与转速成比例。

测试结果填入表 4-13 中。机床主轴的实际速度可以用频率计测量。

表 4-13 机床主轴速度检测系统测试数据 (单位：r/min)

实际速度	测得速度	误差	实际速度	测得速度	误差

4. 应用注意事项

光电编码器是集光、机、电技术于一体的数字化传感器，可以高精度测量被测物的转角或直线位移量。按测量方式的不同可以分成旋转编码器和直尺编码器。按编码方式的不同可以分成绝对式编码器、增量式编码器、混合式编码器。旋转编码器的安装应注意以下几个方面。

1) 机械方面

由于编码器属于高精度机电一体化设备，所以编码器轴与用户端输出轴之间需要采用弹性软连接，以避免因用户轴的窜动、跳动而造成编码器轴系和码盘的损坏。安装时注意允许的轴负载应保证编码器轴与用户输出轴的不同轴度小于 0.20mm，与轴线的偏角小于 1.5°。安装时严禁敲击和摔打碰撞，以免损坏轴系和码盘。长期使用时，定期检查(每季度一次)固定编码器的螺钉是否松动。

2) 电气方面

接地线应尽量粗，一般应大于 1.5m^2。编码器的输出线彼此不要搭接，以免损坏输出电路，编码器的信号线不要接到直流电源上或交流电流上，以免损坏输出电路，与编码器相连的电动机等设备，应接地良好，不要有静电。配线时应采用屏蔽电缆。开机前，应仔细检查产品说明书与编码器型号是否相符，以及接线是否正确。长距离传输时，应考虑信号衰减因素，选用具备输出阻抗低、抗干扰能力强的型号。避免在强电磁波环境中使用。

3) 环境方面

编码器是精密仪器，使用时要注意周围有无振动源及干扰源。不是防漏结构的编码器不要溅上水、油等，必要时要加上防护罩。注意环境温度、湿度是否在仪器使用要求范围之内。

4.2.4 知识链接

1. 编码器

所谓编码器，就是将某种物理量转换为数字格式的装置。运动控制系统中的编码器的作用是将位置和角度等参数转换为数字量。可采用电接触、磁效应、电容效应和光电转换等机理，形成各种类型的编码器。运动控制系统中最常见的编码器是光电编码器。数字式编码传感器可以分为绝对编码型、计数型、混合型。数字式传感器的测量精度与分辨力高、抗干扰能力强、不需要 A/D 或 V/F 变换器就可以与处理器组成数字式测控系统，具有较好的发展前景。光电式编码器工作原理如图 4.27 所示。

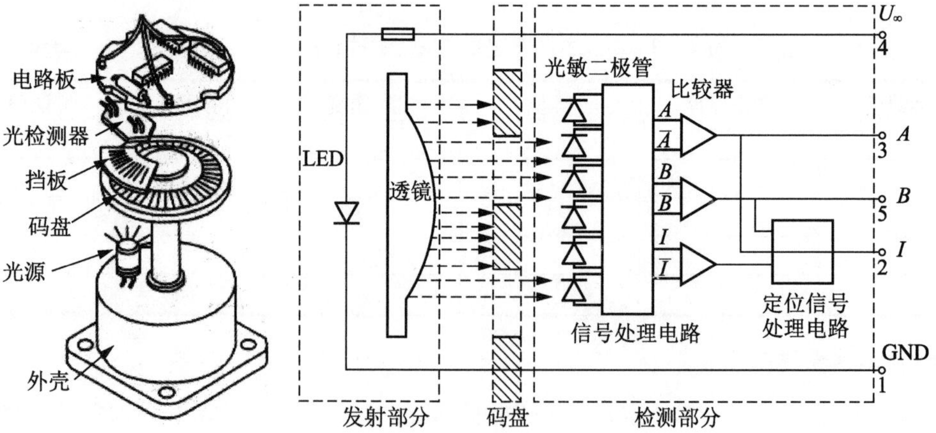

图 4.27　光电式编码器工作原理

1) 绝对编码型

绝对编码器又称直接编码式数字传感器，是最早发展起来至今仍被广泛应用于角、直线位移测量的数字传感器，主要特点是本身结构就是一种机械式 A/D 编码器，不需要电子电路 A/D 转换器，就直接将输入的被测角或线位移转换成某种制式的数字编码(如二进制、格雷码)信号输出。角度和位置都有相应的数字编码。信号停电后仍能够保存，上电能恢复对应位置的数码值。分辨力由数码位数或者机械码道数确定，不受环境影响，无累计误差。一般采用多位并行输出。

2) 计数型(增量型)

计数式数字传感器的输出信号是数字脉冲序列，有两种类型，即计数式和频率式。计数式编码器又可以分为增量码盘与栅式两种。频率式又可以分为谐振式和电路转换式频率输出两种类型。

3) 混合型

混合式绝对值编码器就是把增量制码与绝对制码同做在一块码盘上。

2. 绝对编码式光电编码器的结构和工作原理

如图 4.28 所示，绝对编码器的码盘上有许多道光通道刻线，每道刻线依次以 2 线、4 线、8 线、16 线……编排，这样，在编码器的每一个位置，通过读取每道刻线的通、暗，获得一组从 2^0～2^{n-1} 唯一的二进制编码(格雷码)，这就称为 n 位绝对编码器。这样的编码器是由光电码盘的机械位置决定的，它不受停电、干扰的影响。

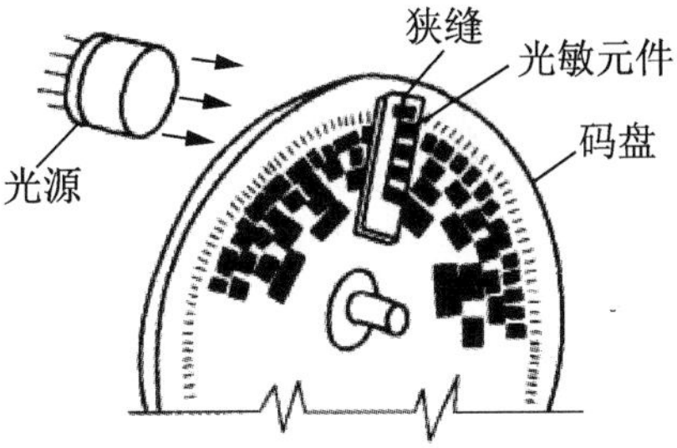

图 4.28 光电绝对编码器

绝对编码器由机械位置决定的每个位置是唯一的，它无需记忆，无需找参考点，而且不用一直计数，什么时候需要知道位置，什么时候就去读取它的位置。这样，编码器的抗干扰特性、数据的可靠性大大提高了。

单圈绝对值编码器和多圈绝对值编码器。

旋转单圈绝对值编码器，以转动中测量光电码盘各道刻线，以获取唯一的编码，当转动超过 360° 时，编码又回到原点，这样就不符合绝对编码唯一的原则，这样的编码只能用于旋转范围在 360° 以内的测量，称为单圈绝对值编码器。

如果要测量旋转超过 360° 范围，就要用到多圈绝对值编码器。

编码器生产厂家运用钟表齿轮机械的原理，当中心码盘旋转时，通过齿轮传动另一组码盘(或多组齿轮、多组码盘)，在单圈编码的基础上再增加圈数的编码，以扩大编码器的测量范围，这样的绝对编码器就称为多圈式绝对编码器，它同样是由机械位置确定编码，每个位置编码唯一不重复，而无需记忆。

多圈编码器另一个优点是由于测量范围大，实际使用往往富裕较多，这样在安装时不必要费劲找零点，将某一中间位置作为起始点就可以了，从而大大简化了安装调试难度。

3. 计数式光电编码器结构和工作原理

计数式光电编码器的结构如图 4.29(a)所示。一个中心有轴的光电码盘，在圆盘上有规则地刻有透光和不透光的线条，在圆盘两侧，安放发光元件和光敏元件。当圆盘旋转时，光敏元件接收的光通量随透光线条同步变化，光敏元件输出波形经过整形后变为脉冲[图 4.29(b)]，获得四组正弦波信号组合：A、/A、B、/B，每个正弦波相差 90° 相位差(相对于一个周波为 360°)用以判断旋转方向。码盘上有 Z 相标志(参考机械零位)，每转一圈输出一个 Z 相脉冲以代表零位参考位。

由于 A、B 两相相差 90° ，可通过比较 A 相在前还是 B 相在前，以判别编码器的正转与反转，如果 A 相脉冲比 B 相脉冲超前则光电编码器为正转，否则为反转；通过零位脉冲，可获得编码器的零位参考位。

当脉冲数已固定，而需要提高分辨率时，可利用 90° 相位差 A、B 两路信号，对原脉冲数进行 2 倍频或 4 倍频。

每圈轴的转动，增量型编码器都提供一定数量的脉冲。周期性的测量或者单位时间内的脉冲计数可以用来测量移动的速度。如果在一个参考点后面脉冲数被累加，计算值就代表了转动角度或行程的参数。双通道(仅 A、B 两相)编码器输出脉冲之间相差为 90° ，能使接收脉冲的电子设备接收轴的旋转感应信号，因此可用来实现双向的定位控制；三通道增量型旋转编码器每一圈产生一个称之为零位信号的脉冲。

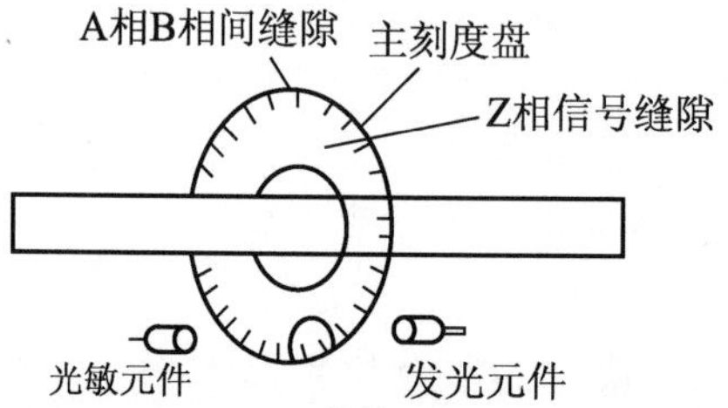

(a) 结构

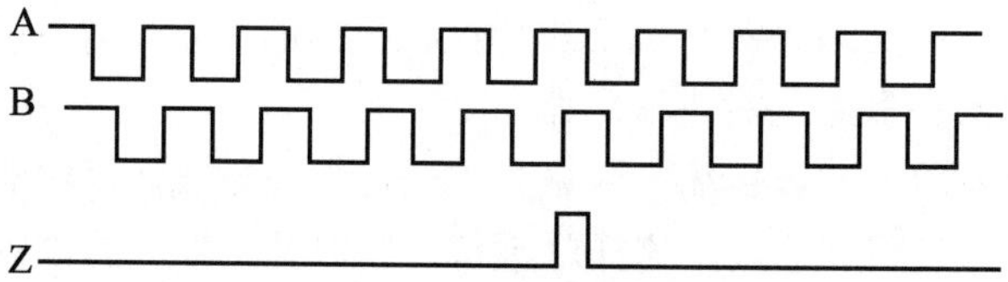

(b) 光敏元件输出波形

图 4.29　计数式光电编码器

4. 混合式绝对值编码器

混合式绝对值编码器就是把增量制码与绝对制码同做在一块码盘上。在圆盘的最外圈是高密度的增量条纹，中间有 4 个码道组成绝对式的四位格雷码，每 1/4 同心圆被格雷码分割成 16 个等分段。该码盘的工作原理是三极记数：粗、中、精计数。码盘转的转数由对“一转脉冲”的计数表示。在一转以内的角度位置有格雷码的 4×16 不同的数值表示。每 1/4 圆格雷码的细分由最外圆的增量码完成。

5. 编码器的分辨率与精度

在编码器的使用中，分辨率与精度是完全不同的两个概念。

(1) 编码器的分辨率：编码可读取并输出的最小角度变化，对应参数有每圈刻线数(line)、每转脉冲数(PPR)、最小步距(step)、位(bit)等。

如果这些刻线是直接以方波形式输出的，那么这一转(圈)刻线的脉冲数就是编码器的单转(圈)“分辨率”。根据电子电路工艺上的不同和现实中的要求，就出现了A、B、Z三相信号输出(图4.32)。由于A、B两相信号相差1/4的脉冲周期，通过A、B相的上升下降沿对比判断，就可以获得1/4脉冲周期的变化“步距”(4倍频)，这就是最小测量步距了。根据步距计算编码器的单圈分辨率就又有了新的算法：4倍PPR(即4倍刻线数)。不过现实中还是以“刻线数”来表示编码器的分辨率，对通信数据输出型编码器或绝对值编码器，其分辨率是以多少“位”(即 2 的幂次方)来表示的。还有严格地讲，方波最高只能做4倍频，虽然有人用时差法可以分得更细，但那基本不是增量编码器推荐的，更高的分频要用增量脉冲信号是sin/cos类正余弦的信号来做，后续电路可通过读取波形相位的变化，用模数转换电路来细分，5倍、10倍、20倍，甚至100倍以上，分好后再以方波波形输出(PPR)。

分频的倍数实际是有限制的，首先，模/数转换有时间响应问题，模/数转换的速度与分辨的精确度是一对矛盾，不可能无限细分，分得过细，响应与精准度就有问题；其次，原编码器的刻线精度，输出的类正余弦信号本身一致性、波形完美度是有限的，分得过细，只会把原来码盘的误差暴露得更明显，从而导致错误。细分做起来容易，但要做好却很难，其一方面取决于原始码盘的刻线精度与输出波形完美度，另一方面取决于细分电路的响应速度与分辨精准度。

例如，德国海德汉的ROD486编码器，3600刻线数，方波输出(即3600ppr)。一个“脉冲周期”刚好是0.1个角度(0.1°)，通过A、B相位差4倍频后，可得0.025°的测量步距。而其精度为18"(对应0.005°)。计算方式：

$$360° /3600p/r=0.1° /4\text{倍频}=0.025°$$

德国海德汉的ROD486编码器，3600刻线数，正余弦信号输出，可进行25倍电子细分获得90000p/r的脉冲。脉冲周期为0.004°，通过A、B相4倍频后可获得0.001°的最小测量步距。而其原始编码器的精度也是18"(对应0.005°，不含细分误差)。计算方式：

$$360° /3600\times 25p/r=0.004° /4\text{倍频}=0.001°$$

德国海德汉的工业编码器，推荐的最佳电子细分是 20 倍，更高的细分是其推荐的精度更高的角度编码器，但要求旋转的速度是很低的。

(2) 编码器的精度：编码器输出的信号数据与被测量物理量的真实数据的误差和准确度，对应参数有角分(′)、角秒(″)。

(3) 精度与分辨率的关系。编码器的精度与分辨率有些关系，但也不只是与分辨率有关系。实际上影响编码器的精度，包括“分辨率”有以下四部分要素。

① 光学部分：光学码盘，包括每圈刻线数、母板精度、刻线精度、刻线宽度一致性、边缘精整性等；光发射源，包括光的平行与一致性、光衰减；光接收单元，包括读取夹角、

读取响应。

② 机械部分：轴的加工精度与安装精度；轴承的精度与安装精度(双轴承结构可有效降低单个轴承的偏差)；码盘安装的同心度、光学组件安装的精度。

③ 电气部分：电源稳定性——对光的发射源与接收单元的影响；读取响应与电气处理电路带来的误差(包括“电子细分”也会带来误差)。

④ 使用中的安装与传输接收部分：与测量转轴连接的同心度；转出电缆的抗干扰能力与信号延迟；接收设备的响应与接收设备内部处理可能的误差。

综上所述，编码器的精度与分辨率有一些关系。例如，德国海德汉 ROD400 系列，其 5000 线以下的“精度”为刻线宽度的 1/20，但这仅仅只是光学部分的刻线数(刻线数越多、越密，精度越高)。不过也不能只看这一点，如下例就与分辨率无关了。还是德国海德汉的 ROD400 系列 5000～10000 线的“精度”为 12"～15"，角度编码器 9000～36000 线的、200 系列的精度都是 5"，700 系列的为 2"，800 系列的为 1"，900 系列的为 0.4"。

6. 编码器的等级

编码器根据使用情况，大致可分为商用级与芯片级、经济级、标准工业级、各类特殊工业使用级。

商用级与芯片级：商用级如打印机、磁卡机内部的编码器，构造简单，很多都没有外壳，几乎不用考虑温度、防尘防水和电磁兼容，价格极其便宜。芯片级价格很低，目前国外一些半导体芯片厂家提供的或下游厂家简单封装的，无外壳或简单外壳，电源和信号仅简单处理，适用于厂家二次电路开发，接收线路距离编码器不宜超过 50cm，一些流量计、阀门电调厂家选用此等级，该类编码器的防护与电磁兼容抗干扰，应由二次开发的厂家去兼顾，如不了解，较易造成损坏。

经济级与标准工业级：经济级的已有简单封装与简单处理，适用于单机设备，如绣花机类的。但经济级的特点就是与工业级比较的经济性，其设计与选材都定位在经济实惠上，并不适合大型设备、流水线和工程项目，而工业级的设计、选材与检测都是按标准工业要求做的，适合于各种工业设备、流水线和工程项目。可以从轴承、外壳封装、温度等级、输出信号和电源、电磁兼容特性等方面进行比较，具体区别可查询相关资料。

各类特殊工业使用级：如防爆等级、汽车电子等级、高温等级(大于 100℃)、防浸水等级、超重载等级等，由于各自的工况要求不同而专门设计，在此不一一赘述。

不同级别的编码器可能差价很大，从几十元到几千元不等，源于不同等级的编码器设计使用目的不同，选材成本与加工、检测成本相差很大。用户可根据使用要求选择编码器，而非仅相信进口还是国产，或某某品牌中间商的宣传。如果没有正确的选型，即使买的是某某“进口”品牌，也会有怎么也“这么容易坏”或“不准”的问题。翻开很多公司的样本，可能不同等级的产品都有，价格差别也很大，但商家往往并不特别注明。

7. 编码器的输出信号

编码器的输出主要有以下几种格式。

1) 并行输出

绝对值编码器输出的是多位数码(格雷码或纯二进制码)，并行输出就是在接口上有多点高低电平输出，以代表数码的 1 或 0，对于位数不高的绝对编码器，一般就直接以此形式输出数码，可直接进入 PLC 或上位机的 I/O 接口，输出即时，连接简单。但是并行输出有如下问题：①必须进行编码，因为若是纯二进制码，在数据刷新时可能有多位变化，读数会在短时间里造成错码；②所有接口必须确保连接好，因为如有个别连接不良点，该点电位始终是 0，会造成错码而无法判断；③传输距离不能远，一般在 1～2m，对于复杂环境，最好有隔离；④对于位数较多的，要有许多芯电缆，并要确保连接优良，由此带来工程难度，同样，对于编码器，要同时有许多节点输出，会增加编码器的故障损坏率。

2) 串行 SSI 输出

串行输出就是通过约定，在时间上有先后的数据输出，这种约定称为通信规约，其连接的物理形式有 RS232、RS422(TTL)、RS485 等。由于高品质的绝对值编码器以德国生产的居多，所以串行输出大部分是与德国西门子公司产品配套的，如 SSI 同步串行输出。

SSI 接口(RS422 模式)以两根数据线、两根时钟线连接，由接收设备向编码器发出中断的时钟脉冲，绝对的位置值由编码器与时钟脉冲同步输出至接收设备。由接收设备发出时钟信号触发，编码器从高位(MSB)开始输出与时钟信号同步的串行信号。

串行输出连接线少，传输距离远，对于编码器的保护和可靠性就大大提高了。一般高位数的绝对编码器都是用串行输出的。

3) 现场总线型输出

现场总线型编码器是多个编码器各以一对信号线连接在一起，通过设定地址，用通信方式传输信号，信号的接收设备只需一个接口，就可以读多个编码器信号。总线型编码器信号遵循 RS485 的物理格式，其信号的编排方式称为通信规约，目前全世界有多个通信规约，各有优点，还未统一，编码器常用的通信规约有 PROFIBUS-DP、CAN、DeviceNet、Interbus 等。

总线型编码器可以节省连接线缆、接收设备接口，传输距离远，在多个编码器集中控制的情况下还可以大大节省成本。

4) 变送一体型输出

部分公司的产品已经采用输出控制器方式输出，其信号已经在编码器内换算后直接变送输出，其有模拟量 4～20mA 输出、RS485 数字输出，14 位并行输出，如 GPMV0814、GPMV1016 绝对值编码器。

4.2.5 任务总结

通过本任务的学习，应掌握编码器的基本工作原理、结构类型、典型电路和应用注意事项等知识重点。

通过本任务的学习，应掌握如下实践技能：①正确分析、制作与调试编码器应用电路；②根据设计任务要求，完成硬件电路相关元器件的选型，并掌握其工作原理。

4.2.6 请你做一做

(1) 上网查找 3 家以上生产编码器传感器的企业，列出这些企业生产的编码器传感器的型号、规格，了解其特性和适用范围。

(2) 用编码器设计一个高分辨率转速测量的电路。

任务 4.3　风速检测(超声波风速传感器)

4.3.1　任务目标

通过本任务的学习，掌握超声波测声速的基本原理、了解超声波风速传感器的结构、类型，以及常用超声波风速传感器的特点、使用方法、注意事项及使用过程中常见故障的处理；要求通过实际设计和动手制作，能正确选择超声波传感器，并按要求设计接口电路，完成电路的制作与调试，实现对风速的测量。

4.3.2　任务分析

1. 任务要求

图 4.30　CFF2D 型超声波风速仪

风速是一类在工农业生产过程中使用非常广泛的气象参数，利用超声波传感器实现对风速的高精度、小型化、无机械、实时测量，对提高人民生活水平、产品质量、保障安全有着非常重要的意义。

超声波风速自动检测系统(图 4.30)利用超声波传感器对风速实时测量，采集到的电子信号调理后，送单片机处理后在 LCD 上实时显示。超声波风速自动检测系统任务要求见表 4-14。

表 4-14　超声波风速自动检测系统任务要求

检测范围/(m/s)	风速测量精度/(%)	风向精度/(°)	显示方式
0～30	1	3	液晶显示

2. 主要器件选用

该任务中要用到的主要器件及特性见表 4-15。

表 4-15　主要器件及特性

主要器件	主要特性
超声波传感器 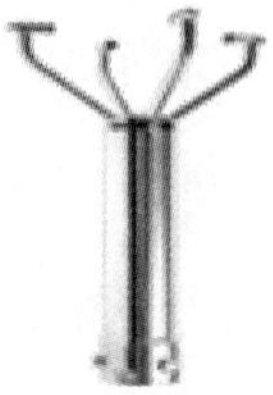 WS801 型超声波风速传感器	WS801 型超声波风速传感器是利用超声波时差法来实现风速的测量的。检测两个通道上的两个相反方向，因此温度对声波速度产生的影响可以忽略不计。 它具有质量轻、没有任何移动部件、坚固耐用的特点，而且不需维护和现场校准，能同时输出风速和风向； 无移动部件，磨损小；维护少，使用寿命长；响应速度快；采用全数字式信号处理方案；采用数字滤波技术，抗电磁干扰能力更强；无启动风速限制，零风速工作，适合室内微风的测量，无角度限制(360° 全方位)，同时获得风速、风向的数据；测量精度高；性能稳定；低功耗不需校准

续表

主要器件	主要特性
单片机及 A/D 转换器 C8051F330	见项目 1 任务 1.1 表中主要器件 C8051F330 相关特性
显示模块 12864 液晶模块	见项目 1 任务 1.1 表中主要器件 12864 相关特性

4.3.3 任务实施

1. 任务方案

超声波风速自动检测系统原理框图如图 4.31 所示。系统由超声波传感器、C8051F330 单片机和液晶显示模块构成。

图 4.31 超声波风速自动检测系统原理框图

2. 硬件电路

超声波风速自动检测系统硬件电路图如图 4.32 所示。电路主要由 3 部分组成：超声波风速传感器将被风速转换成与之成一定关系的数字信号输出；由单片机 C8051F330、显示器 12864 及其外围电路实现对信号的 A/D 转换、处理和显示。

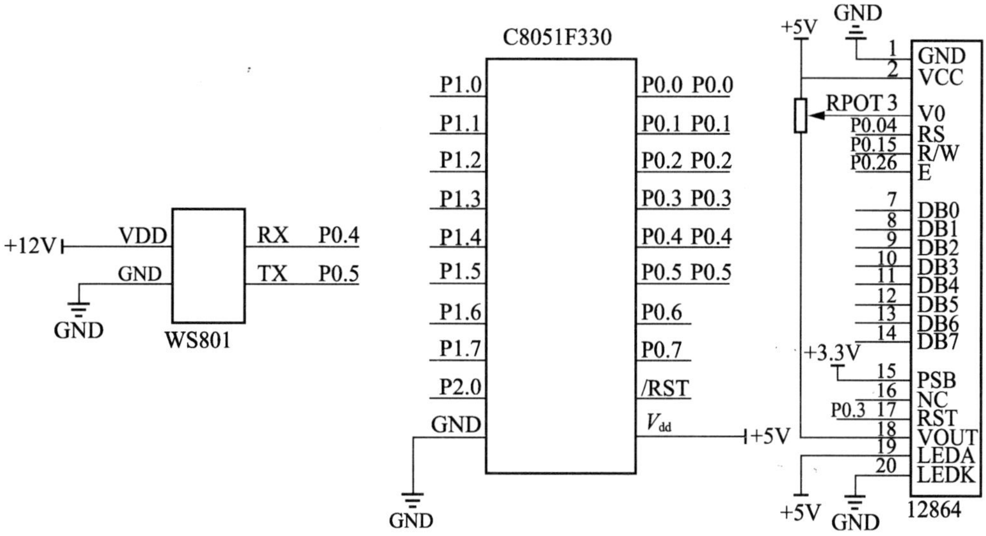

【参考图文】

图 4.32 超声波风速自动检测系统硬件电路图

3. 电路调试

系统制作完成后，要对系统进行调试，包括硬件调试和软件调试及软、硬件联调。硬件调试和软件调试分别独立进行，可以先调试硬件再调试软件。在调试中找出错误、缺陷，判断各种故障，并对软硬件进行修改，直至没有错误。

在系统接上电源进行调试前，还要注意地与电源是否短接，芯片是否插反等，防止芯片烧坏。在硬件调试过程中，接通电源后，要检测各个芯片的电源引脚电压是否符合要求。因电路中包含元器件较多，调试的时候可以分块进行，从电源出发，以单片机为核心进行调试。结合软件调试时，使用示波器查看超声波发射的波形和接收波形，以确定电路工作是否正常稳定，从中找到问题并解决。

提示

如果没有买到超声波风速传感器，可以用用 4 个超声波探头自制超声波风速传感器，并可以用超声波测距实现传感器之间距离的精确测量(需要温度修正)。

用电风扇输出恒定风，并利用成品风速仪对系统进行标定和修正，将测试结果填入表 4-16 中。

表 4-16　超声波风速自动检测系统测试数据　(单位：m/s)

实际风速	测得风速	误差	实际风速	测得风速	误差

4. 应用注意事项

超声波传感器是一种较简单、普通、常用的传感器，类似光电传感器，一个发射，一个接收。超声波传感器在使用中仍然会出现各种问题，稍不注意，也会引起较大的测量误差，故在使用过程中要注意以下几个方面：

(1) 增加超声波换能器之间的距离 d，可显著减小测量误差，但是距离 d 的大小受到超声波换能器发射功率的限制，距离过大接收电路就会检测不到超声波信号，而且传感器的体积也会变得很大。所以换能器之间的距离大小要综合考虑。

(2) 通过判断超声波接收信号到达时间是否在一定的范围内(如 230～410μs)，可以判断超声波在到达时间上是否存在误判，以此来消除其他因素引起的偶然误差(如飞虫、沙尘等)的可能性。

(3) 每次传播时间差都进行多次测量(3 次以上)，根据数据的密度选择出最准确的测量值，不仅进一步降低了传播时间的误差，而且极大降低了由于外界噪声造成的误判概率。

(4) 采用性能更为优良的电路元件或者更换更为精密的电路来保证电路延时的稳定性，以减少测量误差。

(5) 对于有规律的系统误差，反复试验与实际风速对比，得出规律，最后在风速风向的计算中进行补偿。

(6) 国内市场上能够买到的超声波传感器大多为 40kHz 的(换能器特征频率)，可以进行原理性实验。若要提高精度，需要采用 200kHz 的超声波传感器(换能器)。

4.3.4 知识链接

1. 超声波

1) 超声波定义

振动在弹性介质中的传播称为波动，简称波。声波的频率界限如图 4.33 所示。

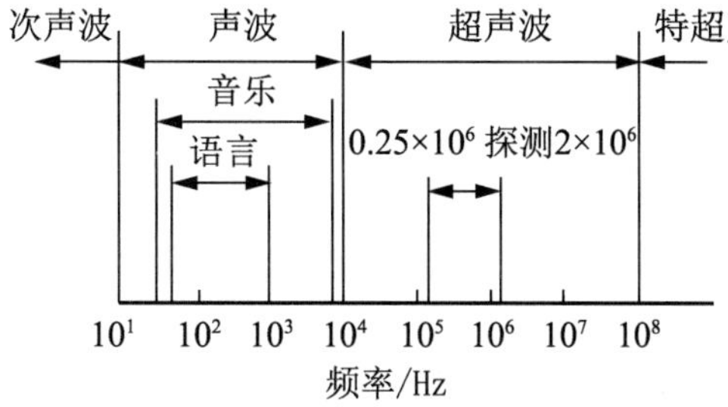

图 4.33 声波的频率界限

低于 16Hz 的机械波称为次声波；频率在 16～2×10^4Hz 的机械波，能为人耳所闻，称为声波；高于 2×10^4Hz 的波，称为超声波；高于 100MHz 的波，称为特超声波。

超声波对液体、固体的穿透本领很大，尤其是在阳光不透明的固体中，它可穿透几十米的深度。超声波碰到杂质或分界面会产生显著反射形成反射成回波，碰到活动物体能产生多普勒效应。超声波的方向性好，穿透能力强，易于获得较集中的声能，在水中传播距离远，可用于测距、测速、清洗、焊接、碎石、杀菌消毒等，在医学、军事、工业、农业上有很多的应用。通常用于医学诊断的超声波频率为 1～30MHz。

2) 超声波与声波的异同

超声波与声波的相同点如下：

(1) 传播速度取决于介质的密度和介质的弹性常数。气体中声速为 344m/s，液体中声速为 900～1900m/s。在不锈钢中，纵波速度是 5790m/s，横波速度是 3100m/s。

(2) 在两介质的分界面上将发生反射和折射及波型转换。超声波的频率越高，特性越与光波相似。

超声波与声波的不同点如下：

(1) 振动频率高而波长短，因而具有束射特性，方向性强，可以定向传播。

(2) 能量远远大于振幅相同的一般声波，并具有很高的穿透能力。

3) 超声波的分类

超声波的传播波型主要可分为纵波、横波、表面波等几种。

振动方向和波的传播方向一致，能在固体、液体和气体中传播的波，称为纵波，如图 4.34 所示。

【参考图文】

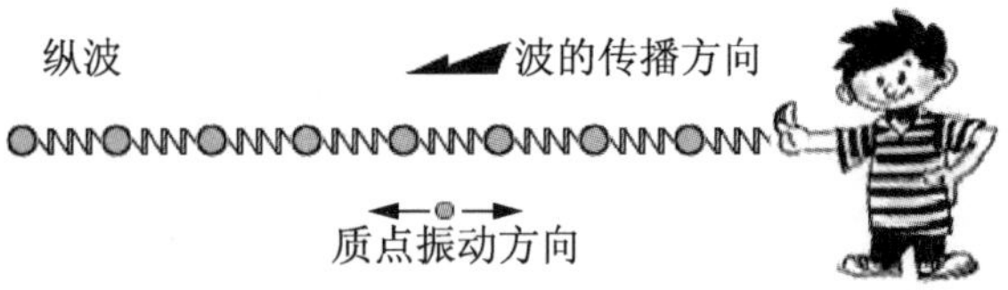

图 4.34　纵波

振动方向和波的传播方向垂直，只能在固体中传播的波，称为纵波，如图 4.35 所示。

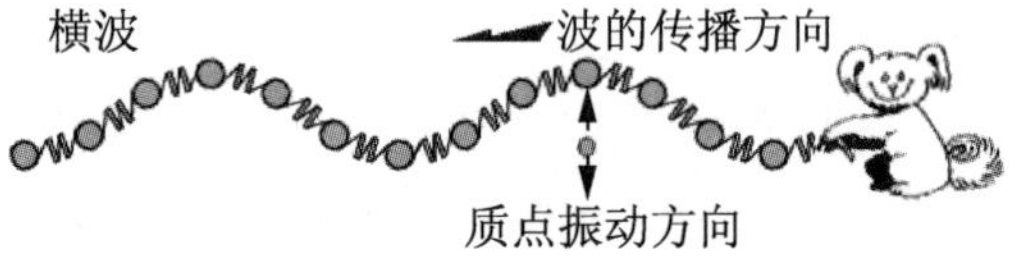

图 4.35　横波

固体中，横波声速为纵波声速的一半。

质点的振动介于横波与纵波之间，沿着表面传播的波，称为表面波。表面波随深度增加衰减很快。表面波振动轨迹是椭圆形(图 4.36)，在固体表面传播。

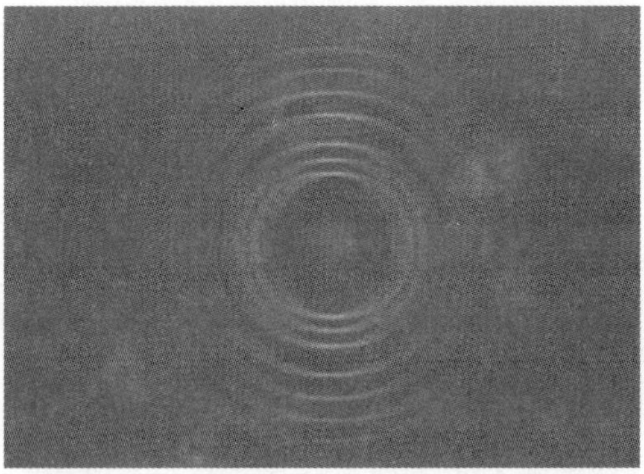

图 4.36　声表面波

声波在介质中传播时，随距离的增加，能量逐渐衰减，衰减规律用声压和声强两个值描述。

声压：

$$p_x = p_0 e^{-\alpha x} \tag{4-15}$$

声强：

$$I_x = I_0 e^{-2\alpha x} \tag{4-16}$$

式中，x为声波和声源之间的距离；α为衰减系数(Np/m，奈培/米)；p_0、I_0为x=0处声压和声强。

4) 超声波的特点

(1) 超声波在液体、固体中衰减很小，穿透能力强，特别是不透光的固体能穿透几十米。

(2) 超声波为直线传播方式，频率越高绕射越弱，但反射越强，利用这种性质可以制成超声波测距传感器。

(3) 超声波在空气中传播速度较慢，为 340m/s，这一特点使得超声波应用变得非常简单，可以通过测量波的传播时间测量距离、厚度等。

由于超声波的这些特性，使它在检测技术中获得广泛应用。如超声波测距、测厚、测流量、无损探伤、超声成像。

2. 超声波传感器

为了研究和利用超声波，人们已经设计和制成了许多超声波发生器。总体上讲，超声波发生器可以分为两大类：一类是用电气方式产生超声波，另一类是用机械方式产生超声波。电气方式包括压电型、磁致伸缩型和电动型等；机械方式有加尔统笛、液哨和气流旋笛等。它们所产生的超声波的频率、功率和声波特性各不相同，因而用途也各不相同。目前较为常用的是压电式超声波发生器。

超声波传感器是利用超声波的特性研制而成的传感器。以超声波作为检测手段，必须产生超声波和接收超声波，完成这种功能的装置就是超声波传感器，习惯上称为超声换能器，或者超声探头。

超声波探头(图 4.37)按其工作原理分为压电式、磁致伸缩式、电磁式等。实际使用中压电式探头最为常见。压电式探头如图 4.38 所示，由压电晶片、吸收块(阻尼块)、保护膜等组成。超声波探头主要由压电晶片组成，既可以发射超声波，又可以接收超声波。小功率超声探头多作探测用。它有许多不同的结构，可分为直探头(纵波)、斜探头(横波)、表面波探头(表面波)、兰姆波探头(兰姆波)、双探头(一个探头反射、一个探头接收)等，常见典型结构如图 4.39 所示。双探头超声波传感器实物图如图 4.40 所示。超声波探头常用材料有压电晶体和压电陶瓷。

图 4.37 各种超声波探头

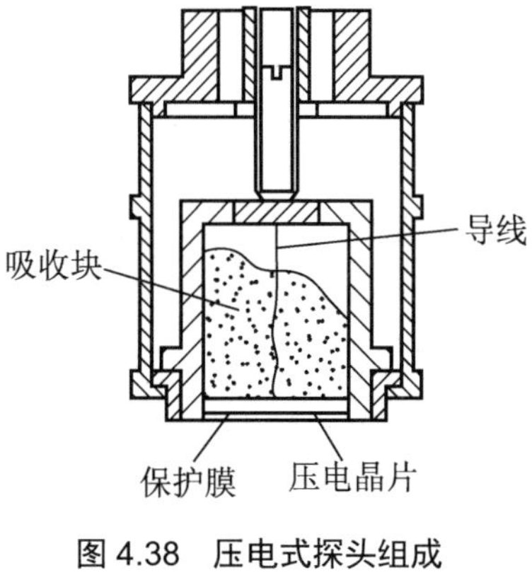

图 4.38 压电式探头组成

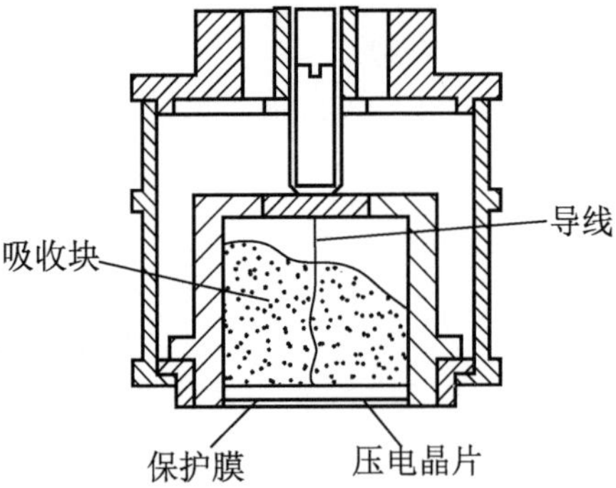

(a) 直探头(纵波)

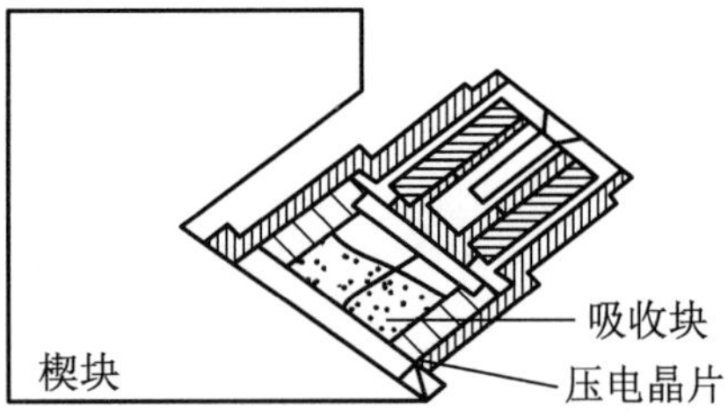

(b) 斜探头(横波)

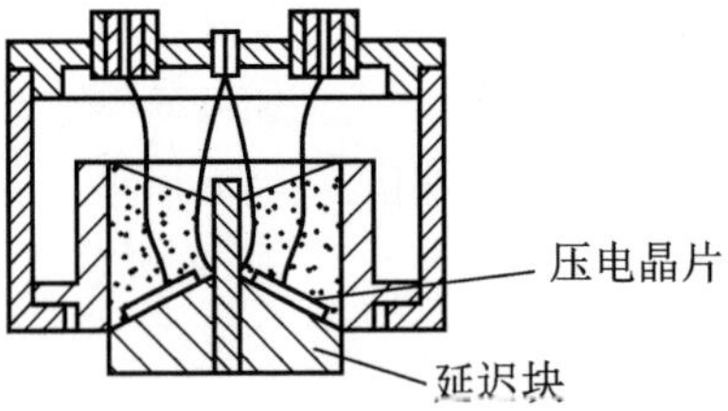

(c) 双探头(一个发射,一个接收)

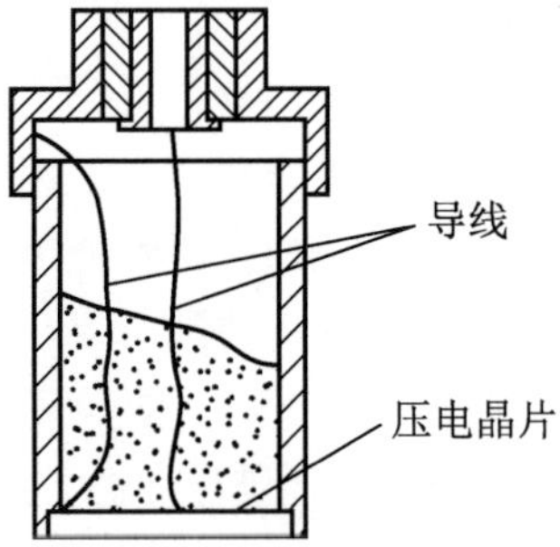

(d) 水浸探头(可浸在液体中)

图 4.39　常见典型结构

图 4.40　双探头超声波传感器实物图

3. 超声波发生器原理

压电式超声波发生器实际上是利用压电晶体的压电效应来工作的。

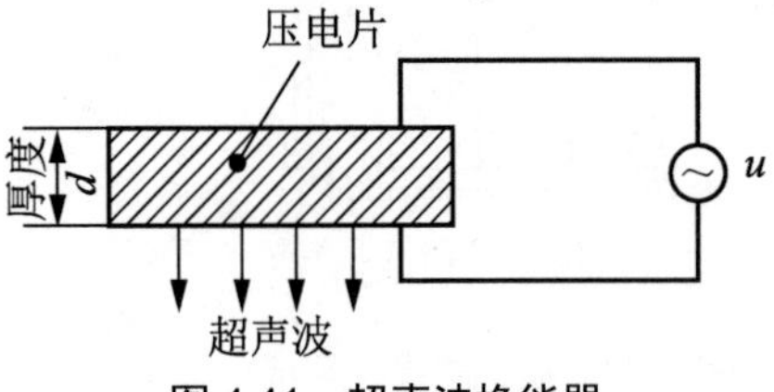

图 4.41　超声波换能器

当在电介质的极化方向上施加电场，这些电介质也会发生变形，去掉电场后，电介质的变形随之消失，这种现象称为逆压电效应，或称为电致伸缩现象。在压电材料切片上施加交变电压，会使它产生电致伸缩振动，从而产生超声波，如图 4.41 所示。

超声波频率 f 与该压电晶片的厚度 d 成反比

$$f = \frac{1}{2d}\sqrt{\frac{E_{11}}{\rho}} \tag{4-17}$$

式中，E_{11}为晶片沿x轴方向的弹性模量；ρ为晶片的密度。

当外加交变电压频率等于晶片的固有频率时，产生共振，这时产生的超声波最强。压电效应换能器可以产生几十千赫兹到几十兆赫兹的高频超声波。

4. 超声波接收器原理

在超声波技术中，除了需要能产生超声波的发生器外，还需要能接收超声波的接收器。

某些电介质在沿一定方向上受到外力的作用而变形时，其内部会产生极化现象，同时在它的两个相对表面上出现正负相反的电荷。当去掉外力后，它又会恢复到不带电的状态，这种现象称为正压电效应。

压电式超声波接收器是利用正压电效应进行工作的。它的结构和超声波发生器基本相同，有时就用同一个换能器兼做发生器和接收器两种用途。

将数百伏的超声电脉冲加到压电晶片上，利用逆压电效应，可使晶片发射出持续时间很短的超声振动波。当超声波经被测物反射回到压电晶片时，利用压电效应，可将机械振动波转换成同频率的交变电荷和电压。

5. 超声波常见检测方法

超声波传感器在实际使用中比较常见的检测方法有透射法、反射法和频率法(测量流速)。

如图 4.42(a)所示的透射法，测量时两个探头分别置于被测对象的相对两侧，根据超声波穿透被测对象前后的能量变化来进行测量或探伤。

如图 4.42(b)所示的反射法，通常采用一个超声波探头，兼做超声波发射和接收用。

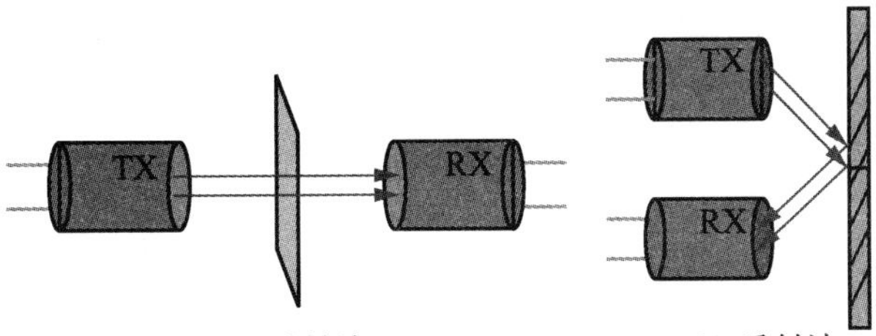

(a) 透射法　　(b) 反射法

图 4.42　超声波常见检测方法

6. 超声波测距原理

如图 4.43 所示，在超声波发送器双振子施加 40kHz 电压，通过逆压电效应，送出超声波信号。接收探头经正压电效应将接收到的信号放大处理。发送超声波和接收到超声波的时间差 Δt 乘以超声波在该介质中的传播速度就能测得发送探头和接收探头之间的距离了。

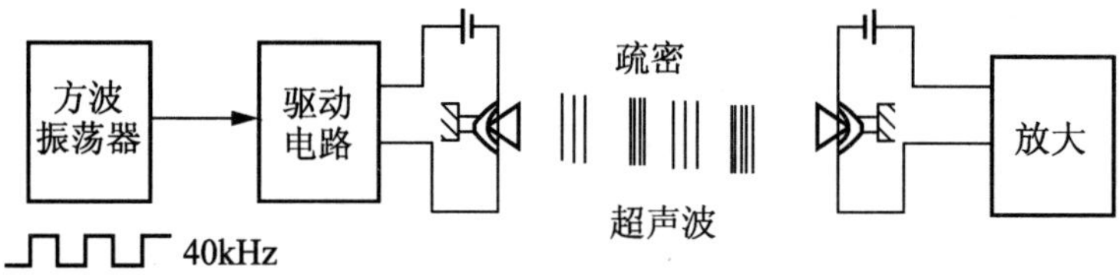

图 4.43　超声波传感器测距原理

7. 时间差法测量流量原理

如图 4.44 所示，在被测管道上下游的一定距离上，分别安装两对超声波发射和接收探头(F_1，T_1)、(F_2，T_2)，其中 F_1，T_1 的超声波是顺流传播的，而 F_2，T_2 的超声波是逆流传播的。由于这两束超声波在液体中传播速度的不同，测量两接收探头上超声波传播的时间差 Δt，可得到流体的平均速度及流量。

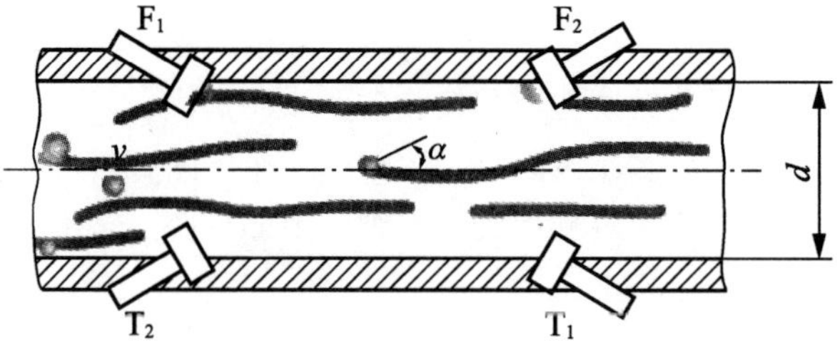

图 4.44　时间差法测量流量原理

8. 超声波测风速原理

采用超声波进行气体流速测量可以采用三种形式：时差法、多普勒法和卡门涡街风速测量法，此任务中仅通过时差法来测量。

超声波传感器通过正、逆压电效应实现高频声能和电能之间的相互转换，从而实现超声波的发射和接收。设风速在空间直角坐标系的 3 个坐标上的投影分量分别为 v_x、v_y、v_z，超声波在静止空气中传播的速度为 c，超声波从坐标原点发射到达某一等位面(x，y，z)所需的时间为 t，则有

$$\left(x-v_x t\right)^2+\left(y-v_y\right)^2+\left(z-v_z\right)^2=c^2t^2 \tag{4-18}$$

设在坐标原点A点(0，0，0)和x轴上距原点为d的B点(d，0，0)各置一个收发一体式超声波传感器，A点发射的声波被B点接收，之后，B点发射的声波被A点接收，同时，设从A点到B点为顺风风向，则超声波从A点发射到达B点的时间为

$$t_1=\frac{d\left[\left(c^2-{v_y}^2-{v_z}^2\right)^{1/2}-v_x\right]}{c^2-v^2} \tag{4-19}$$

同理从B点到达A点的时间为

$$t_2 = \frac{d\left[\left(c^2 - v_y{}^2 - v_z{}^2\right)^{1/2} + v_x\right]}{c^2 - v^2} \tag{4-20}$$

由式(4-19)和式(4-20)可以得到

$$v_x = \frac{d}{2}\left(\frac{1}{t_1} - \frac{1}{t_2}\right) = \frac{d\left(t_2 - t_1\right)}{2t_1t_2} = \frac{d\Delta t}{2t_1t_2} \tag{4-21}$$

由式(4-21)可看出，只要测出顺风、逆风传播时间t_1、t_2和传输时间差Δt，即可测出风速沿x轴向的分量v_x。同理，可测出沿直角坐标系y轴和z轴的投影分量v_y和v_z。则在直角坐标系下最终获得的自然风风速v及风向角θ分别为

$$v = \left(v_x{}^2 + v_y{}^2 + v_z{}^2\right)^{1/2} \tag{4-22}$$

$$\theta = \tan^{-1}\left(\frac{v_x}{v_y}\right) \tag{4-23}$$

时差法计算式(4-21)中不含声速c，避免了温度对系统测量精度的影响。但同时对时间测量提出了更高的要求，特别是Δt的取值：在风速测量精度为0.15m/s的设计要求下，t_1和t_2的精度要求为3.09μs，而t的测量精度要求则达0.55μs。所以，提高时间测量精度是系统实现的关键。

提高精度主要有以下两种方法：

(1) 多次测量法。多次测量法就是采用多次测量时间取算术平均值的方法。多次测量法能够避免系统因为电路、数字化等因素出现的偶然误差。多次测量时差信号取平均值能够提高测量精度，但在超声波测量中，测量需要一定时间(一般取16次)，而风速又有可能是实时连续变化，因此系统的实时性上会有一定影响。

(2) 数字信号处理方法。为提高精度，可以采用相关检测法进行数据处理。相关检测方法目前被广泛应用于微弱信号检测领域，其最大的特点就是测量精度高，对噪声具有很强的免疫性。

如图4.45所示为两只超声波传感器接收到的信号波形，t_{start}为采样起始时间，t_{d}为系统器件固有时延，t_{s}为采样时间，Δt为所需测量的超声波信号顺风和逆风传输时间差。顺风放置和逆风放置的超声波传感器接收到的信号分别为

$$r_1(t) = a_1 s(t - \tau_1) + n_1(t) \tag{4-24}$$

$$r_2(t) = a_2 s(t - \tau_2) + n_2(t) \tag{4-25}$$

式中，$s(t)$为传感器发射信号；a_1、a_2为衰减因子；τ_1、τ_2为传输时延；$n_1(t)$、$n_2(t)$为与$s(t)$不相关的零均值高斯白噪声。由信号相关性可知，$r_1(t)$和$r_2(t)$的互相关函数$R_{12}(\tau)$为

$$\begin{aligned} R_{12}(\tau) &= \mathrm{E}(r_1(t), r_2(t)) \\ &= a_1a_2\mathrm{E}(s(t-\tau_1)s(t-\tau_2-\tau)) \\ &= a_1a_2R_{ss}(\tau-(\tau_1-\tau_2)) \end{aligned} \tag{4-26}$$

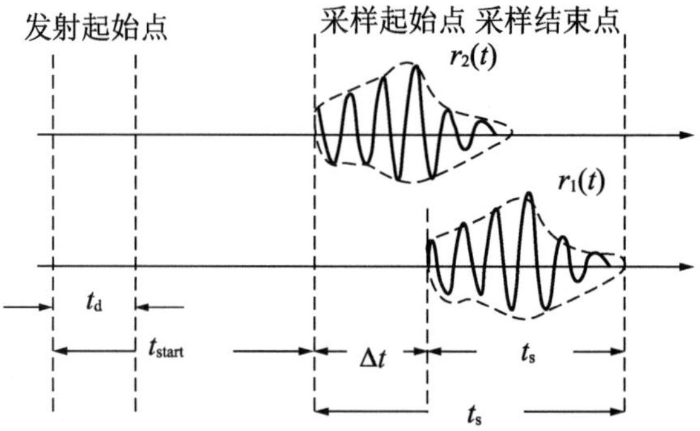

图 4.45 超声波传感器接收到的波形

当$\tau=\tau_1-\tau_2$时互相关函数取得最大值，$R_{12}(\tau)$的最大值处即为传感器接收信号的时间差Δt。对t_1和t_2的测量也采用类似的方法。相关时延估计算法简单、直观，但由于信号的互相关函数受谱性和噪声影响，此方法不能兼顾时延估值的分辨率和稳定性。因此，在接收信号进行相关之前先进行预滤波处理，再根据滤波输出信号的互相关函数的峰值进行时延估计，可以提高时延估计精度。因超声波信号为带限信号，所以采用带通 FIR 滤波器作为滤波器。

9. 超声波传感器配置方案

为了使得超声波测量发挥最好的效果，选择一种好的传感器配置方法对有效降低环境因素的负面影响，提高超声波风速测量的可靠性具有重要的意义，一般有 3 种较为常见的方法，如图 4.46 所示。参考配置方案如下所述。

1) 交叉法

图 4.46(a)所示为交叉法，采用了 4 个 RT(收发一体)超声波传感器探头，分为 AC、BD 两组，基于相位差方法的测量原理是在某一时刻，各组中分别有一只探头发射超声波，另一只探头接收信号，下一时刻各组探头功能装换。这样处理器可以获得 2×2 个接收数据，通过对这 4 组数据的处理可以获得风速风向值。

2) 反射式

图 4.46(b)所示为反射式配置方案，包括两个探头极板，一个极板上安装 3 个 RT(配置成等边三角形探头组)，3 个 RT 探头传感面保证在一个平面上，此平面平行于反射极板。3 个探头轮流收发，在任意时刻，保证探头组中有一只传感器发射超声波，其余两只传感器接收信号，3 只传感器轮换发射一周，可获得 3 组接收数据，通过计算和处理，可获得风速风向值。反射板的加入，能够使得超声波传播声程加大，利于提高测量精度。

3) 平面三角方案

图 4.46(c)所示为平面三角配置方案，将 3 个 RT 探头置于等边三角形的 3 个顶角，仍使用三探头轮流收发方法，获得三组测量值之后经过计算处理得到最终风速风向值。三角形边长可以做到 10cm 以内，传感器组及测量仪器电路板面积不大，这使得测量系统整体结构尺寸能够做得比较小，便于安装。

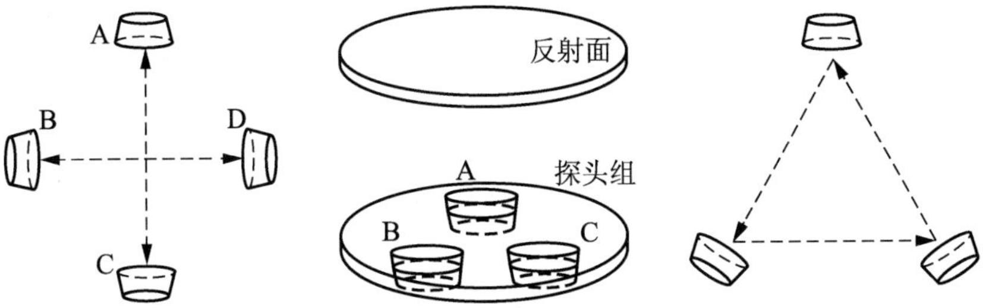

(a) 交叉法　　(b) 反射法　　(c) 平面三角配置

图 4.46　超声波传感器配置方案

10. 超声波风速传感器选型

部分超声波风速传感器性能参数简要介绍见表 4-17。

表 4-17　超声波风速传感器性能参数

型号	WS801	WS802	WS803	WS804
图片				
优势特点	测量精度高；316 不锈钢固态设计，结构坚固；防腐蚀；使用寿命长；无需校准、维护	探头内置，抗雷电干扰和风雪袭扰，全天候工作	探头内置且相向设置，既抗雷电干扰和雨雪袭扰，又能提高测量精度	探头内置，防护等级最高，体积最小，性价比最高，安装使用方便，参数观察直观
适用场合	气象监测、舰船航行、风力发电、城市与森林消防、环境监测、矿山开采、铁路桥梁、隧道涵洞及各类石油与天然气钻井作业平台等			中小型船只、道路桥梁、隧道涵洞等
	更适合沿海一线的高山、岛屿，以及舰船等	任何场合		
风速参数	启动风速：0m/s； 响应时间：<0.5s； 测量范围：0～70m/s； 精度：±0.1m/s(0～5m/s)，<±1.5%(5～65m/s)； 分辨率：0.01m/s	启动风速：0m/s； 响应时间：<0.5s； 测量范围：0～70m/s； 精度：±0.1m/s(0～5m/s)，<±1%(5～70m/s)； 分辨率：0.01m/s	启动风速：0m/s； 响应时间：<0.5s； 测量范围：0～60m/s； 精度：±0.1m/s(0～5m/s)，<±1%(5～60m/s)； 分辨率：0.01m/s	启动风速：0m/s； 响应时间：<0.5s； 测量范围：0～50m/s； 精度：±0.1m/s(0～5m/s)，<±3%(5～50m/s)； 分辨率：0.1m/s
风向参数	测量范围：0～360°（无死角）； 精度：±1°； 分辨率：0.1°			测量范围：0～360°（无死角）； 精度：±2°； 分辨率：0.5°

续表

型号	WS801	WS802	WS803	WS804
声速参数	声速范围：300～370m/s； 精度：±0.1m/s； 分辨率：±0.01m/s			声速范围：300～370m/s； 精度：±0.1m/s； 分辨率：±0.01m/s
输出	RS232、RS485、RS422、CAN-BUS 或 4～20mA(4mA：0m/s；20mA：60m/s)；			
电压	9～32V DC；可定制			
环境	存储温度：-50～+80℃； 使用温度：-40～+70℃； 防护等级：IP65			
尺寸	200mm×200mm×240mm	150mm×150mm×180mm		60mm×60mm×100mm
安装	适合风杆直径：50mm	适合风杆直径：50mm		适合风杆直径：40mm
质量	2kg			1kg

4.3.5　任务总结

通过本任务的学习，应了解超声波的基本特性、应用领域，掌握超声波风速传感器的基本工作原理、结构类型、典型电路和应用注意事项等知识重点。

通过本任务的学习，应掌握如下实践技能：①正确分析、制作与调试超声波风速传感器应用电路；②根据设计任务要求，完成硬件电路相关元器件的选型，并掌握其工作原理。

4.3.6　请你做一做

(1) 上网查找 3 家以上生产超声波传感器的企业，列出这些企业生产的超声波传感器的型号、规格，了解其特性和适用范围。

(2) 动手设计一个洋流速度测量的电路。

阅读材料 1　光电编码器的发展历程和国内外现状

1. 光电编码器的发展历史

伴随着计量光栅技术的发展，以计量光栅为核心的光电编码器也飞速发展起来。1874 年，英国物理学家瑞利最先提出采用移动莫尔条纹来测量光栅的相对位移，从而为计量光栅的迅速发展夯实了理论基础。1874—1950 年，光栅价格十分昂贵，光刻、复制技术和微电子技术都还处于初级阶段，这使计量光栅在位移检测中的实际应用特别少。1950—1960 年，照相复制法和 Merton-NPL 法的出现使光栅价格变得相对便宜，从而可以大批量地生产计量光栅。1953 年，英国 Ferranfi 公司开发出的一个四相系统，能够实现四倍频细分一个莫尔条纹周期，同时也能够分辨出机械移动方向，这使得与计量光栅相对应的光电子技术方面有了很大的进展。之后的 20 年间，工业先进国家对光电系统在栅距细分上做出了长期的努力，在提高光电编码器的分辨率方面做出了突出的贡献。

从 20 世纪 80 年代开始，随着计量光栅精度的提高和光刻、复制技术、细分技术、微电子技术的发展，以机电一体化产品的出现为标志，人们已经普遍认可光电编码器作为精密的位移检测装置，而且其用途也越来越大，在国防、航天及科研部门得到了广泛应用。

2. 国内外光电编码器的研究现状

当今世界上生产光电编码器的主要厂家有德国的海德汉公司和 OPTON 公司，美国的 Rek 公司和 B&L 公司，日本的三丰公司、尼康公司和佳能公司，瑞士、西班牙、俄罗斯、韩国、英国和奥地利的一些厂家在研究制作光电编码器方面也做出了非常大的努力。其中海德汉公司研制生产的光栅尺、角度编码器、旋转编码器系列以其优良的品质、产品的多样化享誉全球，领先于其他公司的产品，其高技术的光栅测量系统产品一直主导着国际市场。

1960 年前后，我国也开始对计量光栅进行研究，目前已经有增量式编码器和绝对式编码器等多种型号的产品。与此同时，国内数十家科研单位也开始了对光电编码器的研制开发，而且做出了长期的努力，包括中国计量科学研究院、哈尔滨工业大学、成都光电所、天文仪器厂、重庆大学、清华大学等。

国内外很多科研单位已经采用了多种措施包括提高码盘的制作工艺、多读数头读数及电子学细分等来提高光电编码器的分辨率和精度。20 世纪 80 年代末中科院长春光机所研制出了 23 位的绝对式光电编码器，测角精度达到 0.51″，分辨为 0.15″。成都光电所生产的绝对式编码器高达 25 位，精度达 0.71″，分辨率为 0.04″。国内其他生产光电编码器的厂家，基本上都只是生产的低位数、低分辨率的光电编码器。与国外海德汉公司生产的光电编码器相比，差距还是非常大的。海德汉公司给意大利伽利略望远镜控制系统研制了 27 位的增量式光电编码器，细分 212 倍，分辨率大约为 0.01″，测角精度达到 0.036″。美国在 1984 年，Itek 公司已经研究并制作出 21 位的光电编码器，为满足其军事领域航天技术的需要，其正在准备研制 27 位绝对式光电编码器。

20 世纪 70 年代中期日本的光电编码器还一直依靠进口，但是随着日本数控机床、工业机器人及办公自动化的迅速发展，日本光电编码器的市场需求急剧增长。到 1993 年，日本生产光电编码器的厂家已经有 70 多家，年产量约为 160 多万台，其编码器不仅成本低、功能多、可靠性高，同时具有超小型、分辨率高等优点，在世界编码器的市场上占据独特的优势。为满足日本市场高分辨率、小型化光电编码器的需求，尼康公司研发并制作了光电编码器 2HR32400，每旋转一圈可以产生 1296 万个可逆的计数脉冲。

阅读材料 2　光电编码器的发展趋势

随着光电编码器在工业自动化、航空航天领域的迅速发展，环境适应性差的问题越来越突出，工业生产对光电编码器的要求也越来越高，不过这也正好促使了光电编码器行业的发展。机械加工技术的不断提高，促进了光电编码器系统的发展，未来的光电编码器一定是高分辨率、高精度、高频率响应、小型化和智能化的。其主要的发展方向有以下几个方面。

1. 产品的制造要更加系列化

选择低成本、高质量的组成元件来设计光电编码器，从而让批量生产成为一种可能，满足市场的需求，从而使光电编码器的生产制造标准化、系列化、低成本化，扩大产品应用范围。

2. 减小编码器的体积向小型化发展

国外对新型光电编码器已经做了长期的努力，已研制出反射式光电编码器，在保证光电编码器精度的同时，可以把编码器做得非常小。由于国内材料学及工业加工技术限制了码盘的刻画精度，我国编码器小型化方面的研制一直都发展非常缓慢。采用新的编码器方式，新的码盘制作工艺，缩小码盘的尺寸，从而减小光电编码器的体积将是光电编码器一个非常重要的发展趋势。

3. 能够适应恶劣的工作环境

未来的光电编码器应该既能工作在理想的环境中，又能够适应非常恶劣的工作环境。特别是在一些特殊的环境下，要求光电编码器在保证精度的同时，有良好的抗冲击能力及能够耐高温、耐腐蚀和防振动的能力。国外已经研制出基于光学树脂材料的码盘，光学树脂材料在恶劣的工作环境下有很明显的优势，传统的码盘制作材料将会被相对更可靠及结实的光学树脂码盘所代替。

4. 集成化

集成电路的发展使得处理电路小型化、微型化、智能化成为可能。未来光电编码器有向集成 IP 核发展的趋势，使得产品拥有一定的智能，连接方式为傻瓜式。电路面积减小，还可以提高编码器的抗干扰能力，提高产品的稳定性，使得产品向高抗干扰能力、微型化、多传感器融合等方向不断交错发展。

小　　结

本章结合速度测量传感器的典型应用介绍了霍尔传感器、光电编码器、超声波传感器这几类常用的转速、速度测量的工作原理和典型电路；并给出了自行车速度计、机床主轴速度检测系统、风速检测这三个典型应用案例；从任务目标、任务分析、任务实施、知识链接、任务总结等几个方面加以详细介绍，给大家提供了具体的设计思路。

习题与思考

1. 什么是霍尔效应？试说明霍尔效应测位移原理。
2. 编码器传感器的主要特性是什么？
3. 超声波传感器需要标定吗？怎么标定？
4. 简述超声波传感器的测风速原理。
5. 要想提高编码器的分辨率，如何实现？
6. 采用编码器设计一个水位自动监测电路。
7. 试用霍尔传感器设计制作一个编码传感器。
8. 试设计一个 10m 以上距离的超声波测距电路。

【参考图文】

项目 5

物 位 检 测

教学目标

本部分内容中，给出了 3 个常见的物位测量子任务：液位自动检测、超声波测距系统和产品计数器，从任务目标、任务分析到任务实施，介绍了 3 个完整的检测系统，并给出了应用注意事项；在任务的知识链接中介绍了电容式传感器、超声波传感器和红外对管的基本工作原理、结构类型、典型电路和应用注意事项等。同时在最后给出了国内超声波研究现状及国外几何测量设备现状和发展趋势两个阅读材料，以扩大学生对物位传感器的认识。

通过本项目的学习，要求学生了解常用物位传感器的类型和应用场合，理解掌握其基本工作原理；熟悉电容式传感器、超声波传感器和红外对管的相关知识，包括测量原理、结构类型、典型电路和应用注意事项等；能正确分析、制作与调试相关应用电路，根据设计任务要求，完成硬件电路相关元器件的选型，并掌握其工作原理。

教学要求

知识要点	能力要求	相关知识
电容式传感器	(1) 了解常见电容式传感器的种类和应用场合； (2) 理解并掌握电容式传感器的基本工作原理； (3) 掌握电容式传感器的测量原理和典型测量电路，了解电容式传感器的应用注意事项； (4) 熟悉电容式传感器的选型，以及导电和非导电液位测量的异同	(1) 电容； (2) 柱状电容； (3) 电容式物液位传感器
电容式传感器的典型应用	(1) 熟悉电容式传感器的基本应用电路； (2) 正确分析、制作与调试相关测量电路； (3) 根据设计任务要求，能完成硬件电路相关元器件的选型，并掌握其工作原理	(1) 电容测物位； (2) SFCG 电容传感器
超声波传感器	(1) 了解常见超声波传感器的检测方式； (2) 理解并掌握超声波传感器系统的构成和原理； (3) 掌握超声波传感器环境影响因素的修正	(1) 超声波； (2) 超声波传感器

续表

知识要点	能力要求	相关知识
超声波传感器的典型应用	(1) 熟悉超声波传感器的基本应用电路； (2) 正确分析、制作与调试相关测量电路； (3) 根据设计任务要求，能完成硬件电路相关元器件的选型，并掌握其工作原理	(1) 超声波测距； (2) HT40D18T-1 超声波传感器
红外对管	(1) 了解常见红外对管和应用场合； (2) 理解并掌握红外对管的基本工作原理，了解红外传感器的分类和应用； (3) 掌握红外计数器的测量原理和典型测量电路，了解红外对管应用注意事项； (4) 熟悉红外对管和红外传感器的选型	(1) 红外线； (2) 红外二极管和红外晶体管； (3) 红外传感器
红外对管的典型应用	(1) 熟悉红外对管的基本应用电路； (2) 正确分析、制作与调试相关测量电路； (3) 根据设计任务要求，能完成硬件电路相关元器件的选型，并掌握其工作原理	(1) 红外计数原理； (2) IR333C-A 和 PT333-6B 红外对管

项目背景

在工业生产过程中，常遇到大量的液体物料和固体物料，它们占有一定的体积，堆成一定的高度，需要检测其确切位置，如锅炉水位、水塔的水位、油罐的油液位、煤仓的煤块堆积高度、化工生产的反应塔溶液液位等，都需要采用物位测量仪表测量。把生产过程中罐、塔、槽等容器中存放的液体表面位置称为液位；把料斗、堆场仓库等储存的固体块、颗粒、粉粒等的堆积高度和表面位置称为料位；两种互不相溶的物质的界面位置称为界位。液位、料位及相界面总称为物位。对物位进行测量的仪表称为物位检测仪表(测量液位、固体颗粒和粉粒位，以及液-液、液-固相界面位置的仪表)。一般测量液体液面位置的称为液位计，测量固体、粉料位置的称为料位计，测量液-液、液-固相界面位置的称为相界面计。

物位检测十分重要(图 5.1)。例如，发电厂大容量锅炉水位是十分重要的工艺参数，水位过高、过低都会引起严重安全事故，造成巨大损失。汽车在运行过程中，必须要求油料、润滑油、冷却水位均在合适位置，否则会造成发动机损坏。在电梯上，必须设计止动开关，作为最后的安全保障。在某些特殊场合，甚至是物位检测手段决定整个系统成败。在深海探测中，设备潜水深度达到 4000 多米，压强约为 400 个标准大气压，但其深度检测是必不可少的检测项目。稍有不慎，就会超过材料极限，物毁人亡。因此，必须准确地测量和控制物位。并非所有的物位测量都十分方便，有些测量量存在高温、高压、密封等人无法接触的特殊环境，需要采用合适的检测设备和合理的安装方法进行测量控制。

物位测量的主要目的有三个：一是通过物位测量来确定容器中的原料、产品或半成品的数量；二是监控物位，以保证连续供应生产中各个环节所需的物料或经济运行；三是通过物位测量，了解物位是否在规定的安全范围内，保证产品的质量、产量和生产安全。

图 5.1　物位检测应用

物位传感器可分两类：一类是连续测量物位变化的连续式物位传感器；另一类是以点测为目的开关式物位传感器，即物位开关。目前，开关式物位传感器比连续式物位传感器应用得广。它主要用于过程自动控制的门限、溢流和空转防止等。连续式物位传感器主要用于连续控制和仓库管理等方面，有时也可用于多点报警系统中。

【参考图文】

常用的物位测量传感器主要有电容式物位传感器、浮子自动平衡式物位传感器、压力式物位传感器、超声波物位传感器、激光式物位传感器等。此外，随着高科技的发展，出现了数字式智能化的物位传感器，它是一种先进的数字式物位测量系统。将其测量部件技术与微处理器的计算功能结合为一体，使得物位测量仪表至控制仪表成为全数字化系统。数字式智能化物位传感器的综合性能指标、实际测量准确度比传统的模拟式物位传感器提高了 3～5 倍。总之，随着传感器技术的发展，物位传感器的形式将会多种多样，其形式应以非接触式为研制重点。其发展方向是通过微机等高新电子技术来进一步提高性能，同时还要向着小型化、智能化、多功能化的方向发展。

任务 5.1　液位自动检测(电容式传感器)

图 5.2　液位计

5.1.1　任务目标

通过本任务的学习，掌握电容式传感器的结构、基本原理，根据所选电容传感器设计接口电路，并完成一个液位计测量电路的制作与调试。液位计成品实物如图 5.2 所示。

5.1.2　项目分析

1. 任务要求

电容式传感器使用电容作为传感器的敏感元件。电容传感器对液体的体积进行感知，通过硬件电路和微控制器处理数据后，将测量结果传送至显示电路，将容器内的剩余液体体积指示出来。设计、制作一个接近产品化的实物传感器，并与实际容器匹配。

电容式传感器常用于信号采集，型号多种多样，最简单的就是由两块金属板构成。电容式液位自动检测系统任务要求见表 5-1。

表 5-1 电容式液位自动检测系统任务要求

检测范围/ cm	测量误差/ cm	报警功能	显示方式
0～30	0.3	最高最低值声光报警；可以设置报警位置	液晶显示

2. 主要器件选用

本任务中要用到的主要器件及其特性见表 5-2。

表 5-2 液位自动检测系统主要器件及其特性

主要器件	主要特性
电容传感器  SFCG 电容式传感器	汽车油箱、油罐车、物流车、工程车、油库等油位的精确测量；钢铁、油田、化工、水泥、火力发电设备、轻工业和污水处理等行业；耐高温、工业级电容式传感器； 输入电压：5V DC /12V DC /15～28V DC； 量程：100～1500mm； 输出方式：0～5V DC 或 0～10V DC(三线制)4～20mA 或 0～20mA(三线制)，RS485； 工作温度：-40～+85℃； 非线性误差：±0.5%FS 或±1%FS
运算放大器 OP07	具体特性见项目 1 任务 1.1 中 OP07 介绍
单片机 C8051F330	具体特性见项目 1 任务 1.1 中 C8051F330 单片机介绍
显示模块 12864	具体特性见项目 1 任务 1.1 中 12864 芯片介绍

5.1.3 项目实施

1. 项目方案

电容式液位自动检测系统原理框图如图 5.3 所示。系统由电容式传感器、信号调理电路、C8051F330 单片机、控制输入和液晶显示模块构成。

2. 硬件电路

电容式液位自动检测系统硬件电路图如图 5.4 所示。电路主要由 4 部分组成：文氏桥振荡电路和信号衰减器产生并将交流信号作用在电容上；电容式传感器将液位转换成与之成一定关系的模拟信号输出；经滤波电路滤除其他干扰成分后，送入整流电路进行整流输出，输出为直流信号；由单片机 C8051F330、显示器 12864 及其外围电路实现对直流信号的 A/D 转换、处理和显示。

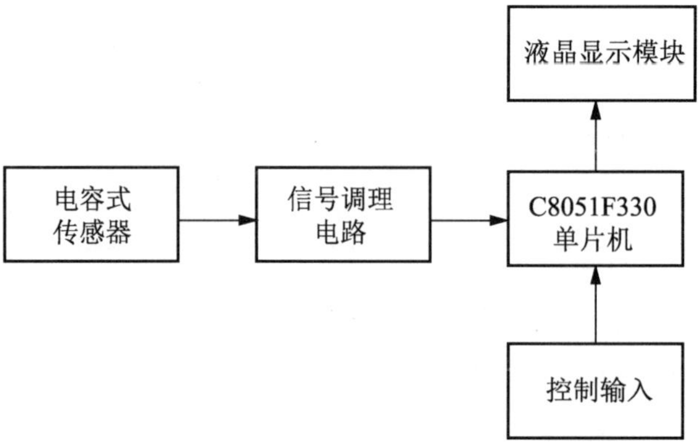

【参考图文】

图 5.3　电容式液位自动检测系统原理框图

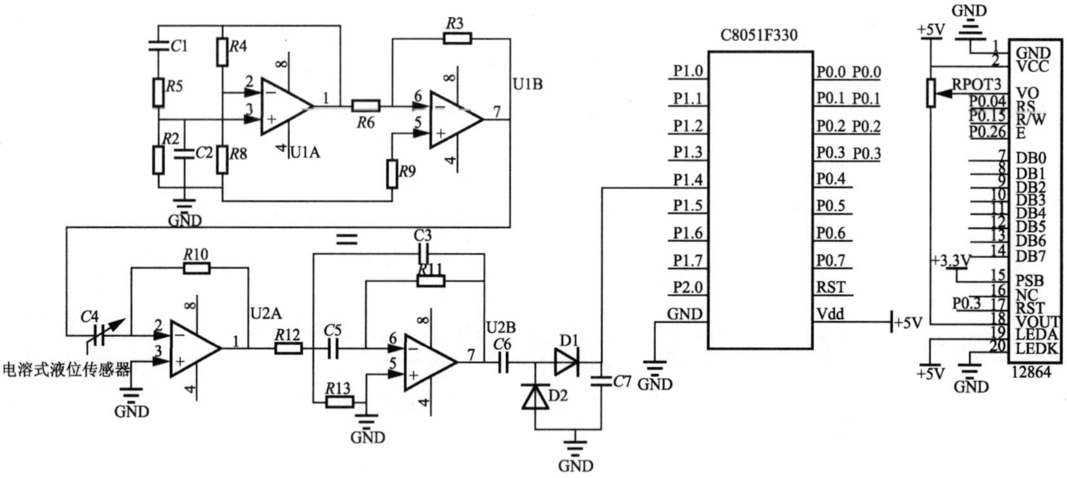

图 5.4　电容式液位自动检测系统硬件电路图

3. 电路调试

系统制作完成后，要对系统进行调试，包括硬件调试和软件调试及软、硬件联调。硬件调试和软件调试分别独立进行，可以先调试硬件再调试软件。在调试中找出错误、缺陷，判断各种故障，并对软硬件进行修改，直至没有错误。

在硬件调试过程中，接通电源后，调整信号调理电路，用标准液位(设置好 0cm 刻度，满液位刻度为 30cm)对系统进行标定，使得系统液位低于 0 刻度时为 0，满液位时刻度为 30 cm。再在其他液位进行多次验证，使刻度的总误差最小。

因电路中包含元器件较多，调试的时候可以分步进行，从信号源出发逐级完成调试。

提示

如果学生没有学过单片机相关知识，可以用万能板和相关器件(电容式传感器、信号调理电路)搭建相关模拟电路，输出的电压大小与被测液位呈线性关系。可以采用钢管+中心绝缘直导线，并采用适当方式固定，替代电容式传感器。

测试结果填入表5-3中。实际液位可以用成品液位计测量。

表5-3 电容式液位自动检测系统测试数据 (单位：cm)

实际液位	测得液位	误差	实际液位	测得液位	误差

4. 应用注意事项

电容是一种最简单、最普通、最常用的温度传感器。最简单的电容结构就是两篇金属片，甚至可以简化成两条导线，因此常认为无足轻重，可以随意改变。电容式传感器的结构虽然简单，但在使用中仍会出现各种问题，在使用时不注意，也会引起较大的测量误差。在使用过程中要注意以下几个方面：

1) 克服寄生电容的影响

电容式传感器由于受结构与尺寸的限制，其电容量都很小(几皮法到几十皮法)，属于小功率、高阻抗器件，因此极易外界干扰，尤其是受大于它几倍、几十倍的且具有随机性的电缆寄生电容的干扰，它与传感器电容相并联，严重影响传感器的输出特性，甚至会淹没有用信号而不能使用。消灭寄生电容影响，是电容式传感器使用的关键。

2) 克服边缘效应的影响

实际上当极板厚度 h 与极距 δ 之比相对较大时，边缘效应的影响就不能忽略；边缘效应不仅使电容式传感器的灵敏度降低，而且产生非线性。

3) 克服静电引力的影响

电容式传感器两极板间因存在静电场，而作用有静电引力或力矩。静电引力的大小与极板间的工作电压、介电常数、极间距离有关。通常这种静电引力很小，但在采用推动力很小的弹性敏感元件情况下，须考虑因静电引力造成的测量误差。

4) 温度影响

环境温度的变化将改变电容式传感器的输出相对被测输入量的单值函数关系，从而引入温度干扰误差。温度影响主要包括温度对结构尺寸和对介质的影响两方面。

为了提高测量精度，延长电容式传感器的寿命。在使用过程中还应注意避免弯曲、腐蚀等影响。

5.1.4 知识链接

为了测知物料的储存量，便于对物料进行监控，在工业生产中对物位进行检测和控制是监控的重要环节。液位、界位和料位统称物位。物位测量的目的在于测知容器中物料的容量。在大部分工业生产过程中，除常压、常温等一般情况外，还有可能遇到高温、高压、易燃易爆、强腐蚀性等特殊情况，那么对于物位的自动检测和控制要求就更高了。

液位是指液体介质在容器中的液面的高度，液位计是测量液位的仪表。在工业生产中，液位是一个很重要的参数，液位测量在工业生产中具有重要地位，有的甚至直接影响到生产的安全。在实际的操作过程中，对液位测量的要求越来越多，应根据不同方面的要求来选用不同种类的液位计。根据液位计的工作原理，可分为直读式、浮力式、电容式、静压式、声学式、射线式、光纤式和核辐射式。

1. 电容式传感器

1) 基本原理

电容式传感器是以各种类型的电容器作为传感元件，将被测量的变化转换为电容量变化。如图 5.5 所示，由绝缘介质分开的两个平行金属板组成的平板电容器，如果不考虑边缘效应，当极板的几何尺寸(长和宽)远大于极间距离和介质均匀条件下，平行平面形电容器电容为

$$C = \frac{\varepsilon s}{d} \tag{5-1}$$

式中，d为两个极板间的距离；s为两个极板相互覆盖的面积；ε为电容极板间介质的介电常数(空气或真空的介电常数为ε_0=8.85×10^{-12}F/m)。

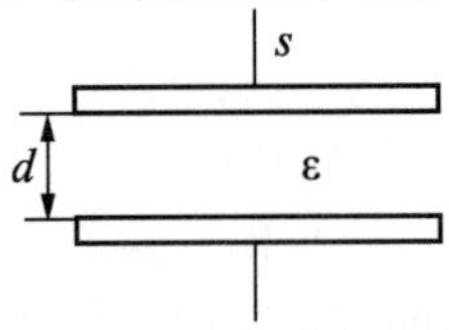

图 5.5　平板电容器

由式(5-1)可见，让 ε、s、d 其中一个参数随被测量变化而变化，保持其余两个参数不变，使电容量与被测量有单值的函数关系，从而把被测量变化转换为电容器电容的变化，通过测量电路就可转换为电量输出。

当极板间有 3 层绝缘介质，介电常数分别为 ε_1、ε_2、ε_3，厚度分别为 d_1、d_2、d_3时，平行平面形电容器电容为

$$C = \frac{s}{\dfrac{d_1}{\varepsilon_1} + \dfrac{d_2}{\varepsilon_2} + \dfrac{d_3}{\varepsilon_3}} \tag{5-2}$$

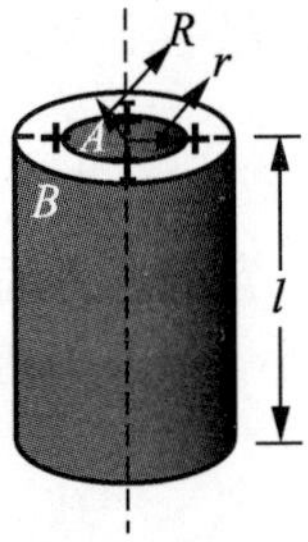

图 5.6　平行曲面电容器

平行曲面形(同轴圆筒形)电容如图 5.6 所示，两个覆盖长度为 l，半径分别为 R 和 r 的同轴圆筒，在 $(R-r) << l$ 条件下(其电场的边缘效应可忽略)，其电容可表示为

$$C = \frac{2\pi\varepsilon l}{\ln(R/r)} \tag{5-3}$$

当$(R-r) \ll r$时，近似有

$$C \approx \frac{\pi \varepsilon l(R+r)}{R-r} \approx \frac{2\pi l r \varepsilon}{R-r} \tag{5-4}$$

2) 结构类型

电容式传感器按被测量所改变的电容器的参数可分为变极距型、变面积型和变介质型3种类型；按被测位移可分为角位移型和线位移型；按组成方式可分为单一式和差动式；按电容极板形状可分为平板电容和圆筒电容或平行平面型电容与平行曲面型电容。下面分别介绍这些类型的电容式传感器的输出特性。

变极距型电容式传感器如图5.7所示，图5.7(a)中设初始时，动极板与定极板间距(极距)为d_0，电容值为

$$C_0 = \varepsilon s / d_0 \tag{5-5}$$

当被测量变化使动极板上移Δd，电容值为

$$C = \frac{\varepsilon s}{d_0 - \Delta d} = \frac{\varepsilon s}{d_0\left(1 - \frac{\Delta d}{d_0}\right)} = \frac{C_0}{1 - \frac{\Delta d}{d_0}} \tag{5-6}$$

差动式电容由两个定极板和一个共用的动极板构成，如图5.7(b)所示。当动极板位移Δd时，$d_1 = d_0 - \Delta d$，$d_2 = d_0 + \Delta d$，据式(5-6)，两电容分别为

$$C_1 = C_0 / \left(1 - \frac{\Delta d}{d_0}\right), \quad C_2 = C_0 / \left(1 + \frac{\Delta d}{d_0}\right) \tag{5-7}$$

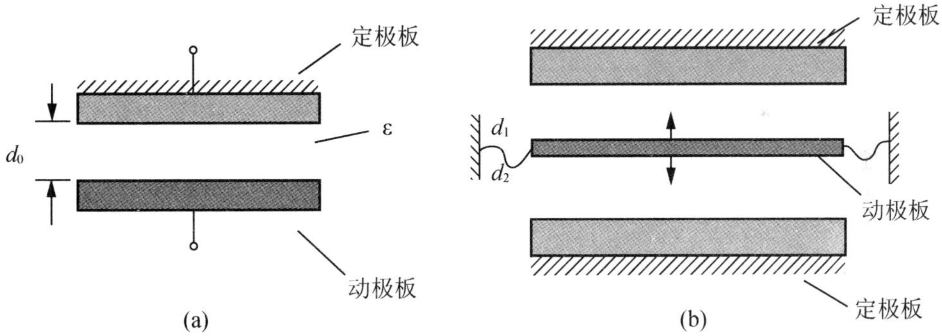

【参考动画】

图5.7 变极距型电容式传感器

由式(5-7)可得差动式变极距型电容式传感器的差动电容公式，即

$$\frac{C_1 - C_2}{C_1 + C_2} = \frac{\Delta d}{d_0} \tag{5-8}$$

线位移式变面积型电容式传感器原理结构如图5.8(a)所示，被测量使动极板左右移动，引起两极板有效覆盖面积s改变，从而使电容相应改变。设极板长为l_0，宽为b，极板间距为d，介电常数为ε，则初始电容为

$$C = C_0 = \frac{\varepsilon b l_0}{d} \tag{5-9}$$

在保持d不变的前提下，动极板沿长度方向平移Δl，则电容值变为

$$C = \frac{\varepsilon b(l_0 - \Delta l)}{d_0} = C_0\left(1 - \frac{\Delta l}{l_0}\right) \tag{5-10}$$

上述结论是在保持 d 不变的前提下得出的，在极板移动过程中若 d 不能精确保持不变，就会导致测量误差。为了减少这种影响，可以采用如图 5.8(b)所示中间极板移动的结构。

【参考动画】

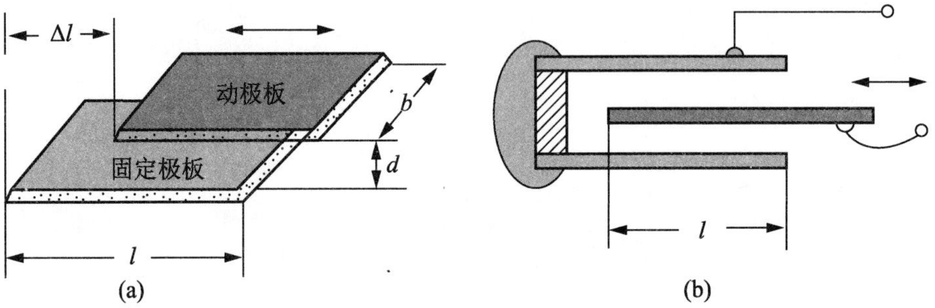

图 5.8 线位移式变面积型结构

角位移式变面积型差动式结构如图 5.9 所示。

对图 5.9(a)所示扇形平板结构，初始时据式(5-1)有

$$C_{AC_0} = C_{BC_0} = C_0 = \frac{\varepsilon s}{d} = \frac{\varepsilon\pi(R^2 - r^2)}{d} \times \frac{\alpha_0}{2\pi} = \frac{\varepsilon(R^2 - r^2)}{2d}\alpha_0 \tag{5-11}$$

动极板转动 $\Delta\alpha$ 后，差动电容分别为

$$C_1 = \frac{\varepsilon(R^2 - r^2)}{2d}(\alpha_0 - \Delta\alpha) = C_0\left(1 - \frac{\Delta\alpha}{\alpha_0}\right) \tag{5-12}$$

$$C_2 = C_0\left(1 + \frac{\Delta\alpha}{\alpha_0}\right) \tag{5-13}$$

由式(5-12)和式(5-13)得图5.9(a)所示差动式变面积型电容式传感器的差动电容公式为

$$\frac{C_1 - C_2}{C_1 + C_2} = -\frac{\Delta\alpha}{\alpha_0} \tag{5-14}$$

对图5.9(b)，初始时有

$$C_{AC_0} = C_{BC_0} = C_0 = \frac{\varepsilon l r}{R - r}\alpha_0 \tag{5-15}$$

动极板转动$\Delta\alpha$后，差动电容分别为

$$C_1 = \frac{\varepsilon l r}{R - r}(\alpha_0 - \Delta\alpha) \tag{5-16}$$

$$C_2 = \frac{\varepsilon l r}{R-r}(\alpha_0 + \Delta\alpha) \tag{5-17}$$

由式(5-16)和式(5-17)得图5.9(b)所示差动式变面积型电容式传感器的差动电容变化同式(5-14)。

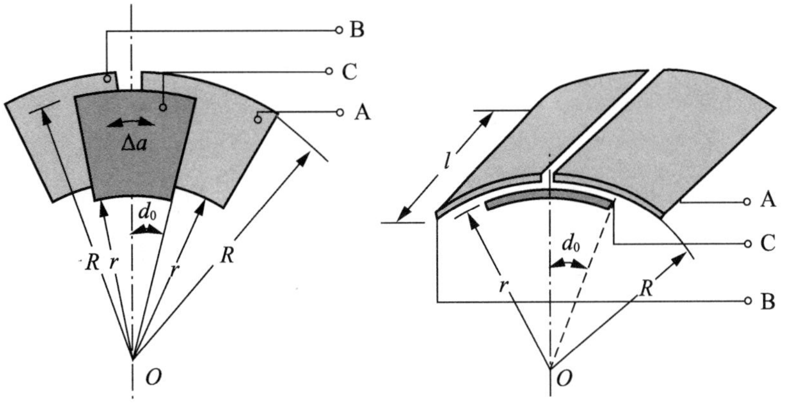

(a) 扇形平板结构　　(b) 柱面板结构

【参考动画】

图 5.9　变面积型差动式结构

变介质型电容式传感器是利用两极板间的介质变化引起电容变化的原理来实现测量的。常见的有两种情况：一是两电容极板之间只有一种介质，介质的介电常数随被测非电量(温度、湿度)而变化，如电容式温度传感器和电容式湿度传感器；二是两电容极板间有两种介质，两介质的位置或厚度变化，如电容式位移传感器、电容式厚度传感器、电容式物(液)位传感器等。

2. 电容式液位传感器

电容式液位传感器是根据电容的变化来感知液位的传感器。它的传感部件结构简单，动态响应快，能够连续及时地反映液位的变化。电容式液位传感器的形式很多，有平级板式、同心圆柱式等，应用比较广泛。它对被测介质本身性质的要求不是很严格，既能测量导电介质和非导电介质，也可以测量倾斜晃动及高速运动的容器的液位，因此在液位测量中的地位比较重要。

例如，SC-700 电容式液位计，它的电容式传感器是一根金属棒插入盛液容器内，金属棒作为电容的一个极，容器壁作为电容的另一极。两电极间的介质即为液体及其上面的气体。由于液体的介电常数 ε_1 和液面上的介电常数 ε_2 不同，如 $\varepsilon_1>\varepsilon_2$，则当液位升高时，电容式液位计两电极间总的介电常数值随之加大因而电容量增大。反之，当液位下降时，ε 值减小，电容量也减小。所以，电容式液位计可通过两电极间的电容量的变化来测量液位的高低。电容液位计的灵敏度主要取决于两种介电常数的差值，而且，只有 ε_1 和 ε_2 恒定才能保证液位测量准确，因被测介质具有导电性，所以金属棒电极都有绝缘层覆盖。电容液位计体积小，容易实现远传和调节，适用于具有腐蚀性和高压的介质的液位测量。

3. 电容式液位检测原理

在液位的测量中，通常采用同轴圆筒形电容器，如图 5.10 所示。

由式(5-4)可知，改变 R、r、ε、l 其中任意一个参数时，电容量 C 都会变化。但在实际液位测量中，R 和 r 通常是不变的，电容量与电极长度和介电常数的乘积成正比。由液位变化引起的等效介电常数变化，使电容量变化，根据电容量变化来计算液位高度，就是电容式液位计的测量原理。

1) 导电液体的液位测量

因为圆筒形电极会被导电液体短路，所以对于导电液体的液位测量，一般用绝缘物覆盖作为中间电极。内电极材质一般用纯铜或不锈钢，外套绝缘层材质为聚四氟乙烯塑料管或涂搪瓷，电容器的外电极由导电液体和容器壁构成，结构如图 5.10 所示。

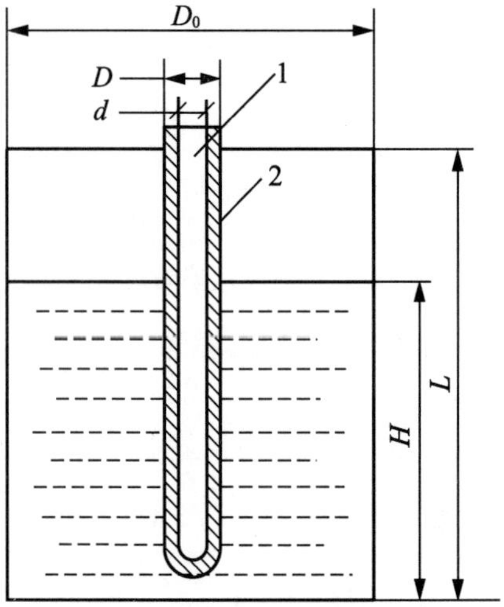

图 5.10　导电液位测量

1—金属电极；2—绝缘层外套

当容器内没有液体时，液位 H=0，内电极和容器壁组成电容器，绝缘层和空气为介电层，此时电容量为

$$C_0 = \frac{2\pi\varepsilon_1 L}{\ln\dfrac{D_0}{d}} \tag{5-18}$$

当液面的高度为 H 时，有液体部分由内电极和导电液体构成电容器，绝缘套为介电层，此时整个电容相当于有液体部分和无液体部分并联的两个电容，因此电容量为

$$C = \frac{2\pi\varepsilon_1(L-H)}{\ln\dfrac{D_0}{d}} + \frac{2\pi\varepsilon_2 H}{\ln\dfrac{D}{d}} \tag{5-19}$$

式中，ε_1、ε_2 分别为气体介质和绝缘套组成的介电层的介电常数及绝缘套的介电常数；L 为电极和容器的覆盖长度；d、D 和 D_0 分别为内电极、绝缘套的外径和容器的内径。将式(5-19)减去式(5-18)可得液面高度为 H 时的电容变化量

$$\Delta C = C - C_0 = \frac{2\pi\varepsilon_1(L-H)}{\ln\frac{D_0}{d}} + \frac{2\pi\varepsilon_2 H}{\ln\frac{D}{d}} - \frac{2\pi\varepsilon_1 L}{\ln\frac{D_0}{d}} = \left(\frac{2\pi\varepsilon_2}{\ln\frac{D}{d}} - \frac{2\pi\varepsilon_1}{\ln\frac{D_0}{d}}\right)H \tag{5-20}$$

当$D_0 \gg d$、$\varepsilon_1\varepsilon_2$时，式(5-20)可简化为式(5-21)。可以看出，电容变化量与液位高度成正比，如果测得电容变化量，就可以知道液位H的值，因此准确地检测出电容的变化量是测量的关键。

$$\Delta C = \frac{2\pi\varepsilon_2}{\ln\frac{D}{d}}H \tag{5-21}$$

对于黏度比较大的液体介质，当液位变化时，液体会附着在内电极绝缘套管表面，较易形成虚假液位，因此应尽量使内电极表面光滑，以免造成测量误差。

2) 非导电液体的液位测量

非导电液体电容式液位计与导电液体电容式液位计不同的是前者有专门的外电极。它有内外两个圆筒电极，并且用绝缘材料绝缘固定两电极，外电极上均匀开设有许多孔或槽，以便被测液体流动自如，使电极内外液位相同，其结构如图5.11所示。

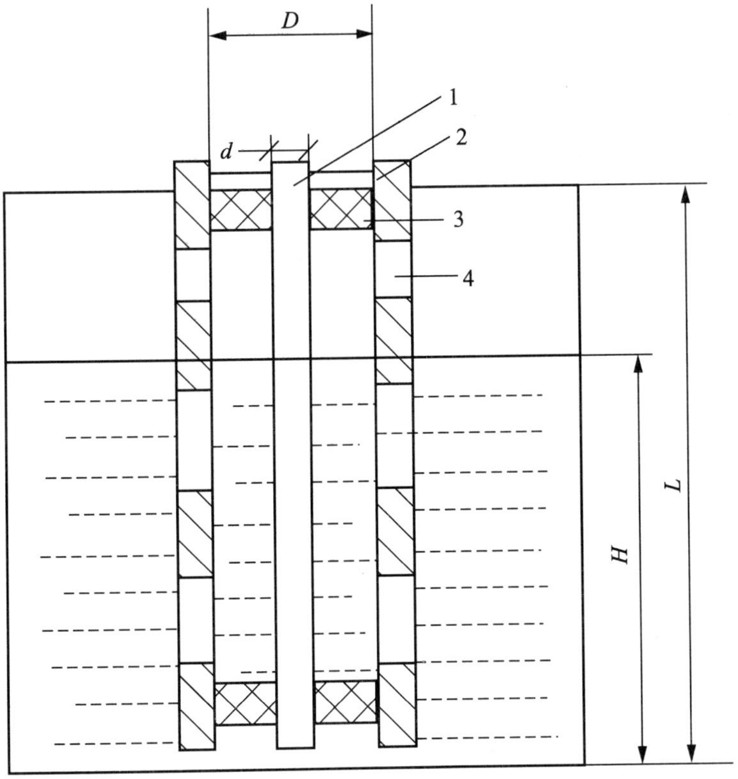

图5.11 非导电液体液位测量

1—内电极；2—绝缘材料；3—限位器；4—外电极

当被测液位 H=0 时，电容器的电容量为式(5-22)。当被测液体的液位变为 H 时，电容器的电容量为式(5-23)，即

$$C_0=\frac{2\pi\varepsilon_0 L}{\ln\frac{D}{d}} \tag{5-22}$$

$$C=\frac{2\pi\varepsilon_0(L-H)}{\ln\frac{D}{d}}+\frac{2\pi\varepsilon H}{\ln\frac{D}{d}} \tag{5-23}$$

式(5-22)和式(5-23)中，ε、ε_0 分别为被测液体和气体的介电常数。

将式(5-23)减去式(5-22)得

$$\Delta C=\frac{2\pi(\varepsilon-\varepsilon_0)}{\ln\frac{D}{d}}H \tag{5-24}$$

由式(5-24)可以看出，非导电液体电容式液位计与导电液体电容式液位计的测量原理相同。当 $(\varepsilon-\varepsilon_0)$ 越大，D 和 d 比值越接近时，灵敏度越高。

4. 电容式液位检测系统构成

电容式液位检测系统一般由电容式传感器、信号调理电路、信息处理器(带 A/D)、输入控制器和显示器构成，如图 5.12 所示。

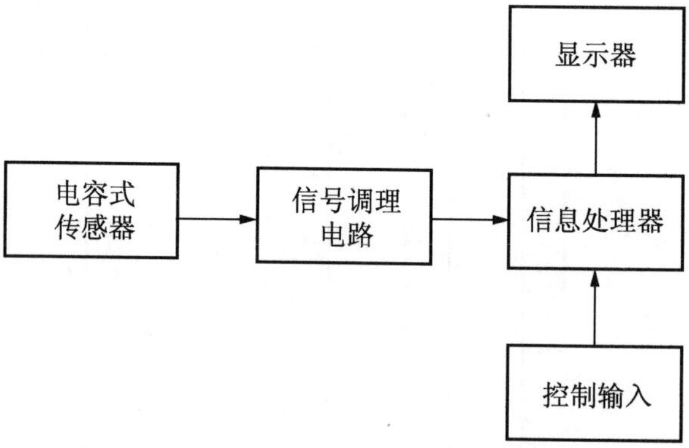

图 5.12　电容式液位检测系统框图

5. 电容式液位检测系统的信号调理电路

一般要求信号调理电路能够将电容式传感器感知的液位变换信号变换成 0～5V 的信号，以便于信息处理器采集信号和处理，主要有以下几种调理方式。

1) 交流桥式测量电路

(1) 单臂桥式电路。如图 5.13 所示。电容 C_1、C_2、C_3、C_x 构成交流单臂桥式电路。由高频电源经变压器接到电容桥的一个对角线上，另一个对角线上接有交流电压表。设 $C_1=C_2$，$C_3=C_4$，$C_x=C_4+\Delta C$，则 $Z_1=Z_2$，$Z_3=Z_4$，$Z_x=Z_4+\Delta Z$，电桥的初始平衡条件为 $Z_1Z_3=Z_2Z_4$，输出电压为零。当 C_x 发生变化时，输出电压如式(5-25)所示，其中 U 为变压器 T 的二次侧输出电压。可见此时输出电压变化和电容变化成正比。

$$U_o=\left(\frac{Z_4+\Delta Z}{Z_4+\Delta Z+Z_3}-\frac{Z_1}{Z_1+Z_2}\right)U=\frac{\Delta Z}{Z_3\left(1+\frac{Z_4}{Z_3}\right)^2}U \tag{5-25}$$

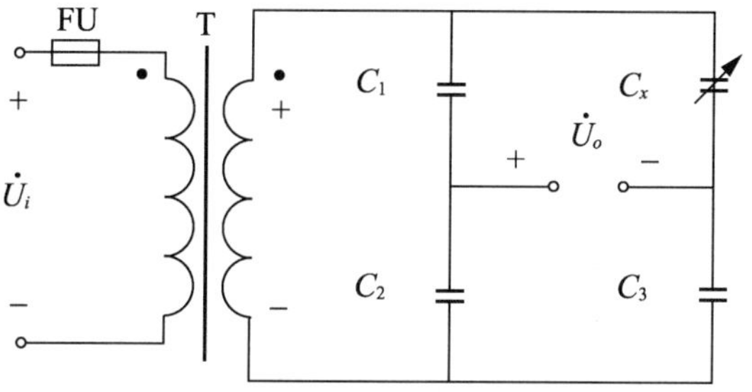

图 5.13 单臂桥式电路

(2) 差分桥式电路如图 5.14 所示。

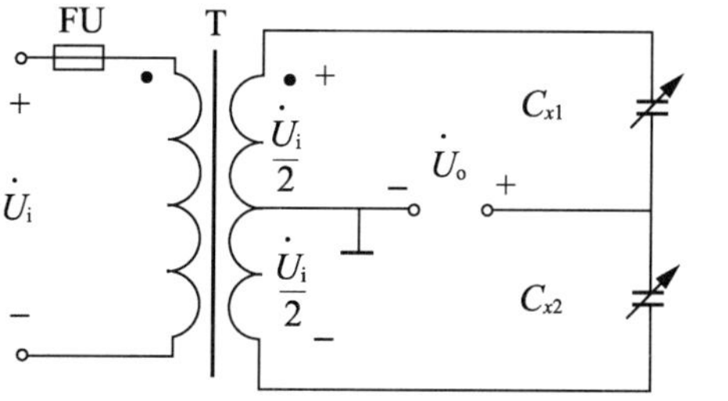

图 5.14 交流差分桥式电路

电容 C_{x1} 和 C_{x2} 为差分电容式传感元件，变压器的变比为 1。由高频电源经变压器二次侧接到差分电容式传感元件上，两个电容的初始容量相同，但变化的相位相反。若初始输出电压端接有交流电压表。输出电压为式(5-27)。若变压器变比不为 1，只需乘以相应系数。

$$\dot{U}_{Cx1}=\frac{\frac{1}{\omega(C_0+\Delta C)}}{\frac{1}{\omega(C_0+\Delta C)}+\frac{1}{\omega(C_0-\Delta C)}}\dot{U}_i=\frac{1}{2}\dot{U}_i-\frac{\Delta C}{2C_0}\dot{U}_i \tag{5-26}$$

又由于 $C_{x1}=C_0\pm\Delta C$， $C_{x2}=C_0\mp\Delta C$ ，因此输出电压为

$$\dot{U}_o=\frac{1}{2}\dot{U}_i-\dot{U}_{Cx1}=\frac{\Delta C}{2C_0}\dot{U}_i \tag{5-27}$$

2) 调频测量电路

电容式传感元件作为 LC 振荡器谐振回路的一部分，当电容式传感器工作时，电容 C_x 发生变化，使振荡器的频率 f 发生相应的变化。调频振荡器的频率为式(5-28)。测量系统框图如图 5.15 所示。

$$f=\frac{1}{2\pi\sqrt{LC_x}} \tag{5-28}$$

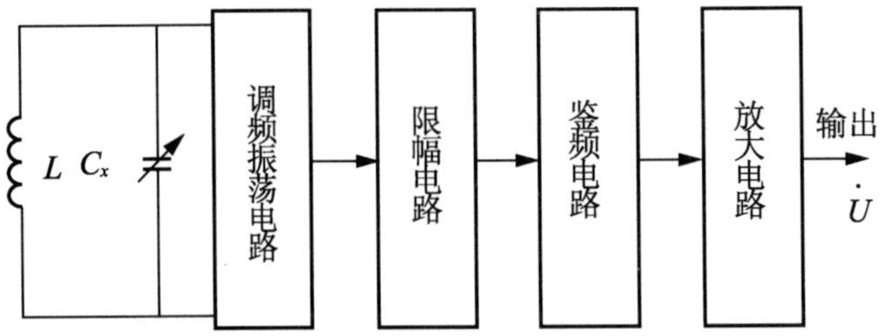

图 5.15　LC 振荡器调频电路框图

3) 脉冲宽度调制测量电路

利用传感元件电容 C_1、C_2 的慢充电和快放电的过程，使输出脉冲的宽度随电容式传感元件的电容量变化而改变，通过低通滤波器得到对应于被测量变化的直流信号。脉冲宽度调制测量电路如图 5.16 所示。

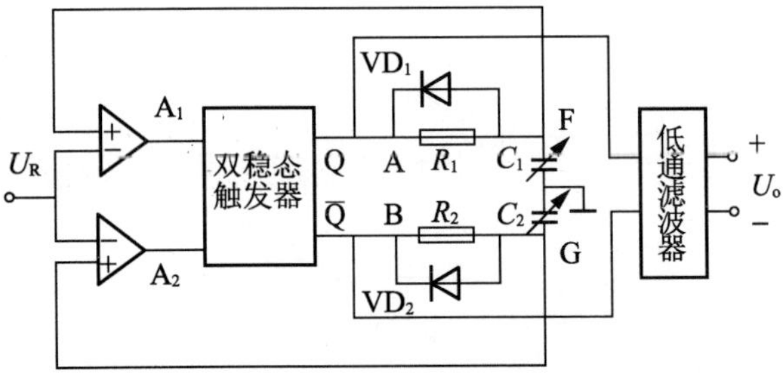

图 5.16　脉冲宽度调制测量电路

4) 运算式测量电路

运算式测量电路如图 5.17 所示。当放大器的开环增益 A 和输入阻抗 Z 足够大时，输出电压与传感元件的电容变化呈线性关系，即式(5-29)。

运放特性，输入端虚短，$\dot{I}_{Cx}=\dfrac{U_o}{\dfrac{1}{\omega C_x}}=U_o\omega C_x$，$\dot{I}_{Cb}=\dfrac{U_i}{\dfrac{1}{\omega C}}=U_i\omega C$，又根据运放的输入端虚断特性，$\dot{I}_{Cx}+\dot{I}_{Cb}=0$，则运算式测量电路的公式为

$$\dot{U}_o=-\frac{C}{C_x}\dot{U}_i=-\dot{U}_i\frac{C\delta}{\varepsilon_0\varepsilon A} \tag{5-29}$$

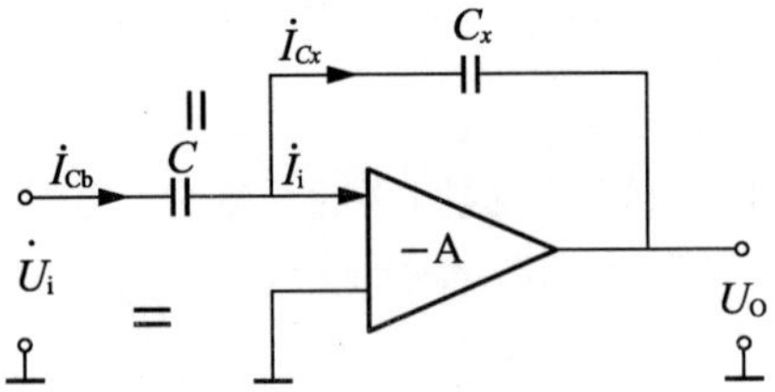

图 5.17　运算式测量电路

5.1.5 任务总结

通过本任务的学习，应掌握电容式传感器基本工作原理、结构类型、典型电路和应用注意事项等知识重点。

通过本任务的学习，应掌握如下实践技能：①正确分析、制作与调试电容式传感器应用电路；②根据设计任务要求，完成硬件电路相关元器件的选型，并掌握其工作原理。

5.1.6 请你做一做

(1) 上网查找 4 种以上电容式传感器，分析这些传感器能够适用的场合，估算它们的最高精度，分析误差来源。

(2) 动手设计一个太阳能热水器水位测量电路。

任务 5.2 超声波测距系统(超声波测距传感器)

5.2.1 任务目标

通过本任务的学习，掌握超声波测距的基本原理；了解超声波传感器的结构、类型，以及常用超声波传感器的特点、使用方法、注意事项及使用过程中常见故障的处理；要求通过实际设计和动手制作，能正确选择超声波传感器，并按要求设计接口电路，完成电路的制作与调试，实现对障碍物距离的测量。

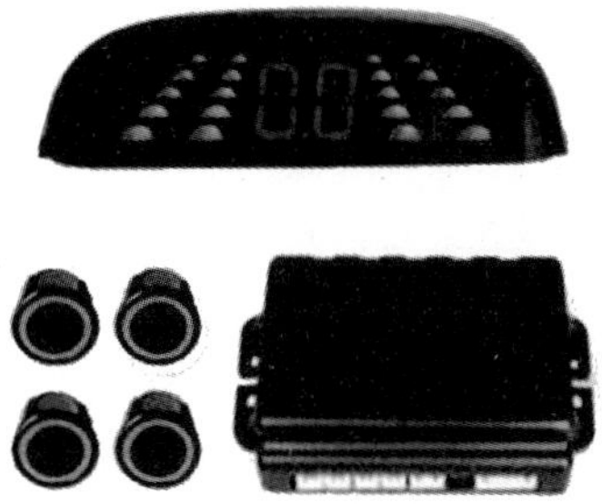

图 5.18 超声波测距仪

【参考图文】

5.2.2 任务分析

1. 任务要求

超声波测距仪(图 5.18)是一类使用非常广泛的设备，能利用单片机和超声波传感器实现对障碍物距离的实时测量，对提高人民生活水平、工业自动化设计、便利汽车驾驶等有非常重要的意义。

超声波测距系统利用声波的发射、反射时间差来对距离进行测量，并由单片机处理后在 LED 上显示。超声波测距系统任务要求见表 5-4。

表 5-4 超声波测距系统任务要求

检测范围/m	测量精度要求/(%)	刷新时间间隔/s	显示方式
0.2～3	5	0.5	液晶显示

2. 主要器件选用

本任务中要用到的主要器件及其特性见表 5-5。

表 5-5　超声波测距系统主要器件及其特性

主要器件	主要特性
超声波传感器  HT40D18T-1 超声波传感器实物图	HT40D18T-1 是一种工业级超声波传感器，适应温度范围较宽，检测角度大，适应倒车雷达等应用。 特征频率：(40.0±1.0)kHz； 方向角：80° ±15° (−6dB)； 检测距离：0.2～3m； 接收一体
单片机 C8051F330	具体特性见项目 1 任务 1.1 中 C8051F330 单片机介绍
显示模块 12864	具体特性见项目 1 任务 1.1 中 12864 芯片介绍

5.2.3　任务实施

1. 任务方案

超声波距离检测系统原理框图如图 5.19 所示。系统由超声波传感器、温度传感器、报警电路、C8051F330 单片机和液晶显示模块构成。

【参考图文】

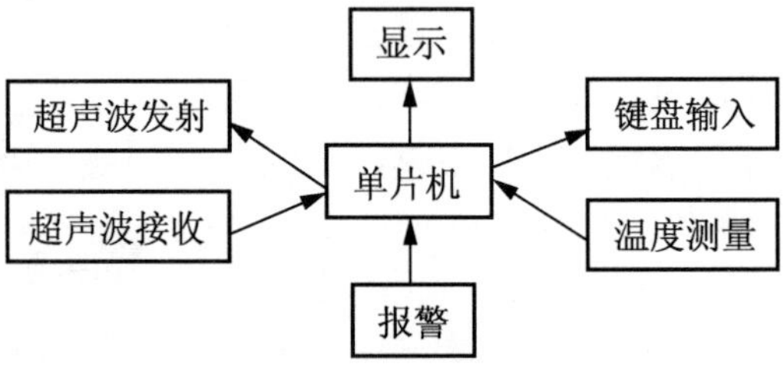

图 5.19　超声波测距系统原理框图

2. 硬件电路

超声波测距系统硬件电路图如图 5.20 所示。电路主要由 4 部分组成：单片机输出 40kHz 的超声波信号，信号经过反相放大和加到超声波传感器上进行发射；超声波传感器接收到信号后将反射信号进行放大、滤波、二倍压后，与阈值信号进行比较，比较结果送入单片机触发中断或者停止计时，把距离信号转变成时间差信号；由单片机 C8051F330 实现对时间差信号的测量，并根据温度信号查表得到当前环境的声速，计算出距离，并显示在显示器上；根据报警设置判断是否给出报警信号。

3. 电路调试

系统制作完成后，要对系统进行调试，包括硬件调试和软件调试及软、硬件联调。硬件调试和软件调试分别独立进行，可以先调试硬件再调试软件。在调试中找出错误、缺陷，判断各种故障，并对软硬件进行修改，直至没有错误。

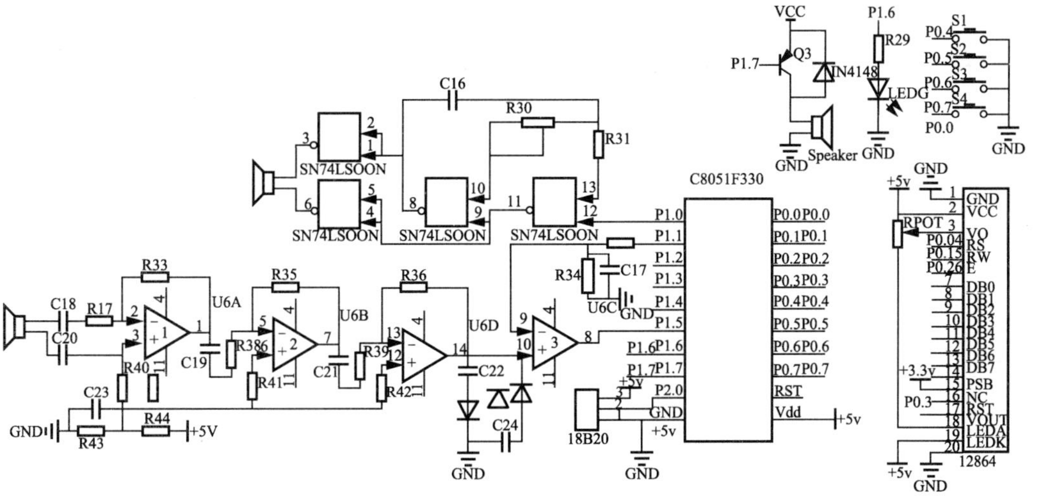

图 5.20　超声波测距系统硬件电路图

在系统接上电源进行调试前，还要注意地与电源是否短接、芯片是否插反等，防止芯片烧坏。在硬件调试过程中，接通电源后，要检测各个芯片的电源脚电压是否符合要求。因电路中包含元器件较多，调试的时候可以分块进行，从电源出发，以单片机为核心进行调试。结合软件调试时，使用示波器查看超声波发射的波形和接收波形，从中找到问题并解决。

在硬件调试的时候，可以运用信号发生器和示波器，利用信号发生器将 40kHz 的方波送入超声波发射端口，然后用示波器观察超声波发射端的波形变化，判断超声波的探头是否正常工作。

用米尺量出固定距离的障碍物，可在 0.1～1m 取多点，对系统进行标定和修正。

提示

如果学生没有学过单片机相关知识，可以用示波器测量超声波信号时间差，然后手工计算距离，进行比较。

测试结果填入表 5-6 和表 5-7 中。温度可以用温度计进行测量。

表 5-6　超声波测距系统测试数据

实际距离/m	测得距离/m	误差/m	实际温度/℃	测得温度/℃	误差/℃

表 5-7 超声波测距系统报警系统测试数据

设定报警距离/m	实际报警距离/m	是否正常报警

4. 应用注意事项

超声波传感器应用起来原理简单，也很方便，成本也很低。但是目前的超声波传感器都有一些缺点，如反射问题、噪声、交叉问题。

1) 反射问题

如果被探测物体始终在合适的角度，那超声波传感器将会获得正确的时差。但在实际使用中，很少有被探测物体是完全在超声波传感器的正前方的，因此会出现三角误差。

① 镜面反射

在特定的角度下，发出的声波被光滑的物体镜面反射出去，因此无法产生回波，传感器无法接收到反射声波，也就无从测量距离，显示距离。这时超声波传感器测距系统会忽视这个物体的存在。

② 多次反射

多次反射现象在探测墙角或者类似结构的物体时比较常见。声波经过多次反弹才被传感器接收到，因此实际的探测值并不是真实的距离值。

2) 同频噪声干扰

虽然多数超声波传感器的工作频率为40～45kHz，远远高于人类能够听到的频率。但是周围环境也会产生类似频率的噪声。例如，电动机在转动过程会产生一定的高频，轮子在比较硬的地面上的摩擦所产生的高频噪声，机器人本身的抖动，甚至当有多个机器人的时候，其他机器人超声波传感器发出的声波，这些都会引起传感器接收到错误的信号。

可以通过对发射的超声波进行编码来解决，例如，发射一组长短不同的音波，只有当探测声波经过反射被传感器获得，检测到相同组合的音波时，才进行距离计算。这样可以有效地避免由于环境噪声所引起的误测。

3) 交叉问题

交叉问题是当多组同型号(同频)超声波传感器一起工作时引起的。超声波传感器可能接收到另一组传感器发出的超声波，并错误地依据这个信号来计算距离值，从而无法获得正确的测量。同样可以通过对每个传感器发出的信号进行编码的方式，让每个超声波传感器能分辨是否是自己发出的超声波。

5.2.4 知识链接

1. 超声波传感器的检测方式

1) 穿透式超声波传感器的检测方式

当物体在发送器与接收器之间通过时，穿透式超声波传感器检测超声波束衰减或遮挡的情况从而判断有无物体通过。这种方式的检测距离约为 1m，作为标准被检测物体使用 100mm×100mm 的方形板。它与光电传感器不同，也可以检测透明体等。

2) 限定距离式超声波传感器的检测方式

当发送超声波束碰到被检测物体时，限定距离式超声波传感器仅检测电位器设定距离内物体反射波(时间差)，从而判断在设定距离内有无物体通过。若被检测物体的检测面为平面，则可检测透明体。若被检测物体相对传感器的检测面倾斜，则有时不能检测到被测物体。若被检测物体不是平面状，实际使用超声波传感器时一定要确认是否能检测到被测物体。

3) 限定范围式超声波传感器的检测方式

在距离设定范围内放置的反射板碰到发送的超声波束时，被检测物体遮挡反射板的正常反射波，若限定范围式超声波传感器检测到反射板的反射波衰减或遮挡情况，就能判断有无物体通过。另外，检测范围也可以是由距离切换开关设定的范围。

4) 回归反射式超声波传感器的检测方式

回归反射式超声波传感器的检测方式与穿透超声波传感器的相同，主要用于发送器设置与布线困难的场合。若反射面为固定的平面物体，则可用作回归反射式超声波传感器的反射板。另外，光电传感器所用的反射板同样也可以用于这种超声波传感器。

回归反射式超声波传感器可用脉冲调制的超声波替代光电传感器的光，因此，可检测透明的物体。利用超声波的传播速度比光速慢的特点，调整用门信号控制被测物体反射的超声波的检测时间，可以构成限定距离式与限定范围式超声波传感器。

2. 超声波测距系统的构成和原理

超声波测距系统由发送器、接收器、控制部分及电源部分构成，如图 5.21 所示。发送器常使用直径为 15mm 左右的陶瓷振子，将陶瓷振子的电振动能量转换为超声波能量并向空中辐射。除穿透式超声波传感器外，用作发送器的陶瓷振子也可用作接收器，陶瓷振子接收到超声波产生机械振动，将其变换为电能量，作为传感器接收器的输出，从而对发送的超声波进行检测。

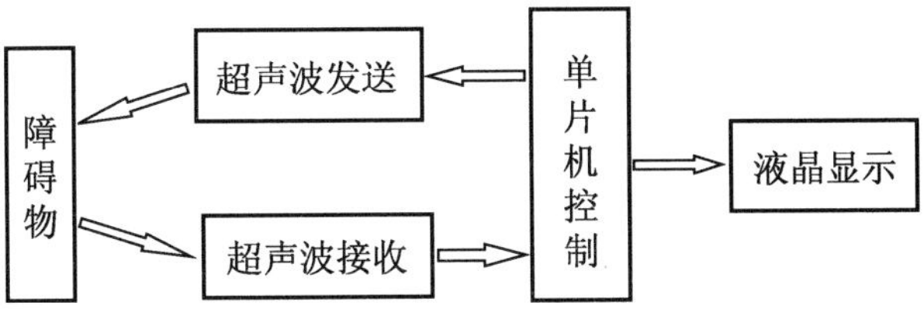

图 5.21 超声波测距系统的构成

控制部分判断接收器的接收信号的大小或有无，作为超声波传感器的控制输出。对于限定范围式超声波传感器，通过控制距离调整回路的门信号，可以接收到任意距离的反射波。另外，通过改变门信号的时间或宽度，可以自由改变检测物体的范围。

超声波传感器的电源常由外部供电，一般为直流电压，电压范围为(12～24)(1±10%)V，再经传感器内部稳压电路变为稳定电压供传感器工作。

超声波测距系统中关键电路是超声波发生电路和超声波接收电路。可有多种方法产生超声波，其中最简单的方法就是直接敲击超声波振子，但这种方法需要人参与，因而是不能持久的，也是不可取的。为此，在实际中采用电路的方法产生超声波，根据使用目的的不同来选用其振荡电路。

超声波测距原理是通过超声波发射器向某一方向发射超声波，在发射的同时开始计时，超声波在空气中传播时碰到障碍物就立即返回来，超声波接收器收到反射波就立即停止计时。如式(5-30)所示，超声波在空气中的传播速度为 v，而根据计时器记录的测出发射和接收回波的时间差，就可以计算出发射点距障碍物的距离，即时间差测距法。

$$s = v\Delta t / 2 \tag{5-30}$$

3. 超声波测距修正

1) 温度对超声波声速的影响

由于超声波也是一种声波，其声速与温度有关，表 5-8 列出了几种不同温度下的声速。在使用时，如果温度变化不大，则可认为声速是基本不变的。常温下超声波的传播速度是 340m/s，但其传播速度易受空气中温度、湿度、压强等因素的影响，其中受温度的影响较大，如温度每升高 1℃，声速增加约 0.6m/s。如果测距精度要求很高，则应通过温度补偿的方法加以校正。已知现场环境温度 T 时，超声波传播速度的计算公式为

$$v = 331.45 + 0.607T \tag{5-31}$$

表 5-8 温度-声速表

温度/℃	−30	−20	−10	0	10	20	30	100
声速/(m/s)	313	319	325	323	338	344	349	386

2) 超声波频率对测量的影响

超声波从超声传感器发出，在空气中传播，遇到被测物反射后，再传回超声传感器。整个过程，超声波会有很大的衰减。其衰减遵循指数规律。

超声波频率越高，其衰减越快。同时超声波频率的过高会产生较多的副瓣，引起近场区的干涉。但是根据波的传播特性，超声波频率越高，指向性越强，有利于测量精度提高。经实验研究表明，当发射频率为 40kHz 的时候较为合适。由于超声回波随距离的增加而变得十分微弱，所以在设计超声接收电路时，需要设计较大放大倍数(万倍级)和具有较好滤波特性的放大电路，使回波易于检测。

3) 发射与反射之间夹角的影响

如图 5.22 中，收发分立式测距仪不可避免地出现夹角，其大小为 2α，当 α 很小时，可直接按式(5-30)；当 α 较大时，必须进行距离修正，用修正式(5-32)。

$$d = \cos\alpha \cdot \frac{ct}{2} \tag{5-32}$$

可以在安装超声波收发器时减小其夹角，但在减小夹角的同时又会出现另一问题，那就是串扰问题。

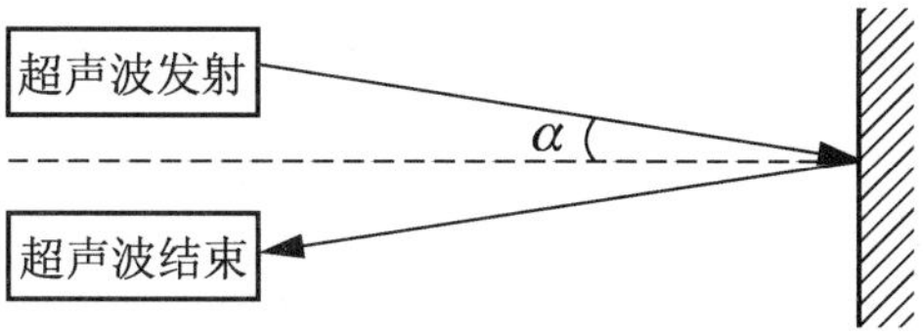

图 5.22　超声波测距示意图

4) 串扰问题

设计中，超声波发射极和接收极距离较近，这样，当发射极发射超声波后，有部分超声波没经过障碍物反射就直接绕射到接收极上，这部分信号是无用的，会引起系统误测。串扰问题可以干扰测距仪测量精度，甚至测“虚假距离”，通过调查、分析、计算，可以通过遮挡、软件排除等方法进行有效解决。

5) 超声波传感器所加脉冲电压的影响

超声波传感器外加的脉冲电压影响压电材料的电场强度，从而影响其应变量和超声波转换的效率，进而影响超声波幅值。这些会直接影响超声波的回波幅值，超声波发射幅值较小时，甚至会让回波幅值淹没在噪声中。所以，为提高压电转换效率，提高超声波测距精度和范围，应尽量提高超声波传感器外加脉冲电压的幅值。

6) 振荡器精度对测量精度的影响

测量系统中有两个场合使用振荡器，一个提供超声波发射用，另一个用于时间测量。应用于超声波发射时，只影响超声波的发射频率。由于声波速度对频率不是非常敏感，因而对测量精度影响不大。但用于时间测量时，根据测量公式，其精度直接决定整个测量的相对误差。因而在可能的条件下，需要使用频率稳定度和精度都较好的晶体振荡器，如使用一般的 RC、555 等振荡器受电压、温度影响较大，可能会引起最后结果的误差达到 10%。

4. 常见故障及处理办法

常见故障及其产生原因和处理方法见表 5-9。

表 5-9　常见故障及其产生原因和处理方法

故障现象	可能原因	处理方法
无信号	供电不正常、线路断	检查供电、线路，确保正负极正确连接
输出信号振荡	液面有泡沫等异物，周围有强电磁场	检查测试环境，移开或者屏蔽强电磁场
位置测不准	声音通道有其他物品	检查分析

5.2.5 任务总结

通过本任务的学习，应掌握超声波传感器基本工作原理、结构类型、典型电路和应用注意事项等知识重点。

通过本任务的学习，应掌握如下实践技能：①正确分析、制作与调试超声波传感器应用电路；②根据设计任务要求，完成硬件电路相关元器件的选型，并掌握其工作原理。

5.2.6 请你做一做

(1) 上网查找 4 种以上超声波传感器，分析这些传感器能够适用的场合，估算它们的最高精度，分析误差来源。

(2) 动手设计一个超声波避障车。

任务 5.3 产品计数器(红外对管)

5.3.1 任务目标

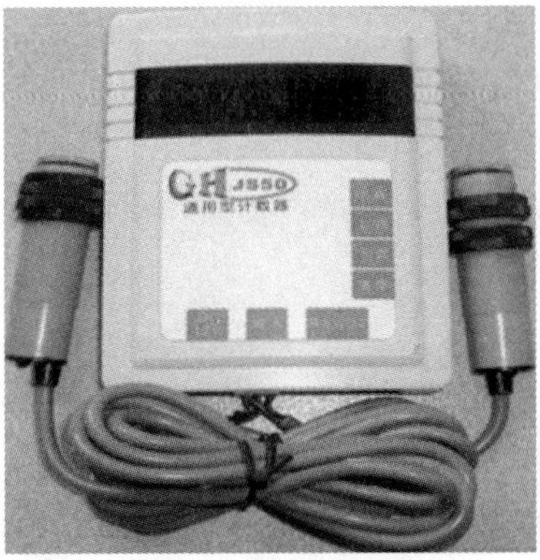

图 5.23 红外计数器

通过本任务的学习，掌握红外线传感器的基本原理；了解红外线的结构、类型，以及常用红外线传感器的特点、使用方法、注意事项及其使用过程中常见故障的处理；要求通过实际设计和动手制作，能正确选择红外线传感器，并按要求设计接口电路，完成电路的制作与调试，实现一个红外计数器。

5.3.2 任务分析

1. 任务要求

红外计数器(图 5.23)是一类使用非常广泛的设备，利用红外对管能够实现数量的实时计数、速度测量，对提高人民生活水平、节约人工等有着非常重要的意义。

红外计数器利用红外线发射管和接收管实现对产品的实时计数，计数信号送传感器调理电路进行调理和转换，并送单片机或者其他数字信号处理电路处理后在 LED 上显示。红外计数器检测任务要求见表 5-10。

表 5-10 红外计数器检测任务要求

计数范围	最小测量间隔时间/ ms	自动清零功能	显示方式
0～999999	10	是	液晶显示

2. 主要器件选用

本任务中要用到的主要器件及其特性见表 5-11。

表 5-11 红外计数系统主要器件及其特性

主要器件	主要特性
红外线发射接收管 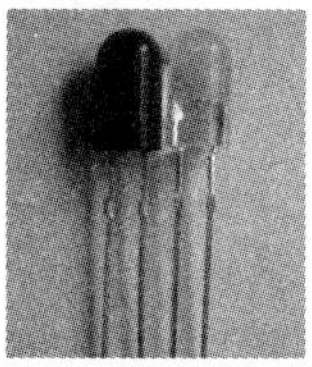 红外对管实物	IR333C-A 是一款不可见光的红外线光电产品，白色透明胶体，它是以 GaAs、GaAlAs 等半导体材料，用环氧树脂封装在金属支架上而成的光电元件，波长为 940nm，输出信号是单电源型，单通道，其外形和发光二极管(LED)相似，发出红外光(近红外线约 0.93μm)。管压降约 1.4V，工作电流一般小于 20mA。为了适应不同的工作电压，回路中常串有限流电阻。在很多电路中都是配对 PT333-6B(红外线接收管)使用。DIP2 脚，直径 5mm，脚间距 2.54mm
单片机 C8051F330	具体特性见项目 1 任务 1.1 中 C8051F330 单片机介绍
显示模块 12864	具体特性见项目 1 任务 1.1 中 12864 芯片介绍

5.3.3 任务实施

1. 任务方案

红外计数器原理框图如图 5.24 所示。系统由红外对管传感器、C8051F330 单片机和 12864 液晶显示模块构成。

【参考图文】

图 5.24 红外计数器原理框图

2. 硬件电路

红外计数器电路图如图 5.25 所示。电路主要由 3 部分组成：由红外对管将产品的数量信号转变成脉冲信号；将脉冲信号整形后输入单片机；由单片机 C8051F330、显示器 12864 及其外围电路实现对信号计数、处理和显示。

3. 电路调试

系统制作完成后，要对系统进行调试，包括硬件调试和软件调试及软、硬件联调。硬件调试和软件调试分别独立进行，可以先调试硬件再调试软件。在调试中找出错误、缺陷，判断各种故障，并对软硬件进行修改，直至没有错误。

提示

如果学生没有学过单片机相关知识，可以用万能板和相关器件(红外对管、电阻)搭建相关模拟电路，红外接收管的两脚间的电压受到红外线控制。

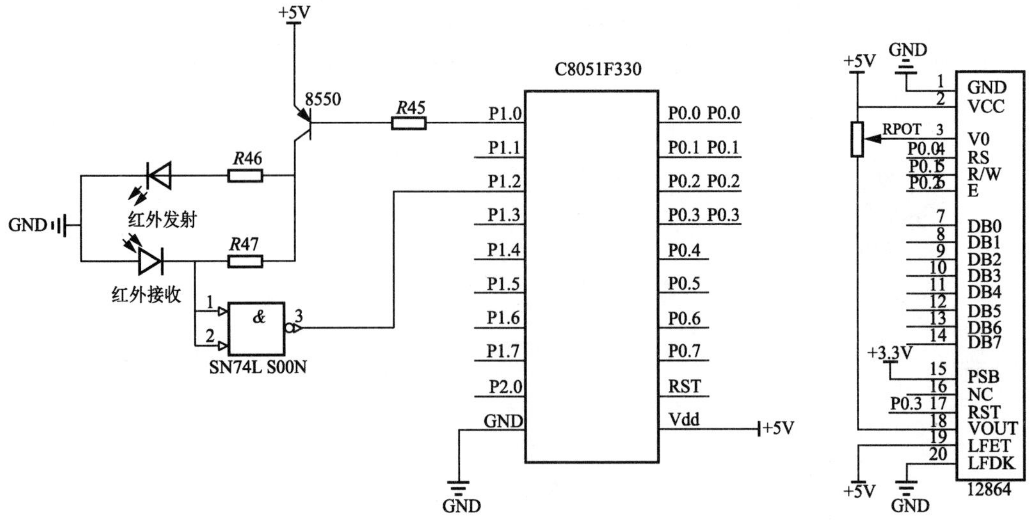

图 5.25　红外计数器电路图

在硬件调试过程中，接通电源后，用模拟物体遮挡红外线，检测红外接收管两脚电压是否变化，从此来判断红外接收管是否能够正常工作。并可以根据遮挡次数判断计数是否准确。

因电路中包含元器件较多，调试时可以分步进行，从信号源出发逐级完成调试。

测试结果填入表 5-12 中。产品的实际个数可以人工数出。

表 5-12　红外计数器测试数据

实际个数	测得个数	误差	实际个数	测得个数	误差

4. 应用注意事项

红外对管是红外传感器中最简单、最普通、最常用的传感器。红外对管的结构虽然简单，但在使用中仍然会出现各种问题，在使用时不注意，也会引起较大测量误差。在使用过程中要注意以下方面：

1) 红外对管的极性和极限工况

红外发射管和接收管都有正负极，长脚为正极，短脚为负极，表示长脚的电压要高于短脚，接反会烧毁红外对管。红外对管在工作过程中其各项参数均不得超过极限值，因此在代换选型时应当注意原装管子的型号和参数，不可随意更换。另外，也不可任意变更红外发射管的限流电阻。极限参数包括以下几个方面，允许功耗 P_{m}，最大瞬间电流 I_{FP}，最大正向电流 I_{FM}，最大反向电压 V_{Rm}，工作温度 T_{opm}。

红外对管封装材料的硬度较低，耐高温性能不是很好，为避免损坏，焊点应当远离引脚的根部，焊接温度也不能太高，焊接时间不宜过长，最好用金属镊子夹住引脚的根部，以帮助散热。另外引脚弯折定型应当在焊接之前完成，焊接期间管体与引脚均不得受力。

红外对管应保持清洁、完好状态，尤其是其前端的球面形发射部分不能存在污染物，更不能受到摩擦损伤，否则，发出的红外光将产生反射及散射现象，直接影响红外光的辐射，可能会降低灵敏度和作用距离，也有可能完全失效。

2) 红外线的传输路径和红外干扰

典型的红外线波长有 850nm、875nm、940nm，波长很短，因此指向性很好。在红外对管较远距离放置时，要非常注重两两相对，否则会降低传输距离。在红外线传输路径上，不能有其他异物，否则会遮挡红外线。

红外线也比较容易受到干扰，如附近其他设备发射的红外线、空间反射的红外线(可用家庭电视遥控器做验证)都是干扰源。在应用过程中，主要采用两种方法：一种是给发射管和接收管加筒形指向器，使红外传输集中在指向器方向，排除这些干扰；另一种是用编码的办法，给红外线进行编码传输，也可以较为有效地降低干扰。

【参考图文】

5.3.4 知识链接

红外线(infrared)是波长介于微波与可见光之间的电磁波，波长在 760nm～1mm，比红光长的非可见光。红外线发射管(IR LED)也称为红外线发射二极管，属于二极管类。它是可以将电能直接转换成近红外光(不可见光)并能辐射出去的发光器件，主要应用于各种光电开关、触摸屏及遥控发射电路中。红外线发射管的结构、原理与普通发光二极管相近，只是使用的半导体材料不同。红外发光二极管通常使用砷化镓(GaAs)、砷铝化镓(GaAlAs)等材料，采用全透明或浅蓝色、黑色的树脂封装。红外线接收管是专门用来接收和感应红外线发射管发出的红外线光线的。红外线接收管功能与光敏接收管相似只是不受可见光的干扰，感光面积大，灵敏度高，属于光敏二极管，一般只对红外线有反应。一般情况下都是与红外线发射管成套运用在产品设备当中，所以常称为红外对管。

1. 红外光电传感器的基本原理

红外光电传感器是采用光电元件作为检测元件的传感器。它首先把被测量的变化转换成光信号的变化，然后借助光电元件进一步将光信号转换成电信号。光电传感器在一般情况下由 3 部分构成，它们分为发送器、接收器和检测电路，如图 5.26 所示。

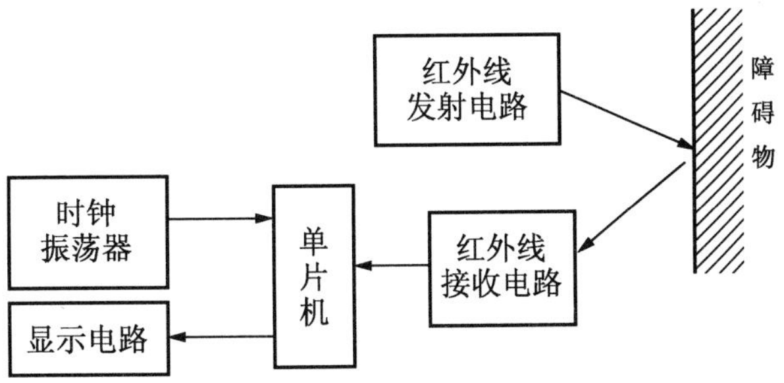

图 5.26 红外光电传感器组成

发送器对准目标发射光束，发射的光束一般来源于半导体光源，即发光二极管(LED)、激光二极管及红外发射二极管。光束不间断地发射，或者改变脉冲宽度。接收器由光敏二极管、光敏晶体管、光电池组成。在接收器的前面，装有光学元件，如透镜和光圈等。在其后面是检测电路，它能滤出有效信号和应用该信号。此外，光电开关的结构元件中还有发射板和光导纤维。三角反射板是结构牢固的发射装置。它由很小的三角锥体反射材料组成，能够使光束准确地从反射板中返回，具有实用意义。它可以在与光轴0°～25°的范围内改变发射角，使光束几乎是从一根发射线发出，经过反射后，还是从这根反射线返回。

2. 红外光电传感器的分类和工作方式

1) 槽型光电传感器

把一个光发射器和一个接收器面对面地装在一个槽的两侧的是槽形光电。发光器能发出红外光或可见光，在无阻情况下光接收器能收到光。但当被检测物体从槽中通过时，光被遮挡，光电开关便动作，输出一个开关控制信号，切断或接通负载电流，从而完成一次控制动作。槽形开关的检测距离因为受整体结构的限制一般只有几厘米。

2) 对射型光电传感器

若把发光器和接收器分离开，就可使检测距离加大。由一个发光器和一个接收器组成的光电开关就称为对射分离式光电开关，简称对射式光电开关。它的检测距离可达几米乃至几十米。使用时把发光器和接收器分别装在检测物通过路径的两侧，检测物通过时阻挡光路，接收器就动作输出一个开关控制信号。

3) 反光板型光电传感器

把发光器和接收器装入同一个装置内，在它的前方装一块反光板，利用反射原理完成光电控制作用的称为反光板(反射式或反射镜反射式)光电开关。正常情况下，发光器发出的光被反光板反射回来并被接收器收到；一旦光路被检测物挡住，接收器收不到光时，光电开关就动作，输出一个开关控制信号。

4) 扩散反射型光电传感器

扩散反射型光电传感器的检测头里也装有一个发光器和一个接收器，但前方没有反光板。正常情况下发光器发出的光接收器是找不到的。当检测物通过时挡住了光，并把光部分反射回来，接收器就收到光信号，输出一个开关信号。

5) 光纤式光电传感器

光纤式光电开关把发光器发出的光用光纤引导到检测点，再把检测到的光信号用光纤引导到光接收器，就组成了光纤式光电开关。按动作方式的不同，光纤式光电开关也可分成对射式、反光板反射式、扩散反射式等多种类型。红外光电传感器除能测量光强之外，还能利用光线的透射、遮挡、反射、干涉等测量多种物理量，如尺寸、位移、速度、温度等，因而是一种应用极广泛的重要敏感器件。光电测量时不与被测对象直接接触，光束的质量又近似为零，在测量中不存在摩擦，对被测对象几乎不施加压力。因此在许多应用场合，红外光电传感器比其他传感器有明显的优越性。

3. 常用红外对管的种类

红外发光二极管的结构、原理同普通发光二极管相近，只是使用的半导体材料不同。红外发光二极管通常使用砷化镓、砷铝化镓等材料，采用全透明或浅蓝色、黑色的树脂封装。常用的红外发光二极管有 SIR 系列、SIM 系列、PLT 系列、GL 系列、HIR 系列和 HG 系列等。常用红外接收管有 PT/PD 系列、IRM 系列、TSOP 系列、SFH 系类、BPX 系列等。

5.3.5 任务总结

通过本任务的学习，应掌握红外对管的基本工作原理、结构类型、典型电路和应用注意事项等知识重点。

通过本任务的学习，应掌握如下实践技能：①正确分析、制作与调试红外对管应用电路；②根据设计任务要求，完成硬件电路相关元器件的选型，并掌握其工作原理。

5.3.6 请你做一做

(1) 上网查找 3 个以上红外传感器生产企业，了解这些企业生产的产品的应用领域及产品的特色。

(2) 动手设计一个红外防盗阵列。

阅读材料 1 国内超声波研究现状

近十年来，国内科研人员在超声波回波信号处理方法、新型超声波换能器研发、超声波发射脉冲选取等方面进行了大量理论分析与研究，并针对超声测距的常见影响因素提出温度补偿、接收回路串入自动增益调节环节等提高超声波测距精度的措施。

1. 超声波回波信号处理方法

超声波测距中，超声波回波处理方法的优劣，直接关系到回波前沿的定位精度和渡越时间的测量精度，进而决定着超声波探测定位系统的精度和反应速度。近年来，童峰、Yang Yichun、程晓畅等先后在该方面做了大量研究。童峰等提出最小均方自适应时延估计(LMSTDE)的算法。该算法消去了实际换能器与理想换能器的频率特性差，消除了信道由于斜向入射产生的传递特性对输出信号产生的影响，使整个系统保持平坦的频率响应，而且输出均方误差最小。但该算法计算量太大，特别在自适应滤波器的阶数较高时，计算量会明显增加。

Yang Yichun 等针对传统相关计算法在信号的采样频率很低时计算得出的相关函数分辨率低这一不足，提出了基于修正的线性调频变换和相关峰细化原理的精确时延估计快速算法，精确计算相关函数的峰，使得低采样信号的时延估计精度得以提高，并且不受采样率的限制。

程晓畅等针对常规相关峰插值方法在多倍插值的情况下，计算复杂、时延估计精度差等缺陷，结合超声回波信号的窄带通特性和相关峰细化原理，提出了直接提取相关函数包络和包络峰细化的算法，并分析了计算复杂度；并且还针对超声波换能器的带宽特性和单脉冲回波特性，对 M 序列参数设计方法进行了分析。他们借鉴雷达信号处理中的脉冲压缩技术，提出了基于 FFT 的伪随机码包络相关快速时延估计的算法，将信号解调与匹配相关融合，减少了计算量。这 3 种算法均属于互相关函数算法，与传统互相关函数算法相比，它们均在提高时延估计精度的同时，避免了计算量的大幅增加。

卜英勇等根据回波信号的传输特征，利用小波分析法对回波信号进行运算处理，提出了基于小波包络原理的峰值监测方法。小波分析法是一种针对信号的时间-尺度(时间-频率)进行分析的方法，可以获得平滑、有效的回波包络曲线，进而利用峰值检测法确定回波前沿的到达时刻，具有高分辨率的优点。

赵海鸣等提出通过双比较器整形结合软件确定回波前沿的测量方法，在一定程度上消除了由于回波信号强弱变化而造成的测量时间的误差，从而提高测量精度，使在空气中近距离测量的精度可达到厘米级。

付华等尝试利用 Elman 反馈神经网络逼近真实函数，以期望提高避障系统的测量精确度，降低避障系统的误判率。Elman 网络隐层采用了“tansig”激活函数，输出层选用了“pureline”激活函数，从而只要有足够的隐层神经元个数，网络就能够以任意精度逼近任意函数。试验证明，该方法在对超声波测距传感器进行温度、湿度补偿后，其测量精度提高了两个数量级。

陈先中等基于能量重心校正法和最小二乘法的原理，提出了一种改进型椭圆中心超声回波寻峰的算法，即通过曲线拟合搜索回波信号能量集中点——椭圆中心点，进而找到回波信号的峰值点。与包络线法和三次多项式法相比，此算法相对误差稳定在 0.2%，适用于高精度工业测量。

目前，国内学者对超声波回波信号处理算法的研究已经日渐成熟，但其作为超声波探测定位的关键技术，仍将是一个重要的研究方向。

2. *新型超声波换能器研发*

随着超声波回波信号处理方法的不断完善，如何研发新型、高性能超声波换能器以进一步拓宽超声波测距的应用空间，作为解决超声波测距系统不足的根本手段，越来越受到国内学者关注。

通过对以 Vmos 场效应管为开关元件的超声波发射电路进行分析，马庆云等发现激励脉冲宽度对超声波换能器的发射功率影响极大，换能器取得最大发射功率所对应的激励脉冲宽度为其谐振周期的一半。该分析结果对新型超声波换能器的发射电路的设计具有一定的指导作用。针对传统连续调频超声波系统需要使用宽带超声传感器的不足，李希胜等提出了一种连续窄带调频超声波测距方法。该方法可以利用较低的瞬时超声波功率实现较高的平均发射功率，从而利用普通超声波传感器来组成超声波发射-接收传感器对，避免了使用价格昂贵的宽带超声波传感器。

目前国产低功率超声波探头，一般不能用于探测 15m 以外的物体，美国 AIRMAR 公司生产的 Airducer AR30 超声波传感器的作用距离可达 30m，但价格较高。潘仲明等对大作用距离超声波传感技术进行研究，研制了谐振频率为 24.5kHz 的新型超声波传感器，其作用距离超过了 32m，测量误差小于 2%。廖一等提出利用弯曲振动换能器改善声匹配，将气介超声波换能器的最大探测距离提高到 35m。

现阶段，国内一些科研人员在超声波发射电路的简化、发射功率和频率的控制、最大探测距离的提高等方面对新型超声波换能器进行研究并取得了一定成果，但对新型超声波换能器制作材料、超声波发生机理创新等方面的研究尚有不足。

3. 超声波发射脉冲选取

目前市场上普通的超声波测距系统，一般采用发射单超声波脉冲的方法，这种方法在测距精度和可靠性等方面的研究已较成熟。但是当它采用较高频率超声波时，会因空气吸收而较快衰减，导致有效测量距离降低；在通过降低频率以增大测距范围时，测距的绝对误差又会增大。因而该方法存在测量分辨力和有效作用距离的矛盾，极大地制约了超声波传感器应用领域的拓宽。

近年来，如何合理选择超声波发射脉冲，可以使超声波测距系统在提高有效作用距离的同时，相应提高测量精度与抗干扰能力，成为超声波测距技术的又一个重要研究方向。针对此点，程晓畅借鉴雷达信号处理中的脉冲压缩技术，率先提出通过选用伪随机二进制序列作为超声波发射的脉冲压缩信号，并在接收端对回波进行处理，从而获得窄脉冲的方法。杜晓等则兼顾测距范围和精度，提出通过采用 40kHz 与 20kHz 两种超声波同时测距的双频超声波测距方法。脉冲压缩技术与双频超声波测距技术在超声波测距中的应用，在一定程度上使超声波测距系统同时具备了窄脉冲的高分辨力和宽脉冲的强检测能力，但仍旧不能满足高精度测量的要求。

阅读材料 2　国外几何测量设备现状和发展趋势

1. 国外几何测量设备发展现状

1) 高精度、多维化测量

传统的基于直角坐标的三坐标测量机经过 50 多年的发展，技术愈加成熟，测量更加快捷，测量功能也更加强大。英国 Renishaw 公司最近推出了革命性的五轴扫描技术，是近 20 年来在坐标测量机(CMM)技术上的最大进步。Renscan5 是一种新型支持性技术，它能够在坐标机上进行高精度、超高速五轴扫描测量，Renscan5 技术的引入使一系列测量速度高达 500mm/s 的突破性五轴扫描产品得以推出。最早使用 Renscan5 技术的产品是 REVO™，该测量机在其两回转轴上采用了超硬球形成空气轴承技术，能够提供一个刚性的测量平台，REVO™ 的测座在执行扫描时采用同步移动，能够快速地跟踪零件几何形状的变化，从而降低了因移动较大的 CMM 主体结构而引起的动态误差。

2) 非接触式高速测量

在机械加工过程中，大型复杂零件的测量大都要求采用高速获取三维位置数据的测试手段，目前还主要依赖带有多关节或水平悬臂式接触测头的三坐标测量机进行测量，但接触式测量方法在测量大型复杂零件时，测量效率和测量精度会受到诸多因素影响。近年来，利用光学原理而成的激光非接触测量技术逐步在西方欧美国家得到应用。美国 ZYGO 公司最新推出型号为 NEW VIEW7000 系列的三坐标表面形状测量机。它具有扫描速度快、范围大、测量精度高和分辨高的优点，其纵向分辨率为 0.1nm，可高速测量精密加工零件的微细形状，其最大测量范围为 150mm×150 mm，Z 轴最大测量范围为 100mm，同时该测量机利用具有白色光干涉条纹的相位调制干涉方式和独家开发的高速解析软件 MetroProTM，操作简单，自动化程度更高。

3) 现场在线测量

随着现代制造业的快速发展，逐步呈现出与传统制造业不同的设计理念和制造技术，测量已经不仅局限为最终产品的一种评定手段，更重要的是随着计量手段和丰富的测量软件的发展，测量技术也逐步呈现出为产品设计、制造过程提供完备的过程参数和环境参数，使产品设计、制造过程和检测手段充分集成，形成一体的具备自主感知一定内外环境参数，并能作出相应调整的“智能制造系统”，测量技术也随之从“非现场”“事后”测量进入制造现场，参与制造过程，实现在线测量技术。英国 Renishaw 公司新开发的 NCI 非接触工具测量系统，主要用于机床上工具的调整和运转状况监视。该系统应用了可视激光，便于对工具位置进行随机测量，可缩短定位时间和防止因工具不当而产生的加工失误，使加工效率和加工质量得到进一步提高。OPTON 公司展出一种高速 Moire3D 摄像机，它可高速获取一定范围内的形状数据，并进行计算，实时显示测量结果。该机可在 2s 内测量 50mm×50mm～1000mm×1000mm 范围内的形状。例如，可用于振动、位移解析或波面的观察、在线测量等领域。

2. 国外几何测量设备发展趋势

工程技术的发展及制造业的进步，深刻影响着测量技术和测量仪器的研究。随着光机电一体化、系统化的发展，近年来利用光学原理的激光非接触测量已经得到广泛应用，其高速度、高精度及高效率将成为当今最好的测量技术，同时，它的使用克服了以前接触测量难以解决的难题。如随着非接触、高精度、高效率测量机的大量出现，测量技术的发展方向大致如下：

(1) 测量精度由微米级向纳米级发展，测量分辨力进一步提高。

(2) 由点测量向面测量过渡(即由长度的精密测量扩展至形状的精密测量)，整体测量精度提高。

(3) 随着图像处理等新技术的应用，遥感技术在精密测量工程中将得到推广和普及。

(4) 测量机将向着功能综合化方向进一步发展，一是提高测量机的功能，增加检测项目；另一方面是扩大检测范围，一台测量机配有多个方式不同的检测器，可分别检测不同的测量对象。

小　　结

本项目结合物位测量传感器的典型应用介绍了电容式传感器、超声波传感器、红外对管这几类常用的物位测量方法的工作原理和典型电路，并给出了液位自动检测、超声波测距系统、红外计数器的典型应用案例，从任务目标、任务分析、任务实施、知识链接、任务总结等几个方面加以详细介绍，给大家提供了具体的设计思路。

习题与思考

1. 什么是电容？试说明电容测液位的原理。
2. 电容式传感器的主要特性是什么？
3. 红外计数传感器的原理是什么？
4. 试用电容式传感器设计制作一个界面(油、水)测量电路。
5. 怎样提高红外传感器测量的可靠性？
6. 试采用红外传感器设计一个短距离光通信电路。

【参考图文】

项目 6

环境量检测

教学目标

本部分内容中，给出了 3 个常见的环境量测量子任务：农业大棚湿度检测、酒精含量检测和光照度检测，从任务目标、任务分析到任务实施，介绍了 3 个完整的检测系统，并给出了应用注意事项；在任务知识链接中分别介绍了湿敏传感器、气敏传感器和光敏传感器的基本工作原理、结构类型、典型电路和应用注意事项等，同时在最后给出了光纤传感器的阅读材料，以供学生扩大对现代传感器的认识。

通过本项目的学习，要求学生了解常用环境量检测传感器的类型和应用场合，理解并掌握其基本工作原理；熟悉湿敏传感器、气敏传感器和光敏传感器的相关知识，包括检测原理、结构类型、典型电路和应用注意事项等；能正确分析、制作与调试相关应用电路，根据设计任务要求，完成硬件电路相关元器件的选型，并掌握其工作原理。

教学要求

知识要点	能力要求	相关知识
湿敏传感器	(1) 了解常见湿敏传感器的种类和应用场合； (2) 理解并掌握常用湿敏传感器的基本工作原理、典型测量电路及应用注意事项； (3) 了解湿敏传感器的发展	(1) 湿度； (2) 相对湿度； (3) 湿敏电阻； (4) 电容式湿敏传感器
湿敏传感器的典型应用	(1) 熟悉湿度测量的基本应用电路； (2) 正确分析、制作与调试相关测量电路； (3) 根据设计任务要求，能完成硬件电路相关元器件的选型，并掌握其工作原理	(1) 电阻式湿敏传感器湿度测量； (2) 电容式湿敏传感器湿度测量
气敏传感器	(1) 了解常见气敏传感器的种类和应用场合； (2) 理解并掌握常用气敏传感器的基本工作原理、典型测量电路及应用注意事项； (3) 了解气敏传感器的发展	(1) 酒精传感器； (2) 气敏传感器
气敏传感器的典型应用	(1) 熟悉气体浓度测量的基本应用电路； (2) 正确分析、制作与调试相关测量电路； (3) 根据设计任务要求，能完成硬件电路相关元器件的选型，并掌握其工作原理	(1) MQ-3 酒精含量测量； (2) 可燃性气体检测； (3) 有害气体检测

续表

知识要点	能力要求	相关知识
光敏传感器	(1) 了解常见光敏传感器的种类和应用场合； (2) 理解并掌握常用光敏传感器的基本工作原理、典型测量电路及应用注意事项； (3) 了解光敏传感器的发展	(1) 光电效应； (2) 光敏电阻； (3) 光敏二极管； (4) 光敏晶体管； (5) 光电池
光敏传感器的典型应用	(1) 熟悉光照度测量的基本应用电路； (2) 正确分析、制作与调试相关测量电路； (3) 根据设计任务要求，能完成硬件电路相关元器件的选型，并掌握其工作原理	(1) 光敏电阻开关电路； (2) 光照度检测

项目背景

自然环境是环绕人们周围的各种自然因素的总和，如大气、水、植物、动物、土壤、岩石矿物、太阳辐射等，是人类赖以生存的物质基础。环境量主要包括环境温湿度、气体浓度和光照度等物理量，与人类的生产、生活有着密切的关系，同时也是工农业生产中最基本的环境参数。在机械、电子、石油、化工等各类工业和农业中广泛需要对温度、湿度等环境量进行检测与控制。例如，在设施农业中为给农作物生长提供最适宜的生长环境，使其处于最佳生长状态，必须利用环境监测和控制技术，对温度、湿度、光照、二氧化碳浓度等环境量进行测控(图 6.1)，此时会用到环境量检测传感器。

(a) 温湿度检测仪

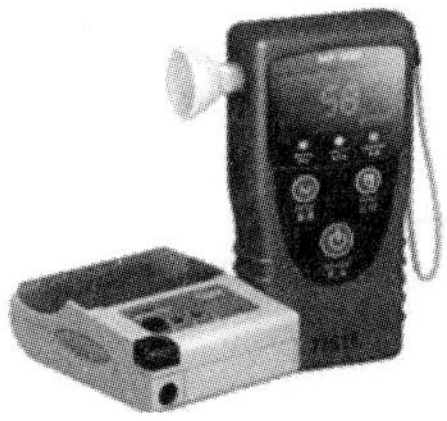

(b) 酒精浓度检测仪

【参考图文】

(c) 煤气检测仪

(d) 小型气象站

图 6.1　环境量的检测

环境湿度在人们生活和工农业生产及储藏等方面起着重要的作用。空气中的湿度大小，与人体健康有着密切的关系。冬季，在室温较高的干燥房间里，人们会觉得口干舌燥；

而在多雨的夏季里，人们又会感到闷热难耐。这是因为前者空气湿度过小，后者空气湿度过大造成的。化工电子行业在原料仓库、生产车间、成品仓库和运输过程中，对环境温湿度有着严格的要求。潮湿是电子产品质量的致命敌人，温湿度控制不当会造成品质不稳定甚至产生废品。由此可见，对环境湿度的检测和控制甚为重要。

在日常生活和生产活动中人们经常会接触到各式各样的气体，这些气体与人们的生命财产息息相关。譬如在室内环境中若房屋装修中的甲醛超标会影响人们的身体健康，家用煤气泄漏同样会引起人体煤气中毒，甚至引发爆炸和火灾。若能对空气中的有害气体进行实时监测，在超过浓度界限时予以预警提示，则可以大大减少不必要的人员伤亡和财产损失。因此，对人类生产和生活环境中的各种易燃易爆或有毒气体进行较准确的分析检测，控制有毒气体排放，或者超界预警提示有着非常重要的意义。

随着化石能源的枯竭，人类生存、社会发展不断需要新能源。光能是近几年发展起来的一种最主要、最清洁可再生的新能源。随着光敏传感器的发展，目前太阳能转换技术日趋成熟，应用规模越来越大，应用领域已扩大到纺织、造纸、印刷、医疗、环境保护等领域。光照强度是指单位面积上所接受可见光的能量，其大小对植物的光合作用、光电器件的光电效应有着很大的影响。因此光照强度的检测具有非常实用的价值。

任务 6.1　农业大棚湿度检测(湿敏传感器)

6.1.1　任务目标

通过本任务的学习，掌握湿度测量的基本原理、方法及湿度的相关知识；了解湿敏传感器的结构、类型，以及常用湿敏传感器的特点、适用环境和注意事项；要求通过实际设计和动手制作，能根据测量环境正确选择湿敏传感器类型，并按要求设计接口电路，完成电路的制作与调试，实现农业大棚内湿度的测量。

6.1.2　任务分析

1. 任务要求

农业大棚是为农作物提供反季节生长环境，并为农作物的生长提供最佳生长环境的基础农业设施。水分是植物光合作用的原料之一，空气相对湿度可直接影响叶片气孔的开合程度。相对湿度越大，气孔打开的程度越高。农业大棚内要求保持适宜温室植物生长的湿度，保证植物生长所需的水分，当湿度偏高或偏低时有调节的能力。

图 6.2　湿度检测仪

农业大棚湿度检测仪(图 6.2)利用湿敏传感器对农业大棚内湿度进行实时检测，采集到的湿度信号送传感器调理电路进行调理和转换，并送单片机处理后在 LCD 上显示。农业大棚湿度检测任务要求见表 6-1。

表 6-1　农业大棚湿度检测任务要求

检测范围/(%RH)	测量精度要求/(%)	刷新时间间隔/s	显示方式
1～99	±3	5	液晶显示

2. 主要器件选用

目前湿度测量的方法主要有干湿球法和电子式湿敏传感器法。干湿球法在实际使用中维护简单，但需要手工计算获得湿度数据，不适用于农业大棚的实时监控应用场合。电子式湿敏传感器法兴起于 20 世纪 90 年代，随着湿敏传感器向集成化、智能化方向的发展，电子式湿敏传感器性能大幅提升，能捕捉空气湿度的微量变化，具有反应灵敏、滞后时间短、线性好、误差小、年漂移小等优点。本系统选用 HS1101 电容式湿敏传感器、单片机、LCD 等元器件组成农业大棚湿度检测系统，主要器件及其特性见表 6-2。

表 6-2　农业大棚湿度检测系统主要器件及其特性

主要器件	主要特性
湿敏传感器  HS1101 湿敏传感器	基于独特工艺设计的固态聚合物结构，在电路中等效于一个电容器，其电容随所测空气的相对湿度增大而增大。该电容式湿敏传感器响应时间快，具有长时间的稳定性和高性能的可靠性，同时在标准环境下使用不需要进一步校正。HS1101 主要特性参数见表 6-3，图 6.3 为其特性曲线
单片机  AT89S52	AT89S52 是一种低功耗、高性能 CMOS8 位微控制器，使用 Atmel 公司高密度非易失性存储器技术制造，与工业 80C51 产品指令和引脚完全兼容。片上 Flash 允许程序存储器在系统可编程，亦适于常规编程器。 AT89S52 具有以下标准功能：8KB Flash，256 字节 RAM，32 位 I/O 口线，看门狗定时器，2 个数据指针，3 个 16 位定时器/计数器，一个 6 向量 2 级中断结构，全双工串行口，片内晶振及时钟电路
显示模块 12864	具体特性见项目 1 任务 1.1 中 12864 芯片介绍

表 6-3　HS1101 主要特性参数

特征参数	符号	最小值	最大值	典型值
工作温度/℃	T	-40	100	
湿度测量范围/(%)	RH	1	99	
供电电压/V	V_s		10	5
标称电容/pF	C	177	183	180
反应时间/s	t			5
曲线精度(10%～90% RH)				±2%

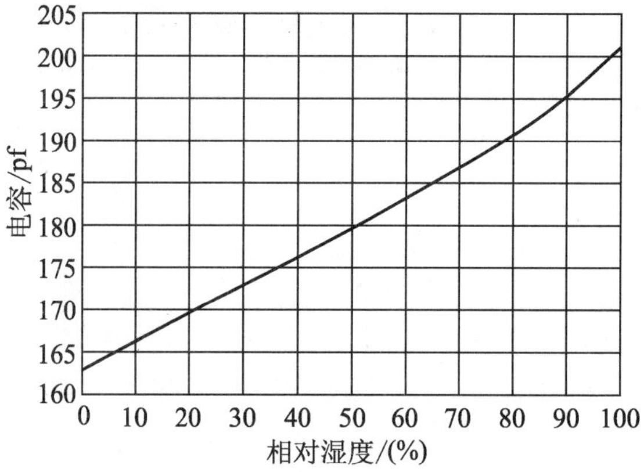

图 6.3　HS1101 特性曲线

6.1.3　任务实施

1. 任务方案

基于 HS1101 的农业大棚湿度检测系统原理框图如图 6.4 所示。系统主要由信号采集模块、信号处理模块、微处理器、显示模块和声光报警模块构成。

【参考图文】

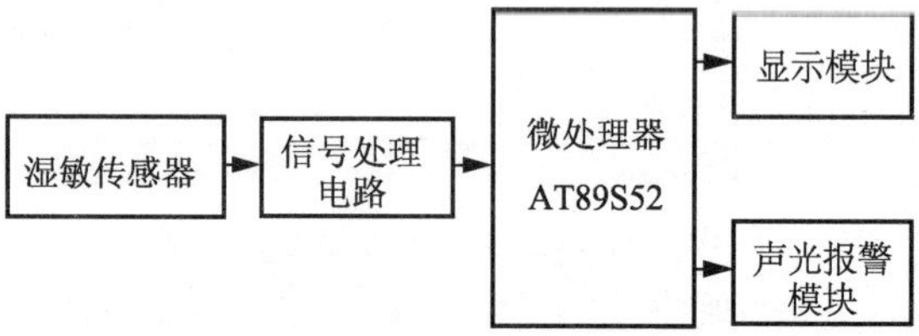

图 6.4　农业大棚湿度检测系统原理框图

2. 硬件电路

基于 HS1101 的农业大棚湿度检测系统硬件电路如图 6.5 所示。电路中电容式湿敏传感器 HS1101 将被测环境相对湿度大小转换成相对应的电容量，当相对湿度在 0%～100%RH 范围变化时，传感器的电容值变化范围如图 6.3 所示。将 HS1101 置于 555 振荡电路中，将其电容值大小转换为电压频率信号，该频率信号经单片机采集转换可测得农业大棚的环境湿度。液晶显示、声光报警电路实现大棚内湿度的显示和报警。

3. 电路调试

电路调试主要通过硬件调试和软件调试两部分来完成。硬件调试通过通电前检查和通电检测两步来完成。

1) 通电前检查

电路板焊接完后，在上电之前完成以下检查：

(1) 连线是否正确。检查连线是否正确，包括错线、少线和多线。

(2) 元器件安装情况。主要检查硬件引脚之间是否有短路，连接处有无接触不良；检查 HS1101、LED0、1N4148 等元件引脚是否对应。

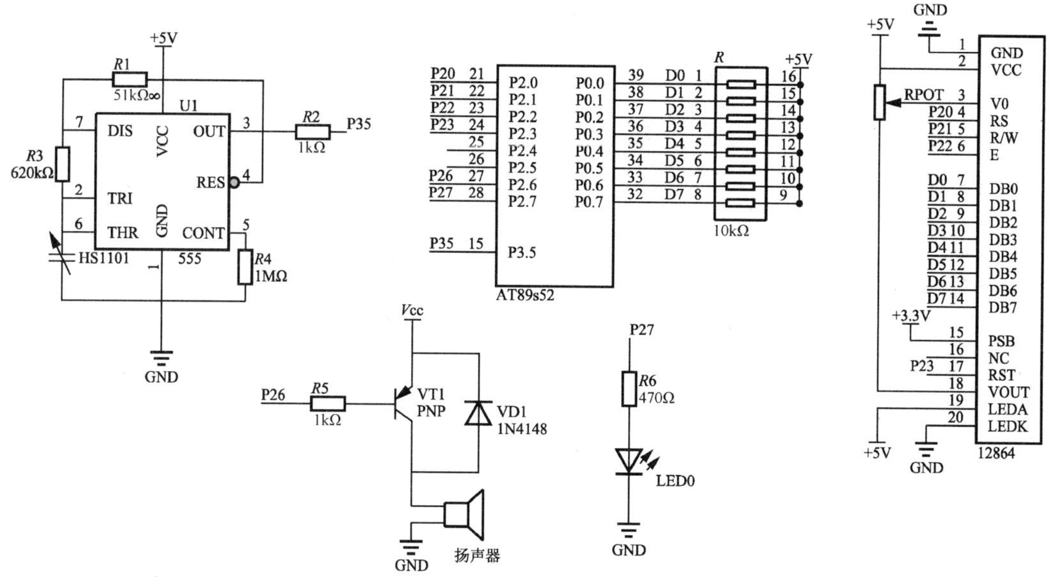

图 6.5　湿度检测系统硬件电路图

2) 通电检测

通电检测主要完成以下检测：

(1) 通电观察。通电观察电路有无异常现象(如有无冒烟、有无异常气味、集成电路是否发烫等)。如果出现异常现象，应立即关断电源，待排除故障后再通电。

(2) 通电测试。首先用万用表测试电路中各电源、接地节点电位是否准确，然后测试 P35 节点是否为频率信号。

软件调试可以先编写显示程序并进行硬件的正确性检验，然后分别进行主程序、从程序的编写和调试。

4. 测试数据记录

农业大棚湿度检测系统性能测试可用制作的湿度计和已有的高精度湿度计(如罗卓尼克 HP22-A)同时测量进行比较，测试结果填入表 6-4 中。

表 6-4　大棚湿度检测系统测试数据　　(单位：%RH)

实际湿度	测得湿度	误差	实际湿度	测得湿度	误差

提示

如果学生没有学过单片机相关知识，可以用万能板和相关器件(HS1101 及相关器件)搭建湿度检测电路，输出的频率信号可由计数器采集。根据湿度与频率关系计算出环境湿度。在该电路基础上增加继电器等控制电路可以实现农业大棚的湿度控制。

5. 应用注意事项

湿敏传感器能够准确地感测环境中的湿度，目前在食品保护、环境检测等方面有着重要的应用。在使用湿敏传感器时应充分了解湿敏传感器的结构、特性，同时注意以下事项：

(1) 应根据使用环境和测量精度要求选择合适型号的湿敏传感器。

(2) 湿敏传感器是非密封性的，为保护测量的准确度和稳定性，应尽量避免在酸性、碱性及含有机溶剂的气氛中使用。

(3) 为正确反映欲测空间的湿度，还应避免将传感器安放在离墙壁太近或空气不流通的死角处。如果被测的房间太大，应放置多个传感器。

(4) 有的湿敏传感器对供电电源要求比较高，使用时应按照技术要求提供合适的、符合精度要求的供电电源。

(5) 传感器需要进行远距离信号传输时，要注意信号的衰减问题。当传输距离超过200m 以上时，建议选用频率输出信号的湿敏传感器。

6.1.4 知识链接

1. 湿度

湿度是表示大气干燥程度的物理量，表明大气中含有水蒸气的多少。在诸多的大气湿度表示方法中，经常使用的方法有绝对湿度、相对湿度和露点温度等。

1) 绝对湿度

绝对湿度是指在一定温度和压力条件下，单位体积的空气中所含水蒸气的质量，单位为 g/m^3，表示为

$$\rho_v = \frac{m}{V} \tag{6-1}$$

式中，ρ_v 为待测气体的绝对湿度；m为待测气体中的水汽质量；V为待测气体的总体积。绝对湿度的最大限度是饱和状态下的最高湿度。

2) 相对湿度

相对湿度是指空气中的绝对湿度与同一温度下的饱和绝对湿度的比值，常用 RH 表示。其表达式为

$$RH = \frac{\rho_v}{\rho_{max}} \tag{6-2}$$

式中，RH为待测气体的相对湿度；ρ_v 为某温度下待测气体的绝对湿度；ρ_{max} 为待测气体温度相同时的饱和绝对湿度。

3) 露点温度

露点温度指空气在水汽含量和气压都保持不变时，冷却到饱和时的温度，简称零点。气压一定时，露点的高低只与空气中的水汽含量有关，水汽含量越多，露点越高。

相对湿度给出大气的潮湿程度，在实际中通常使用相对湿度这一概念。

2. 湿敏传感器的定义及特性参数

湿敏传感器是指由湿敏元件和转换电路等组成，能将环境湿度转换为电信号的装置。湿敏传感器主要有如下特性参数：感湿特性、湿度量程、灵敏度、湿滞特性、响应时间、感湿温度系数等。

1) 感湿特性

感湿特性是指湿敏传感器的输出量(感湿特征量)与被测环境湿度间的关系。

2) 湿度量程

湿度量程是指湿敏传感器技术规范中所规定的感湿范围。全湿度范围用相对湿度0%～100%RH 表示，它是湿敏传感器工作性能的一项重要指标。

3) 灵敏度

感湿灵敏度简称灵敏度，又称湿度系数，是指在某一相对湿度范围内，相对湿度改变1%时，湿敏传感器电参量的变化值或百分率。

4) 湿滞特性

湿滞特性是指湿敏传感器在吸湿和脱湿两种情况下的感湿特性曲线不相重复的特性，一般形成一回线。

5) 响应时间

响应时间是指当环境湿度发生变化时，湿敏传感器完成吸湿或脱湿及动态平衡过程所需要的时间。一般响应时间以起始湿度和终止湿度变化区间的 90%的相对湿度变化所需时间来计算。

6) 感湿温度系数

感湿温度系数表示当湿度恒定时，温度每变化 1℃时所引起的湿敏传感器感湿特征量的变化量。

3. 常用湿敏传感器类型

目前常用的湿敏传感器种类很多，按测量原理，一般分为电容型、电阻型、离子敏型等；按敏感材料的性质分类主要有电解质型、陶瓷型、高分子型和半导体型等多种。图 6.6 所示为常见的湿敏传感器。

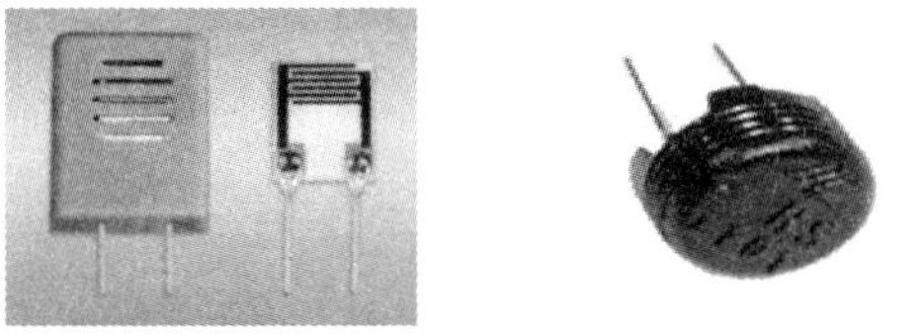

(a) HR202 湿敏电阻　　(b) HS1101 电容式湿敏传感器

图 6.6　常见湿敏传感器

下面主要介绍电阻型湿敏传感器。电阻型湿敏传感器是利用器件电阻值随湿度变化的基本原理来进行工作的，其感湿特征量为电阻值。

1) 电解质(氯化锂)湿敏电阻

氯化锂湿敏电阻是利用吸湿性盐类潮解，离子电导率发生变化而制成的测湿元件。它由引线、基片、感湿层与金属电极组成，如图 6.7 所示。

氯化锂通常与聚乙烯醇组成混合体，在氯化锂(LiCl)溶液中，锂和氯均以正负离子的形式存在，而 Li^+对水分子的吸引力强，离子水合程度高，其溶液中的离子导电能力与浓度成正比。当溶液置于一定温湿场中时，若环境相对湿度高，溶液将吸收水分，使浓度降低，因此，其溶液电阻率增高。反之，环境相对湿度变低时，则溶液浓度升高，其电阻率下降，从而实现对湿度的测量。氯化锂湿敏元件的电阻-湿度特性曲线如图 6.8 所示。

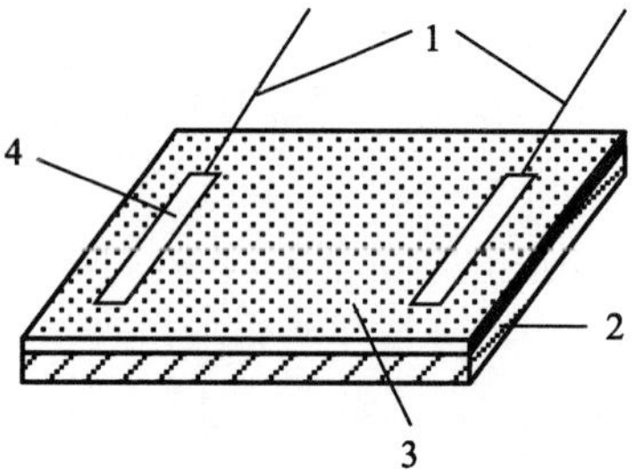

图 6.7　氯化锂湿敏电阻结构示意图

1—引线；2—基片；3—感湿层；4—金属电极

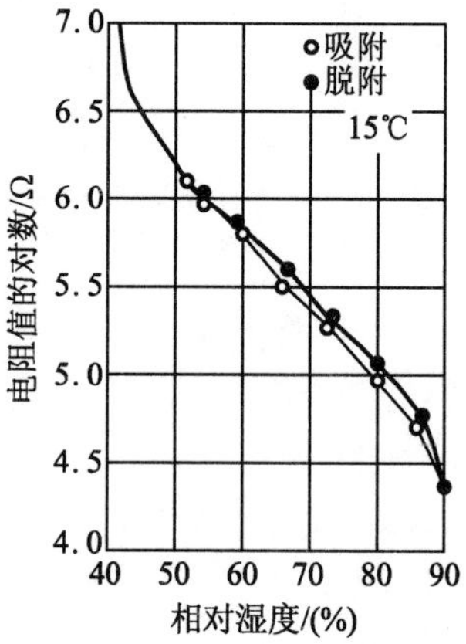

图 6.8　氯化锂湿敏电阻-湿度特性曲线

氯化锂湿敏元件的优点：滞后小，不受测试环境风速影响，检测精度高达±5%，但其耐热性差，不能用于露点以下测量，器件性能重复性不理想，使用寿命短。

2) 半导体陶瓷湿敏电阻

半导体陶瓷湿敏电阻通常用两种以上的金属氧化物半导体材料混合烧结而成多孔陶瓷，主要有 ZnO-LiO_2-V_2O_5 系、Si-Na_2O-V_2O_5 系、TiO_2-MgO-Cr_2O_3 系和 Fe_3O_4 等。前 3 种材料的电阻率随湿度增加而下降，称为负特性湿敏半导体陶瓷；最后一种的电阻率随湿度增加而增大，故称为正特性湿敏半导体陶瓷(简称半导瓷)。

(1) $MgCr_2O_4$-TiO_2 湿敏电阻。$MgCr_2O_4$-TiO_2 湿敏电阻是氧化镁复合氧化物-二氧化钛湿敏材料制成的多孔陶瓷型“湿-电”转换器件，是负特性半导瓷。$MgCr_2O_4$ 为 P 型半导体，它的电阻率低，阻值温度特性好。$MgCr_2O_4$-TiO_2 湿敏电阻结构如图 6.9 所示，图 6.10 所示为 $MgCr_2O_4$-TiO_2 系陶瓷湿敏传感器的电阻-湿度特性。

(2) ZnO-Cr_2O_3 陶瓷湿敏元件。ZnO-Cr_2O_3 湿敏电阻的结构是将多孔材料的电极烧结在多孔陶瓷圆片的两表面上，并焊上铂引线，然后将敏感元件装入有网眼过滤的方形塑料盒中用树脂固定，其结构如图 6.11 所示。ZnO-Cr_2O_3 传感器能连续稳定地测量湿度，而无须加热除污装置，因此功耗低于 0.5W，体积小，成本低，是一种常用的测湿传感器。

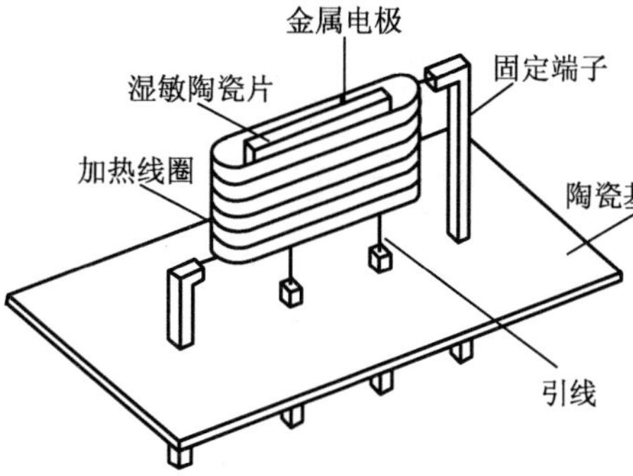

图 6.9　$MgCr_2O_4$-TiO_2 湿敏电阻结构示意图

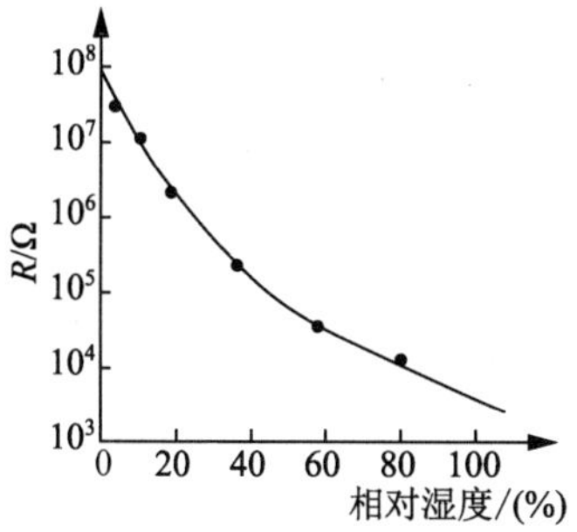

图 6.10　$MgCr_2O_4$-TiO_2 系陶瓷湿度传感器的电阻-湿度特性

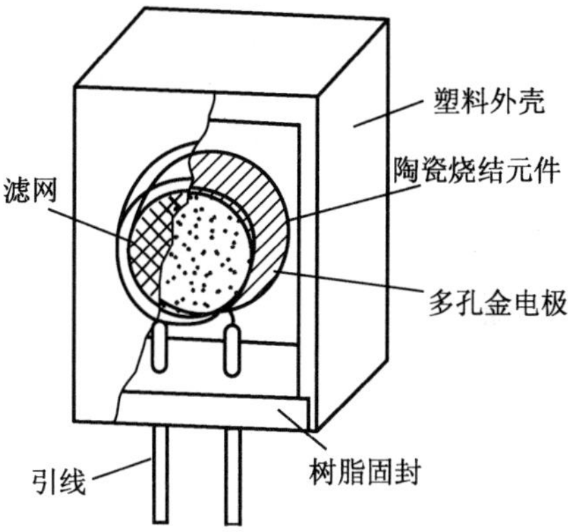

图 6.11　ZnO-Cr_2O_3 湿敏电阻结构示意图

4. 湿敏传感器测量电路

电阻式湿敏传感器，其测量电路主要有两种形式：电桥电路和欧姆定律电路。

1) 电桥电路

电桥测湿电路框图如图 6.12 所示。振荡器对电路提供交流电源。电桥的一臂为湿敏传感器，由于湿度变化使湿敏传感器的阻值发生变化，于是电桥失去平衡，产生信号输出，放大器可把不平衡信号加以放大，整流器将交流信号变成直流信号，由直流毫安表显示。振荡器和放大器都由 9V 直流电源供给。电桥法适合于氯化锂湿敏传感器。图 6.13 所示为便携式湿度计电路。

2) 欧姆定律电路

欧姆定律电路适用于可以流经较大电流的陶瓷湿敏传感器。由于测湿电路可以获得较强信号，故可以省去电桥和放大器，可以用市电作为电源，只要用降压变压器即可，其电路图如图 6.14 所示。

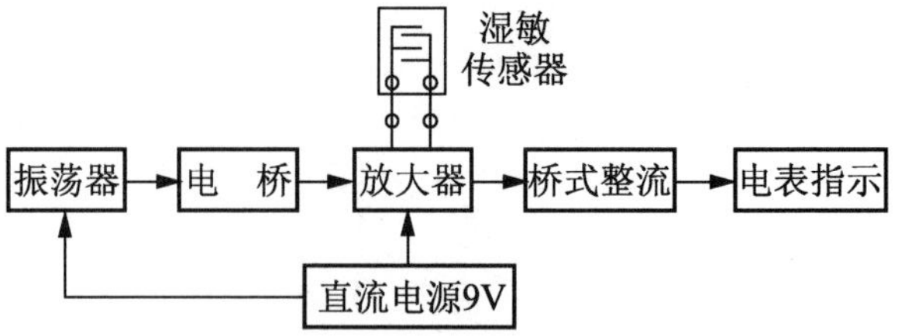

图 6.12 电桥测湿电路框图

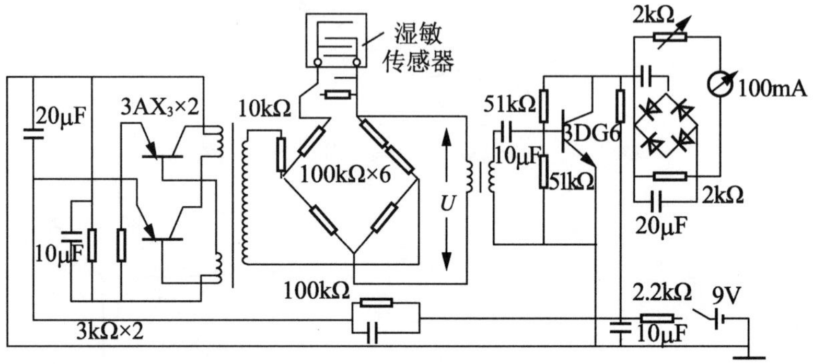

图 6.13 便携式湿度计电路

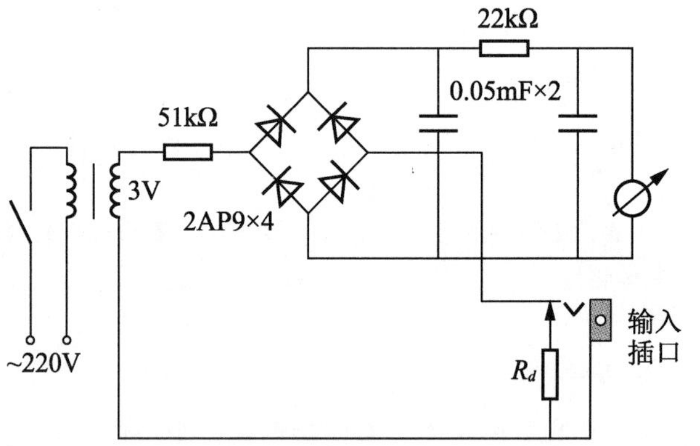

图 6.14 欧姆定律测湿电路

5. 湿敏传感器的应用——汽车后窗玻璃自动去湿装置

图 6.15 为汽车后窗玻璃自动去湿电路。图中 RH 为湿敏传感器，R_L 为嵌入玻璃的加热电阻，VT_1 和 VT_2 构成施密特触发电路，在 VT_1 基极 R_4、R_1 和 RH 组成偏置电路。在常温常湿情况下，由于 RH 较大，VT_1 处于导通状态，VT_2 处于截止状态，继电器 J 不工作，加热电阻无电流通过。当室外温差较大，并且湿度过大时，湿敏传感器 RH 的阻值减小，使 VT_1 处于截止状态，VT_2 翻转为导通状态，继电器 J 工作，其常开触点 J_1 闭合，加热电阻开始加热，后窗玻璃上的潮气被驱散。

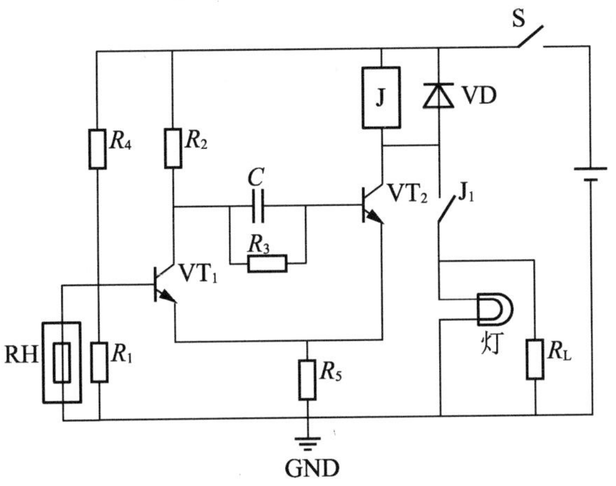

图 6.15　汽车后窗玻璃自动去湿电路

6.1.5　任务总结

通过本任务的学习，应掌握湿敏传感器的基本工作原理、结构类型、典型电路和应用注意事项等知识重点。

通过本任务的学习，应掌握如下实践技能：①正确分析、制作与调试 HS1101 应用电路；②根据设计任务要求，完成硬件电路相关元器件的选型，并掌握其工作原理。

6.1.6　请你做一做

(1) 上网查找 3 家以上生产湿敏传感器的企业，列出这些企业生产的湿敏传感器的型号、规格，了解其特性和适用范围。

(2) 动手设计一个大棚湿度控制电路。

任务 6.2　酒精含量检测(气敏传感器)

6.2.1　任务目标

通过本任务的学习，掌握气体浓度检测的基本原理和方法；了解气敏传感器的结构、类型，以及常用气敏传感器的特点、适用环境和注意事项；要求通过实际设计和动手制作，能正确选择气敏传感器，并按要求设计接口电路，完成电路的制作与调试，实现对驾驶员呼出气体酒精含量的测量。图 6.16 为酒精含量检测仪实物图。

图 6.16　酒精含量检测仪

6.2.2　任务分析

1. 任务要求

近年来，随着国内私家车数量的日渐增长，酒后驾车造成的交通事故也大幅增加，酒后驾驶严重危害着人们的生命和财产安全。目前酒精含量测试仪在交通管理部门中得到广泛使用，全世界大多数国家都采用呼气酒精含量测试仪来对驾驶人员进行现场检测，确定被测量者体内酒精含量的多少，以确保驾驶员的生命财产安全。

本任务设计的酒精含量检测仪利用酒精传感器和单片机对人呼出的气体进行酒精含量测量，采集到的浓度信号送单片机处理后在 LCD 上显示。酒精含量检测任务要求见表 6-5。

表 6-5　酒精含量检测任务要求

检测范围/(mg/mL)	测量误差/(%)	功能	显示方式
0.00～1.00	±3	仪器倒计时 30s 进行内部自检和预热；若检测到酒精，蜂鸣器报警，红、绿灯同时闪烁，过 4s，显示浓度数据；若浓度较低，仅绿灯闪烁；若浓度较高，则红灯闪烁，并伴有急促的声音报警。浓度数据保持 15s	液晶显示

2. 主要器件选用

酒精含量检测仪采用酒精传感器检测驾驶员呼出气体的酒精浓度。酒精传感器 MQ-3 将检测到的酒精浓度转化为电信号，送给 A/D 转换器，转换后得到的数字信号传给单片机，单片机对所输入的数字信号进行运算处理，最后将分析处理的结果通过 LCD 显示器显示出来。系统通过按键手动设定酒精浓度的阈值。如果所检测到的空气中的酒精浓度超过了所设定的阈值，那么单片机将会控制蜂鸣器发出报警，用来提示危害。酒精含量检测系统主要器件及其特性见表 6-6。

表 6-6　酒精含量检测系统主要器件及其特性

主要器件	主要特性
气敏传感器  MQ-3 气敏传感器	半导体酒精传感器 MQ-3 所使用的气敏材料是在清洁空气中电导率较低的二氧化锡(SnO_2)。当传感器所处环境中存在酒精蒸气时，传感器的电导率随空气中酒精气体浓度的增加而增大。使用简单的电路即可将电导率的变化转换为与该气体浓度相对应的输出信号。MQ-3 半导体酒精传感器对酒精的灵敏度高(MQ-3 灵敏度曲线如图 6.17 所示)，可以抵抗汽油、烟雾、水蒸气的干扰，能检测多种浓度酒精，是一款适合多种应用的低成本传感器
单片机 AT89S52	具体特性见本项目任务 6.1 中 AT89S52 单片机介绍
数据存储器  AT24C08 存储器	AT24C08 是低工作电压的 8K 位串行电可擦除只读存储器，内部组织为 1024B，每个字节 8 位
显示模块 1602	具体特性见项目 1 任务 1.3 中 1602 芯片介绍

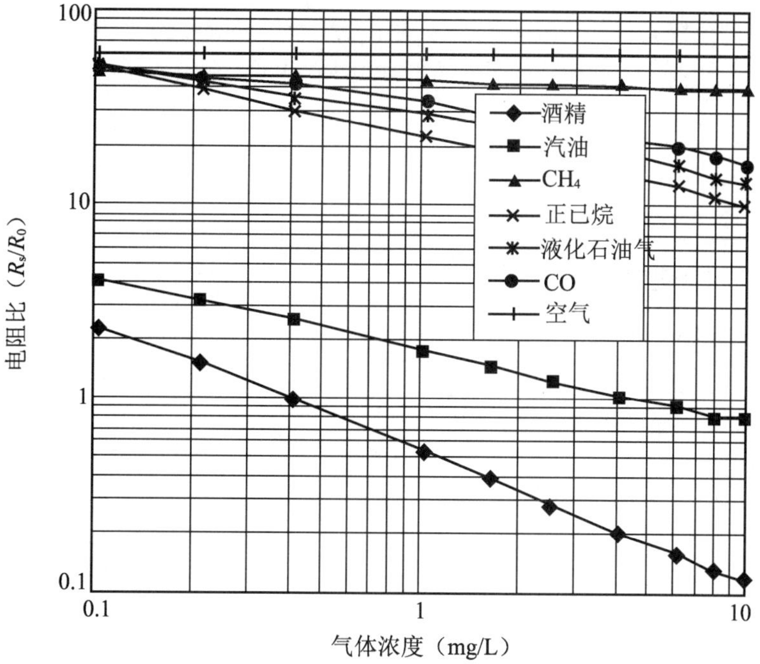

图 6.17 MQ-3 传感器灵敏度曲线

6.2.3 任务实施

1. 任务方案

酒精含量检测仪原理框图如图 6.18 所示。系统主要由酒精感测模块、模数转换模块、AT89S52 微处理器、数据存储、液晶显示模块和声光报警模块等构成。

【参考图文】

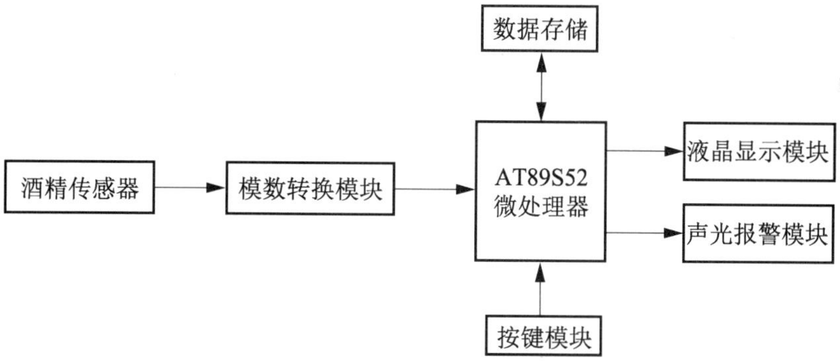

图 6.18 酒精含量检测仪原理框图

2. 硬件电路

酒精含量检测仪硬件电路如图 6.19 所示。酒精感测模块中酒精传感器 MQ-3 根据被测气体酒精浓度值输出对应的模拟电压值，A/D 转换器 ADC0832 将 MQ-3 输出的模拟电压转换为对应的数字量，送入微处理器处理，按键模块用来设置报警上限值及数据存储选择。

若酒精浓度超过报警设置的浓度，则会驱动报警模块，提醒驾驶者酒精浓度超标，并且此浓度值可由使用者决定是否保存。数据存储器选用 24C08 存储数据，测试数据通过显示模块 LCD1602 显示。

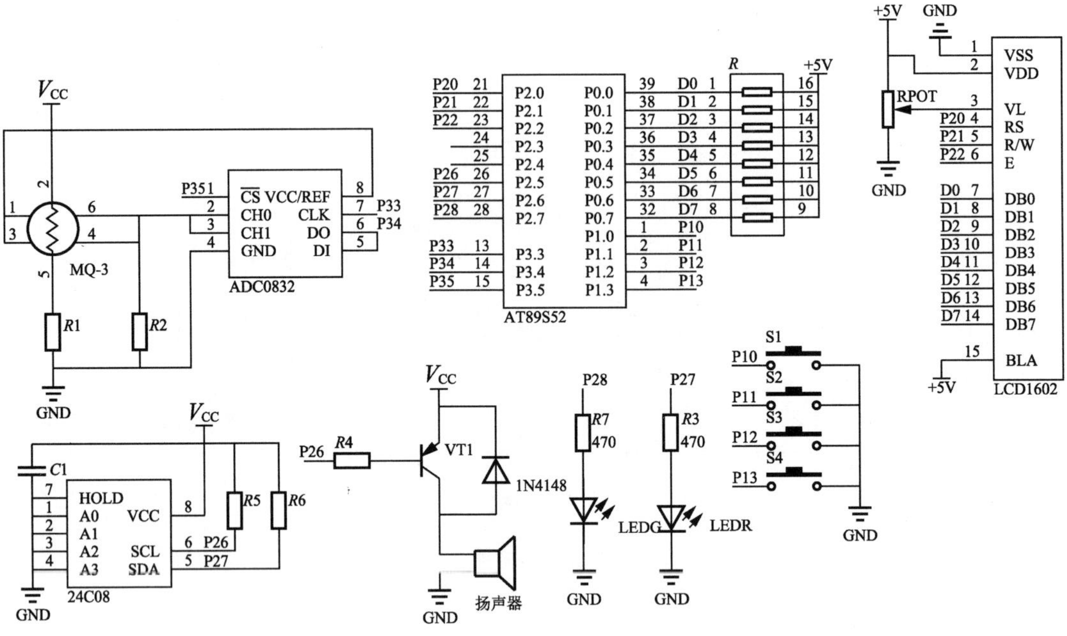

图 6.19　酒精含量检测仪硬件电路图

3. 电路调试

电路调试主要通过硬件调试和软件调试两部分来完成。

硬件调试通过通电前检查和通电检测两步来完成：

1) 通电前检查

电路板焊接完后，在上电之前完成以下检查：

(1) 连线是否正确。检查连线是否正确，包括错线、少线和多线。

(2) 元器件安装情况。主要检查硬件引脚之间是否有短路，连接处有无接触不良；检查 MQ-3、LEDG、LEDR、1N4148 等元件引脚是否对应。

2) 通电检测

通电检测主要完成以下检测：

(1) 通电观察。通电观察电路有无异常现象(如有无冒烟、异常气味、集成电路是否发烫等)。如果出现异常现象，应立即关断电源，待排除故障后再通电。

(2) 通电测试。首先用万用表测试电路中各电源、接地节点电位是否准确，然后测试元件 MQ-3 引脚 4 和 6 是否有电压信号输出。

软件调试可以先编写显示程序并进行硬件的正确性检验，然后分别进行主程序、从程序的编写和调试。

提示

如果学生没有学过单片机相关知识，可以用万能板和相关器件(MQ-3及相关器件)搭建相关电路，传感器模块输出电压值可由万用表测得。根据电压与酒精浓度的关系测出酒精浓度含量。

4. 测试数据记录

酒精含量检测仪性能测试可用制作的检测仪和已有的高精度酒精含量检测仪(如卡利安ZJ-2001A)同时测量进行比较，测试结果填入表6-7中。

表6-7 酒精浓度测试数据 (单位：mg/ml)

实际含量	测得含量	误差	实际含量	测得含量	误差

5. 应用注意事项

(1) 传感器通电后，需要预热20s左右，测量的数据才稳定。

(2) 酒精传感器应避免暴露于有机硅蒸气及高腐蚀性的环境中。如果传感器的表面吸附了有机硅蒸气，传感器的敏感材料会被包裹住，抑制传感器的敏感性，并且不可恢复。传感器暴露在高浓度的腐蚀性气体(如H_2S、Cl_2、HCl等)中，不仅会引起加热材料及传感器引线的腐蚀或破坏，而且会引起敏感材料性能发生不可逆的改变。

(3) 防止酒精传感器接触到水，若溅上水或浸到水中会造成敏感特性下降。

(4) 若传感器施加的电压高于规定值，即使传感器没有受到物理损坏或破坏，也会造成引线和/或加热器损坏，并引起传感器敏感特性下降。

(5) 注意避免电压加错引脚。对6脚型的传感器，如果电压加在1、3或4、6引脚会导致引线断线，加在2、4引脚上则取不到信号。

(6) 传感器在不通电情况下长时间贮存，其电阻会产生可逆性漂移，这种漂移与贮存环境有关。传感器应贮存在有清洁空气不含硅胶的密封袋中。经长期不通电贮存的传感器，在使用前需要长时间通电以使其达到稳定。

6.2.4 知识链接

1. 气敏传感器概述

气敏传感器是用来检测气体类别、浓度和成分的传感器。它将气体种类及其浓度等有关的信息转换成电信号，根据这些电信号的强弱便可获得与待测气体在环境中存在情况有关的信息，其主要应用于工业上天然气、煤气、石油化工等部门的易燃、易爆、有毒、有害气体的监测、预报和自动控制。

气敏传感器是暴露在各种成分的气体中使用的，其工作条件较恶劣，检测现场温度、湿度的变化大且可能存在大量粉尘和油雾等；同时气体对传感元件的材料会产生化学反应物，附着在元件表面，往往会使其性能变差。因此，对气敏元件有下列要求：

(1) 对被测气体具有较高的灵敏度。

(2) 对被测气体以外的共存气体或物质不敏感。

(3) 性能稳定，重复性好。

(4) 动态特性好，对检测信号响应迅速。

(5) 使用寿命长。

(6) 制造成本低，使用与维护方便等。

2. 气敏传感器分类

被测气体的种类繁多且性质各不相同，不可能用一种传感器检测所有类别的气体，因此气敏传感器的种类也很多。气敏传感器主要有半导体式、接触燃烧式、化学反应式等。表 6-8 列出了主要气敏传感器类型及特点。

表 6-8 主要气敏传感器类型及特点

类型	原理	检测对象	特点
半导体式	若气体接触到加热的金属氧化物(SnO_2、Fe_2O_3、ZnO_2 等)，电阻值会增大或减小	还原性气体、城市排放气体、丙烷气等	灵敏度高，构造与电路简单，但输出与气体浓度不成比例
接触燃烧式	可燃性气体接触到氧气就会燃烧，使得作为气敏材料的铂丝温度升高，电阻值相应增大	燃烧气体	输出与气体浓度成比例，但灵敏度较低
化学反应式	利用化学溶剂与气体反应产生的电流、颜色、电导率的增加等	CO、H_2、CH_4、C_2H_5OH、SO_2 等	气体选择性好，但不能重复使用
光干涉式	利用与空气的折射率不同而产生的干涉现象	与空气折射率不同的气体，如 CO_2 等	寿命长，但选择性差
热传导式	根据热传导率差而放热的发热元件的温度降低	与空气热传导率不同的气体，如 H_2 等	构造简单，但灵敏度低，选择性差
红外线吸收散射式	对由于红外线照射气体分子谐振而吸收或散射量进行检测	CO、CO_2 等	能定性测量，但装置大，价格高

3. 半导体式气敏传感器

半导体式气敏传感器是利用半导体气敏元件同气体接触，造成半导体的电导率等物理性质发生变化的原理来检测特定气体的成分或者浓度，按照半导体变化的物理特性，可分为电阻式和非电阻式两类。

电阻型半导体气敏元件利用敏感材料接触气体时，其阻值变化来检测气体的成分或浓度；非电阻型半导体气敏元件利用其他参数，如二极管伏安特性和场效应晶体管的阈值电压变化来检测被测气体。应用较广的是电阻型半导体气敏传感器。

1) 电阻半导体气敏传感器导电基本原理

电阻型半导体气敏传感器是利用气体在半导体表面的氧化还原反应导致敏感元件阻值变化而制成的。

构成电阻式气敏传感器的材料一般都是金属氧化物，在合成时按化学式计量比的偏离和杂质缺陷合成。当半导体器件被加热到稳定状态，在气体接触半导体表面而被吸附时，被吸附的分子首先在表面物性自由扩散，失去运动能量，一部分分子被蒸发掉，另一部分残留分子产生热分解而固定在吸附处(化学吸附)。当半导体的功函数小于吸附分子的亲和力时，吸附分子将从器件夺得电子而变成负离子吸附，半导体表面呈现电荷层。O_2和NO_2等具有负离子吸附倾向的气体被称为氧化型气体或电子接收性气体。如果半导体的功函数大于吸附分子的离解能，吸附分子将向器件释放出电子，而形成正离子吸附。H_2、CO、碳氢化合物、酒类等具有正离子吸附倾向的气体，被称为还原型气体或电子供给性气体。

金属氧化物半导体分为 N 型半导体和 P 型半导体。N 型材料有 SnO_2、ZnO、TiO 等，P 型材料有 MoO_2、CrO_3 等。当氧化型气体吸附到 N 型半导体上，还原型气体吸附到 P 型半导体上时，将使半导体载流子减少，而使电阻值增大。当还原型气体吸附到 N 型半导体上，氧化型气体吸附到 P 型半导体上时，载流子增多，使半导体电阻值下降。图 6.20 所示为 N 型半导体气敏传感器吸附气体时的阻值变化情况。由于空气中含氧量大体上是恒定的，因此氧的吸附量也是恒定的，器件阻值也相对固定。若气体浓度发生变化，则其阻值也会变化。根据这一特性，可以从阻值变化得知吸附气体的种类和浓度。

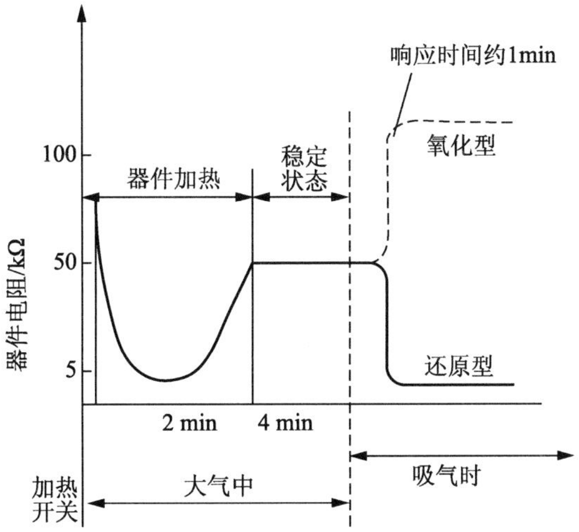

图 6.20　N 型半导体吸附气体时器件阻值变化

2) 电阻式半导体气敏传感器主要类型

电阻式半导体气敏传感器的主要类型是目前使用较广泛的气敏触感器件。按其结构可分为烧结型、薄膜型和厚膜型 3 类，其中烧结型气敏元件是目前工艺最成熟、应用最广泛的元件。

(1) 烧结型气敏传感器。烧结型气敏器件的制作是将一定比例的敏感材料(SnO_2、ZnO 等)和一些掺杂剂(Pt、Pb 等)用水或粘合剂调合，经研磨后使其均匀混合，然后将混合好的膏状物倒入模具，埋入加热丝和测量电极，经传统的制陶方法烧结。最后将加热丝和电极焊在管座上，加上特制外壳就构成器件。该类器件有直热式和旁热式两种结构，分别如图 6.21 和图 6.22 所示。

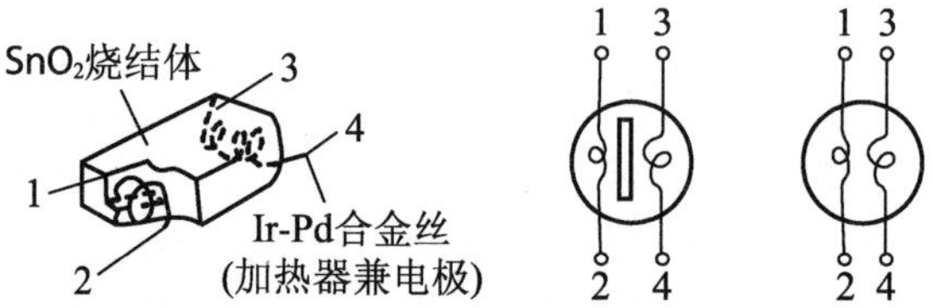

图 6.21　直热式气敏器件的结构和符号

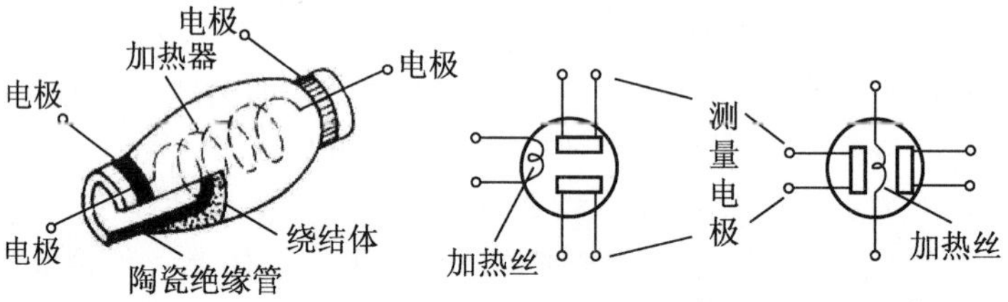

图 6.22　旁热式气敏器件的结构和符号

(2) 薄膜型气敏传感器。薄膜型气敏器件的制作是采用蒸发或溅射的方法，在处理好的石英基片上形成一薄层金属氧化物薄膜(如 SnO_2、ZnO 等)，再引出电极，就构成了薄膜型气敏器件。

薄膜型气敏器件具有灵敏度高、响应迅速、机械强度高、互换性好、产量高、成本低等优点，其结构如图 6.23 所示。

【参考图文】

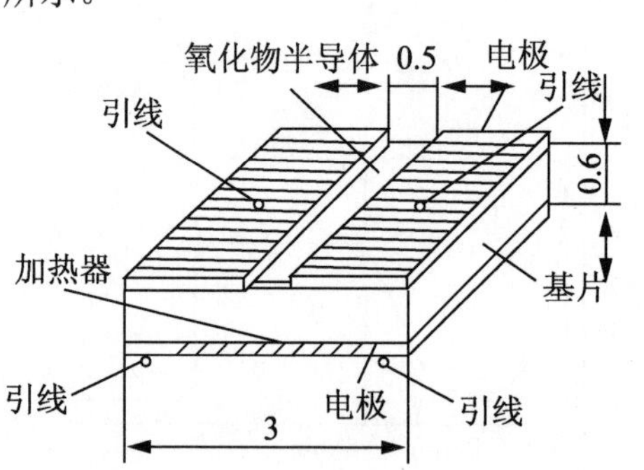

图 6.23　薄膜型气敏器件结构图

(3) 厚膜型气敏传感器。厚膜型气敏器件是将 SnO_2 和 ZnO 等材料与 3%～12%质量的硅凝胶混合制成能印刷的厚膜胶，把厚膜胶用丝网印制到装有铂电极的氧化铝绝缘基片上，在400～800℃高温下烧结1～2h制成。该类器件具有一致性好、机械强度高、适于批量生产等优点，其结构如图6.24所示。

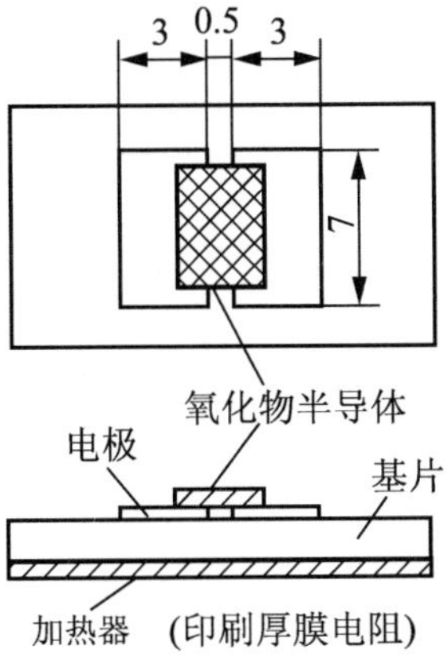

图6.24　厚膜型气敏器件结构图

【参考图文】

4. 气敏传感器基本测量电路

图6.25所示为气敏传感器基本测量电路。E_H为加热电源，E_C为测量电源，电阻中气敏电阻值的变化引起电路中电流的变化，输出电压(信号电压)由电阻R_o上取出。特别在低浓度下灵敏度高，而高浓度下趋于稳定值。因此，常用来检查可燃性气体泄漏并报警等。

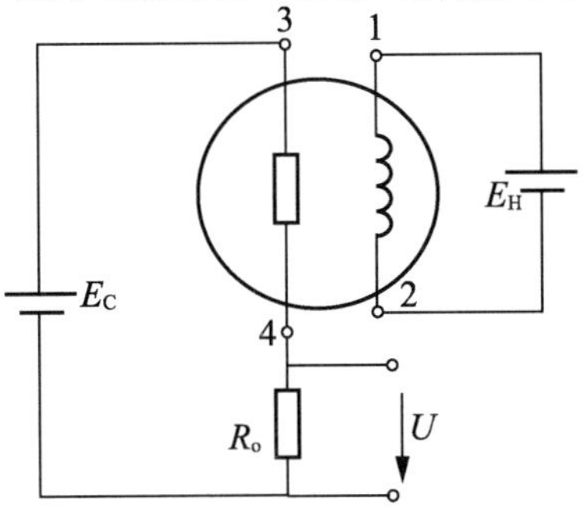

图6.25　气敏传感器基本测量电路

【参考图文】

5. 气敏传感器的应用

气敏传感器在有毒、可燃、易爆、二氧化碳等气体探测领域有着广泛的应用，如图6.26所示。人们可以应用相应的气敏传感器及其相关电路来实现对这些气体的检测和报警，从而减少有毒、有害气体的危害。

1) 简易家用气体报警电路

图6.27是一种简单的可燃性气体报警器电路。该电路采用直热式气敏传感器TGS109检测室内可燃性气体。当室内可燃性气体浓度增加时，气敏器件接触到可燃性气体而电阻值降低，这样流经测试回路的电流增加，可直接驱动蜂鸣器BZ报警。对于丙烷、丁烷、甲烷等气体，报警浓度一般选定在其爆炸下限的1/10，通过调整电阻来调节。

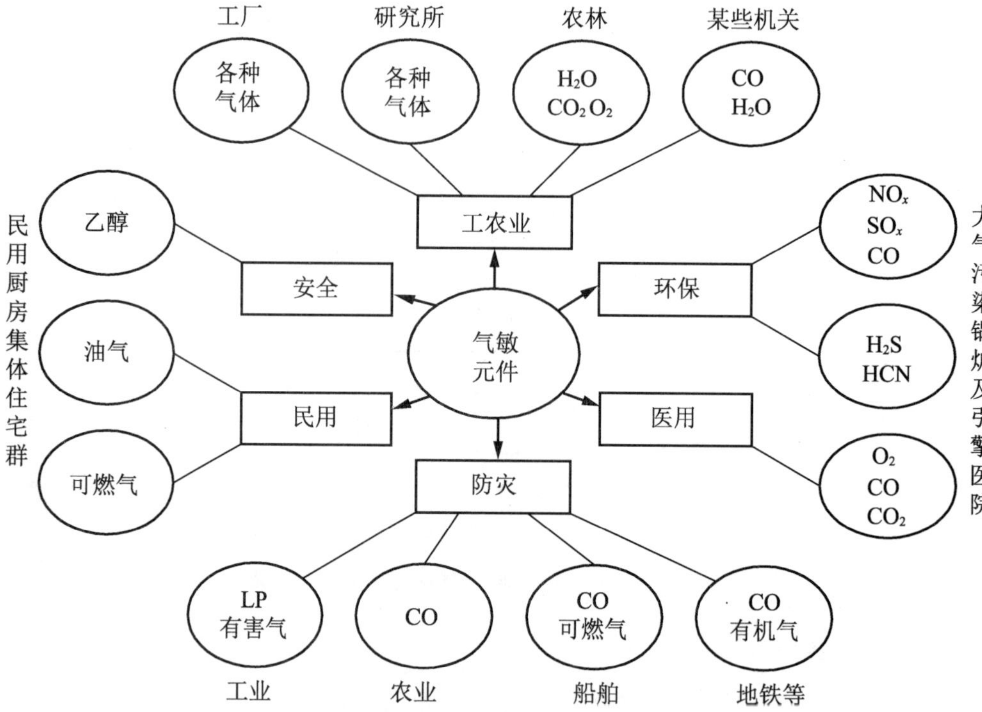

图 6.26　气敏传感器在各个领域的应用

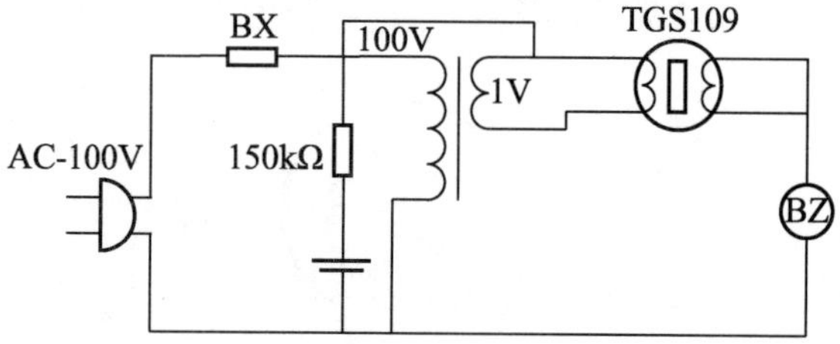

图 6.27　简易家用气体报警电路

2) 有害气体鉴别、报警与控制电路

图 6.28 所示为有害气体鉴别、报警与控制电路，MQS2B 是旁热式烟雾、有害气体传感器。当室内无有害气体时 MQS2B 阻值较高(10kΩ 左右)，室内出现有害气体或烟雾时阻值急剧下降，A、B 两端电压下降，使得 B 的电压升高，经电阻 R_1 和 R_p 分压、R_2 限流加到开关集成电路 TWH8778 的选通端 5 脚，当 5 脚电压达到预定值时(调节可调电阻 R_p 可改变 5 脚的电压预定值)，1、2 两脚导通。+12V 电压加到继电器上使其通电，触点 J1-1 吸合，合上排风扇电源开关自动排风。同时 2 脚+12V 电压经 R_4 限流和稳压二极管 DW_1 稳压后供给微音器 HTD 电压而发出嘀嘀声，而且发光二极管发出红光，实现声光报警。

3) 可燃性气体浓度检测电路

图 6.29 所示为可燃性气体浓度检测电路。该电路采用低功耗、高灵敏的 QM-N10 型气敏检测管，它和电位器 R_p 组成气敏检测电路，气敏检测信号从 R_p 的中心端旋臂取出。

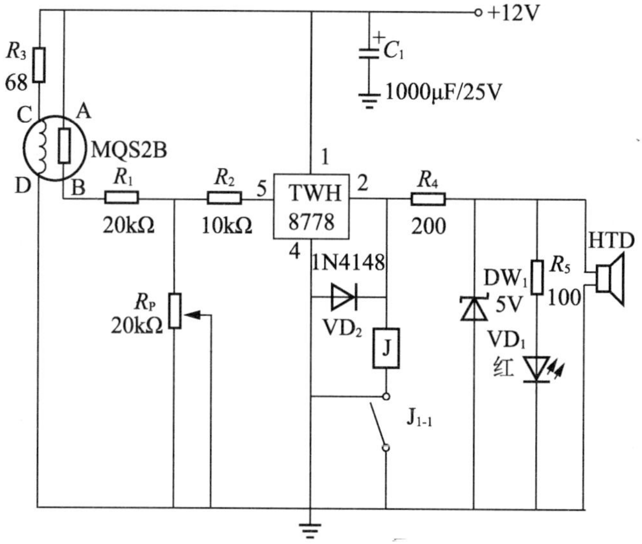

图 6.28　有害气体鉴别、报警与控制电路

当 QM-N10 不接触可燃性气体时，其 A、B 两电极间呈高阻抗，使得 7 脚电压趋于 0V，相应 LED_1～LED_5 均不亮。当 QM-N10 处在一定的可燃性气体浓度中时，其 A、B 两电极端电阻变得很小，这时 7 脚存在一定的电压 0.18V，使得相应的发光二极管点亮。如果可燃性气体的浓度越高，则 LED_1～LED_5 依次被点亮的只数越多。

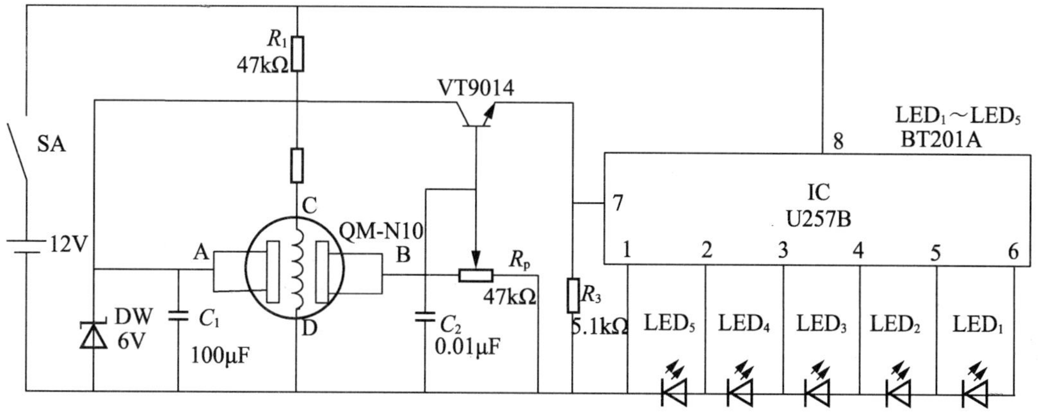

图 6.29　可燃性气体浓度检测电路

图中 U257B 是 LED 条形驱动器集成电路，其输出量(LED 点亮只数)与输入电压呈线性关系。LED 被点亮的只数取决于输入端 7 脚电位的高低。通常 7 脚电压低于 0.18V 时，其输出端 2～6 脚均为低电平，LED_1～LED_5 均不亮。当 7 脚电位等于 0.18V 时，LED_1 被点亮；7 脚电压为 0.53V 时，则 LED_1 和 LED_2 均点亮；7 脚电压为 0.84V 时，LED_1～LED_3 均点亮；7 脚电压为 1.19V 时，LED_1～LED_4 均点亮；7 脚电压等于 2V 时，则使 LED_1～LED_5 全部点亮。U257B 的额定工作电压范围 8～25V；输入电压最大 5V；输入电流 0.5mA；功耗 690mW。

6.2.5 任务总结

通过本任务的学习，应掌握气敏传感器的基本工作原理、结构类型、典型电路和应用注意事项等知识重点。

通过本任务的学习，应掌握如下实践技能：①正确分析、制作与调试 MQ-3 应用电路；②根据设计任务要求，完成硬件电路相关元器件的选型，并掌握其工作原理。

6.2.6 请你做一做

(1) 上网查找 3 家以上生产气敏传感器的企业，列出这些企业生产的气敏传感器的型号、规格，了解其特性和适用范围。

(2) 动手设计一个厨房液化气检测仪。

任务 6.3 光照度检测(光敏传感器)

6.3.1 任务目标

通过本任务的学习，掌握光照度测量的基本原理与方法；了解光敏传感器的结构、类型及常用光敏传感器的特点、适用环境和注意事项；要求通过实际设计和动手制作，能正确选择光敏传感器，并按要求设计接口电路，完成电路的制作与调试，实现对环境光照度的测量。

6.3.2 任务分析

1. 任务要求

光照度是一个非常重要的气象参数，与作物的生长、人的生存居住、工业生产都有着密不可分的关系。光照度检测仪(图 6.30)是基于光探测器的照度测量仪表，是光强测量中用得最多的仪器之一，广泛应用于工业控制、环境保护、科研部门检测环境、农业科研气象等领域。

光照度检测仪利用硅光电池将光信号转换成电信号，采集到的电信号送传感器调理电路进行调理和转换，并送单片机处理后在液晶显示器上显示。光照度检测任务要求见表 6-9。

图 6.30 光照度检测仪

表 6-9 光照度检测任务要求

检测范围/lx	测量误差/lx	功能	显示方式
10～4000	精度±5	可以任意设置预警光照度值，当所测光照度超过预警值时，该系统会发出声光报警	液晶显示

2. 主要器件选用

目前，实现光照度感测的元件主要有光敏电阻、光敏二极管、光电池等。

光敏电阻器是利用半导体的光电导效应制成的一种电阻值随入射光的强弱而改变的电阻器，又称为光电导探测器。光敏电阻一般用于检测较强的光信号，由于结构简单，工作寿命长等特点应用比较广泛，但是存在非线性，受温度影响比较大，一般不用于精密光测量方面。

光敏二极管和普通二极管一样，是由一个 PN 结组成的半导体器件，具有单方向导电特性，但在电路中它不是作整流元件，而是把光信号转换成电信号。光敏二极管的光照特性呈现良好的线性，但光敏二极管的信号较弱，在弱光下灵敏度不如硅光电池好，而且需要做较大倍数的放大。

硅光电池(也常称为太阳电池)是一个大面积的光敏二极管，将入射到它表面的光能转化为电能，其光电流和照度成线性，光谱灵敏度与人眼的灵敏度较为接近，并且具有响应时间短、性能稳定、光谱范围宽、频率特性好、转换效率高、能耐高温辐射等优点。因此，本系统选择硅光电池作为光照度检测的传感器。光照度检测系统主要器件及其特性见表 6-10。

表 6-10　光照度检测系统主要器件及其特性

主要器件	主要特性
光敏传感器  BPW34 光敏传感器	BPW34 是一种高速、高灵敏度的 PIN 光敏二极管，具有性能稳定、光谱范围宽、频率特性好、转换效率高、能耐高温辐射等优点
单片机  MSP430F449 单片机	MSP430F449 是 TI 公司推出的超低功耗高性能 16 位单片机，其性价比极高，主要片内资源有：内部 FLASH 存储器 60KB，RAM 容量 2KB；6 个 8 位的 I/O 口；2 个 16 位定时器，定时器 A 带有 3 个捕获/比较寄存器，定时器 B 带有 7 个捕获/比较寄存器；片内比较器配合其他器件可构成单斜边 A/D 转换器；12 位 A/D 转换器带有内部参考源、采样保持、自动扫描特性；一个 16 位的内部硬件乘法器；两个硬件串行通信模块 USART0/1，每个都可用软件选择 UART/SPI 模式等
运算放大器  ICL7650 运算放大器	ICL7650 是 Intersil 公司利用动态校零技术和 CMOS 工艺制作的斩波稳零式高精度运算放大器，它具有输入偏置电流小、失调小、增益高、共模抑制能力强、响应快、漂移低、性能稳定及价格低廉等优点

续表

主要器件	主要特性
运算放大器  OP07 芯片	OP07 芯片是一种低噪声、非斩波稳零的双极性运算放大器集成电路，具有非常低的输入失调电压，在很多应用场合不需要额外的调零措施。OP07 同时具有输入偏置电流低、开环增益高的特点，适用于高增益的测量设备和放大传感器的微弱信号等方面
模拟开关  MAX4602 开关	MAX4602 四通道模拟开关具有低导通电阻的特性，最高仅有 2.5Ω，每个模拟开关可以控制轨到轨的模拟信号。该芯片的最大漏电流仅为 2.5nA，具有低功耗、体积小、比机械继电器可靠等优点

6.3.3 任务实施

1. 任务方案

光照度检测仪原理框图如图 6.31 所示。系统主要由 BPW34 硅光电池、信号放大电路、模数转换模块、MSP430F449 单片机、液晶显示模块和按键模块报警模块构成。

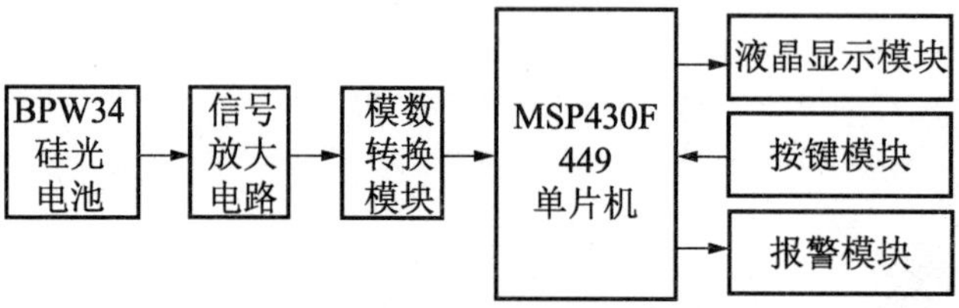

【参考图文】

图 6.31 光照度检测仪原理框图

2. 硬件电路

光照度检测仪硬件电路如图 6.32 所示。光敏传感器 BPW34 硅光电池将光照信号转换为电流信号，ICL7650 和 MAX4602 为具有自动量程转换功能前置放大电路，将 BPW34 输出电流信号放大转化为电压信号。OP07 为电压二级放大电路，将前一极输出的电压信号放大到合适的电压值，送到单片机的 A/D 采集端口。微处理器 MSP430F449 将采集到的电压信号进行计算处理。按键电路实现光照度预警值的设置，液晶显示、声光报警电路实现测试结果显示及报警功能。

3. 电路调试

电路调试主要通过硬件调试和软件调试两部分来完成。

硬件调试通过通电前检查和通电检测两步来完成。

1) 通电前检查

电路板焊接完后，在上电之前完成以下检查：

(1) 连线是否正确。检查连线是否正确，包括错线、少线和多线。

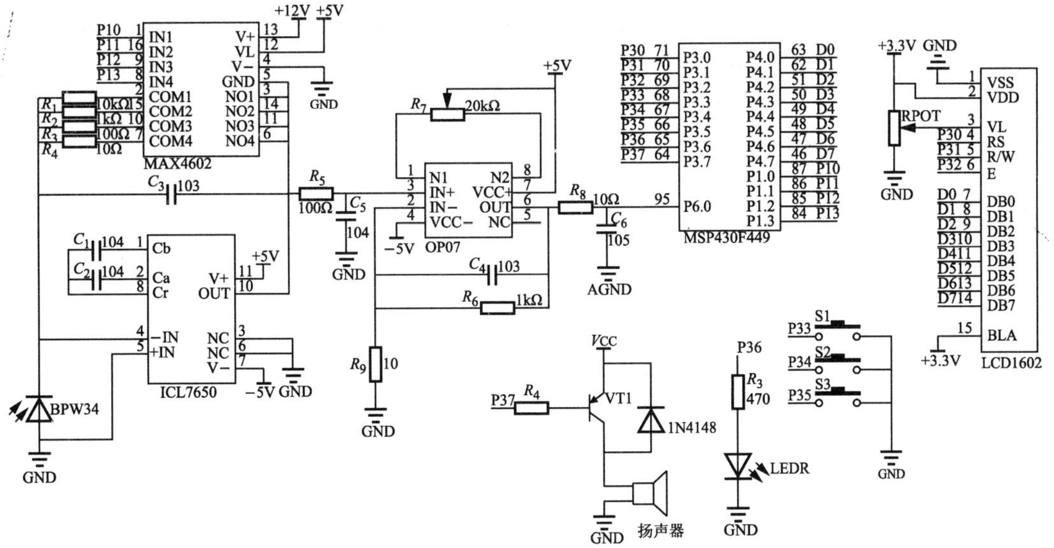

图 6.32　光照度检测仪硬件电路图

(2) 元器件安装情况。主要检查硬件引脚之间是否有短路，连接处有无接触不良；检查 BPW34 等元件引脚是否对应。

2) 通电检测

通电检测主要完成以下检测：

(1) 通电观察。通电观察电路有无异常现象(如有无冒烟、异常气味、集成电路是否发烫等)。如果出现异常现象，应立即关断电源，待排除故障后再通电。

(2) 通电测试。首先用万用表测试电路中各电源、接地节点电位是否准确，然后测试元件 OP07 引脚 6 是否有电压信号输出。

软件调试可以先编写显示程序并进行硬件的正确性检验，然后分别进行主程序、从程序的编写和调试。

提示

如果学生没有学过单片机相关知识，可以用万能板和相关器件(BPW34 及相关器件)搭建相关电路，二级放大电路输出电压值可由电压表测得。根据电压与光照度的关系可测出光照度值。

4. 测试数据记录

光照度检测仪性能测试可用制作的检测仪和已有的高精度光照度计(如泰仕 TES-1339)同时测量进行比较，测试结果填入表 6-11 中。

5. 应用注意事项

光照度检测仪探头是玻璃材质，容易摔坏破损，要注意保护，不能受机械损伤。同时硅光电池不能受潮，也不能沾油污，否则将使抗反射膜脱落。安装焊接时，光敏传感器的引脚根部与焊盘的最小距离不得小于 5mm，否则焊接时易损坏管芯，或引起管芯性能的变化，焊接时间应小于 4s。

表 6-11 光照度测试数据 (单位：lx)

实际光照度	测得光照度	误差	实际光照度	测得光照度	误差

6.3.4 知识链接

1. 光敏传感器

光敏传感器是把光信号(红外、可见及紫外光辐射)转变成为电信号(电压、电流、电阻等)的器件，又称光电探测器，是各种光电检测系统中实现光电转换的关键元件，几种常用的光敏传感器如图 6.33 所示。光敏传感器可以直接检测光信号，还可以间接检测温度、压力、位移、速度、加速度等物理量，具有结构简单、响应速度快、高精度、高分辨率、高可靠性、可实现非接触式测量等特点。

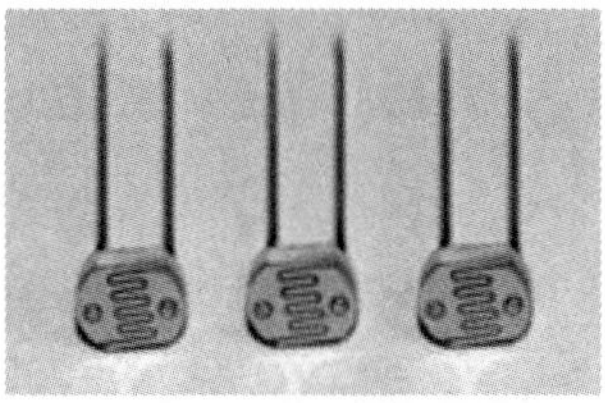

(a) 光敏电阻

(b) 光敏二极管

(c) 光敏晶体管

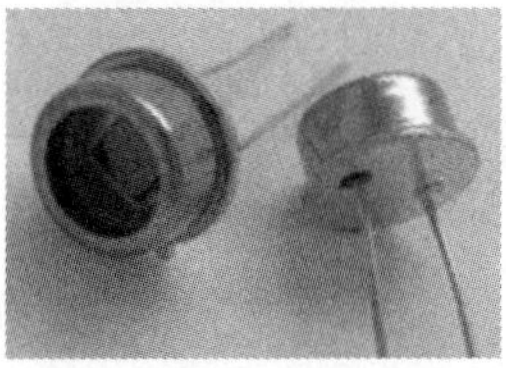

(d) 光电池

图 6.33 光敏传感器

2. 光电效应

光电效应是指物体吸收了光能后转换为该物体中某些电子的能量，从而产生的电效应。光敏传感器的工作原理基于光电效应。光电效应分为外光电效应和内光电效应两大类。

1) 外光电效应

在光线的作用下，物体内的电子逸出物体表面向外发射的现象称为外光电效应。向外发射的电子叫作光电子。基于外光电效应的光电器件有光电管、光电倍增管等，如图 6.34 和图 6.35 所示。

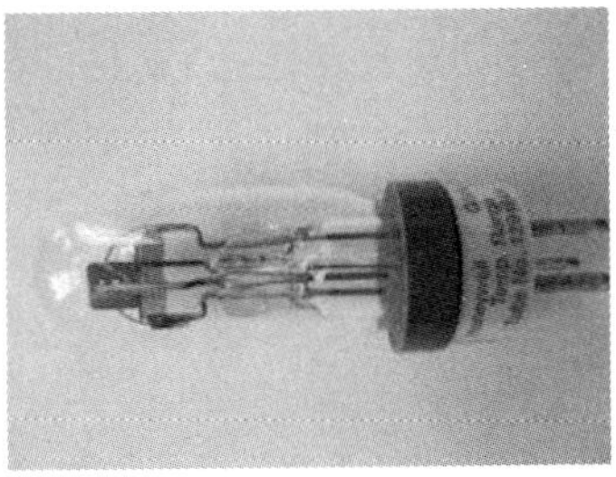

图 6.34　光电管

图 6.35　光电倍增管

2) 内光电效应

当光照射在物体上，使物体的电阻率 ρ 发生变化或产生光生电动势的现象叫作内光电效应，它多发生于半导体内。根据工作原理的不同，内光电效应分为光电导效应和光生伏特效应两类。

(1) 光电导效应。在光线作用下，电子吸收光子能量从键合状态过渡到自由状态，而引起材料电导率的变化，这种现象称为光电导效应。基于这种效应的光电器件有光敏电阻、光敏二极管、光敏晶体管和光敏晶闸管等。

(2) 光生伏特效应。在光线作用下，能够使物体产生一定方向的电动势的现象叫作光生伏特效应。基于该效应的光电器件有光电池和光敏晶体管。

3. 常用光敏传感器

1) 光敏电阻

光敏电阻又称光导管，是一种均质半导体光电元件，具有灵敏度高、光谱响应范围宽、体积小、质量轻、机械强度高、耐冲击、耐振动、抗过载能力强和寿命长等优点，但存在响应时间长、频率特性差、受温度影响大等缺点，主要用于红外的弱光探测和开关控制领域。

(1) 工作原理和结构。光敏电阻由一块两边带有金属电极的光电半导体组成，使用时在光敏电阻的两极间加上一定电压。当光照射在光敏电阻上时，其内部被束缚的电子吸收光子能量成为自由电子，并留下空穴。光激发的电子-空穴对在外电场的作用下同时参与导电，从而改变了光敏电阻的导电性能。随着光强的增加，其导电性能变好，即光敏电阻的电导率增加，流过其内的电流(光电流)增加，其本身的电阻值减小。随着光强的减小，其导电性能变坏，即光敏电阻的电导率减小，流过其内的电流(光电流)减小，其本身的电阻值增加。

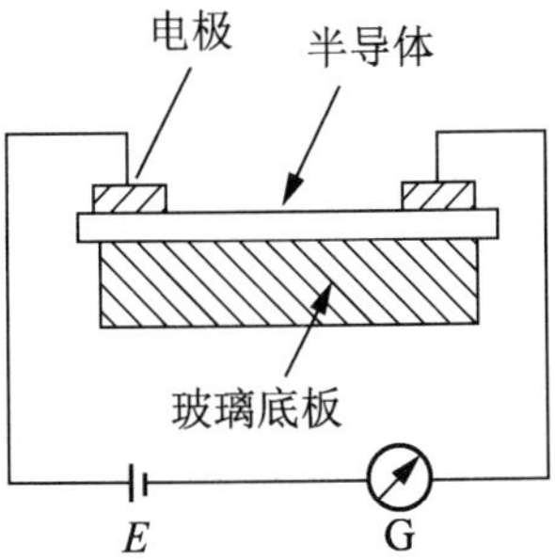

图 6.36　光敏电阻结构图

光敏电阻的结构比较简单，如图 6.36 所示。在玻璃底板上均匀地涂上薄薄的一层半导体，半导体的两端装上金属电极，使电极与半导体可靠地接触，然后将它们压入塑料封装体内。为了防止周围介质的污染，在半导体光敏层上覆盖一层漆膜，漆膜成分的选择应该使它在光敏层最敏感的波长范围内透射率最大。

常用的光敏电阻制作材料有硫化镉、硫化铝、硫化铅和硫化铋等。图 6.37 所示为金属封装硫化镉光敏电阻结构和符号。

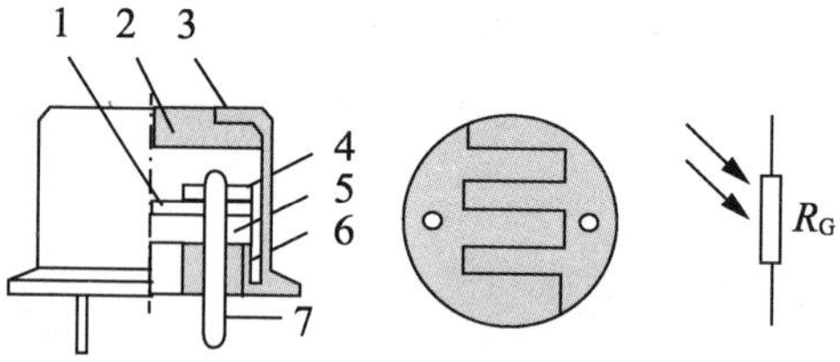

图 6.37　硫化镉光敏电阻的结构和符号

1—光导层；2—玻璃窗口；3—金属外壳；4—电极；
5—陶瓷基座；6—黑色绝缘玻璃；7—电极引线

(2) 主要参数。光敏电阻器的主要参数有亮电阻(R_L)、暗电阻(R_D)、最大工作电压(V_M)、亮电流(I_L)、暗电流(I_D)、时间常数、温度系数和灵敏度等。

暗电阻：光敏电阻在室温条件下，全暗(无光照射)后经过一定时间测量的电阻值。

亮电阻：光敏电阻在某一光照下的阻值。

暗电流：在无光照射时光敏电阻在规定外加电压下通过的电流。

亮电流：光敏电阻器在规定的外加电压下受到光照时所通过的电流。亮电流与暗电流之差称为光电流。

最大工作电压：光敏电阻在额定功率下所允许承受的最大电压。

时间常数：光敏电阻从光照跃变开始到稳定亮电流的 63%时所需的时间。

温度系数：光敏电阻在环境温度改变 1℃时其电阻值的相对变化。

灵敏度：光敏电阻在有光照射和无光照射时电阻值的相对变化。

光敏电阻的暗电阻越大，而亮电阻越小，则性能越好。也就是说，暗电流越小，光电流越大，这样的光敏电阻的灵敏度越高。实用的光敏电阻的暗电阻往往超过 1MΩ，甚至高达 100MΩ，而亮电阻则在几千欧以下，暗电阻与亮电阻之比在 10^2～10^6，可见光敏电阻的灵敏度很高。

2) 光敏二极管

光敏二极管与一般二极管相似，是一种 PN 结型半导体，能够将光信号变成电信号。如图 6.38 所示，光敏二极管的 PN 结装在透明管壳的顶部，可以直接受到光的照射。为了便于接受入射光照，PN 结面积尽量做得大一些，电极面积尽量小些，而且 PN 结的结深很浅，一般小于 1μm。光敏二极管在电路中一般是处于反向工作状态，如图 6.39 所示。当无光照时，处于反偏的光敏二极管工作在截止状态，反向电流很小(一般小于 0.1μA)，称为暗电流。当光敏二极管受到光照射时，光子在半导体内被吸收，形成光生电子-空穴对，在反向电压作用下，方向电流大大增加，形成光电流。光照越强，光电流越大。光敏二极管的光电流与照度之间呈线性关系。光敏二极管的光照特性是线性的，所以适合检测等方面的应用。

3) 光敏晶体管

光敏晶体管和普通晶体管的结构相类似，其结构如图 6.40 所示。不同之处是光敏晶体管必须有一个对光敏感的 PN 结作为感光面，一般用集电结作为受光结。因此，光敏晶体管实质上是一种相当于在基极和集电极之间接有光敏二极管的普通晶体管。不同之处在于，光敏晶体管将光信号变成电信号的同时，还能放大电信号。

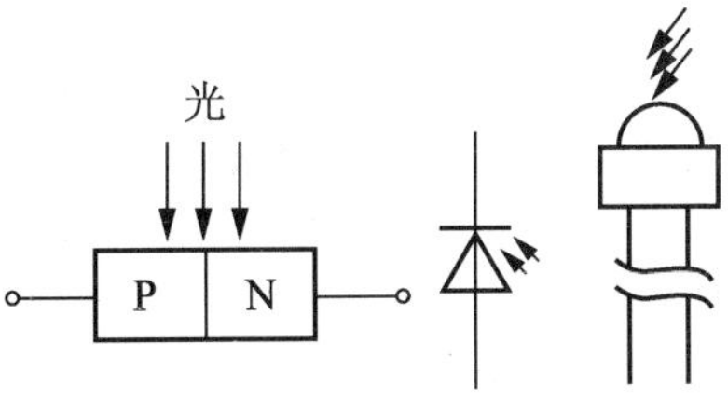

图 6.38　光敏二极管结构模型和符号图

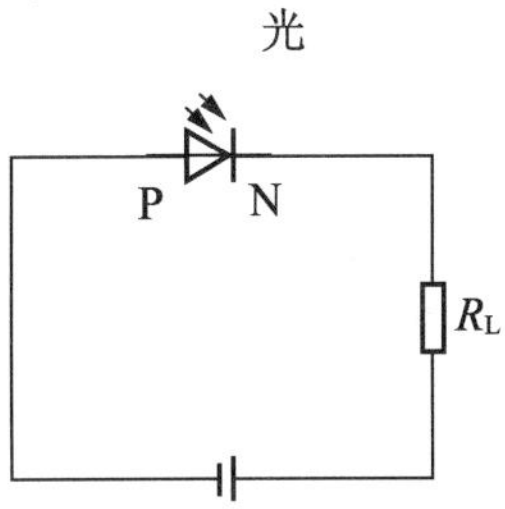

图 6.39　光敏二极管基本电路

光敏晶体管基本电路如图 6.41 所示。当集电极加上正电压，基极开路时，集电结处于反向偏置状态。当光照射到 PN 结附近时，使 PN 结附近产生电子-空穴对，它们在外加反偏电压和内电场作用下，定向运动形成增大了的反向电流即光电流。光照射集电结产生的光电流相当于一般晶体管的基极电流的 β 倍，因此光敏晶体管具有比光敏二极管更高的灵敏度。

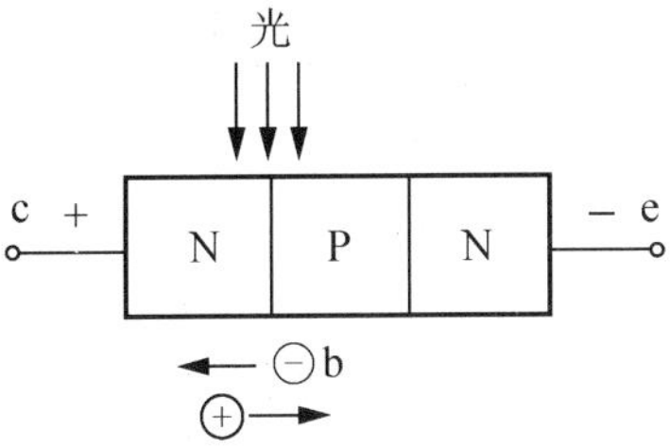

图 6.40 光敏晶体管结构图

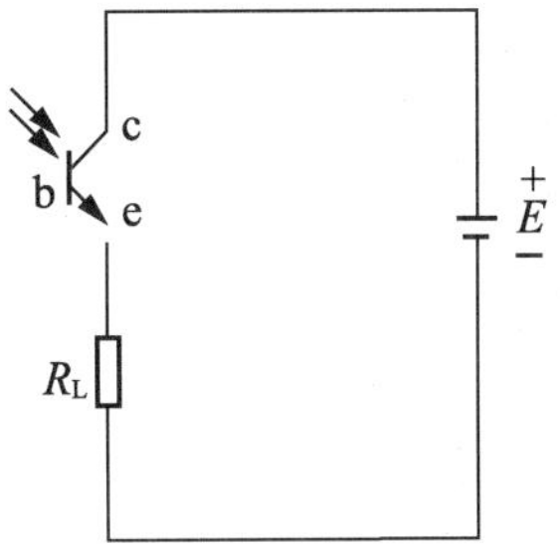

图 6.41　光敏晶体管基本电路

4) 光电池

光电池是利用光生伏特效应把光能直接转变成电能的器件。由于光电池可把太阳能直接变成电能，因此又称为太阳电池。光电池有硒光电池、砷化镓光电池、硅光电池、硫化铊光电池、硫化镉光电池等。目前，应用最广、最有发展前途的是硅光电池和硒光电池。

硅光电池的结构如图 6.42 所示。它是在一块 N 型硅片上用扩散的办法掺入一些 P 型杂质(如硼)形成 PN 结。光电池工作原理示意图如图 6.43 所示。当光照到 PN 结区时，如果光子能量足够大，将在结区附近激发出电子-空穴对，在 N 区聚积负电荷，P 区聚积正电荷，这样 N 区和 P 区之间出现电位差。若将 PN 结两端用导线连起来，电路中有电流流过，电流的方向由 P 区流经外电路至 N 区。若将外电路断开，就可测出光生电动势。

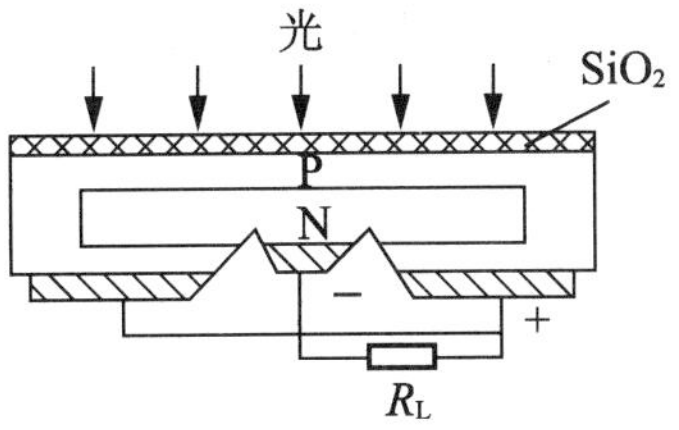

图 6.42　硅光电池的结构

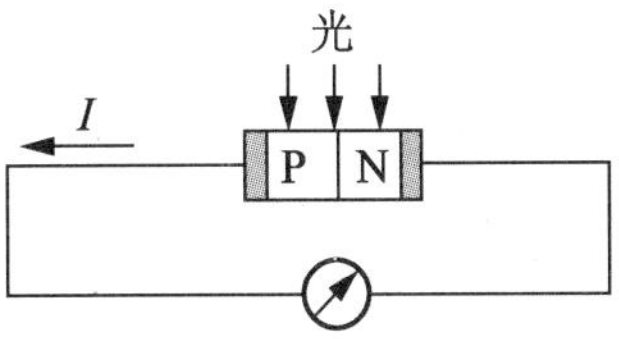

图 6.43　光电池工作原理示意图

4. 光敏传感器应用

1) 光敏电阻开关电路

光敏电阻开关电路如图 6.44 所示。在自然光线较好的白天，光敏电阻受到正常光照，电阻值较低，VT_1、VT_2 和 VT_3 截止，继电器线圈未通电不吸合。遇到白天光线较差或者到了晚上时，光敏电阻受到的光照减少，电阻值较高，VT_1、VT_2 和 VT_3 导通，继电器线圈得电吸合。

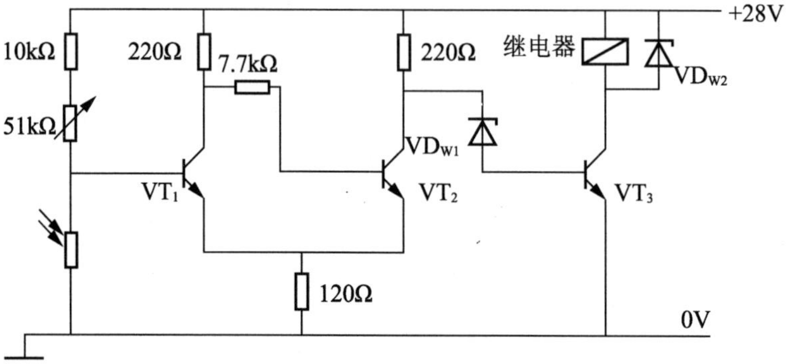

图 6.44　光敏电阻开关电路图

2) 光控式语音防盗报警器

光控式语音防盗报警器的电路如图 6.45 所示。光敏晶体管 VT_1、晶体管 VT_2 等构成光控式触发开关，语音集成电路 A(HL-169B)和功率放大晶体管 VT_3 等构成语音发生器。

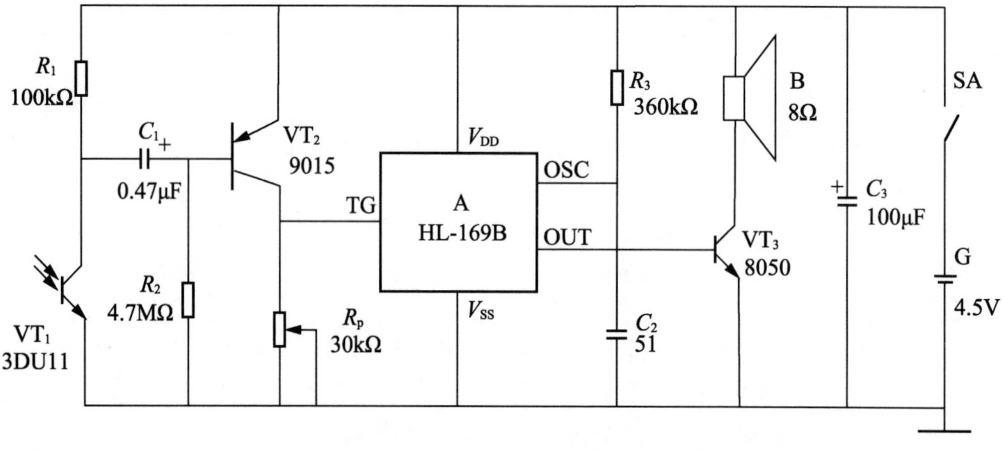

图 6.45　光控式语音防盗报警器电路图

接通电源开关 SA，电路处于静态工作状态。此时，周围环境光线照射到 VT_1 表面，使它等效为低阻值电阻器，并且阻值基本上保持稳定且不会突然变化。由于 VT_2 偏置电阻 R_2 取值较大，使 VT_2 趋于截止状态，所以 R_p 两端输出电压小于 $1/2V_{DD}$，A 因触发端 TG 得不到正脉冲触发信号而不工作，VT_3 截止，扬声器 B 不发声。当有人或物体通过 VT_1 前方时，照射到 VT_1 表面的光线发生突变，VT_1 两端等效电阻值突然增大，从而导

致 VT_1 两端产生相应脉冲电压，其下降沿经 C_1 耦合到 VT_2 基极，经 VT_2 反相放大后，使 A 的 TG 端获得一正脉冲触发信号。于是 A 内部电路受触发工作，其 OUT 端输出一遍内储的语音电信号，经 VT_3 功率放大后，推动扬声器 B 发声。在该电路中，R_P 为光触发灵敏度调节电位器。R_3、C_2 分别为 A 外接振荡电阻和电容，其数值大小影响报警声的速度和音调。

6.3.5　任务总结

通过本任务的学习，应掌握光敏传感器的基本工作原理、结构类型、典型电路和应用注意事项等知识重点。

通过本任务的学习，应掌握如下实践技能：①正确分析、制作与调试 BPW34 应用电路；②根据设计任务要求，完成硬件电路相关元器件的选型，并掌握其工作原理。

6.3.6　请你做一做

(1) 上网查找 3 家以上生产光敏传感器的企业，列出这些企业生产的光敏传感器的型号、规格，了解其特性和适用范围。

(2) 动手设计一个路灯自动控制系统。

阅读材料　光纤传感器

光纤传感器是 20 世纪 70 年代中期发展起来的一种基于光导纤维的新型传感器，是光纤和光通信技术迅速发展的产物。光纤传感器用光作为敏感信息的载体，光纤作为传递敏感信息的媒质，与以电为基础的传感器有本质区别。

光纤传感器具有电绝缘性能好、抗电磁干扰能力强、非侵入性、高灵敏度、容易实现对被测信号的远距离监控等特点，可用于测量位移、速度、加速度、液位、应变、压力、流量、振动、温度、电流、电压、磁场等物理量。

1. 光纤

光纤是用光透射率高的电介质(如石英、玻璃、塑料等)构成的光通路。

1) 光纤结构

光纤的结构如图 6.46 所示，它是由折射率 n_1 较大(光密介质)的纤芯和折射率 n_2 较小(光疏介质)的包层构成的双层同心圆柱结构。

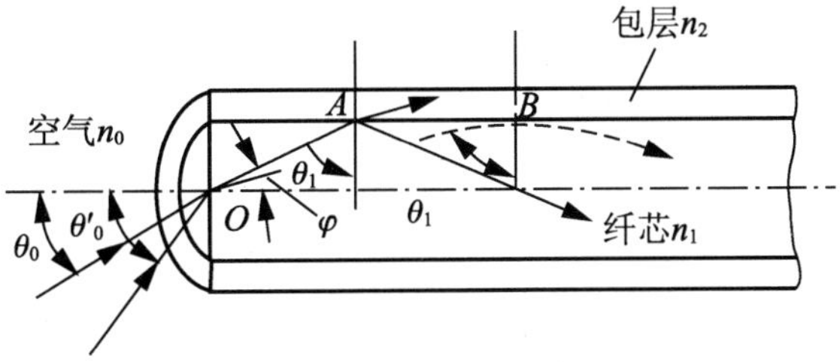

图 6.46　光纤结构

2) 光纤传光原理

光的全反射现象是研究光纤传光原理的基础。根据几何光学原理，当光线以较小的入射角 θ_1 由光密介质 1 射向光疏介质 2(即 $n_1 > n_2$)时(图 6.47)，一部分入射光将以折射角 θ_2 折射入介质 2，其余部分仍以 θ_1 反射回介质 1。

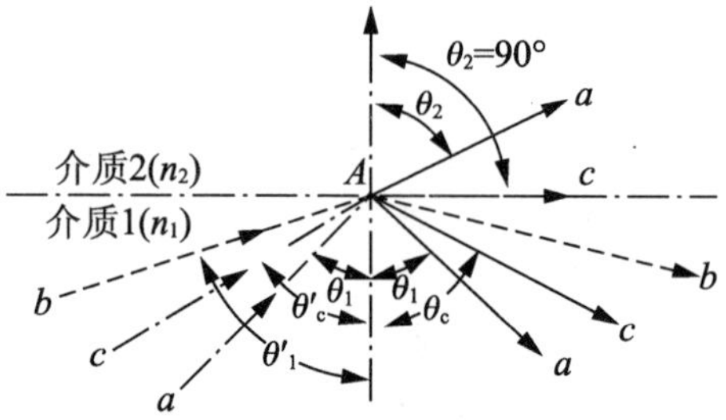

图 6.47　光纤传光原理

依据光折射和反射的斯涅尔定律，有

$$n_1 \sin\theta_1 = n_2 \sin\theta_2 \tag{6-3}$$

当 θ_1 角逐渐增大，直至 $\theta_1=\theta_c$ 时，透射入介质 2 的折射光也逐渐折向界面，直至沿界面传播($\theta_2=90°$)。对应于 $\theta_2=90°$时的入射角 θ_1 称为临界角 θ_c，由式(6-3)有

$$\sin\theta_c = \frac{n_2}{n_1} \tag{6-4}$$

由图 6.46 和图 6.47 可见，当 $\theta_1 > \theta_c$ 时，光线将不再折射入介质 2，而在介质(纤芯)内产生连续向前的全反射，直至由终端面射出，这就是光纤传光的工作基础。

3) 光纤种类

光纤按纤芯和包层材料的性质分类，有玻璃光纤和塑料光纤两类；按折射率分类，有阶跃型和梯度型两类；按光纤的传播模式分类，有多模光纤和单模光纤两类。多模光纤多用于非功能型(NF)光纤传感器，单模光纤多用于功能型(FF)光纤传感器。

2. 光纤传感器

1) 光纤传感器结构

光纤传感器是一种把被测量的状态转变为可测的光信号的装置，由光发送器、敏感元件(光纤或非光纤的)、光接收器、信号处理系统及光纤构成，其结构如图 6.48 所示。由光发送器发出的光经源光纤引导至敏感元件，在这里，光的某一性质受到被测量的调制。已调光经接收光纤耦合到光接收器，使光信号变为电信号，最后经信号处理得到所期待的被测量。

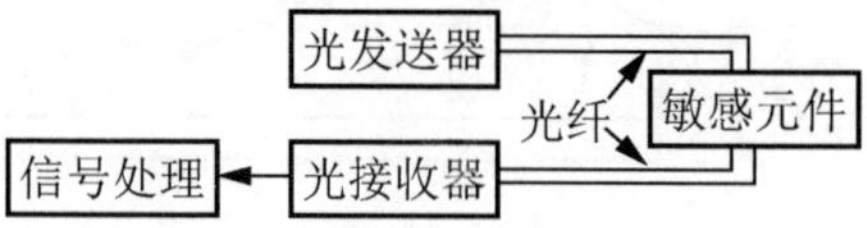

图 6.48　光纤传感器结构

2) 光纤传感器分类

光纤传感器根据光受被测对象的调制形式可分为：强度调制型光纤传感器、偏振调制型光纤传感器、频率调制型光纤传感器、相位调制型光纤传感器。根据光纤在传感器中的作用分为功能型、非功能型和拾光型 3 大类。

(1) 功能型(全光纤型)光纤传感器。功能型(全光纤型)光纤传感器中光纤在其中不仅是导光媒质，而且是敏感元件，光在光纤内受被测量调制。该传感器具有结构紧凑、灵敏度高等特点。

(2) 非功能型(传光型)光纤传感器。非功能型(传光型)光纤传感器中光纤在其中仅起导光作用，光照在非光线型敏感元件上受被测量调制。

(3) 拾光型光纤传感器。拾光型光纤传感器用光纤作为探头，接收由被测对象辐射的光或被其反射、散射的光。

3) 光纤传感器的应用——微弯光纤压力传感器

微弯光纤压力传感器是利用光纤的微弯损耗来检测外界压力的变化，如图 6.49(a)所示，光纤被夹在一对锯齿板中间，当光纤不受力时，光线从光纤中穿过，没有能量损失。当锯齿板受外力作用而产生位移时，光纤则发生许多微弯，这时在纤芯中传输的光在微弯处有部分散射到包层中。如图 6.49(b)所示，原来光束以大于临界角 θ_c 的角度 θ_1 在纤芯内传输为全反射；但在微弯处 $\theta_2<\theta_1$，一部分光将逸出，散射入包层中。当受力增加时，光纤微弯的程度也增大，泄漏到包层的散射光随之增加，纤芯输出的光强度相应减小。因此，通过检测纤芯或包层的光功率，就能测得引起微弯的压力、声压，或检测由压力引起的位移等物理量。

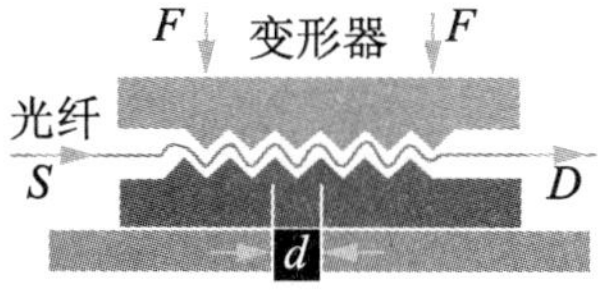

(a)

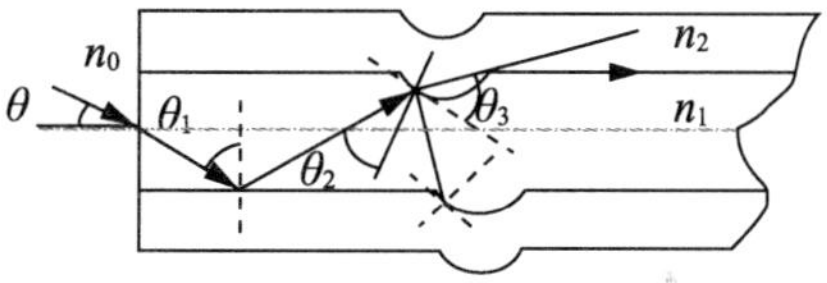

(b)

图 6.49　微弯光纤压力传感器

小　　结

本项目结合湿度、酒精浓度、光照度 3 类环境量的检测介绍了湿敏、气敏和光敏 3 类常用传感器的工作原理和典型应用电路，并给出了农业大棚湿度检测(HS1101)、酒精浓度检测(MQ-3)和光照度检测(BPW34)的典型应用案例，从任务目标、任务分析、任务实施、知识链接、任务总结等几个方面加以详细介绍，给大家提供了具体的设计思路。

习题与思考

1. 什么是绝对湿度和相对湿度？
2. 氯化锂湿敏传感器有何特点？
3. 气敏传感器有哪些类型？
4. 简述电阻式半导体气敏传感器导电的基本原理。
5. 电阻式半导体气敏传感器主要有哪些类型？
6. 光电效应有哪几种？分别对应有哪些光电器件？
7. 光纤传感器可以对哪些物理量进行测量？

【参考图文】

项目 7

磁 场 检 测

教学目标

本项目中，给出了 3 个常用的磁场检测子任务：简易特斯拉计、电子罗盘仪和 GMI 磁场测量仪，从任务目标、任务分析到任务实施，介绍了 3 个完整的检测系统，并给出了应用注意事项；在任务的知识链接中介绍了霍尔传感器、磁阻传感器和巨磁阻抗传感器的基本工作原理、结构类型、典型电路和应用注意事项等；同时在最后给出了磁场测量技术的发展及应用和磁通门式传感器两个阅读材料，以助学生对磁场测量方法的全面认知。

通过本项目的学习，要求学生了解常用磁场传感器的类型和应用场合，理解掌握其基本工作原理；熟悉霍尔传感器、磁阻传感器和巨磁阻抗传感器的相关知识点，包括磁场检测原理、传感器结构类型、典型应用电路和注意事项等；能正确分析、制作与调试相关应用电路，根据设计任务要求，完成硬件电路相关元器件的选型，并掌握其工作原理。

教学要求

知识要点	能力要求	相关知识
磁场传感器	(1) 了解常见磁场传感器的种类和应用场合； (2) 掌握霍尔传感器的典型测量电路，了解霍尔器件应用注意事项； (3) 熟悉磁阻传感器基本原理、结构特点和应用注意事项等； (4) 熟悉巨磁阻抗传感器基本原理、结构特点和应用注意事项等； (5) 了解磁通门传感器基本工作原理和典型应用电路； (6) 了解磁场检测技术的发展	(1) 霍尔传感器； (2) 磁阻传感器； (3) 巨磁阻抗传感器； (4) 磁通门传感器
磁场传感器的典型应用	(1) 熟悉磁场检测的基本应用电路； (2) 正确分析、制作与调试相关测量电路； (3) 根据设计任务要求，能完成硬件电路相关元器件的选型，并掌握其工作原理	(1) UGN3501 霍尔传感器检测磁场； (2) HMC5883L 磁阻传感器检测磁场； (3) 巨磁阻抗传感器电路设计原理

项目背景

磁场测量的发展有着悠久的历史，早在两千多年前，人们就用司南来探测磁场，用于指示方向。随着物理学、材料科学和电子技术的不断发展，磁场测量技术取得了很大进展，磁场测量方法也越来越多。当前，磁场测量技术已广泛应用于地球物理学、空间科学、生物医学、军事技术、工业探伤等领域，成为不可或缺的手段。磁场测量常以磁场强度的大小作为度量标准，针对不同场合下磁场强度的不同，需要采用不同的测量方法。

磁场传感器就是指能够接收磁信号，并按一定规律转换成可用输出信号的器件或装置，可以用于检测磁场的存在，测量磁场的大小、方向，最常用的磁场传感器主要有：线圈传感器、霍尔传感器(Hall)、磁通门传感器(flux gate)、磁电阻效应传感器(MR)、超导量子干涉仪(SQUID)等，主要磁场传感器的类型和应用见表7-1。

【参考图文】

表7-1　主要磁场传感器的类型和适用场合

类型	工作原理	量程/T	分辨率/T	频率响应	应用场合
霍尔传感器	半导体在磁场中的霍尔效应	10^{-5}～10	10^{-5}	10MHz	电流测量、磁场测量、位移测量、压力测量、转速测量等
磁通门传感器	利用法拉第电磁感应定律	10^{-10}～10^{-2}	10^{-11}	5kHz	磁场检测、电磁参量检测、电子罗盘等
磁阻传感器	磁性材料的磁阻效应	10^{-5}～10^{-2}	10^{-5}	1MHz	磁场测量、转速测量、电子罗盘等
巨磁阻抗传感器	磁性材料的磁阻抗效应	10^{-10}～10^{-2}	10^{-10}	1MHz	磁场测量、应力测量、电流测量、无损探伤等
超导量子干涉仪	超导约瑟夫森效应和磁通量子化现象	10^{-14}～10^{-2}	10^{-14}	10MHz	微弱磁场、金属的无损检查、无损评价等

磁场传感器不仅可以用来检测磁场，更重要的是可以检测电流、压力、角度、位移等其他物理量。例如，利用各向异性磁阻传感器制作的电子罗盘，在汽车导航、全球定位等有着重要的应用；霍尔传感器在车速检测、发动机转速检测等有着广泛应用；而最新发展的利用巨磁阻抗效应研制的磁敏传感器在磁场检测、转速检测、位移测量等有着更广泛的应用前景。

任务7.1　简易特斯拉计(霍尔传感器)

7.1.1　任务目标

通过本任务的学习，熟悉霍尔传感器的基本原理，了解霍尔传感器的结构，掌握霍尔传感器性能特点和使用的方法；要求通过实际设计和动手制作，能正确选择磁场传感器，并按要求设计测量电路，完成电路的制作与调试，完成一款简易特斯拉计。

7.1.2 任务分析

1. 任务要求

图 7.1 特斯拉计

磁感应强度大小的测量通常使用特斯拉计(图 7.1，又称高斯计)，随着传感器和集成电路技术的发展，目前霍尔器件多已集成化，本任务利用 UGN3501 型集成线性霍尔传感器，设计了一个简易的磁感应强度测量电路，该电路与 J0401 型演示电表配合后构成一个简易的特斯拉计，用于物理演示实验，可取得良好效果。

2. 主要器件选用

本任务中要用到的主要器件及其特性见表 7-2。

表 7-2 特斯拉计主要器件及其特性

主要器件	主要特性
霍尔传感器  UGN3501 霍尔传感器引脚图 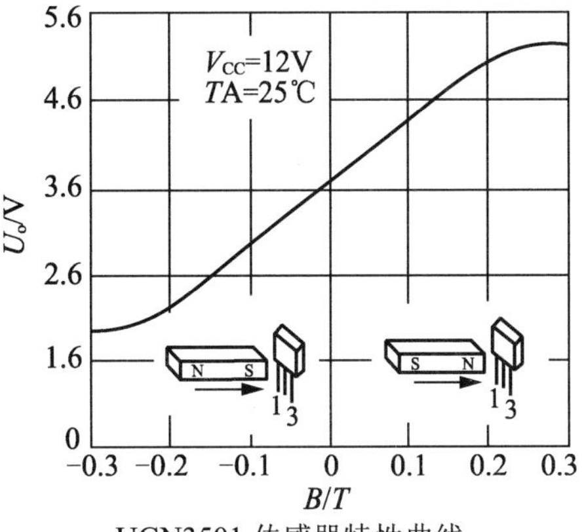 UGN3501 传感器特性曲线	UGN3501 为线性霍尔传感器，它将霍尔元件和恒流源、精密线性差动放大器等做在一个芯片上，输出电压的变化与磁感应强度大小的变化在一定范围内保持线性关系。它采用三端扁平塑料封装，大小与一个小功率塑封半导体晶体管类似，1 脚为电源端，2 脚为接地端，3 脚为输出端。主要特性如下： 电源电压：8～12V； 电源电流：10～20mA； 线性范围：±100mT； 工作温度：−20～+85℃； 平均灵敏度：7.0S/mV/mT； 静态输出电压：2.5～5.0V； 输出电流：4.0mA； 输出电阻：0.1kΩ
运算放大器 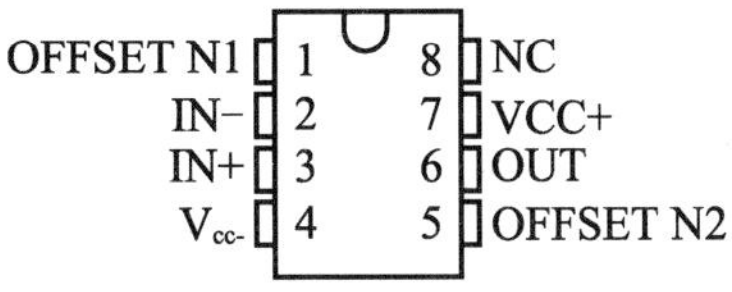 uA741 引脚图	uA741 为通用高增益运算放大器，DIP8 封装，工作电压为±12V，差分电压为±30V，输入电压为±18V，允许功耗为 500mW

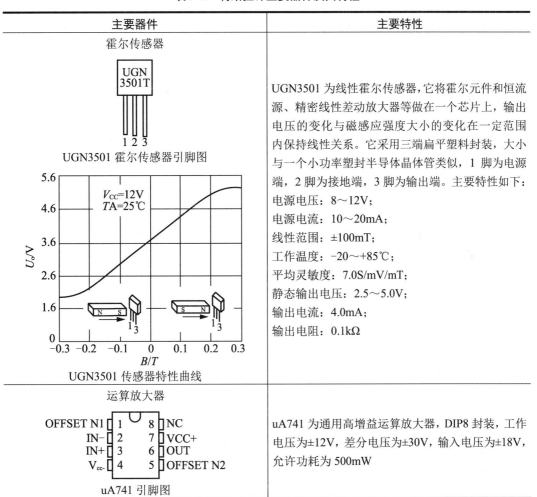

7.1.3　任务实施

1. 任务方案

特斯拉计演示实验系统框图如图 7.2 所示，由霍尔传感器，调零、差分放大器，演示电表等几个部分组成。

图 7.2　简易特斯拉计演示实验系统框图

2. 硬件电路及调试

特斯拉计测量电路如图 7.3 所示，其中 G 为 J0401 演示电表，置于“G”挡并调成中心零位式，uA741 运算放大器与 R_3、R_4、R_5、R_6 组成调零、差分放大电路(R_3=R_4=20kΩ, R_5=R_6=100kΩ)，差分放大电路的同相输入信号为 UGN3501T 的输出，反相输入信号由 R_1、R_{w1}、R_2 组成分压电路产生，使用时，先将 UGN3501T 置于 B=0 处，调节 R_{w1}，使输出电压与 UGN3501T 的输出相等，放大电路输出电压为 0，测量中，当 UGN3501T 印字面靠近磁铁 N 极(磁力线从 UGN3501 印制面穿入)时，输出电压增高，调零放大电路输出电压为正，J0401 演示电表指针正偏，偏转幅度与磁感应强度的大小成正比。反之，当 UGN3501TT 印字面靠近磁铁 S 极(磁力线从 UGN3501T 印字面穿出)时，UGN3501T 输出电压降低，调零放大电路输出电压为负，J0401 演示电表指针反偏。

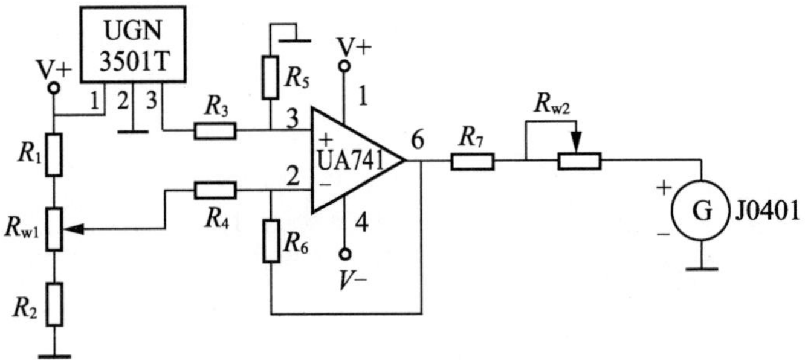

图 7.3　特斯拉计测量电路

图 7.3 中 R_{w2}(6.8kΩ)用于测量灵敏度调节，当磁感应强度较强时，可将 R_{w2} 阻值调大，反之调小，调到最小时，测量分辨率可达 0.5×10^{-4}T；R_7(200Ω)用于电表过载保护，测量电路的电源可用两个 9V 层叠电池或其他±8～±12V 直流稳压电源供电。

3. 应用注意事项

(1) 测量电路调零，当磁感应强度为 0 时，调电位器使输出电压为 0。

(2) 参照图 7.3 UGN3501 传感器特性曲线，对 J0401 演示电表进行标定，可以直接读出磁场强度的数值。

【参考图文】

(3) 利用单片机控制处理功能，可以直接把调零放大器的输出电压值转换为磁场强度得数值，制成一款数字式特斯拉计。

7.1.4 知识链接

霍尔传感器知识见项目 4 任务 4.1 中霍尔传感器的知识链接。

7.1.5 任务总结

本任务是利用 UNG3501 线性霍尔集成传感器和 uA741 集成运算放大器设计制作了一款简易特斯拉计，其磁感应强度测量电路简单，成本低廉，配合 J0401 电表可用于物理演示实验。

通过本任务的学习，应熟悉霍尔传感器的基本工作原理、特性和使用，熟悉磁场强度测量原理，分析误差产生的原因。

根据设计任务要求，完成硬件电路相关元器件的选型，尤其是磁敏传感器，并掌握其使用方法。

7.1.6 请你做一做

(1) 上网查找 3 家以上生产霍尔传感器的企业，列出这些企业生产的霍尔传感器的型号、规格，了解其特性和适用范围。

(2) 采用霍尔开关传感器模块动手设计一个磁控开关电路。

任务 7.2 电子罗盘仪(AMR 磁阻传感器)

7.2.1 任务目标

通过本任务的学习，熟悉磁阻传感器的基本原理，了解磁阻传感器的结构，掌握磁阻传感器性能特点和使用方法；要求通过实际设计和动手制作，能正确选择磁场传感器，并按要求设计接口电路，完成电路的制作与调试，完成一款二维电子罗盘仪。

7.2.2 任务分析

1. 任务要求

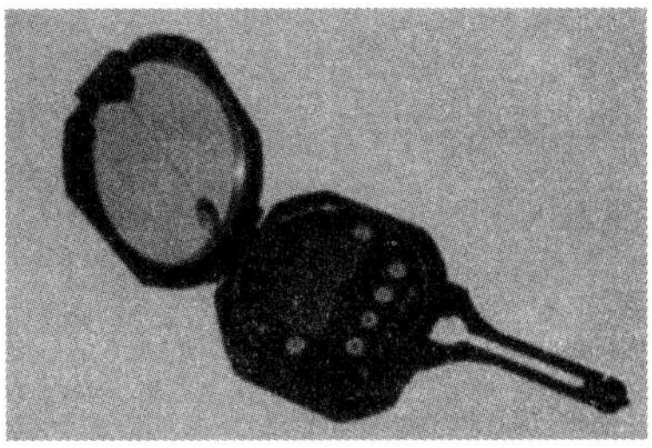
图 7.4 电子罗盘仪

罗盘仪是用以判别方位的一种简单仪器，是一种重要的导航工具，可应用在多种场合中。机械式罗盘仪主要组成部分是一根装在轴上可以自由转动的磁针。磁针在地磁场作用下能保持在磁子午线的切线方向上，磁针的北极指向地理的北极，利用这一性能可以辨别方向。当前应用较为广泛的电子式罗盘仪(图 7.4)，采用了磁场传感器和专用处理器对地磁场进行测量和处理后指示方向。利用磁场传感器和单片机处理器设计一款二维电子罗盘仪，并使其具有语言播报功能，电子罗盘仪性能要求见表 7-3。

表 7-3　电子罗盘仪性能要求

测量范围	测量精度	显示方式
0°～360°	2°	液晶显示

2. 主要器件选用

本任务中要用到的主要器件及其特性见表 7-4。

表 7-4　电子罗盘仪主要器件及其特性

主要器件	主要特性
磁阻传感器 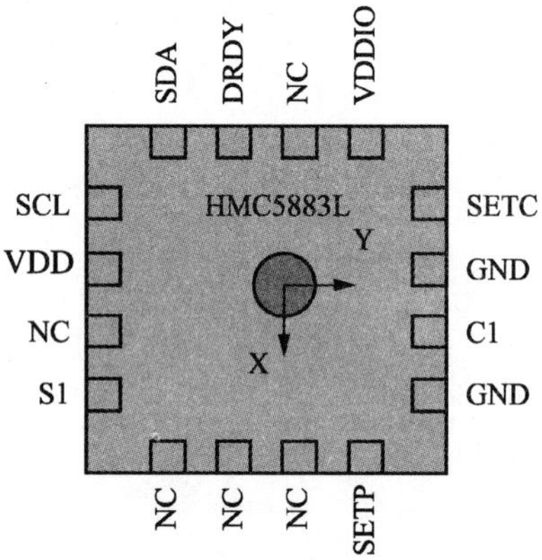 HMC5883 磁阻传感器引脚图	HMC5883L 是表面贴装的高集成模块，并带有数字接口的弱磁传感器芯片，内部包括高分辨率的 HMC118X 系列磁阻传感器、放大器、自动消磁驱动器、偏差校准、能使罗盘仪精度控制在 1°～2°的 12 位 A/D 转换器、简易的 IIC 系列总线接口，主要的作用就是测量地磁场的方向和大小，属于一种三轴磁阻传感器。HMC5883L 通过 4 根导线来与其他模块电路相连通，这 4 个端口的作用如下： 端口 1 接的是 VDD 引脚，电源输入端口，接入 3.3V 电压即可正常工作； 端口 2 接的是 GND 引脚，电源接地端口，通过接地来构成电路回路； 端口 3 接的是 SCL 引脚，串行时钟-IIC 总线主/从时钟端口； 端口 4 接的是 SDA 引脚，串行数据-IIC 总线主/从数据端口； SETP 是置位/复位带正-S/R 电容(C2)连接； SETC 是 S/R 电容器(C2)连接-驱动端
单片机及 A/D 转换器  MSP430f149 单片机实物图	16 位超低功耗微控制器、64KB 闪存、2KB RAM 一个 12 位模数转换器； 两路 USART 通信端口； 两个 16 位定时器； 一个看门狗； 6 个 I/O 端口； 一个比较器； 硬件乘法器； 一个 DCO 内部振荡器和两个外部时钟； -40～85℃工业级温度范围； 1.8～3.6V 工作电压，64 脚 TQFP 封装
显示模块 12864	具体特性见项目 1 任务 1.1 中 12864 芯片介绍
语音播报模块  ISD1760 芯片实物图	ISD1760 语音芯片，可录音、放音十万次；两种控制方式、两种录音方式、两种放音方式；可处理多达 255 段以上的信息；多种采样频率对应多种录放时间；工作电压为 4～5.5V，28 脚 TSOP 封装

7.2.3 任务实施

1. 任务方案

电子罗盘仪系统原理框图如图 7.5 所示。系统包括磁阻传感器模块、单片机模块、语音模块、液晶显示模块等几个部分。

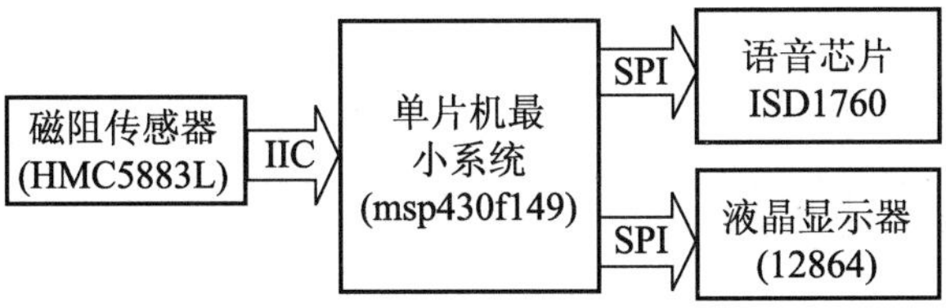

【参考图文】

图 7.5 电子罗盘仪系统原理框图

2. 硬件电路

电子罗盘仪系统硬件电路原理图如图 7.6 和图 7.7 所示，磁阻传感器采集到的地磁信号直接以数字形式送到单片机，经计算处理后，以方向角的形式在液晶显示器上显示出来。电子罗盘仪由 msp430f149 单片机最小系统、HMC5883 磁阻传感、HZLH08-12864 液晶显示器等组成。

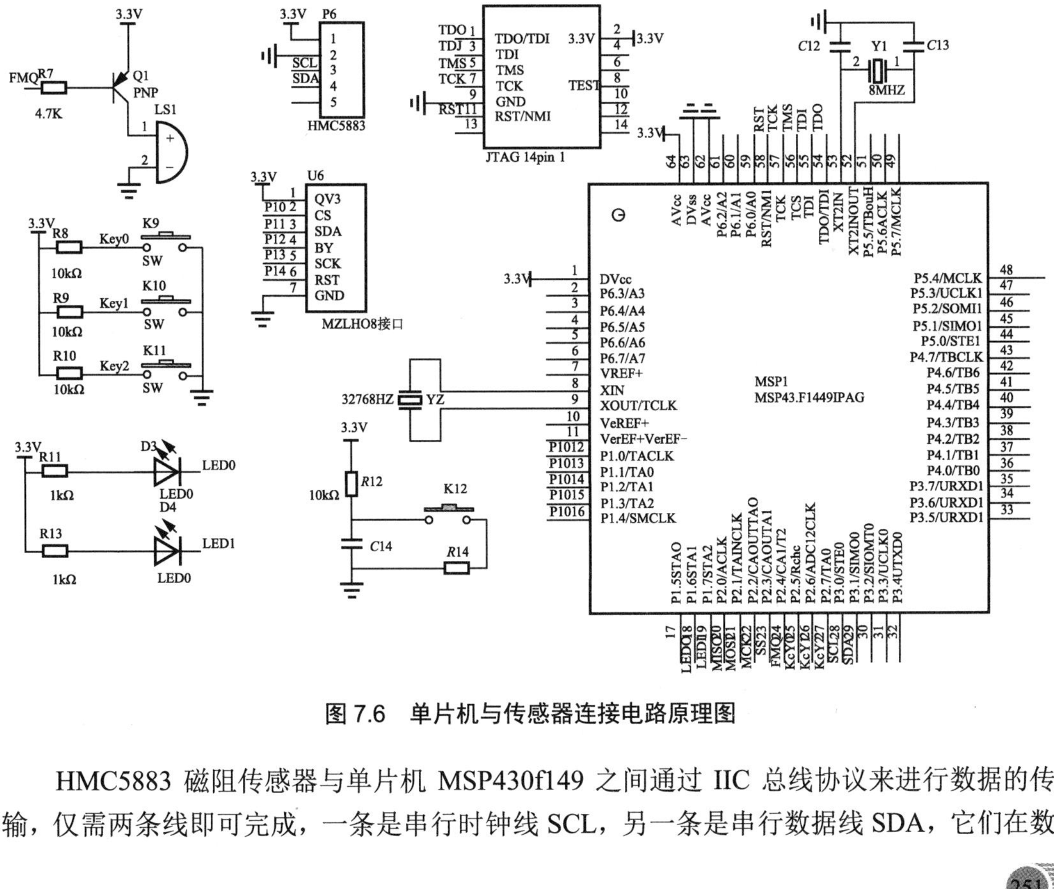

图 7.6 单片机与传感器连接电路原理图

HMC5883 磁阻传感器与单片机 MSP430f149 之间通过 IIC 总线协议来进行数据的传输，仅需两条线即可完成，一条是串行时钟线 SCL，另一条是串行数据线 SDA，它们在数据的发送和接受中起着至关重要的作用。由于系统中自带 SCL 和 SDA 两条总线，所以无需自行设计模拟 IIC 总线，可以直接通信。

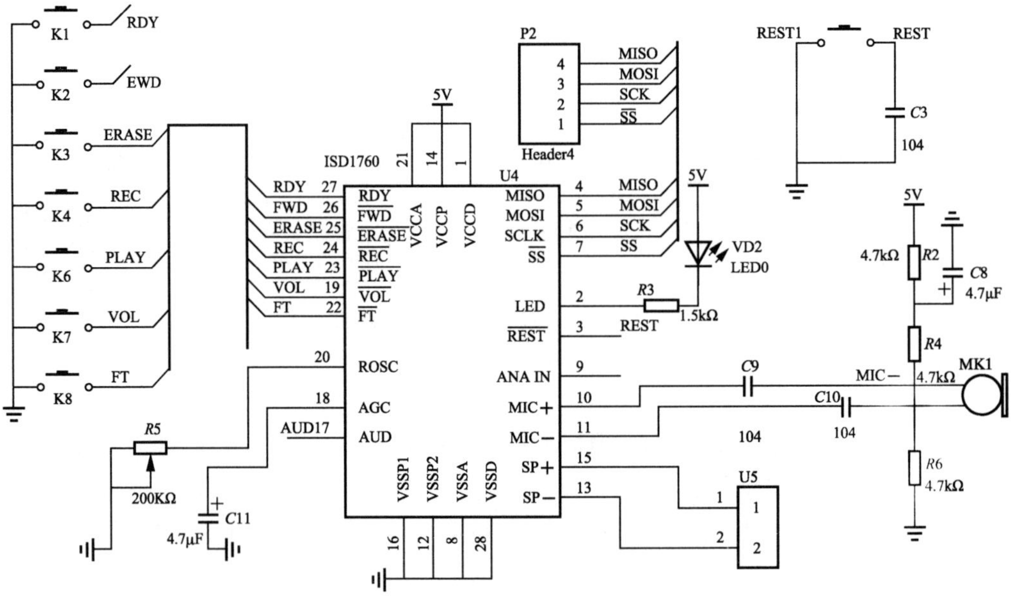

图 7.7　语音模块电路原理图

MZLH08 液晶显示屏与单片机 MSP430f149 之间通过 SPI 总线协议来进行数据的传输，它由 4 种信号构成，通过边沿触发模式来控制数据的发送和传输，系统内部会自动传输运行，所以也不需要自行设计相关串行端口。

3. 电路调试

根据任务要求，如图 7.8 所示为整个工作流程图，整个系统所要实现的功能是：当开启电源后，蜂鸣器响一声作为提示已开机，系统开始运行，各模块随即初始化且开始工作。采集 HMC5883 磁阻传感器输出的数据，测量地磁场的大小，并能够将这些数据的波动转化成为电流变化。流程图中的数据处理包括 A/D 转换、IIC 通信传送数据、单片机 MSP430f149 运用一系列算法处理数据。然后通过 SPI 协议通信将具体的方向和角度传输到液晶显示屏 MZLH08-12864 上直观地显示出来，如果需要语音播报，则通过按键即可实现扬声器播放功能，否则一次测量就算结束。

测试结果填入表 7-5 中。实际角度可用市场上销售的机械式指南针测量。

4. 应用注意事项

(1) 通电后，按一下复位键以保证电子罗盘仪能正常工作。

(2) 为保证测量的准确性，须将电子罗盘仪放置水平，原因是本次任务设计为二维电子罗盘仪，硬件中没有加速度传感器，不能补偿因倾斜而造成的误差角度。

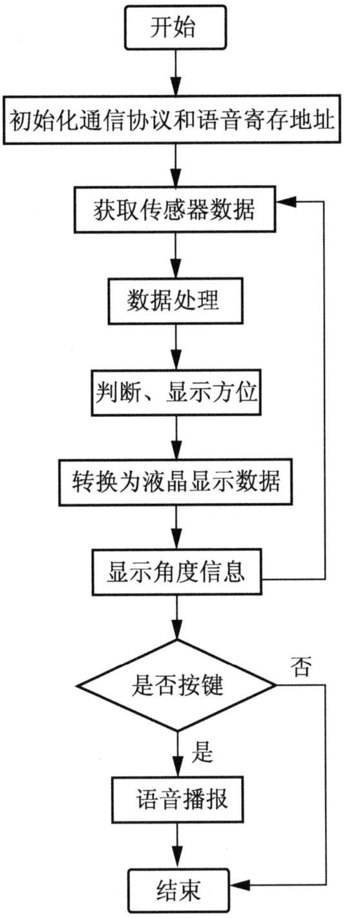

【参考图文】

图 7.8 系统工作流程图

表 7-5 电子罗盘仪测试数据 (单位：°)

实际角度	测得角度	误差	实际角度	测得角度	误差

7.2.4 知识链接

1. 测向原理——电子罗盘仪的工作原理

地磁场是指地球和近地空间之间存在的磁场。地磁场强度一般为 0.3～0.6Gs(随地理位置变换而变化，在一定范围内，地磁场强度恒定)。赤道处以外的地磁场都不水平于地面，常用磁倾角、磁偏角、地磁场水平强度(地磁场的水平分量)这 3 个要素来描述地磁场的大小和方向。磁偏角是磁南北极与地理南北极之间的夹角，它随地理位置变化，只要知道具体位置的经纬度，就可以计算出磁偏角，从而通过修正获得正确方向角(文中的方向角都是相对于磁北极而言)。

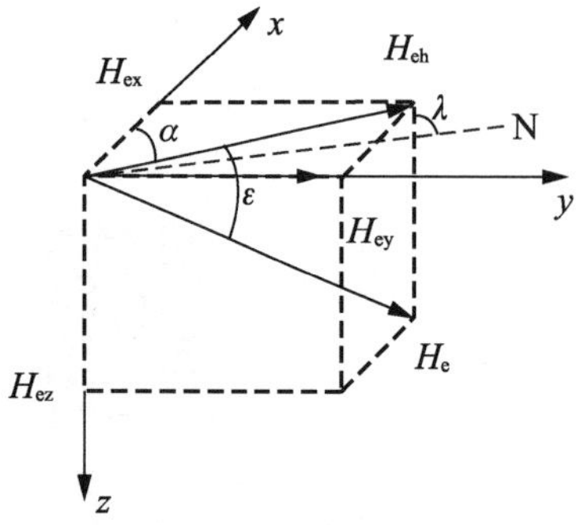

图 7.9　地球磁场向量三维图

图 7.9 是地球某一点的地球磁场向量 H_e 的三维图，磁场强度 H_e 表示地磁场的大小和方向，H_e 可分为 3 个分量：水平强度 H_{eh}，为 H_e 在水平面上的投影；磁偏角 λ，为 H_{eh} 与正北方向的夹角；磁倾角 δ，为 H_e 对水平面的倾角。对于二维磁电子罗盘，没有加倾角传感器，只需要考虑地磁场的水平分量 H_{eh}。H_{ex}、H_{ey} 分别为 H_e 在 x、y 方向的水平分量，α 为前进方向与磁场北极的夹角，称为方位角。因此只要得到方位角 α 的大小即可得知该水平面方位。由图可知 $\tan\alpha=H_{ey}/H_{ex}$，所以只要求出 y、x 轴上的磁场强度之比 H_{ey}/H_{ex}，即可得到方位角 α 的正切值，将磁敏传感器两个敏感元件分别置于 x 轴和 y 轴方向，分别测量 H_{ex}、H_{ey}，并将其大小转化为相应强弱的电信号。只要水平放置就不影响测量结果。

当方位角 α 处于不同的 4 个象限时，表示方法如下：

$\alpha(V_x=0,V_y>0)=270°$；

$\alpha(V_x=0,V_y<0)=90°$；

$\alpha(V_x>0,V_y>0)=360°-(\arctan V_y/V_x)\times180°/\pi$；

$\alpha(V_x>0,V_y<0)=-(-\arctan V_y/V_x)\times180°/\pi$；

$\alpha(V_x=0)=(\arctan V_y/V_x)\times180°/\pi$。

当指南针位于第一象限时方位角为北偏东角度；
当指南针位于第二象限时方位角为东偏南角度；
当指南针位于第三象限时方位角为南偏西角度；
当指南针位于第四象限时方位角为西偏北角度。

α 分别为 0°、90°、180°、270° 时对应北东南西 4 个方向。

【参考图文】

2. 磁阻传感器原理

磁阻传感器早在大约两千年前就开始使用，到 20 世纪 70 年代中期，出现了新型磁阻传感器——薄膜磁阻传感器。它是利用铁磁材料玻莫合金的各向异性磁电阻效应制作的，能够测量磁场的大小和方向。这种传感器具有体积小、功耗低、灵敏度高、可靠性高、抗干扰能力强、温度稳定性好、耐恶劣环境能力强、工作频带宽、易于与数字电路匹配及便于安装等优点，还具有可以不经物理接触就能测出磁场的存在、强弱和方向等特性的优势。随着现代科学技术的发展，各种各样的磁阻传感器不仅可以测量来自地磁场的存在、强弱和方向，而且可以测量永磁体、软磁体、车辆移动及电流所产生的磁场，因此磁阻传感器成了许多工业和航海控制系统的“眼睛”。

导体在磁场中电阻发生变化的现象称为磁电阻效应。如图 7.10 所示，当沿着一条长而且薄的铁磁合金带的长度方向施加一个电流，在垂直于电流的方向施加一个外部磁场时，合金带自身的阻值会发生变化，阻值变化与磁化强度矢量和电流矢量之间夹角的正弦平方成正比。

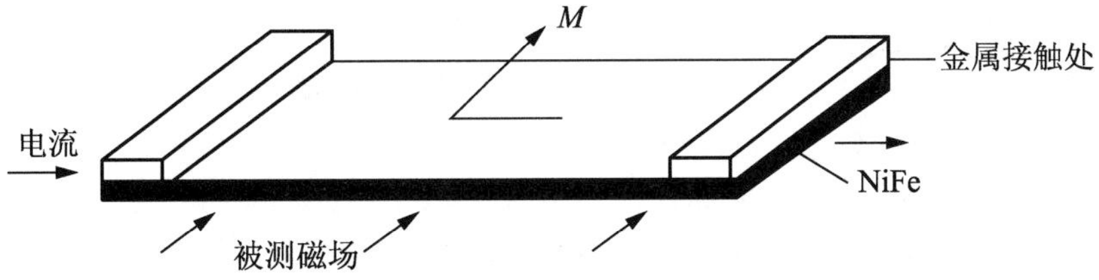

图 7.10 磁阻传感器的工作原理

3. 霍尼韦尔公司的磁阻传感器

霍尼韦尔公司(Honeywell)的磁阻传感器是各向异性的磁阻传感器，它首先采用磁阻敏感原理，由长而薄的玻莫合金薄膜制成磁阻敏感元件。采用标准的半导体工艺，将薄膜附着在硅片上，由 4 个磁阻组成惠斯顿电桥，除了电桥电路外，传感器的芯片上有两个磁耦合的电流带：偏置电流带和置位复位电流带。这两个电流带是霍尼韦尔的专利，省去了外加线圈的需要。制造过程中，敏感轴被设置为沿薄膜长度的方向，这样将导致电阻值的最大变化。磁阻元件被设计封装成一维和二维磁敏感方式，其中二维是封装在一起且相互垂直的双磁场传感器。电桥的供电电压为 V_b，当电阻中有电流时，在外加磁场作用下，使得两个相对放置的电阻的阻值减小 ΔR ：另外两个相对放置的电阻的阻值增大 ΔR 。如图 7.11 所示，计算可得惠斯顿电桥的输出为

$$\Delta V_{out} = \frac{\Delta R}{R} V_b \tag{7-1}$$

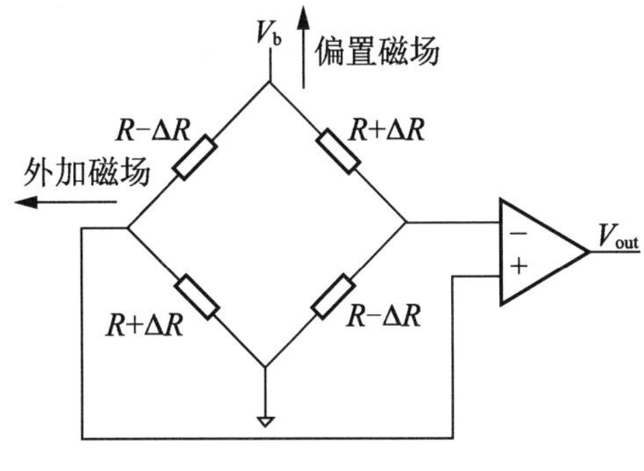

图 7.11 惠斯顿电桥结构

本任务采用霍尼韦尔公司生产的磁阻传感器 HMC5883 构成二轴磁阻传感器测量外部磁场，主要因为它们不仅体积小、成本低，而且在±2Gs 的磁场范围内具有很高的灵敏度和分辨率，灵敏度和分辨率分别为 3.2mV/V/Gs 和 27μGs。

1) 偏置电流带

霍尼韦尔的磁阻传感器最具有特点的是内部的两个电流带：偏置电流带和置位复位电流带。

当直流电流在偏置电流带内通过时偏置电流带可以有多种工作模式。

(1) 平衡掉外部不需要的磁场。

(2) 将电桥偏置设置为零。

(3) 电桥输出可驱动偏置电流带来消除闭环回路内的磁场。

(4) 接到命令时桥路增益可在系统内自动校准。

特定大小的电流流过偏置电流带时(电流方向从 OFFSET−到 OFFSET+)，偏置电流带将产生一个与被测磁场方向相反的磁场。所以可以消除任何环境磁场。偏置电流带每通过 50mA 电流可提供 1Oe 的磁场(空气中 1Gs=1Oe)。

基于以上偏置电流带的特性，偏置带可以用作闭环电路内的反馈元件。此种应用中，将电桥放大器的输出端连接到偏置带的驱动电流源上，利用环路内的高增益和负反馈使电桥的输出为零。无论测量什么样的磁场，通过偏置电流带的电流都会将之消除，电桥始终看到一个零磁场条件。这种方法具有很好的线性度和温度特性。用来消除外部磁场的电流是此磁场的一个直接度量，而且可以直接转换成磁场值。

偏置电流带还可以用来自动校准磁阻电桥，它对偶尔校对电桥增益或在大温度摆动范围内进行调整是非常有用的，可以在上电或正常操作期间的任何时候进行。其原理是：沿一线路取两点，并确定该线的斜度，即增益。当电桥正在测量稳定的外部磁场时，输出将保持恒定。记录稳定磁场的读数，记为 H_1。此时施加特定电流通过偏置电流带，然后记录该读数，记为 H_2。导致磁阻传感器测量的磁场的变化称为施加磁场增量(ΔH_a)，磁阻传感器增益计算如下：

$$G = \frac{H_2 - H_1}{\Delta H_a} \tag{7-2}$$

除上述外，偏置电流带还有许多其他用途，关键是外部环境磁场和偏置磁场可以简单地相互叠加，被磁阻传感器作为单一磁场进行测量。

2) 置位复位电流带

置位复位电流带可以用大电流进行脉冲驱动，从而达到以下目的：

(1) 强迫传感器以高灵敏度模式工作。

(2) 翻转电桥输出的极性。

(3) 正常工作中进行循环，以提高线性度、减小垂直轴的影响和温度影响。

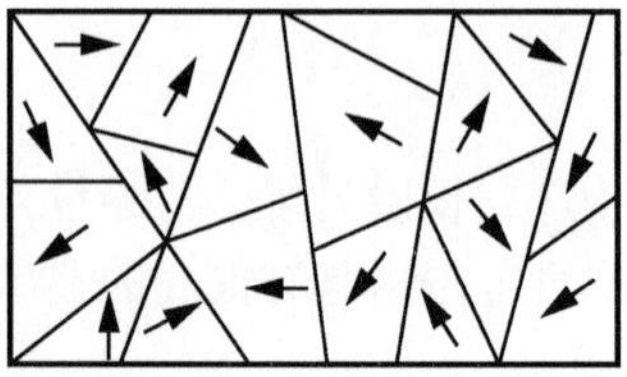

图 7.12　干扰磁场中磁区域分布

大多数弱磁传感器受到大的磁场干扰(大于 4～20Gs)的影响时，会导致输出信号衰减。为了减小这种影响，可以在电桥上应用磁开关切换技术，消除过去磁历史的影响。置位复位带的作用就是把磁阻传感器恢复到磁场测量的高灵敏度状态，可以将大电流脉冲通过置位复位电流带来实现。一旦传感器被最置位或复位，便可实现低噪声和高灵敏度地磁场测量。

当磁阻传感器暴露于干扰磁场中时，传感器元件会分成若干方向随机的磁区域，如图 7.12 所示，从而导致灵敏度衰减。当大的正向脉冲电流通过置位复位带时，它将产生一个强磁场，此磁场可以重新将磁区域对准到正的方向上，如图 7.13 所示，这样就保证了高灵敏度和可重复的读数。

反向脉冲可以以相反的方向旋转磁区域的方向，并改变传感器输出的极性，如图 7.14 所示。

通过置位复位带的脉冲的脉宽可短至 2μs，要求是每个脉冲只在一个方向上施加。利用置位复位电流带可以减少许多影响，包括温度漂移、非线性误差、交叉轴影响和由于强磁场的存在而导致输出信号的丢失。

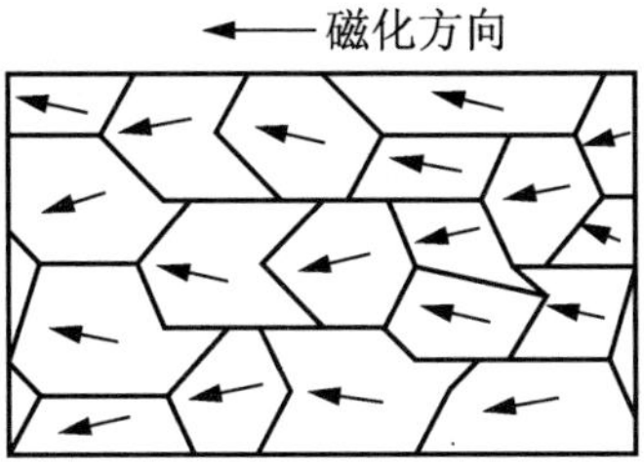

图 7.13 置位脉冲下磁区域分布

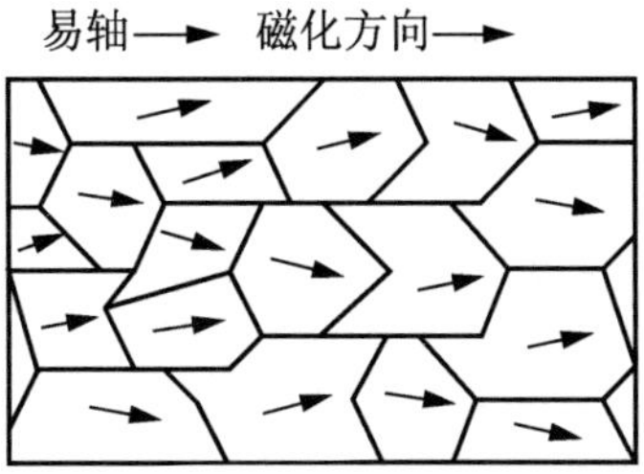

图 7.14 复位脉冲下磁区域分布

7.2.5 任务总结

电子罗盘系统包括了多个模块，考虑到模块间的性能契合度和经济因素，分别采用了 HMC5883 磁阻传感器、MSP430f149 单片机和 HZLH08 液晶显示屏，语音模块采用了 ISD1760 芯片和普通小功率扬声器，用于声音的采集与外放。

通过本任务的学习，应熟悉磁阻传感器的基本工作原理、特性和使用，了解地磁测向原理，分析误差产生的原因。

根据设计任务要求，完成硬件电路相关元器件的选型，尤其是地磁传感器、单片机的选型，并掌握其使用方法。

7.2.6 请你做一做

（1）查阅资料，熟悉巨磁阻效应(GMR)及 AMR 传感器的应用。

（2）上网查找两家以上生产磁阻传感器的企业，列出这些企业生产的磁阻传感器的型号、规格，了解其特性和适用范围。

（3）采用磁阻传感器模块动手设计一款磁场检测电路。

任务 7.3　GMI 磁场测量仪(巨磁阻抗传感器)

7.3.1　任务目标

通过本任务的学习，熟悉巨磁阻抗传感器的基本原理，掌握巨磁阻抗传感器性能特点；要求通过实际设计和动手制作，制作一款巨磁阻抗磁场传感器，并按要求设计接口电路，完成电路的制作与调试，完成一款磁场测量仪。

7.3.2　任务分析

1. 任务要求

图 7.15　磁场测量仪实物

磁场测量仪(图 7.15)是测量磁场大小的一种仪器，能够探测磁场的传感器有多种。由于 Fe 基纳米晶薄带巨磁阻抗效应对弱磁场的敏感性，用它组成的器件具有灵敏度高、体积小、响应快及非接触等特点，与传统的霍尔和磁电阻传感器相比具有灵敏度高、温度稳定性好、工作温度范围宽、使用寿命长等优点，所以本设计采用此传感器具有可行性。本任务的要求是利用 Fe 基非晶纳米晶材料的巨磁阻抗效应(GMI)，研制一款灵敏度高的新型弱磁场测量仪，具体要求见表 7-6。

表 7-6　磁场测量仪任务要求

测量范围/mT	测量精度/mT	显示方式
0～1	0.01	数码管

2. 主要器件选用

本任务中要用到的主要器件及其特性见表 7-7，其中磁场传感器为自制的。

表 7-7　磁场测量仪主要器件及特性

主要器件	主要特性
磁场传感器——GMI 传感器(自制)	灵敏度约为 87.3mV/Oe，重复性数据的最大偏差为 0.62%，迟滞性数据的最大偏差为 0.96%
A/D 转换芯片  TLV2543 芯片	TLV2543 芯片 12bit 串行 A/D 转换器，使用开关电容逐次逼近技术完成 A/D 转换过程，其特点是： (1) 12 位分辨率 A/D 芯片； (2) 10μs 转换速度； (3) 3 路内置自测试方式； (4) 线性误差 ± LSBmax； (5) 采样率为 66kbit/s； (6) 具有单、双极性输出

续表

主要器件	主要特性
单片机  STC89SC51 芯片	AT89S51 工作电压 3.8～5.5V，40 脚的 DIP 封装，具有以下几个特点： (1) 4KB Flash 片内程序存储器； (2) 128B 的 RAM； (3) 32 个外部双向输入/输出(I/O)口； (4) 5 个中断优先级 2 层中断嵌套中断； (5) 两个 16 位可编程定时计数器； (6) 两个全双工串行通信口； (7) 看门狗(WDT)电路； (8) 片内时钟振荡器
显示模块  七段 LED 数码管	四位一体共阳极数码管；正常工作电流为 10～20mA

7.3.3 任务实施

1. 任务方案

磁场测量仪系统由磁敏传感器、信号处理电路、模数转换模块、单片机显示模块等组成，如图 7.16 所示。

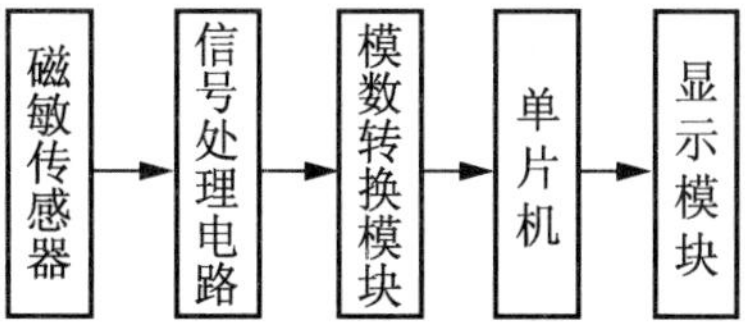

图 7.16　磁场测量仪原理框图

2. 硬件电路

磁场测量仪的硬件电路原理如图 7.17 和图 7.18 所示，图 7.17 为磁敏传感器电路和信号处理电路，由多谐振荡器产生脉冲波，驱动磁敏线圈(内置 Fe 基纳米晶薄带)，经检波后得到随磁场缓慢变化的电压值，再经信号处理电路送入 A/D 转换器。图 7.18 为 AT89S51 单片机与 TLV2543A/D 转换器、LED 数码显示器的连接电路图。

【参考图文】

3. 电路调试

本任务由于采用自制的 GMI 传感器，调试较为复杂，建议按以下步骤调试。

(1) 磁敏传感电路的调试，用示波器测试磁敏线圈两端的信号，观察输出幅值是否随磁场变化，用万用表检测检波电路输出的信号。

(2) 信号处理电路的调试，调零电路和放大电路调试。

(3) 在稳恒磁场中测量传感器的磁敏特性。

(4) 传感器标定，根据测得的磁敏性能曲线，线性化处理，得到磁场与电压的关系式。

(5) 单片机显示电路的调试。

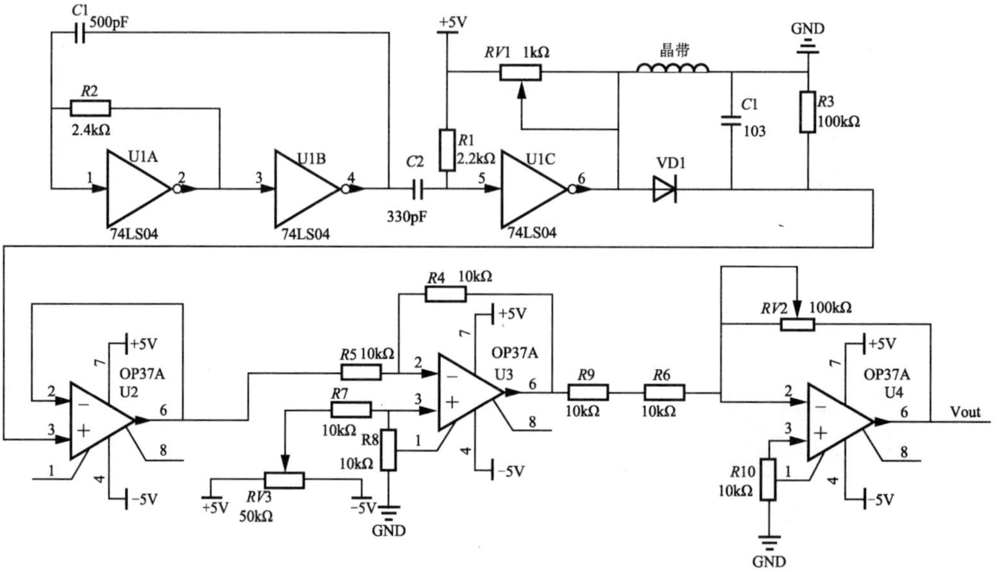

图 7.17 磁敏传感器电路原路图

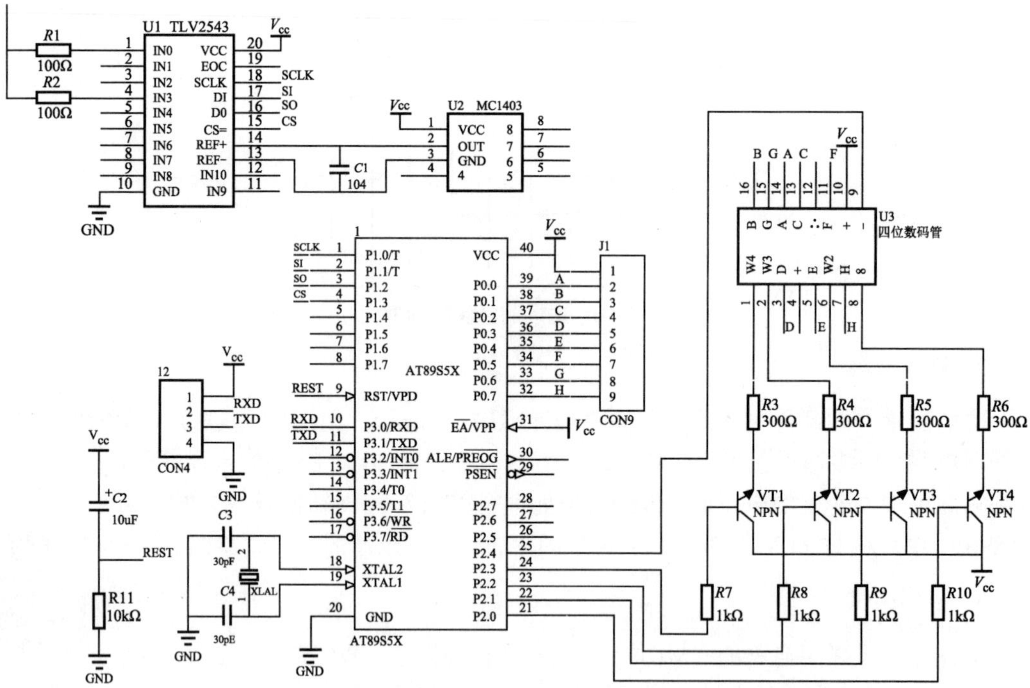

图 7.18 TLV2543 模数转换器与单片机的连接电路图

提示

如果学生没有学过单片机相关知识，可以用万能板和相关器件搭建传感器和信号处理相关模拟电路，用万用表测量电压大小与磁场的关系。如果也没有亥姆霍兹线圈，可以用小磁铁改变磁场，观察输出量随磁场的变化。

测试时，可用亥姆霍兹线圈产生稳恒磁场做实际磁场比对，测试结果填入表7-8中。

表7-8 磁场测量仪测试数据 (单位：mT)

实际磁场	测得磁场	误差	实际磁场	测得磁场	误差

(1) 磁场的单位换算：1T(特斯拉)=10000Gs(高斯)，1Gs(高斯)=1Oe(奥斯特)，1A/m(安培/米) =$4\pi\times10^{-3}$ Oe。

(2) 利用材料的GMI效应，设计的磁敏传感器可以采用不同形式的电路实现磁电转换，所呈现的磁敏特性的灵敏度及线性范围也各不相同，一定要经过标定后方可使用。

7.3.4 知识链接

【参考图文】

1. 非晶材料的巨磁阻抗效应

巨磁阻抗(giant magneto-impedance，GMI)效应是指在非晶磁性材料在高频交变电流激发下，材料的阻抗Z随外加磁场强度的变化而有显著变化的现象。一般用巨磁阻抗比来衡量巨磁阻抗效应的大小，巨磁阻抗变化率定义为

$$\frac{\Delta Z}{Z}=\frac{Z\left(H_{ex}\right)-Z\left(H_{max}\right)}{Z\left(H_{max}\right)}\times100\% \tag{7-3}$$

$$\frac{\Delta Z}{Z}=\frac{Z(H_{ex})-Z(0)}{Z(0)}\times100\% \tag{7-4}$$

式中，$Z(H_{ex})$、$Z(H_{max})$、$Z(0)$分别为任意外磁场、外磁场最大及外磁场为零时测得的阻抗值。虽然两种定义不一样，但两者的物理内涵是一致的，实验室测量阻抗时采用的是第一种定义，如图7.19所示。

研究发现，非晶、纳米晶材料具有优异的巨磁阻抗效应，即材料在外磁场下阻抗变化显著，将FeSiBPC薄带经390℃温度退火后，在驱动频率为450kHz时，巨磁阻抗比最大值可达1130%。

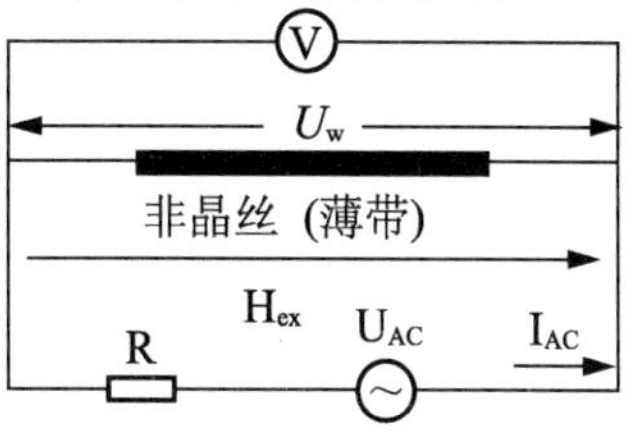

图7.19 GMI基本原理示意图

2. GMI 磁敏传感器的设计原理

磁敏传感器是感知磁场大小与方向的器件，其电路设计的关键在于如何将磁场量转换成电量输出。非晶薄带必须要在高频交变电流的驱动下才会产生较明显的 GMI 效应，因此，需要为其设计一个小型化高频信号发生器，来驱动磁敏探头。设计的磁敏传感电路要具备电路结构简单、输出信号稳定、抗干扰能力强等优点。

从结构上可以分为两个部分：磁敏传感探头和电子线路部分，其中磁敏探头利用基合金薄带的 GMI 特性，将外磁场信号转换为对应的电信号，电子线路部分工作主要有两个：一是为磁敏探头提供驱动电能，二是将从探头得到的输出信号进行处理。如图 7.20 所示为 GMI 磁敏传感器原理框图。

【参考图文】

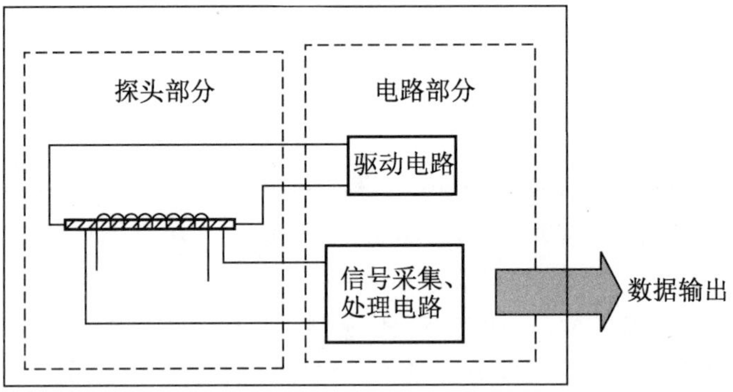

图 7.20　GMI 磁敏传感器原理框图

由图 7.20 可以得到 GMI 传感器由信号发生电路产生一个能够激励磁性非晶薄带产生最佳 GMI 效应的频率的交流信号，将该交流信号直接施加在装有非晶薄带的空心线圈的两端，再从该线圈两端取出交流信号进行峰值检波(将交流信号变为直流信号)，检波以后的直流信号经反相比例电路后直接输入到后续电路中，电路如图 7.17 所示，得到 OUT 端的输出电压随外加磁场变化而变化。

1) 磁敏感元件的制作

磁敏感元件是整个电路的核心。它将磁场信号转换成为电信号，主要由电感线圈、直流偏置线圈及非金合金薄带组成，其示意图如图 7.21 所示，采用直径为 0.08mm 的漆包线双股并排绕制，此时可以得到两个电感线圈分别为电感线圈和直流偏置线圈。由图中可以看到线圈 2 作为电感线圈，两端直接与 450kHz 交流励磁信号相连，另外一个线圈 3 作为偏置线圈，其两端加直流电压，产生直流偏置磁场，使得巨磁阻抗曲线整体发生偏移，成为非对称的曲线。线圈的长度为 11.6mm，直径为 0.57mm，匝数都为 60 匝，内置 FeSiBPC 非晶带 1，H_{ex} 是贯穿内置有晶带电感线圈的该方向上的磁场强度。

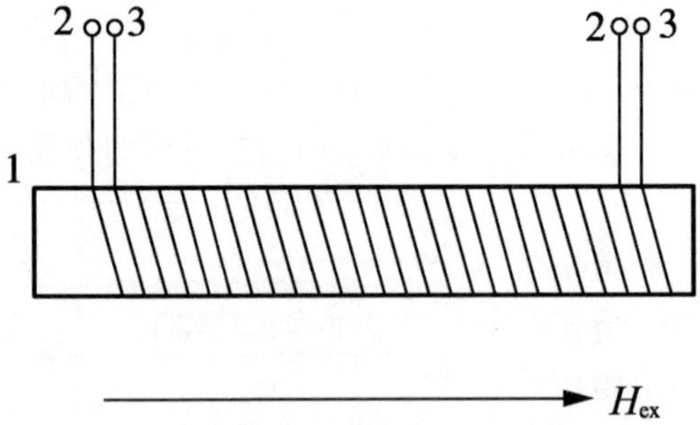

图 7.21　电感线圈与偏置线圈的制作及 Fe 基非晶带的放置方法

1—非晶带；2—电感线圈；3—偏置线圈

2) 交流信号驱动电路的设计

利用高速 CMOS 反相器芯片 SN74HC04、2.4kΩ 电阻和 450pF 电容组成阻容振荡电路，产生一个频率为 460kHz 的稳定高频矩形波，再通过 330pF 电容和 2.2kHz 电阻构成微分电路，将矩形波转变为占空比较高的尖峰波，第三级反相器将此尖峰波进行倒相，最后输出一个占空比较小、频率为 460kHz 左右的尖峰波。

3) 峰值检波电路

驱动电路确定后，对该电路输出的高频交变信号进行处理，采用包络检波把这个占空比较小的尖峰波转化为脉动较小的直流电信号，电路结构如图 7.17 所示，内置晶带的电感为磁敏元件，VD1 为 S_2 肖特基二极管，其导通电压较小约为 0.3V，$R3$ 为 100kΩ 电阻，$C3$ 为 0.01μF 瓷片电容，选择导通压降小的肖特基二极管能够提高充放电次数，从而使输出直流电更加平滑，有效减小了脉动幅度。

4) 调零放大电路

在外加偏置直流磁场时，测量在零磁场的情况下输出的电压不为零，而为了实际观察的方便，故设计调零电路使得在外加磁场为零时，输出的电压仍为零。设计了两级反相放大，第一级为调零电路，采用集成运放的型号为 OP37A，这是一款高精密的放大器，调节 $RV3$，使输出电压为零。第二级就是反相放大电路，便于观察和 A/D 采集，但不能超过 TLV2543 的最高采集电压点，电路同样采用 OP37 集成运放。实际电路采取的各元件参数是：

$$
\begin{gathered}
R4=R5=R6=R7=R8=R9=R10=10\text{k}\Omega \\
RV1=50\text{K}\Omega,\ RV2=100\text{k}\Omega
\end{gathered}
\tag{7-5}
$$

3. GMI 磁敏传感器的性能及标定

用亥姆赫兹线圈测量传感器的磁敏特性，外加磁场从−2325.51A/m 增大到 2325.51A/m 时，传感器输出电压变化时的情况如图 7.22 所示。通过对图 7.22 中 A 曲线变化情况分析，可以发现当外磁场从−279.06A/m 增大到 279.06A/m 时，输出线性度最好且灵敏度最高。如图 7.23 所示，D 曲线为上述磁场范围内的数据进行线性拟合的结果，计算可知线性最大偏差为 1.48%，灵敏度为 12.65mV/(A/m)。

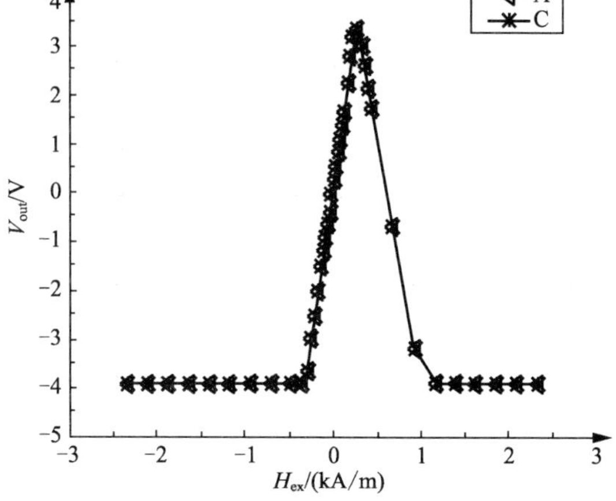

图 7.22 传感器磁敏特性

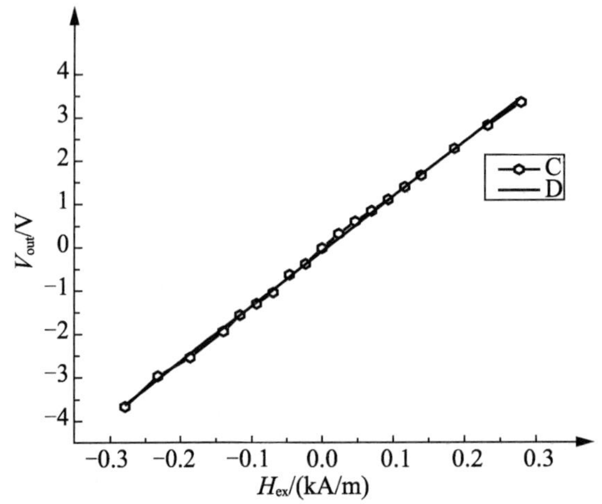

图 7.23 传感器拟合曲线

7.3.5 任务总结

通过本任务的学习和制作，应掌握巨磁阻抗传感器的基本工作原理、巨磁阻抗传感器电路的设计。

通过本任务的学习，应掌握如下实践技能：①能正确分析、制作与调试 GMI 磁敏传感器；②根据设计任务要求，完成硬件电路相关元器件的选型，并掌握其工作原理。

7.3.6 请你做一做

(1) 查阅资料，熟悉非晶材料的巨磁阻抗效应(GMI)及应用。

(2) 利用非晶材料的 GMI 效应，设计一款磁电转换电路，用于测量转速。

阅读材料 1　磁场测量技术的发展及其应用

磁场测量技术的发展和应用有着悠久的历史。在我国东汉时期学者王充的著作《论衡》中就有司南的记载。司南是磁罗盘的雏形，也是最原始的磁场测量仪器。12 世纪初，我国已把磁罗盘用于航海，之后的几百年，特别是近年来，随着电磁感应、磁调制、电磁效应和超导效应等物理现象、物理原理的相继发现和有效利用，磁场测量技术有了很大发展。目前比较成熟的磁场测量方法有：磁力法、电磁感应法、磁饱和法、电磁效应法、磁共振法、超导效应法和磁光效应法等。依据这些方法，相继实现了不同原理的各种磁场测量仪器。磁场测量常以磁感应强度大小来衡量，到目前为止，磁场测量的范围已达到 10^{-15}～10^{3}T，磁场测量技术已经广泛应用于地球物理、空间技术、军事工程、工业、生物学、医学、考古学等许多领域。随着磁场应用范围的不断拓展，为满足低温工作环境内磁场的测量、强磁场及超强磁场的测量、弱磁场及微弱磁场的测量，以及间隙磁场和不均匀磁场的测量需求，必须寻求和应用新效应、新现象、新材料和新工艺，进一步提高磁场测量仪器的水平，更新和发展精密的磁场测量仪器，使磁场测量仪器向着高准确度、高稳定度、高分辨率、微小型化、数字化和智能化的方向发展。下面介绍几种常用的磁场测量方法及其发展和应用。

1. *磁力法*

磁力法是利用被测磁场中的磁化物体或通电线圈与被测磁场之间相互作用的机械力(或力矩)来测量磁场的一种经典方法。以磁力为原理的测量方法虽然古老，但经过继承和发展，到目前仍继续应用于地磁场测量、磁法勘探、古地磁的研究等。

按磁力法原理制成的磁场测量仪器可分为磁强计式和电动式的两类。其中，以可动的小磁针(棒)与被测磁场之间的相互作用使磁针偏转而构成的磁场测量仪器，按习惯叫法称为“磁强计”，这种磁强计可以把磁场的测量直接归结为对磁针在所处水平面内运动的振荡周期和偏转角的测量，它最先用于测量地磁场。利用磁强计能够测量较弱的均匀、非均匀及变化的磁场，其分辨力可达 10^{-9}T 以上。而利用通电线圈与被测磁场之间相互作用使线圈偏转的原理构成的电动法磁场测量仪器，目前已经被简便的电磁效应磁强计所取代。

常用的磁强计有定向磁强计、无定向磁强计和磁变仪。定向磁强计就是把固定磁针(或样品)和偏转磁针的相互位置按一定的取向分布，通过磁针与磁场之间的相互作用力来绝对或相对测量磁场。由于绝对测量是根据放在被测磁场中的磁针在水平面内的振荡周期来确定磁场，测量的实施比较复杂，目前已很少使用。为测量均匀磁场，广泛采用的是相对测量法。由于定向磁强计很容易受到地磁场变化及其他环境磁场的干扰，应用范围因此受到限制。而无定向磁强计克服了上述缺点，使磁强计有了新的发展。无定向磁强计对于不均匀磁场非常灵敏，因此可用于测量由磁化样品形成的空间不均匀磁场、弱磁性物质的磁矩、磁化强度或磁化率等。无定向磁强计是一种经典的磁场测量仪器，其灵敏度一般可达 0.1×10^{-9}T，能测量 $4\pi\times10^{-6}$～4π 范围弱磁物质的磁化率。

但上述磁强计只能在几赫兹频率范围内工作，而为了测量变化的磁场，如地磁场要素的变化，就需要用到特殊结构的磁强计——磁变仪。磁变仪也是以悬挂磁针受磁场作用而偏转的原理工作的，所不同的是，这里的磁针上会同时受到恒定磁场和变化磁场的作用。

2. *电磁感应法*

电磁感应法是以电磁感应定律为基础的磁场测量方法，其应用十分广泛，随着电子积分器和电压-频率变换器应用于以此法的实现，其测量磁场的范围已扩大为 10^{-13}～10^{3}T，测量准确度约为±(0.1～3)%。探测线圈是电磁感应法磁强计的传感器，它的灵敏度取决于铁心材料的磁导率、线圈的面积和匝数。根据探测线圈相对于被测磁感应强度的变化关系，电磁感应法可以分为固定线圈法、抛移线圈法、旋转线圈法及振动线圈法。

固定线圈法主要用于测量交变磁场，也可测量恒定磁场。由于探测线圈不动，线圈中的感应电动势是由被测磁场的变化引起的。取决于测量感应电动势所用仪表的不同，固定线圈法又分为冲击法(用冲击检流计)和伏特表法(用平均值电压表)。其中，冲击法主要用于测量恒定磁场，测量误差为 5×10^{-3}～1×10^{-2}；而伏特表法多用于测量高频磁场，测量误差为 10^{-2} 左右。

抛移线圈法主要用于测量恒定磁场的磁感应强度。当把探测线圈由磁场所在位置迅速移至没有磁场作用的位置时，线圈中感应电动势的积分值与线圈所在位置的磁感应强度值成正比。根据测量电路的不同，测量探测线圈中感应电动势的仪器主要有冲击检流计、磁通表、电子积分器及电压-频率变换器，相应的测量方法也往往按所用测量仪器或装置而命名。

旋转线圈法(又称测量发电机法)和振动线圈法是电磁感应法的直接应用，它们主要用于测量恒定磁场。其中，旋转线圈法的磁场测量范围为 10^{-8}～10T，测量误差为 10^{-4}～10^{-2}；振动线圈法的测量误差为 10^{-2} 左右。

3. *磁饱和法*

磁饱和法是基于磁调制原理，即利用在交变磁场的饱和励磁下处在被测磁场中磁芯的磁感应强度与被测磁场的磁场强度间呈非线性关系来测量磁场的方法。这种方法主要用于测量恒定或缓慢变化的磁场；其测量电路稍加改变，也可测量低频交变磁场。磁饱和法分为谐波选择法和谐波非选择法两类。谐波选择法就是只考虑探头感应电动势的偶次谐波(主要是二次谐波)，而滤去其他谐波，具体还可细分为二次谐波选择法和偶次谐波选择法。谐波非选择法是不经滤波而直接测量探头感应电动势的全部频谱，它又可细分为幅度比例输出法和时间比例输出法。其中幅度比例输出法因所需测量仪器设备的结构比较复杂，稳定性较差，没有得到推广。

应用磁饱和法的磁场测量仪器称为磁饱和磁强计，也称为磁通门磁强计或铁磁探针磁强计。磁饱和磁强计从 20 世纪 30 年代用于地磁测量以来，不断发展与改进，目前仍然是测量弱磁场的基本仪器之一。磁饱和磁强计的分辨力较高(最高可达 10^{-11}T)，测量弱磁场的范围较宽(在 10^{-3}T 以下)，并且可靠、简易耐用且价廉，能够直接测量磁场在空间上的 3 个分量，并适于在高速运动系统中使用，因此，它广泛应用在如地磁研究、地质勘探、武器侦察、材料无损探伤、空间磁场测量等领域。磁饱和磁强计在宇航工程中也有重要应用，例如，可用于控制人造卫星和火箭姿态，还可以测量来自太阳的“太阳风”及带电粒子相互作用的空间磁场、月球磁场、行星磁场和行星际磁场等。

差分式磁饱和探头能构成磁饱和梯度计，可以测量非均匀磁场。同时，利用磁饱和梯度计能够克服地磁场的影响并抑制外界的干扰，因此在探雷、引爆、工业探伤、地质探矿及人体某些器官磁场分布测量等方面得到了广泛应用。

近年来，随着磁通门传感器应用领域的拓展，为满足磁场“点”测量的需要，利用产生于 20 世纪 80 年代中晚期的微机械技术，如各向异性腐蚀、牺牲层技术和 LIGA(德文 Lithographie, Galanoformung 和 Abformung 3 个词，即光刻、电铸和注塑的缩写)工艺及 MEMS(Micro Electromechanical System，即微电子机械系统)技术制作微型磁通门传感器，已经成为磁通门传感器构建和制造发展的必然趋势。目前按基片材料划分的微型磁通门传感器主要有三种，分别是利用 PCB 板、在非半导体(如钒、玻璃等)衬底上及在半导体材料特别是硅衬底上加工制作的磁通门传感器。利用以上技术，进一步减小了传感器的物理尺寸，使磁通门传感器的微型化成为现实，尤其是使用半导体材料加工制作的磁通门传感器，进一步减小了功耗，提高了灵敏度和分辨力。

4. 电磁效应法

电磁效应是电流磁效应的简称。电磁效应法是利用金属或半导体中流过的电流和在外磁场作用下产生的电磁效应来测量磁场的一种方法。通常利用的电磁效应有霍尔效应和磁阻效应。

1) 霍尔效应法

霍尔效应是指当外磁场垂直于金属或半导体中流过的电流时，会在金属或半导体中垂直于电流和外磁场方向产生电动势的现象。霍尔效应于 1879 年由霍尔首先在金属中发现。但金属中的霍尔效应很微弱，故一直未得到应用。随着半导体技术的发展，人们发现一些半导体材料的霍尔效应很显著，因此霍尔效应在磁场测量中的应用随之迅速发展。

20 世纪 80 年代，随着大规模、超大规模集成电路和微机械加工技术的进步，霍尔组件从平面向三维方向发展，出现了三维甚至四维的固态霍尔传感器，实现了其相应产品加工的批量化、体积的微型化，为霍尔传感器在磁场测量中的普遍应用提供了条件。后来 CMOS 技术的发展，CMOS 制造水平的提高，允许将众多逻辑门、开关和其他有效元器件集成在一块芯片上，又使霍尔传感器的技术上了新水平，变得更为经济实用。

霍尔效应法可以测量 10^{-7}～10T 范围内的恒定磁场，测量误差为 10^{-3}～10^{-2}；也可以测量频率高达 10～100MHz、磁感应强度达 5T 的交变磁场，以及脉冲持续时间为几十微秒的脉冲磁场；该方法尤其在小间隙空间内磁场的测量上具有显著的优越性。

2) 磁阻效应法

磁阻效应是指某些金属或半导体材料在磁场中其电阻随磁场增加而升高的现象。而所谓“磁阻”，就是由外磁场的变化而引起的电阻变化。磁阻效应在横向磁场和纵向磁场中都能观察到。利用这一效应，可以很方便地通过测量相应材料电阻的变化间接实现对磁场的测量。磁阻效应和霍尔效应一样，都是由作用在运动导体中的载流子的洛伦兹力引起的。不同材料的磁阻是不同的。除在强脉冲磁场下，磁阻效应通常是不大的。为增强磁阻效应，曾应用“铋螺线”或称柯尔比诺(Corbino)圆盘——把铋线螺旋绕成圆盘形探头，能够呈现较大的磁阻效应。铋的磁阻效应受温度影响大——随温度降低其磁阻效应增强，因此常用这种方法测量低温超导体的磁场。具体测量中，如果进行适当的温度补偿，测量的准确度可以达到 0.01%，并有 10^{-5}T 的分辨力。

由锑化铟构成的半导体的磁阻效应在弱磁场下灵敏度极低，但在强磁场时其电阻变化却很大，而且该变化约与磁场的平方成正比。由于电荷运动随温度变化很大，因而电阻的温度系数很大。半导体磁阻磁强计与永磁体相结合，可用来制作邻近磁探测器。但由于其温度依赖性大且非线性强，故测量准确度不高。

磁阻效应除了能够测量恒定磁场外，还适于测量梯度较大的不均匀磁场及随时间快速变化的磁场；但是，受其非线性和对温度的依赖性限制，一般仅适合在低温环境和较强磁场下应用。

基于 20 世纪 70 年代问世的薄膜技术，磁阻效应磁强计有了很大的发展。例如，随之出现的薄膜磁阻效应磁强计，就是一种基于铁磁材料各向异性磁阻(anisotropic magneto-resistance，AMR)效应的磁场测量仪器。各向异性磁阻效应是指对于强磁性金属(铁、钴、镍及其合金)，当外加磁场平行于金属的内部磁化方向时，金属电阻几乎不随外加磁场而变；但当外加磁场偏离金属的内磁化方向时，金属电阻会减小。薄膜磁阻磁强计具有不需物理接触就能测出微弱磁场大小和方向的特性，并且具有体积小、功耗低、灵敏度高、可靠性高、抗干扰能力强、温度稳定性好、工作频带宽等优点，因此具有广阔的应用前景。

伴随着一些新材料的研制，人们又相继发现了巨磁阻(giant magneto-resistance，GMR)效应和巨磁阻抗(giant magneto- impedance，GMI)效应，基于它们的磁测量技术也得到了较深入的研究。巨磁阻效应是指在一定的磁场下电阻急剧减小的现象，一般电阻减小的幅度比通常磁性金属及合金材料磁电阻的数值高一个数量级。目前，已发现具有 GMR 效应的材料主要有多层膜、自旋阀、颗粒膜、磁性隧道结和氧化物超巨磁电阻薄膜 5 大类。应用巨磁阻效应最成功的产品是计算机硬盘和磁随机存储器。另外，由于巨磁阻材料具有磁电阻效应大、灵敏度高、易使器件小型化、廉价等特点，其在微弱磁场测量领域表现出巨大的开发潜力。例如，已开发出巨磁阻传感器，由于其磁电阻的变化率高，使得它能传感微弱磁场，从而扩大了弱磁场的测量范围。随着纳米电子学的飞速发展，电子元器件的微型化和高度集成化要求磁场测量系统也要微型化，并且要求利用超微磁场测量系统探测 10^{-6}～10^{-2}T 量级的磁感应强度，这在过去是没法做到的。而现在，以巨磁阻效应为基础制成的超微磁场传感器可能完成上述目标。

巨磁阻抗效应是于 1992 年由日本名古屋大学毛利佳年雄教授等人首先报道的，他们在非晶磁性材料中发现了其交流磁阻抗会随外加磁场的改变而变化，而且这种现象非常灵敏，比巨磁阻效应高一个数量级，于是将其称为巨磁阻抗效应。室温下显著的磁阻抗效应和低外磁场下的高灵敏度，使这种效应在传感器技术和磁记录技术中具有巨大的应用潜能。目前国内外围绕对巨磁阻抗效应的应用，都在开展深入研究，已有少量产品面世。

3) 电磁复合效应法

电磁复合效应法是利用电磁复合器件在磁场作用下其内阻发生变化的原理测量磁场的方法。电磁复合器件又称磁敏器件，它实质上是一种特殊的磁阻器件，与一般磁阻器件的不同点在于，其电阻的变化，是由于磁场中的载流半导体表面的复合速度不同使得载流子平均浓度发生变化引起的。目前，电磁复合器件的材料主要是锗。电磁复合效应法主要用于弱磁场的测量，由于其线性特性好、灵敏度高(甚至比霍尔器件还灵敏)，因此在磁场测量、磁法探伤、工业自动化测量等方面有许多重要的应用。目前，电磁复合器件已经做成磁敏二极管、磁敏晶体管和磁敏 MOSFET 管等多种器件形式。

5. *磁共振法*

磁共振法是利用物质量子状态变化而精密测量磁场的一种方法，其测量对象一般为均匀的恒定磁场。磁共振现象是基于 1896 年发现的塞曼(P.Zee-man)效应原理，即在外磁场作用下原子的能级将发生分裂；如果交变磁场作用到原子上，当交变磁场的频率与原子自旋系统的自然频率同步时，原子自旋系统便会从交变磁场中吸收能量，这种现象称为磁共振。由于频率测量可以做到非常准确，从而，利用磁共振法便可大大提高测量磁场的准确度。用磁共振原理测量磁场的方法主要有核磁共振(NMR)、顺磁共振(EPR)和光泵磁共振等方法。

核磁共振法是利用具有角动量(自旋)及磁矩不为零的原子核作共振物质(样品)，根据核励磁方式和样品的不同，又可分为核吸收法(强迫核进动)、核感应法(自由核进动)及章动法(流动水样品)。核磁共振法一般用于测量 10^{-2}～10T 范围的中强磁场，测量准确度可高达 10^{-6} 量级，常作为标准磁场量具基准、各种磁强计的校准仪器及精密磁强计等使用。如果适当地选择核磁共振样品，测量恒定磁场的范围可拓宽到 10^{-4}～25T。其中的章动法可以测量不均匀的磁场。

顺磁共振法是指利用顺磁物质中电子或由抗磁物质中顺磁中心的电子所引起磁共振的方法。它主要用于测量 10^{-4}～10^{-1}T 范围的较弱磁场，测量误差为 10^{-4} 左右。顺磁共振法可以在很宽的空间范围内对恒定的均匀磁场进行精密的“点”测量；还可以测量随时间变化的磁场；利用小尺寸样品，还能测量梯度小于每米几个特斯拉的非均匀磁场。

光泵磁共振法是利用原子的塞曼效应原理绝对测量弱磁场的一种精密方法，它是通过光(红外线或可见光)照射物质，使物质的原子产生往复的能级跃迁，并最终使原子由低能级升到高能级。光泵磁共振法一般用于测量 10^{-3}T 以下的弱磁场，其分辨力可达 10^{-11}T。光泵磁强计由于具有灵敏度高、无零点漂移、无需严格定向、便于连续记录和可测量空间磁场 3 个分量等特点，被广泛应用于地球物理观测、宇宙航行、地下资源寻找、机载探潜及考古等领域。

6. *超导效应法*

超导效应法是利用弱耦合超导体中超导电流与外部磁场间的函数关系而测量恒定或交变磁场的一种方法，主要用于测量恒定的弱磁场。应用超导效应法的磁场测量仪器称为超导量子干涉磁强计，其特点是具有极高的灵敏度和分辨力。超导量子干涉器件(SQUID)是超导量子干涉磁强计的主要组成部分，就其功能来说是一种磁通传感器。它不仅可用来测量磁通量的变化，还可以测量磁感应强度、磁场梯度、磁化率等能转换成磁通的其他磁场量。SQUID 根据所使用的超导材料，可分为低温超导 SQUID 和高温超导 SQUID；又可根据超导环中插入的约瑟夫森结的个数，分为直流超导量子干涉器件(DC-SQUID)和交流超导量子干涉器件(RF-SQUID)。直流超导量子干涉器件(DC-SQUID)加有直流偏置，制成双结的形式；交流超导量子干涉器件(RF-SQUID)由射频信号作偏置，具体采用的是单结形式。

低温超导量子干涉磁强计技术已比较成熟，但因受到低温超导材料需工作于液氦温度(4.2K，相应于-268.95℃)的限制，其实际应用较少。

自 20 世纪 80 年代发现了能工作于液氮温度(77K，相应于摄氏-196.15℃)的铜氧化物高温超导材料后，由于液氮比液氦既廉价又使用方便，国际上便掀起了高温超导量子干涉磁强计的研制和应用热潮。

早期的高温超导量子干涉器件是用高温超导多晶材料制备的，这类器件制造工艺简单，但工艺重复性、可靠性均较差，故其性能难以控制；而且器件噪声很大，灵敏度难以提高，因此很快便被放弃。随着高温超导薄膜技术的发展，外延生长高温超导薄膜的技术逐渐成熟，出现了应用 YBCO($YBa_2Cu_3O_x$ 的简称，x=6,7)高温超导外延薄膜制备的人工晶界结。采用 YBCO 材料品格匹配较好的 $SrTiO_3$(钛酸锶)或 $LaAlO_3$(铝酸镧)晶体作为衬底，在它们的双晶或含有台阶的单晶基片上外延生长出 YBCO 薄膜后，用半导体光刻技术将设计好的 SQUID 图形刻在 YBCO 膜上，便于制成 SQUID 器件。

高温 SQUID 磁强计的探头尺寸可以做得较小，而且封装后直接浸入液氮就能工作；此外，液氮杜瓦瓶也可以做得很小，加上电路的小型化，整套高温 SQUID 磁强计的体积便很小，可做成手持式的，便于携带和使用。高温 SQUID 磁强计的另一个显著优点是由于使用的是液氮，从而大大降低了制作成本和运行成本。对于高温 SQUID 而言，虽然目前还有许多问题需要解决，如还没有十分成熟的约瑟夫森结制作工艺，也缺乏有柔韧性的高温超导线材，但由于其相比低温 SQUID 具有上述显而易见的优点，只要能在材料和制作工艺上有所突破，它必将成为超导在更多领域中完成磁场测量任务的主角。

基于超导效应法也已制成有磁场梯度计。这类磁场梯度计和超导量子干涉磁强计一样，在地质勘探大地测量、计量技术、生物磁学、超导材料研究等方面有许多重要的应用。

7. 磁光效应法

当偏振光通过磁场作用下的某些各向异性介质时，会造成介质电磁特性的变化，并使光的偏振面(电场振动面)发生旋转，这种现象被称为磁光效应。磁光效应法即是利用磁场对光和介质的相互作用而产生的磁光效应来测量磁场的一种方法。根据产生磁光效应时通过介质(样品)的光是透射的还是反射的，磁光效应具体又有法拉第(Farady)磁光效应和克尔(Kerr)磁光效应之分。

磁光效应法可用于恒定磁场、交变磁场和脉冲磁场的测量。其中，法拉第磁光效应法可测量 0.1～10T 范围内的磁场，测量误差在 10^{-2} 以内；克尔效应法可测量 100T 的强磁场，测量误差为 3×10^{-2}。磁光效应法主要用于低温超导强磁场的测量 20 世纪 70 年代以后，由于光导纤维技术的应用，磁光效应法也可测量 10^{-4} ～10^{-1}T 范围内的磁场。

近年来，随着基于磁致伸缩效应的光纤微弱磁场传感技术的发展，光纤磁场测量仪器的灵敏度已可做得很高，甚至可以与超导量子干涉磁强计相媲美，因此其在弱磁场测量领域将有广阔的应用空间。

基于上述可以得出以下结论：磁力法磁强计目前还在一定领域内使用，但其已逐步被磁通门磁强计等其他形式的磁强计所取代；磁感应法磁强计是最有效的脉冲强磁场测量仪器；磁通门磁强计应用广泛，特别是在弱磁场的测量中，微型化是其发展进步的趋势；新效应的发现和应用，以及新材料和新工艺的出现，使得电磁效应法磁强计的应用范围进一步扩大，特别是巨磁阻、巨磁阻抗效应法在微弱磁场测量领域已显现出巨大的应用潜力；磁共振磁强计作为精密磁强计，在弱磁场测量领域仍占据重要地位；超导效应法磁强计仍然是最精密的磁场测量仪器，而且随着高温 SQUID 技术的成熟，其应用范围将进一步扩大；基于磁光效应法的光纤磁场测量仪器适于测量强磁场，但随着基于磁致伸缩效应的光纤微弱磁场传感技术的进步，光纤磁场测量仪器在微弱磁场测量领域也将有新的应用空间。

总之，随着计算机、自动化、超大规模集成电路制造等技术的发展及新材料和新工艺的出现，像其他仪器一样，高准确度、高稳定度、高分辨率、微小型化、数字化、智能化是磁场测量技术及仪器发展的必然方向。

阅读材料 2　磁通门式传感器

应用磁饱和法测量磁场的磁强计称为磁饱和磁强计，也称磁通门磁强计。磁饱和法是基于磁调制原理，即利用被测磁场中铁磁材料磁芯在交变磁场的饱和励磁下其磁感应强度与磁场强度的非线性关系来测量弱磁场的一种方法。磁饱和法大体划分为谐波选择法和谐波非选择法两大类，谐波选择法只是考虑探头感应电动势的偶次谐波(主要是二次谐波)，而滤去其他谐波，磁通门传感器一般采用谐波选择法。

1. 磁通门探头的结构形式

磁饱和探头通常都是由高磁导率铁磁材料的磁芯及在其上缠绕的励磁线圈、探测线圈构成的。根据探头的励磁磁场和被测磁场的关系，磁饱和探头可以归纳为平行磁饱和探头和正交磁饱和探头两种类型。前者应用比较普，而后者主要应用于空间的磁场测量。平行磁饱和探头是指施加的励磁磁场和被测磁场方向相互平行的探头，其结构如图 7.24 所示，其中 N_1 为励磁线圈、N_2 为测量线圈、H_0 为外加磁场。励磁线圈 N_1 通入三角波励磁电流 i_1(也可以其他波形)，电流 i_1 足够大，使铁心充分饱和。

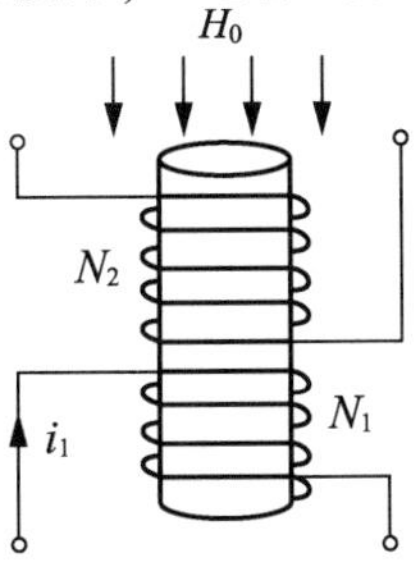

图 7.24 探头的结构

2. 磁通门工作原理

利用谐波选择法时，由于磁芯中同时存在交变的饱和励磁磁场及恒定的或低频的被测磁场，在半周期内被测磁场加强励磁磁场，使磁芯提前饱和；在另一半周期内，被测磁场抵制励磁磁场，使磁芯滞后饱和，造成正负半周期之间出现磁通变化的速率差，从而产生偶次谐波。被测磁场的大小将影响各偶次谐波电压的幅值。显然任意的偶次谐波均可以作为对被测磁场的量度。但是通常把选取其二次谐波电压来量度被测磁场的大小，称为二次谐波选择法，而把利用全部偶次谐波电压来量度被测磁场的方法，称为偶次谐波选择法。

当外加磁场等于 0 时，在交流三角波励磁磁场作用下，铁心中的磁感应强度是对称的梯形波，梯形波的上升沿和下降沿在测量线圈中感应出的电动势是对称的方波，该方波中只有奇次谐波而没有偶次谐波，如图 7.25 所示，其中，图 7.25(a)所示为线圈磁感应强度和磁场的关系；图 7.25(b)所示为励磁磁场 H 和外加直流磁场 H_0；图 7.25(c)所示为在励磁磁场 H 作用下的磁感应强度；图 7.25(d)所示为线圈中感应电动势。

当外加磁场不等于 0 时，铁心除了受交流磁场 H 作用外，还受直流磁场 H_0 作用。在交流磁场与直流磁场方向相同的半周期中，铁心提前进入饱和区，滞后退出饱和区；在交流磁场与直流磁场方向相反的半周期，铁心滞后进入饱和区，提前退出饱和区。因此，铁心中的磁感应强度 B'是不对称的梯形波，如图 7.26 所示，这表明感应电压就变得不对称，含有包含偶次谐波。

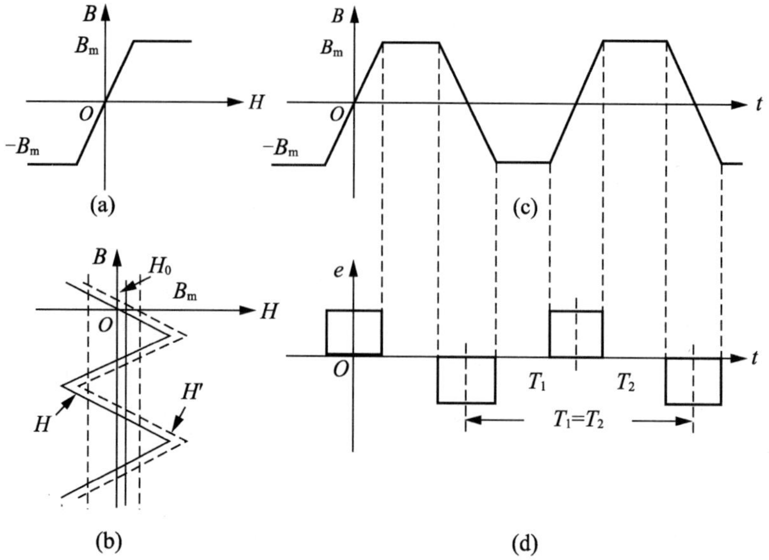

图 7.25　外加磁场等于零时磁感应强度和感应电动势的波形

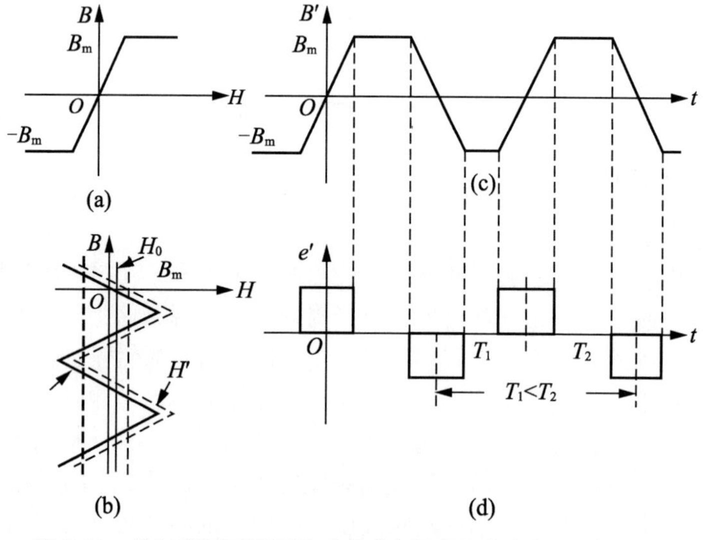

图 7.26　外加磁场不等于零时磁感应强度和感应电动势的波形

3. 磁通门信号处理电路

磁通门传感器电路包括电源励磁电路和探头输出信号处理电路，信号处理电路一般采用较成熟的二次谐波法并设计为闭环系统，主要环节包括选频放大、相敏检波、积分滤波和反馈环节，其原理如图 7.27 所示。

工作过程：外界磁场与反馈电流产生的磁场偏差经磁通门转换成二次谐波电压，再经选频放大后，由相敏检波器将其整流成单向的脉动电压，经积分环节滤波成平滑的直流电压。此电压经反馈环节反馈到磁通门中，又送到后面的电路进行处理。

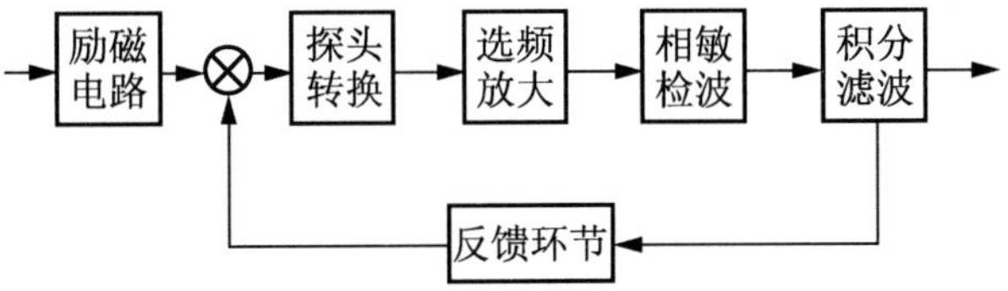

图 7.27 磁通门测量电路的原理

电源励磁电路包括频率源、分频和功率放大等电路，一方面为磁通门探头提供励磁电压来控制铁心内的交变磁场，另一方面为相敏检波器提供一个二倍频触发信号；选频放大器的作用尽量放大从传感器出来的二次谐波信号分量，同时抑制基频和三次谐波分量，提高信噪比；相敏检波器可用模拟开关实现，在二倍频触发信号控制下，二次谐波电压整流成单向的脉动电压；积分滤波器将相敏检波器检波后脉动的二次谐波信号转换成平滑的直流信号，一方面送到后面的电路进行处理，另一方面通过反馈环节送到磁通门中，产生与被测磁场相反的磁场，以使磁通门始终工作在零磁场下。

小　　结

本项目结合磁敏传感器的典型应用介绍了磁通门式传感器、霍尔传感器、磁阻传感器和 GMI 传感器这几类传感器的工作原理和典型磁场测量电路，并给出了基于霍尔传感器的特斯拉计、基于磁阻传感器的电子罗盘仪和 GMI 磁场测量仪的典型应用案例，从任务目标、任务分析、任务实施、知识链接、任务总结等几个方面加以详细介绍，给大家提供了具体的设计思路。

习题与思考

1. 什么是霍尔元件的温度特性？有哪些补偿措施？
2. 集成霍尔传感器有什么特点？
3. 简述磁阻器件的工作原理。
4. HMC5883 磁阻传感器有什么特点？
5. 什么是巨磁阻抗效应？
6. 磁场测量方法有哪些？各有什么特点？
7. 采用磁通门传感器设计一款磁场测量仪。

【参考图文】

项目 8

传感检测技术综合应用

教学目标

本项目是传感检测技术的综合应用，以温室大棚环境监测为例，给出了监测系统的环境量检测任务：温湿度、土壤水分、CO_2浓度、光照度等物理量的检测。从任务目标、任务分析到任务实施，介绍了监测系统的数据采集、数据处理、数据传输、数据显示等模块；同时在最后给出了物联网技术及其应用阅读材料，以供学生了解物联网技术在传感检测技术中的应用。

通过本项目温室大棚监测系统的设计与制作，要求学生了解物联网基本知识、ZigBee无线组网技术、现代检测系统及其基本结构体系，理解物联网技术在传感检测技术的作用和地位，掌握现在检测系统设计的基本方法，能正确分析、制作与调试相关应用电路，根据设计任务要求，完成硬件电路相关元器件的选型，并掌握其工作原理。

教学要求

知识要点	能力要求	相关知识
温室大棚监测系统	(1) 了解现代检测系统及其基本结构体系； (2) 掌握现代检测系统设计的基本方法； (3) 正确分析、制作与调试温湿度测量电路； (4) 正确分析、制作与调试光照度测量电路； (5) 正确分析、制作与调试土壤水分测量电路； (6) 正确分析、制作与调试CO_2浓度测量电路	(1) 温湿度传感器； (2) 光照度传感器； (3) 土壤水分传感器； (4) CO_2传感器
ZigBee无线传感网络	(1) 了解物联网基本知识； (2) 了解ZigBee无线组网技术； (3) 理解物联网技术在传感检测技术的作用和地位	(1) 无线传感网络； (2) ZigBee技术

项目背景

目前，人类已进入科学技术空前发展的信息社会时代，传感检测技术作为信息获取的重要手段，已渗透到人类生产和生活的各个领域，是各行业实现自动控制、自动调节的关键环节。从采掘、制造、电力，到农业设施、航空航天、交通运输、医疗卫生、家用电器、环境监测等各方面，传感检测技术都得到了广泛应用(图 8.1)。传感器作为信息采集的首要部件，是实现自动测量和自动控制的首要环节，是现代信息产业的源头和重要组成部分。检测技术是将自动化、电子、计算机、控制工程、信息处理、机械等多种学科、多种技术融合为一体并综合运用的复合技术。

(a) 农业设施监控系统

(b) 煤矿-瓦斯报警仪

【参考图文】

图 8.1　传感检测技术在各行业的应用

任务　温室大棚监测系统

1. 任务目标

通过本任务的学习，熟练掌握温湿度、土壤湿度、光照度、光照度 CO_2 浓度等传感器的基本原理，了解其结构、类型、特点、使用方法和注意事项；要求通过实际设计和动手制作，能根据测量对象和要求正确选择传感器，并按要求设计接口电路，完成电路的制作与调试，实现对温室大棚的温湿度、土壤湿度、光照度、CO_2 浓度等物理量的测量。

2. 任务分析

1) 任务要求

温室大棚是一种为农作物提供适宜生长环境的基础农业设施，延长了农作物的种植周期，提高了农产品的产量和品质，目前在我国得到广泛应用。影响温室内农作物生长的主要环境参数有温度、湿度、CO_2浓度、光照度等，为获得农作物的最佳生长环境，需要对温室内各环境参数进行实时监测，并根据这些监测的数据实施相应的调控措施。温室大棚监测系统任务要求见表 8-1。

表 8-1 温室大棚监测系统任务要求

检测内容	检测范围	测量精度要求	数据显示
温度	-40～+70℃	±0.5℃	本地及远程
湿度	0%～99%RH	±3%	本地及远程
土壤水分	0%～100%	±2%	本地及远程
CO_2浓度	0～5‰	±0.5‰	本地及远程
光照度	10～20000lx	±5%	本地及远程

2) 主要器件选用

温室大棚监测系统由数据采集、数据处理、数据传输、数据显示等部分组成，用到的器件有微处理器、传感器、显示器件等，本任务主要介绍系统中传感器件的选用。

(1) 温湿度传感器。温湿度是温室大棚最主要的环境参数，实现对温湿度的监测也是温室大棚监测系统最主要的功能。温度传感器主要有热电偶、金属热电阻、热敏电阻、集成温度传感器等。湿度传感器主要有湿敏电阻、湿敏电容。温湿度测量方式主要有两种，一是采用独立温度传感器和湿度传感器，二是采用温湿度复合传感器。根据温室环境温湿度范围及测量要求，本任务选择 AM2301 数字温湿度传感器。该传感器包括一个电阻式感湿元件和一个 NTC 测温元件，并与一个高性能 8 位单片机相连接，输出已校准数字信号。AM2301 数字温湿度传感器应用专用的数字模块采集技术和温湿度传感技术，确保产品具有极高的可靠性与卓越的长期稳定性，并具有超快响应、抗干扰能力强、性价比高等优点。图 8.2 为 AM2301 数字温湿度传感器实物图。AM2301 数字温湿度传感器主要参数、引脚分配分别见表 8-2 和表 8-3。

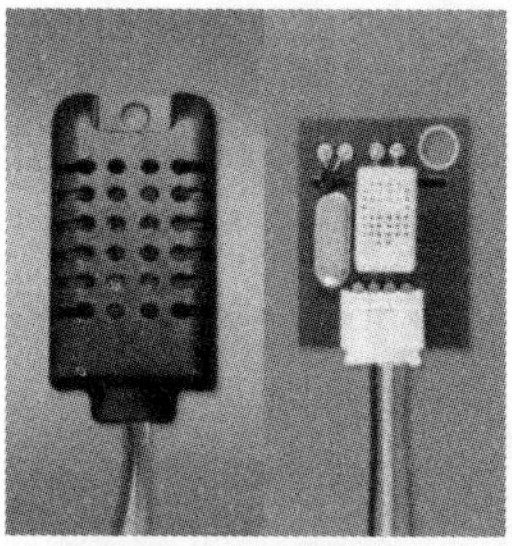

图 8.2 AM2301 数字温湿度传感器实物图

表 8-2 AM2301 数字温湿度传感器主要技术参数

参数	技术指标
测量范围(温度)	-40～80℃
测量范围(湿度)	0%～99.9%RH
精度(温度)	±0.5℃
精度(湿度)	±3%RH
影响时间(温度)	<6s
影响时间(湿度)	<10s

表 8-3　AM2301 引脚分配

引脚	颜色	名称	描述
1	红	VDD	电源(3.5～5.5V)
2	黄	SDA	串行数据，双向口
3	黑	GND	地
4		NC	空脚

(2) 土壤水分传感器。温室内土壤水是植物吸收水分的主要来源，也是肥料能否被农作物利用的重要前提。土壤水分含量是温室生产中最重要、最基础也是必不可少的土壤信息之一。目前基于介电原理的土壤水分传感器主要有 3 种：TDR 型、FDR 型和 SWR 型。其中 TDR 型土壤水分传感器最精确，精度达到 2%左右，但价格昂贵，高达几万元。FDR、SWR 型土壤水分传感器精度稍差，但价格相对便宜。根据温室测量需求与价格因素，本任务选择 FDR 型土壤水分传感器。FDR 型土壤水分传感器是通过测量传感器在土壤中因介电常数的变化而引起的频率的变化来测量土壤中的水分含量的。图 8.3 为本任务采用的 FDS-100 土壤水分传感器实物图，其技术参数见表 8-4。

(3) 光照度传感器。自然界中，所有植物的生长都是靠光合作用来进行的，而光照强度是影响光合作用的主要因素。光照度是温室环境的一个重要参数，决定了温室内植物光合作用的速率与效率，对农作物的产品和品质有较大影响。用于光照度测量的传感器主要有：光敏电阻、光敏二极管、光敏晶体管等。根据温室光照度范围和考虑到传感器使用的便捷性，本任务光照度检测采用集成数字式光照度检测传感器 BH1750。BH1750 芯片是一种支持 I2C 总线接口的 16 位数字输出型环境光强度传感器集成电路。其分辨率高，可探测较大范围的光强度变化(1～65535lx)，具有接近视觉灵敏度的光谱灵敏度特性，支持 1.8V 逻辑输入口，能够通过降低功率功能实现低电流化。同时还具有光源依赖性弱、受红外线影响小、低成本特点。图 8.4 为本任务采用的 BH1750 光照度传感器实物图，其技术参数见表 8-5。

图 8.3　FDS-100 土壤水分传感器实物图

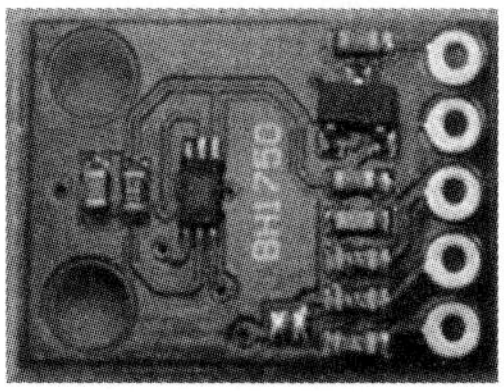

图 8.4　BH1750 光照度传感器实物图

表 8-4　FDS100 土壤水分传感器技术参数

参数	技术指标
电源电压	5～12V DC
测量范围	0%～100%
测量精度	±2%
响应时间	< 1s
输出信号	0～1.5V DC 或 4～20mA

表 8-5　BH1750 光照度传感器技术参数

参数	技术指标
电源电压	3～5V DC
测量范围	0～65535lx
通信接口	I2C
输出信号	16 位数字输出

(4) CO_2 传感器。温室内农作物的生长靠光合作用，CO_2 是光合作用的主要原料之一。为确定 CO_2 浓度与农作物最佳长势之间的关系，使温室中的农作物在最佳的 CO_2 浓度下生长，需要及时获取温室内的 CO_2 浓度值。传统 CO_2 浓度测量使用容量滴定方法，需要先收集气体样本，然后与试剂进行化学反应，经过计算得出样本中 CO_2 浓度。目前主要有非色散红外(NDIR) 和固体电解质两类传感器用于监测空气中的 CO_2 浓度。表 8-6 列出了这两类常见的传感器技术参数。从表 8-6 中可以看出，COZIR 传感器具有低电压、低功耗的工作特性，因此本任务选用 COZIR-CO_2 传感器来测量温室内 CO_2 浓度，该传感器引脚功能见表 8-7。

表 8-6　几种 CO_2 传感器技术参数

型号	MH-Z14	ELT B-530	COZIR	MG811
工作原理	NDIR	NDIR	NDIR	固体电解质
输入电压	9～18V/25mA DC	4～6V/50mA DC	3.3V/33mA DC	6V/200mA DC
测量范围(0.001‰)	0～10000	0～5000	0～5000	0～10000
输出信号	电压值/UART	电压/UART/PWM	UART	30～50mV
精度(0.001‰)	±30(1±5%)	±50	±50(1±3%)	—

【参考图文】

表 8-7　COZIR 引脚功能

引脚	功能	引脚	功能
1	GND	6	空置
2	空置	7	Tx
3	3.3V	8	氮气调零
4	空置	9	模拟输出
5	Rx	10	空气调零

3. 任务实施

1) 任务方案

(1) 温室内数据传输方案。温室大棚监测系统要求能实时、准确、方便地采集农业大棚内空气温度、湿度、光照、土壤水分等环境参数，同时要求具备良好的扩展性能。温室内数据采集传输主要有有线和无线两种方式，其优缺点比较见表 8-8。传统温室环境监测系统数据采集采用的有线通信技术主要有现场总线技术和串行总线技术等。通常为实现温室全部区域的各项数据采集，需要布置众多的传感器和线缆，以致系统安装及维护成本较大。同时温室内部环境长期处于高温、潮湿状况，易导致电缆的老化。相比较而言，无线传输适应能力强，几乎不受地理环境的限制；若要增加新的设备，只需要将新增设备与无线数传电台相连接就可以实现系统的扩充，所以本系统采用无线传输来实现数据的传输。目前广泛应用的近距离无线传输技术主要有蓝牙、WiFi、ZigBee 等，其性能参数见表 8-9、其中 ZigBee 技术是基于 IEEE 802.15.4 无线标准研制开发的一种近距离、低复杂度、低功耗的双向无线通信技术和网络技术。该技术可用于各种嵌入式设备中，适合于承载数据流量较小的应用场合。相比蓝牙，WiFi 等无线通信技术、ZigBee 技术在功耗、成本上有着独特的优越性，非常适宜用作温室中无线传感器网络的组网协议。因此，本系统采用基于 Zigbee 协议的无线传感网络来传输环境数据。

表 8-8　有线传输和无线传输的优缺点比较

比较项目	有线传输	无线传输
布线	布线烦琐，需要大量人力、物力	无需布线
扩展性	较弱	较强
移动性	非常低，若要移动需再铺设电缆	非常高
成本	安装成本高，设备成本低，维护费用高	不需要布设电缆，本地安装成本低，维护成本较低
传输范围/m	50～800	大于 60

表 8-9　无线传输技术的比较

性能参数	蓝牙	WiFi	ZigBee
传输速率/(Mbit/s)	1	11～54	0.25
通信距离/m	10	75	10～75
安全性	高	低	中等
功耗	中等	高	低
主要应用	通信、汽车、IT 多媒体	无线上网、PC、PDA	WSN、医疗、工业

(2) 系统总体方案。为实现温室大棚内环境数据的采集、处理、传输和显示，温室大棚监测系统主要由 ZigBee 无线传感网络、嵌入式网关、用户操作界面 3 大部分组成，系统原理框图如图 8.5 所示。ZigBee 无线传感网络将温室大棚里环境数据经各类传感器采集通过 ZigBee 无线传输协议传给嵌入式网关。嵌入式网关主要实现外网 TCP/IP 协议和温室内网 ZigBee 通信协议之间的转换，实现它们之间的互操作。用户操作界面又分为远程操作界面和本地操作界面，远程操作界面以网页的形式提供给用户，实现温室大棚环境数据的远程监测。本地操作界面直接显示在嵌入式网关的 LCD 上。

2) 硬件电路

温室大棚监测系统的硬件电路主要分为：传感器数据采集电路、ZigBee 节点电路、嵌入式网关平台、外围接口电路等。系统硬件框图如图 8.6 所示。本任务主要介绍各终端节点的传感器数据采集模块硬件电路。

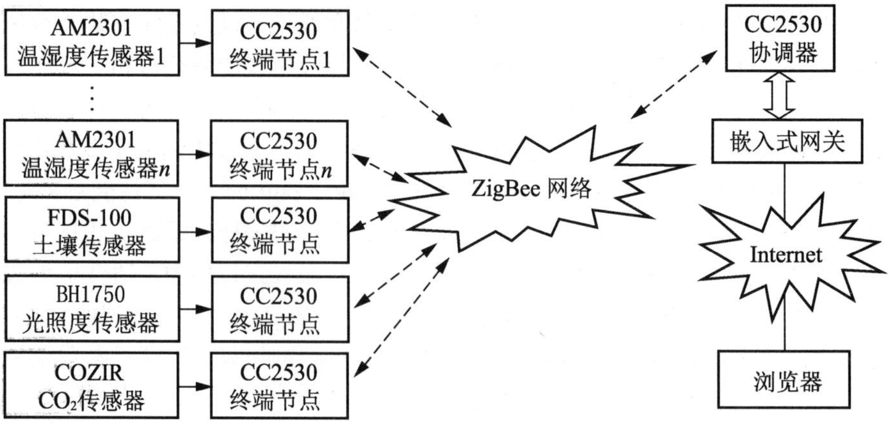

图 8.5　温室大棚监测系统原理框图

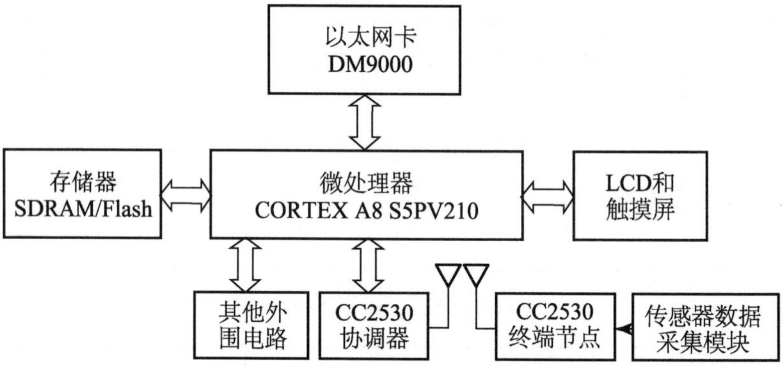

图 8.6　温室大棚监测系统硬件框图

(1) 温湿度检测模块。温湿度检测电路如图 8.7 所示。AM2301 传感器的供电电压为 5V，为 4 针单排引脚封装。传感器上电之后，要等待 1s 以越过不稳定状态，在此期间无需发送任何指令。AM2301 的引脚 2 为数据线 DATA，用于 CC2530 与 AM2301 之间的通信和同步，采用单总线数据格式。

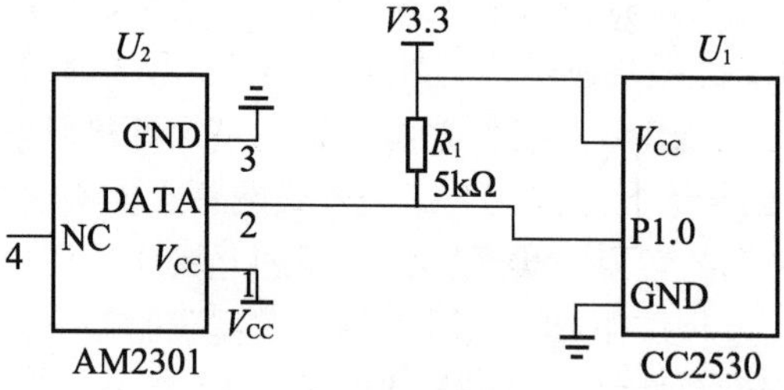

图 8.7　温湿度检测电路

(2) 土壤湿度检测电路。本系统采用 FDS-100 土壤水分传感器测量土壤水分，其探针采用不锈钢材料，可直接插入土壤进行测量，如图 8.8 所示。土壤湿度检测电路如图 8.9 所示。FDS-100 传感器引脚 1 红线接 5V 电源输入，引脚 2 黄线输出 0～1.5V DC(电压信号)

送 CC2530 的 P1.0 口，引脚 3 悬空，引脚 4 接地。CC2530 的 P1.0 口配置成内部 A/D 输入通道 AIN0。

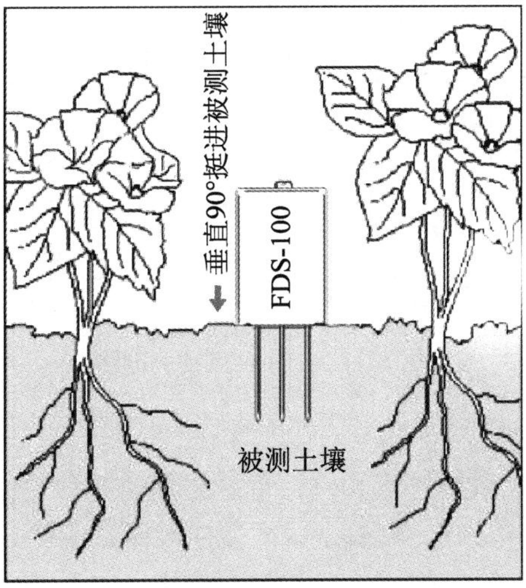

图 8.8　土壤传感器检测示意图

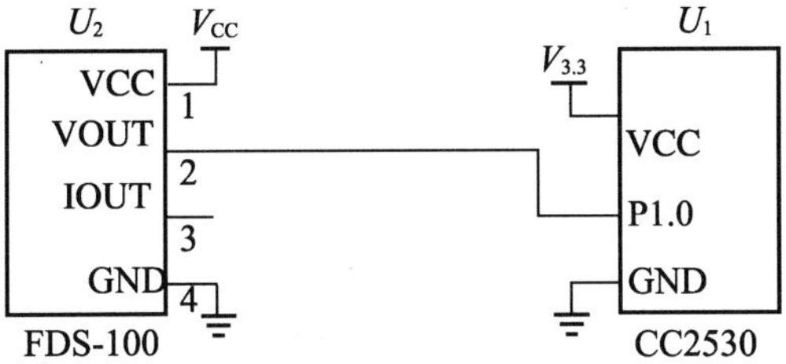

图 8.9　土壤湿度检测电路

(3) 光照度检测电路。光照度检测电路如图 8.10 所示。BH1750 是一种不区分光源的数字型环境光强度传感器，供电电压为 3.3V，采用两线式串行总线接口的集成电路，根据收集的光线强度数据进行环境监测。电路中，BH1750 的 SCL、SDA 引脚分别与 CC2530 的 P1.4、P1.5 相连接，R_1、R_2 为 I2C 上拉电阻。

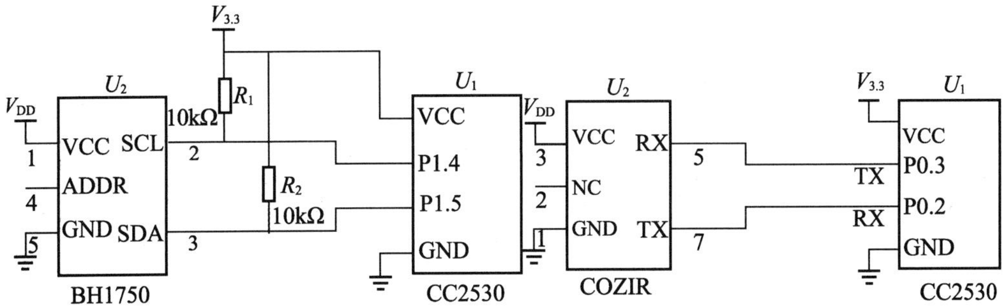

图 8.10　光照度检测电路

(4) CO_2 检测电路。系统选用 COZIR CO_2 传感器来测量温室内 CO_2 浓度。COZIR 的通信协议是串口协议，串口连接通信设置为9600波特率，8位，无奇偶校验，1位停止位，检测电路如图8.11所示。传感器COZIR有3种工作模式：命令模式、流模式和查询模式，其中，流模式是默认模式。这种模式下传感器通电后，每秒产生两个测量数据通过串口传出。

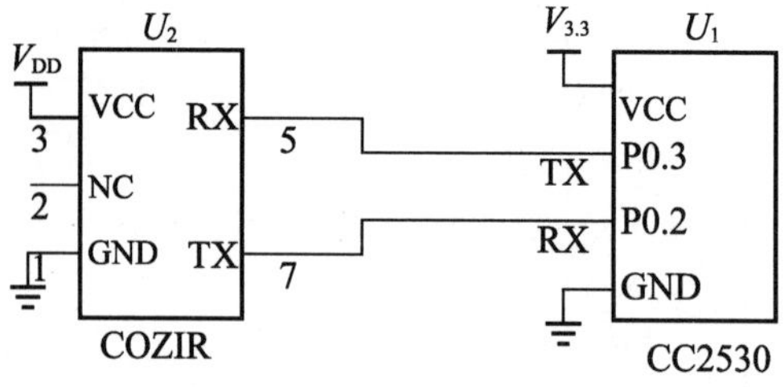

图8.11　二氧化碳检测电路

3) 电路调试

系统制作完成后，要对系统进行调试，包括硬件调试和软件调试及软、硬件联调。硬件调试和软件调试分别独立进行，可以先调试硬件再调试软件。在调试中找出错误、缺陷，判断各种故障，并对软硬件进行修改，直至没有错误。本系统中包含元器件较多，调试的时候可以分步进行。

提示

ZigBee节点、嵌入式网关平台等内容请参考知识链接及其他相关资料。

测试结果填入表8-10～表8-14中。

表8-10　温室大棚监测系统温度测试数据　(单位：℃)

实际温度	测得温度	误差	实际温度	测得温度	误差

表8-11　温室大棚监测系统湿度测试数据　(单位：%RH)

实际湿度	测得湿度	误差	实际湿度	测得湿度	误差

续表

实际湿度	测得湿度	误差	实际湿度	测得湿度	误差

表 8-12　温室大棚监测系统土壤湿度测试数据　(单位：%)

实际土壤湿度	测得土壤湿度	误差	实际土壤湿度	测得土壤湿度	误差

表 8-13 温室大棚监测系统光照度测试数据　(单位：lx)

实际光照度	测得光照度	误差	实际光照度	测得光照度	误差

表 8-14 温室大棚监测系统 CO_2 浓度测试数据　(单位：0.001‰)

实际 CO_2 浓度	测得 CO_2 浓度	误差	实际 CO_2 浓度	测得 CO_2 浓度	误差

4) 应用注意事项

(1) 采用 AM2301 传感器检测气体的相对湿度时，很大程度上依赖于温度。因此在测量湿度时，应尽可能保证湿敏传感器在同一温度下工作。如果与释放热量的电子元件共用一个印制电路板，在安装时应尽可能将 AM2301 远离发热电子元件，并安装在热源下方，同时保持外壳的良好通风。

(2) COZIR 传感器引脚 2 一定要悬空，引脚 4 和引脚 6 可以不连接，也可以接地。调零方式有硬件调零(低电平有效)，这些功能可以通过发送串口命令来实现，模拟量输出只有特殊定制才可以用，否则应该空置。

4. 知识链接

1) ZigBee 无线传感网络

(1) 无线传感网络。无线传感网络(wireless sensor network，WSN)是由大规模、自组织、多跳、动态性的传感器节点构成的无线网络，是一种集传感器、无线通信和嵌入式信息处理等技术于一体的综合性应用技术，目的是协作地感知、采集和处理传输网络地理区域内感知对象的监测信息。无线传感网络具有网络自组织能力强、数据传输速率高等特点，目前已广泛应用于军事、医疗卫生监测、环境监控、交通管理及智能家居等领域。

无线传感网络节点包括无线通信模块、处理器模块、传感器模块和电源管理模块 4 部分，如图 8.12 所示。传感器模块由温湿度、光照强度等传感检测电路组成，主要负责被测对象参数的采集；处理器模块由一定存储能力的微处理器构成，主要负责数据的存储及传感器节点的多任务处理等工作；无线通信模块主要负责与传感器节点进行无线通信、数据收发及交换控制指令等；电源管理模块主要为传感器节点供给能源，通常采用干电池。

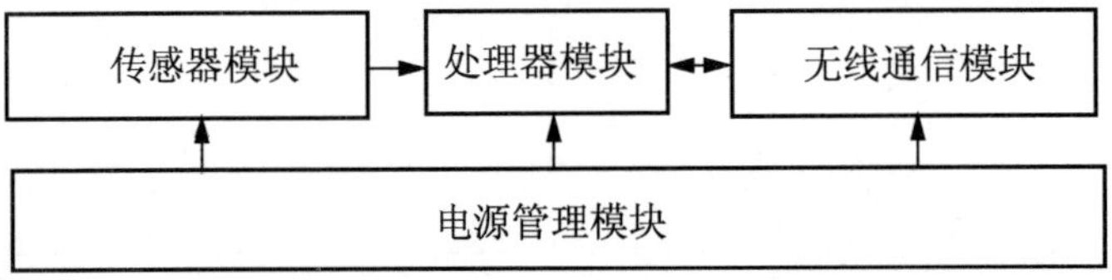

图 8.12　无线传感网络节点框图

(2) ZigBee 技术。ZigBee 是基于 IEEE 802.15.4 无线标准的短距离无线通信技术，具有低功耗、低成本、安装简便和较大的网络容量等特点，从而在性能方面超越蓝牙、WiFi，成为在智能家居、工业自动化控制、短距离测控等方面最有应用前景的无线技术。

① ZigBee 网络节点。按照通信能力来划分，ZigBee 网络中节点可以分为两类：全功能节点(full function device，FFD)和简化功能节点(reduced function device，RFD)。全功能节点是具有转发与路由能力的节点，能够存储大量信息并能作为系统协调器与其他设备进行通信。简化功能节点功耗低且内存较小，在网络中只能作为终端节点且只完成信息的发送和接收工作。

ZigBee 网络节点在逻辑功能上分为 3 类：协调器、路由器和终端节点。协调器属于全功能节点，作为网络系统的协调者，负责网络的建立和初始化，并且负责设定网络的信道和地址划分。路由器属于全功能节点，它获得来自于协调器为其分配的 16 位网络地址，并实现其他节点加入或离开网络，同时完成路由和收发信息的功能。终端节点一般由简化功能节点构成，位于网络末端，一般用于连接测控对象，完成最终的信息采集与设备控制。

② ZigBee 网络拓扑结构。ZigBee 无线传感网络从网络结构来划分，分为星形、树形、网形 3 种拓扑结构，如图 8.13 所示。

如图 8.13(a)所示，星形网络拓扑结构中，所有的终端节点只和协调器之间进行通信，两个终端节点之间不能进行通信。星形网络具有结构简单、设备成本低等优点。

如图 8.13(b)所示，树形网络拓扑结构中由一个协调器和一系列的路由器和终端节点组成。节点除了能与自己的父节点或子节点互相通信外，其他只能通过网络中的树形路由完成通信。

如图 8.13(c)所示，网形网络结构是在树形的基础上实现的。与树形网络不同的是，它允许网络中所有具有路由功能的节点互相通信，由路由器中的路由表完成路由查询过程。

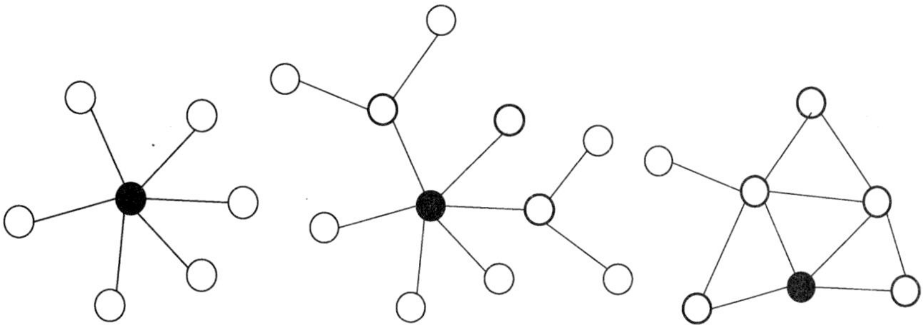

(a) 星形　　(b) 树形　　(c) 网形

图 8.13　ZigBee 网络拓扑结构

● 协调器；　○ 路由器；　○ 终端节点；

③ ZigBee 协议栈。ZigBee 协议栈是在 IEEE 802.15.4 标准基础上建立的，IEEE 802.15.4 标准定义了 ZigBee 协议的物理层和 MAC 层。完整的 ZigBee 协议栈由物理层、介质访问控制层、网络层、安全层、高层应用规范组成，其中网络层、安全层和应用程序接口等均由 ZigBee 联盟制定。各层之间通过服务接入点(SAP)来实现层与层之间数据通信与协议栈管理。层与层之间有两个 SAP：数据实体提供数据传输，管理实体提供所有其他的服务。ZigBee 协议框架如图 8.14 所示。

④ ZigBee 开发平台。进行 ZigBee 无线传感器网络开发，需要有相应的硬件和软件支持。TI(德州仪器公司)的 CC2530 芯片是实现 ZigBee 技术的优秀解决方案，完全符合 ZigBee 技术对节点体积小、能耗低的要求。另外，TI 提供的 Z-Stack 协议栈，尽可能地减轻了研发者开发通信程序的工作量。因此，CC2530+Z-Stack 是目前 ZigBee 无线传感网络的最重要技术之一。

CC2530 芯片是一款完全兼容 8051 内核，一个真正的用于 IEEE 802.15.4、ZigBee 和 RF4CE 应用的片上系统解决方案。它能够以非常低的材料成本建立强大的网络节点，可应用于低功耗无线传感器网络、温室环境监控系统、卫生保健、智能家居及智能楼宇等领域。由 CC2530 构成的无线节点模块实物图如图 8.15 所示。

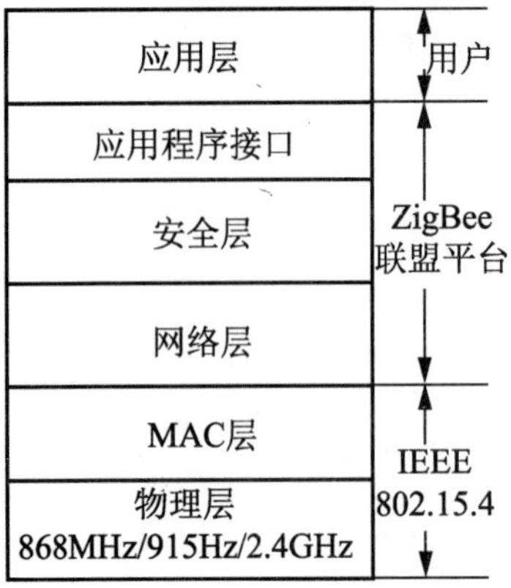

图 8.14　ZigBee 协议框架

图 8.15　无线节点模块

使用 CC2530+Z-Stack 开发 ZigBee 无线传感网络应用需要以下开发环境：CC2530 开发板、IAR 集成开发环境、Z-Stack 协议栈和运行 IAR 软件的 PC。

提示

不同版本的 Z-Stack 协议栈需要不同版本的 IAR 教程开发环境才能支持。

2) 嵌入式网关

在计算机网络中，网关(gateway)作为网间连接器工作于网络层以上，用来连接两个不同的网络。嵌入式网关是在嵌入式系统平台上搭建的网关，将不同的网络协议进行转换，实现嵌入式设备端口和网口之间的数据相互转发。

(1) 嵌入式网关硬件结构。嵌入式网关平台硬件主要包括嵌入式微处理器、存储模块、通信模块、网络模块及扩展接口模块等部分，结构框图如图 8.16 所示。图 8.17 为嵌入式网关实物图。

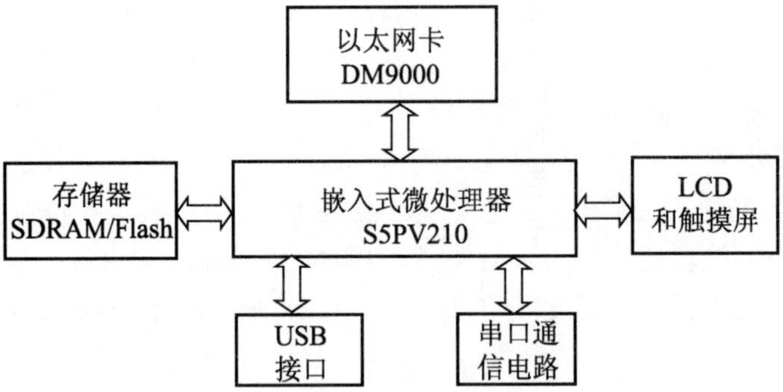

图 8.16　嵌入式网关硬件结构框图

(2) 嵌入式系统软件平台构建。嵌入式网关平台的软、硬件资源的分配、任务调度，控制、协调并发活动等由嵌入式操作系统负责。目前在嵌入式领域广泛使用的操作系统有：嵌入式实时操作系统 μC/OS-II、嵌入式 Linux、Windows Embedded、VxWorks、Android、iOS 等。嵌入式 Linux 系统因具有广泛的硬件支持、内核高效稳定、软件丰富、源码开放、完善的网络通信机制等优点越来越多地被选做板载系统。将 Linux 操作系统移植到嵌入式网关硬件平台的主要工作有：交叉编译环境搭建、BootLoader 移植、Linux 内核移植、根文件系统的建立和 YAFFS 移植。

图 8.17　嵌入式网关实物图

5. 任务总结

通过本任务的学习，应掌握如下实践技能：①正确分析温室大棚环境参数范围及环境特点；②根据设计任务要求及温室环境特点，能选择合适的传感器件及数据采集方案完成温室大棚的环境数据监测。

6. 请你做一做

(1) 查阅资料，熟悉 ZigBee 无线传感网络及应用。
(2) 查阅资料，熟悉嵌入式网关及平台建设。

阅读材料　物联网技术及其应用

物联网技术是通过射频识别(RFID)、红外感应器、全球定位系统、激光扫描器等信息传感设备，按约定的协议，将任何物品与互联网相连接，进行信息交换和通信，以实现智能化识别、定位、追踪、监控和管理的一种网络技术。它是互联网技术基础上延伸和扩展的一种网络技术，其用户端延伸到了物件，实现物物之间的信息交换和通信。

1. 物联网基本架构

物联网网络架构由感知层、网络层和应用层组成，如图 8.18 所示。感知层实现对物理世界的智能感知识别、信息采集处理和自动控制，并通过通信模块将物理实体连接到网络层和应用层。网络层主要实现信息的传递、路由和控制，包括延伸网、接入网和核心。应用层包括应用基础设施、中间件和各种物联网应用。应用基础设施、中间件为物联网应用提供信息处理、计算等通用基础服务设施、能力及资源调用接口，以此为基础实现物联网在众多领域的各种应用。

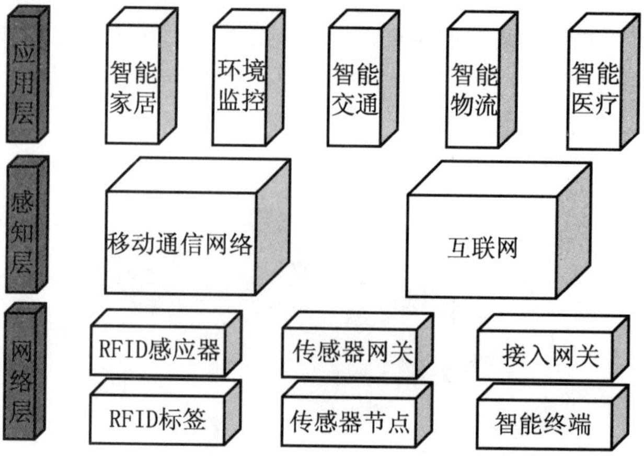

图 8.18　物联网网络架构图

2. 物联网关键技术

物联网主要涉及的关键技术包括：射频识别(RFID)技术、传感器技术、传感器网络技术、网络通信技术等。

1) 射频识别技术

射频识别技术是一种非接触式的自动识别技术，通过射频信号自动识别对象并获取相关数据，是物联网最关键的一个技术。RFID 为物体贴上 RFID 标签，具有读取距离远、穿透能力强、无磨损、非接触、抗污染、效率高、信息量大等特点。

2) 传感器技术

传感器负责物联网信息的采集，实现对现实世界感知，是物联网服务和应用的基础。

3) 传感器网络技术

传感器网络技术是综合运用传感器、嵌入式、网络通信等技术，经各类集成化微型传感器对监测对象信息进行实时监测、感知和采集，通过嵌入式系统对采集到的信息进行处理，并通过通信网络将所感知的信息传送到用户终端。

4) 网络通信技术

网络通信技术为物联网感知数据提供传送通道，是实现物物相连的桥梁。物联网网络通信技术主要分为两类：近距离通信技术和广域网通信技术。近距离通信技术方面，以 IEEE 802.15.4 为代表的近距离通信技术是目前的主流技术，802.15.4 规范是 IEEE 制定的用于低速近距离通信的物理层和媒体介入控制层规范，工作在 2.4GHz 频段。广域网通信技术中，IP 互联网、2G/3G 移动通信、卫星通信技术等实现信息的远程传输。

3. 物联网技术应用

物联网的应用领域非常广泛，遍及智能交通、环境保护、公共安全、智能家居、工业监测、环境监测、食品溯源等方方面面。目前比较典型的应用系统有：智能交通系统、产品质量监管系统、智能家居监控系统、智能农业监控系统、水产养殖物联网监控系统等。

1) 智能家居

智能家居是指将家庭中的各种电子、电气设备通过网络连接起来，进而实现对这些设备和家庭环境的智能管理、远程监控和资源共享，为人们提供一个安全、舒适、高效和便利的生活环境。

智能家居监控系统(图 8.19)可以实现如下功能：

(1) 家居状况远程监测：通过温感、烟感、人体热释电等传感器能将采集的数据(数字量)实时地显示在 LCD 液晶显示屏上，让安防用户随时了解室内的状态，也可以让安防用户通过网络在线查看，从而实现远程监控的功能。

(2) 家居安全防范：当室内的温度高于已设定的值或检测到室内的烟雾浓度偏高或特殊角落有异常动静时，系统会以不同的方式向安防用户报警，此外，在门禁部分，一旦不法分子连续 3 次输入密码有误，则系统会自动给用户发送短信同时室内会响起一段报警信号。

(3) 门禁访问：当有客人来访时，客人可以在门禁处单击 LCD 液晶显示屏进入客人界面获得相应的帮助。

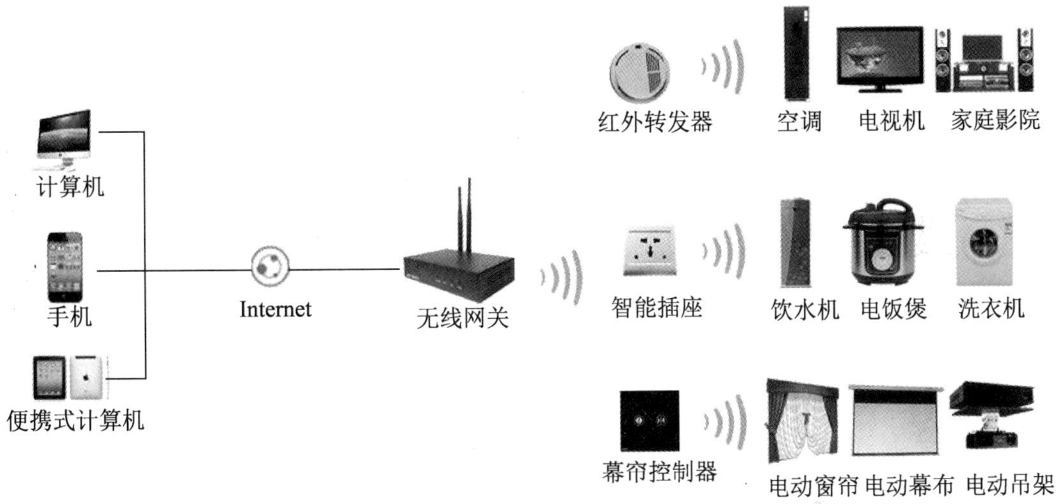

图 8.19 智能家居监控系统

2) 智能交通

智能交通系统(intelligent transportation system，ITS)是未来交通系统的发展方向。它是将先进的信息技术、数据通信传输技术、电子传感技术、控制技术及计算机技术等有效地集成运用于整个地面交通管理系统而建立的一种在大范围内、全方位发挥作用的，实时、准确、高效的综合交通运输管理系统。

3) 智能农业

智能农业是通过光照、温度、湿度等无线传感器，对农作物温室内的温度、湿度信号，以及光照、土壤温度、土壤含水量、CO_2浓度、叶面湿度、露点温度等环境参数进行实时采集，自动开启或者关闭指定设备(如远程控制浇灌、开关卷帘等)。同时在温室现场布置摄像头等监控设备，实时采集视频信号。用户通过计算机或智能手机随时随地观察现场情况，查看现场温湿度等数据和控制远程智能调节指定设备。现场采集的数据为农业综合生态信息自动监测、对环境进行自动控制和智能化管理提供科学依据。

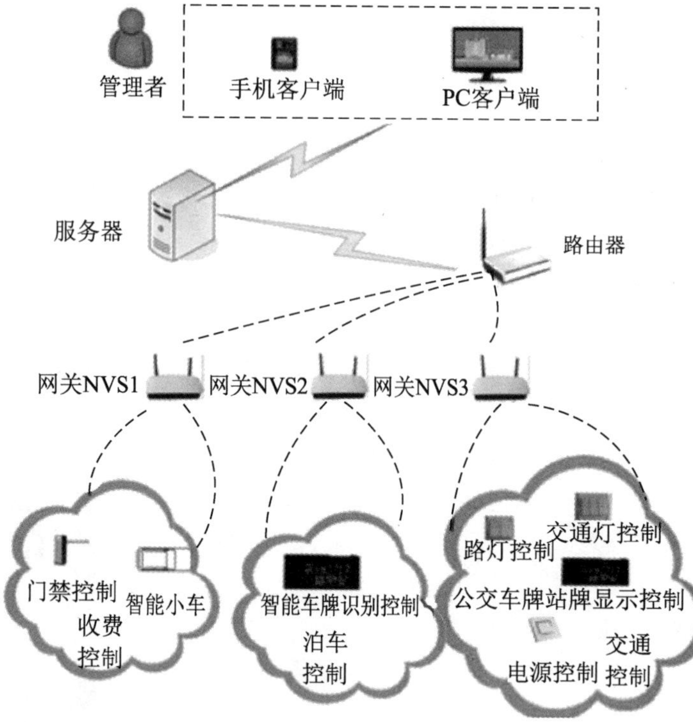

图 8.20　智能交通系统

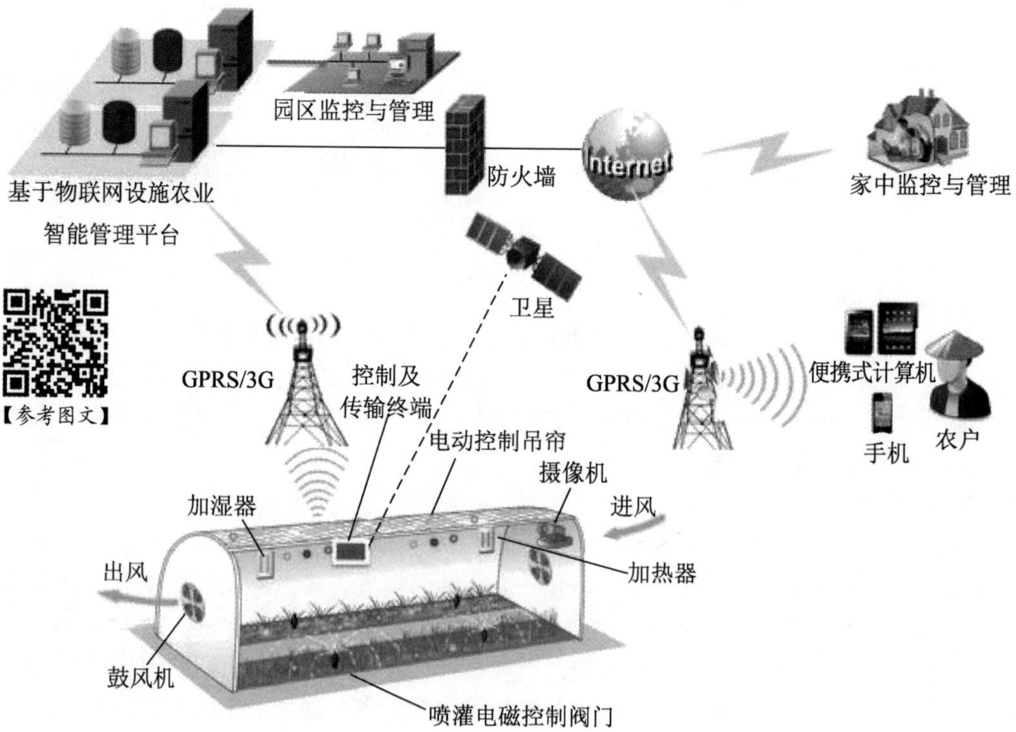

【参考图文】

图 8.21　智能农业

小　　结

本项目主要介绍传感检测技术的综合应用实例，通过温室大棚环境数据监测任务介绍了温室环境参数检测的常用传感器及检测电路。从任务目标、任务分析、任务实施、知识链接、任务总结等几个方面加以详细介绍，给大家提供了具体的设计思路。

习题与思考

1. 与蓝牙、WiFi 等无线通信技术相比，ZigBee 技术有哪些特点？
2. 在逻辑功能上 ZigBee 网络节点有哪 3 类？
3. ZigBee 网络有哪几类拓扑结构？
4. ZigBee 协议栈分为哪几层？
5. 开发 ZigBee 无线传感网络应用需要哪些开发环境？
6. 嵌入式网关平台硬件由哪几部分组成？

【参考图文】

参 考 文 献

[1] 陈晓军. 传感器与检测技术项目式教程[M]. 北京：电子工业出版社，2014.
[2] 孙余凯，吴鸣山，项绮明，等. 传感技术基础与技能实训教程[M]. 北京：电子工业出版社，2006.
[3] 何新洲，何琼. 传感器与检测技术[M]. 武汉：武汉大学出版社，2009.
[4] 付少波，赵玲. 传感器实用电路[M]. 北京：化学工业出版社，2013.
[5] 金发庆. 传感器技术与应用[M]. 北京：机械工业出版社，2004.
[6] 张米雅. 传感器应用技术[M]. 北京：北京理工大学出版社，2014.
[7] 刘笃仁，韩保君，刘勒. 传感器原理及应用技术[M]. 西安：西安电子科技大学出版社，2009.
[8] 孙传友，张一. 感测技术基础[M]. 3 版. 北京：电子工业出版社，2012.
[9] 钱裕禄. 传感器技术及应用电路项目化教程[M]. 北京：北京大学出版社，2013.
[10] 何希才. 常用传感器应用电路的设计与实践[M]. 北京：科学出版社，2007.
[11] 李艳红，李海华. 传感器原理及其应用[M]. 北京：北京理工大学出版社，2010.
[12] 张志勇，王雪文，翟春雪，等. 现代传感器原理及应用[M]. 北京：电子工业出版社，2014.
[13] 王雪文，张志勇. 传感器原理及应用[M]. 北京：北京航空航天大学出版社，2004.
[14] 河道清. 传感器与传感器技术[M]. 北京：科学出版社，2004.
[15] 高燕. 传感器原理及应用[M]. 西安：西安电子科技大学出版社，2009.
[16] 吴建平. 传感器原理及应用[M]. 北京：机械工业出版社，2009.
[17] 周润景，郝晓霞. 传感器与检测技术[M]. 北京：电子工业出版社，2009.
[18] 陶红艳，余成波. 传感器与现代检测技术[M]. 北京：清华大学出版社，2009.
[19] 张洪润，孙悦，张亚凡. 传感技术与应用教程[M]. 北京：清华大学出版社，2008.
[20] 赵负图. 传感器集成电路应用手册[M]. 北京：人民邮电出版社，2009.
[21] 赵学增. 现代传感器技术基础及应用[M]. 北京：清华大学出版社，2010.
[22] 胡向东，刘京诚，余成波，等. 传感器与检测技术[M]. 北京：机械工业出版社，2009.
[23] 陈尔绍. 传感器实用装置制作集锦[M]. 北京：人民邮电出版社，1999.
[24] [日]松井邦彦. 传感器实用电路设计与制作[M]. 梁瑞林，译. 北京：科学出版社，2005.
[25] 金发庆. 传感器技术及其工程应用[M]. 北京：机械工业出版社，2010.
[26] 吕俊芳，钱政，袁梅. 传感器调理电路设计理论及应用[M]. 北京：北京航空航天大学出版社，2010.
[27] 张培仁. 传感器原理、检测及应用[M]. 北京，清华大学出版社，2012.
[28] 张洪润. 传感器应用设计 300 例(上册)[M]. 北京，北京航空航天大学出版社，2008.
[29] 胡孟谦，张晓娜. 传感器与检测技术项目化教程[M]. 北京，中国海洋大学版社，2011.
[30] 张晓东. 光控式语音防盗报警器[J]. 家庭电子，2003(10):37.

北京大学出版社本科电气信息系列实用规划教材

序号	书名	书号	编著者	定价	出版年份	教辅及获奖情况
			物联网工程			
1	物联网概论	7-301-23473-0	王　平	38	2014	电子课件/答案，有“多媒体移动交互式教材”
2	物联网概论	7-301-21439-8	王金甫	42	2012	电子课件/答案
3	现代通信网络	7-301-24557-6	胡珺珺	38	2014	电子课件/答案
4	物联网安全	7-301-24153-0	王金甫	43	2014	电子课件/答案
5	通信网络基础	7-301-23983-4	王昊	32	2014	
6	无线通信原理	7-301-23705-2	许晓丽	42	2014	电子课件/答案
7	家居物联网技术开发与实践	7-301-22385-7	付　蔚	39	2013	电子课件/答案
8	物联网技术案例教程	7-301-22436-6	崔逊学	40	2013	电子课件
9	传感器技术及应用电路项目化教程	7-301-22110-5	钱裕禄	30	2013	电子课件/视频素材，宁波市教学成果奖
10	网络工程与管理	7-301-20763-5	谢　慧	39	2012	电子课件/答案
11	电磁场与电磁波(第2版)	7-301-20508-2	邬春明	32	2012	电子课件/答案
12	现代交换技术(第2版)	7-301-18889-7	姚　军	36	2013	电子课件/习题答案
13	传感器基础(第2版)	7-301-19174-3	赵玉刚	32	2013	视频
14	传感与检测技术及应用	7-301-27543-6	沈亚强	43	2016	电子课件
15	物联网基础与应用	7-301-16598-0	李蔚田	44	2012	电子课件
16	通信技术实用教程	7-301-25386-1	谢　慧	36	2015	电子课件/习题答案
17	物联网工程应用与实践	7-301-19853-7	于继明	39	2015	
			单片机与嵌入式			
1	嵌入式ARM系统原理与实例开发(第2版)	7-301-16870-7	杨宗德	32	2011	电子课件/素材
2	ARM嵌入式系统基础与开发教程	7-301-17318-3	丁文龙　李志军	36	2010	电子课件/习题答案
3	嵌入式系统设计及应用	7-301-19451-5	邢吉生	44	2011	电子课件/实验程序素材
4	嵌入式系统开发基础-----基于八位单片机的C语言程序设计	7-301-17468-5	侯殿有	49	2012	电子课件/答案/素材
5	嵌入式系统基础实践教程	7-301-22447-2	韩　磊	35	2013	电子课件
6	单片机原理与接口技术	7-301-19175-0	李　升	46	2011	电子课件/习题答案
7	单片机系统设计与实例开发(MSP430)	7-301-21672-9	顾　涛	44	2013	电子课件/答案
8	单片机原理与应用技术	7-301-10760-7	魏立峰　王宝兴	25	2009	电子课件
9	单片机原理及应用教程(第2版)	7-301-22437-3	范立南	43	2013	电子课件/习题答案，辽宁“十二五”教材
10	单片机原理与应用及C51程序设计	7-301-13676-8	唐　颖	30	2011	电子课件
11	单片机原理与应用及其实验指导书	7-301-21058-1	邵发森	44	2012	电子课件/答案/素材
12	MCS-51单片机原理及应用	7-301-22882-1	黄翠翠	34	2013	电子课件/程序代码
			物理、能源、微电子			
1	物理光学理论与应用(第2版)	7-301-26024-1	宋贵才	46	2015	电子课件/习题答案，“十二五”普通高等教育本科国家级规划教材
2	现代光学	7-301-23639-0	宋贵才	36	2014	电子课件/答案
3	平板显示技术基础	7-301-22111-2	王丽娟	52	2013	电子课件/答案
4	集成电路版图设计	7-301-21235-6	陆学斌	32	2012	电子课件/习题答案
5	新能源与分布式发电技术(第2版)	7-301-27495-8	朱永强	45	20106	电子课件/习题答案，北京市精品教材，北京市“十二五”教材

序号	书名	书号	编著者	定价	出版年份	教辅及获奖情况
6	太阳能电池原理与应用	7-301-18672-5	靳瑞敏	25	2011	电子课件
7	新能源照明技术	7-301-23123-4	李姿景	33	2013	电子课件/答案
基　础　课						
1	电工与电子技术(上册) (第2版)	7-301-19183-5	吴舒辞	30	2011	电子课件/习题答案，湖南省“十二五”教材
2	电工与电子技术(下册) (第2版)	7-301-19229-0	徐卓农　李士军	32	2011	电子课件/习题答案，湖南省“十二五”教材
3	电路分析	7-301-12179-5	王艳红　蒋学华	38	2010	电子课件，山东省第二届优秀教材奖
4	模拟电子技术实验教程	7-301-13121-3	谭海曙	24	2010	电子课件
5	运筹学(第2版)	7-301-18860-6	吴亚丽　张俊敏	28	2011	电子课件/习题答案
6	电路与模拟电子技术	7-301-04595-4	张绪光　刘在娥	35	2009	电子课件/习题答案
7	微机原理及接口技术	7-301-16931-5	肖洪兵	32	2010	电子课件/习题答案
8	数字电子技术	7-301-16932-2	刘金华	30	2010	电子课件/习题答案
9	微机原理及接口技术实验指导书	7-301-17614-6	李干林　李　升	22	2010	课件(实验报告)
10	模拟电子技术	7-301-17700-6	张绪光　刘在娥	36	2010	电子课件/习题答案
11	电工技术	7-301-18493-6	张　莉　张绪光	26	2011	电子课件/习题答案，山东省“十二五”教材
12	电路分析基础	7-301-20505-1	吴舒辞	38	2012	电子课件/习题答案
13	模拟电子线路	7-301-20725-3	宋树祥	38	2012	电子课件/习题答案
14	数字电子技术	7-301-21304-9	秦长海　张天鹏	49	2013	电子课件/答案，河南省“十二五”教材
15	模拟电子与数字逻辑	7-301-21450-3	邬春明	39	2012	电子课件
16	电路与模拟电子技术实验指导书	7-301-20351-4	唐　颖	26	2012	部分课件
17	电子电路基础实验与课程设计	7-301-22474-8	武　林	36	2013	部分课件
18	电文化——电气信息学科概论	7-301-22484-7	高　心	30	2013	
19	实用数字电子技术	7-301-22598-1	钱裕禄	30	2013	电子课件/答案/其他素材
20	模拟电子技术学习指导及习题精选	7-301-23124-1	姚娅川	30	2013	电子课件
21	电工电子基础实验及综合设计指导	7-301-23221-7	盛桂珍	32	2013	
22	电子技术实验教程	7-301-23736-6	司朝良	33	2014	
23	电工技术	7-301-24181-3	赵莹	46	2014	电子课件/习题答案
24	电子技术实验教程	7-301-24449-4	马秋明	26	2014	
25	微控制器原理及应用	7-301-24812-6	丁筱玲	42	2014	
26	模拟电子技术基础学习指导与习题分析	7-301-25507-0	李大军　唐　颖	32	2015	电子课件/习题答案
27	电工学实验教程(第2版)	7-301-25343-4	王士军　张绪光	27	2015	
28	微机原理及接口技术	7-301-26063-0	李干林	42	2015	电子课件/习题答案
29	简明电路分析	7-301-26062-3	姜　涛	48	2015	电子课件/习题答案
30	微机原理及接口技术(第2版)	7-301-26512-3	越志诚　段中兴	49	2016	二维码数字资源
电子、通信						
1	DSP 技术及应用	7-301-10759-1	吴冬梅　张玉杰	26	2011	电子课件，中国大学出版社图书奖首届优秀教材奖一等奖
2	电子工艺实习	7-301-10699-0	周春阳	19	2010	电子课件
3	电子工艺学教程	7-301-10744-7	张立毅　王华奎	32	2010	电子课件，中国大学出版社图书奖首届优秀教材奖一等奖
4	信号与系统	7-301-10761-4	华　容　隋晓红	33	2011	电子课件
5	信息与通信工程专业英语(第2版)	7-301-19318-1	韩定定　李明明	32	2012	电子课件/参考译文，中国电子教育学会2012年全国电子信息类优秀教材

序号	书名	书号	编著者	定价	出版年份	教辅及获奖情况
6	高频电子线路(第 2 版)	7-301-16520-1	宋树祥　周冬梅	35	2009	电子课件/习题答案
7	MATLAB 基础及其应用教程	7-301-11442-1	周开利　邓春晖	24	2011	电子课件
8	计算机网络	7-301-11508-4	郭银景　孙红雨	31	2009	电子课件
9	通信原理	7-301-12178-8	隋晓红　钟晓玲	32	2007	电子课件
10	数字图像处理	7-301-12176-4	曹茂永	23	2007	电子课件，“十二五”普通高等教育本科国家级规划教材
11	移动通信	7-301-11502-2	郭俊强　李　成	22	2010	电子课件
12	生物医学数据分析及其 MATLAB 实现	7-301-14472-5	尚志刚　张建华	25	2009	电子课件/习题答案/素材
13	信号处理 MATLAB 实验教程	7-301-15168-6	李　杰　张　猛	20	2009	实验素材
14	通信网的信令系统	7-301-15786-2	张云麟	24	2009	电子课件
15	数字信号处理	7-301-16076-3	王震宇　张培珍	32	2010	电子课件/答案/素材
16	光纤通信	7-301-12379-9	卢志茂　冯进玫	28	2010	电子课件/习题答案
17	离散信息论基础	7-301-17382-4	范九伦　谢　勰	25	2010	电子课件/习题答案
18	光纤通信	7-301-17683-2	李丽君　徐文云	26	2010	电子课件/习题答案
19	数字信号处理	7-301-17986-4	王玉德	32	2010	电子课件/答案/素材
20	电子线路 CAD	7-301-18285-7	周荣富　曾　技	41	2011	电子课件
21	MATLAB 基础及应用	7-301-16739-7	李国朝	39	2011	电子课件/答案/素材
22	信息论与编码	7-301-18352-6	隋晓红　王艳营	24	2011	电子课件/习题答案
23	现代电子系统设计教程	7-301-18496-7	宋晓梅	36	2011	电子课件/习题答案
24	移动通信	7-301-19320-4	刘维超　时　颖	39	2011	电子课件/习题答案
25	电子信息类专业 MATLAB 实验教程	7-301-19452-2	李明明	42	2011	电子课件/习题答案
26	信号与系统	7-301-20340-8	李云红	29	2012	电子课件
27	数字图像处理	7-301-20339-2	李云红	36	2012	电子课件
28	编码调制技术	7-301-20506-8	黄　平	26	2012	电子课件
29	Mathcad 在信号与系统中的应用	7-301-20918-9	郭仁春	30	2012	
30	MATLAB 基础与应用教程	7-301-21247-9	王月明	32	2013	电子课件/答案
31	电子信息与通信工程专业英语	7-301-21688-0	孙桂芝	36	2012	电子课件
32	微波技术基础及其应用	7-301-21849-5	李泽民	49	2013	电子课件/习题答案/补充材料等
33	图像处理算法及应用	7-301-21607-1	李文书	48	2012	电子课件
34	网络系统分析与设计	7-301-20644-7	严承华	39	2012	电子课件
35	DSP 技术及应用	7-301-22109-9	董　胜	39	2013	电子课件/答案
36	通信原理实验与课程设计	7-301-22528-8	邬春明	34	2015	电子课件
37	信号与系统	7-301-22582-0	许丽佳	38	2013	电子课件/答案
38	信号与线性系统	7-301-22776-3	朱明早	33	2013	电子课件/答案
39	信号分析与处理	7-301-22919-4	李会容	39	2013	电子课件/答案
40	MATLAB 基础及实验教程	7-301-23022-0	杨成慧	36	2013	电子课件/答案
41	DSP 技术与应用基础(第 2 版)	7-301-24777-8	俞一彪	45	2015	
42	EDA 技术及数字系统的应用	7-301-23877-6	包　明	55	2015	
43	算法设计、分析与应用教程	7-301-24352-7	李文书	49	2014	
44	Android 开发工程师案例教程	7-301-24469-2	倪红军	48	2014	
45	ERP 原理及应用	7-301-23735-9	朱宝慧	43	2014	电子课件/答案
46	综合电子系统设计与实践	7-301-25509-4	武　林　陈　希	32(估)	2015	
47	高频电子技术	7-301-25508-7	赵玉刚	29	2015	电子课件
48	信息与通信专业英语	7-301-25506-3	刘小佳	29	2015	电子课件
49	信号与系统	7-301-25984-9	张建奇	45	2015	电子课件
50	数字图像处理及应用	7-301-26112-5	张培珍	36	2015	电子课件/习题答案
51	Photoshop CC 案例教程(第 3 版)	7-301-27421-7	李建芳	49	2016	电子课件/素材
52	激光技术与光纤通信实验	7-301-26609-0	周建华　兰　岚	28	2015	
53	Java 高级开发技术大学教程	7-301-27353-1	陈沛强	48	2016	电子课件

序号	书名	书号	编著者	定价	出版年份	教辅及获奖情况
			自动化、电气			
1	自动控制原理	7-301-22386-4	佟　威	30	2013	电子课件/答案
2	自动控制原理	7-301-22936-1	邢春芳	39	2013	
3	自动控制原理	7-301-22448-9	谭功全	44	2013	
4	自动控制原理	7-301-22112-9	许丽佳	30	2015	
5	自动控制原理	7-301-16933-9	丁　红　李学军	32	2010	电子课件/答案/素材
6	现代控制理论基础	7-301-10512-2	侯媛彬等	20	2010	电子课件/素材，国家级“十一五”规划教材
7	计算机控制系统(第2版)	7-301-23271-2	徐文尚	48	2013	电子课件/答案
8	电力系统继电保护(第2版)	7-301-21366-7	马永翔	42	2013	电子课件/习题答案
9	电气控制技术(第2版)	7-301-24933-8	韩顺杰　吕树清	28	2014	电子课件
10	自动化专业英语(第2版)	7-301-25091-4	李国厚　王春阳	46	2014	电子课件/参考译文
11	电力电子技术及应用	7-301-13577-8	张润和	38	2008	电子课件
12	高电压技术	7-301-14461-9	马永翔	28	2009	电子课件/习题答案
13	电力系统分析	7-301-14460-2	曹　娜	35	2009	
14	综合布线系统基础教程	7-301-14994-2	吴达金	24	2009	电子课件
15	PLC原理及应用	7-301-17797-6	缪志农　郭新年	26	2010	电子课件
16	集散控制系统	7-301-18131-7	周荣富　陶文英	36	2011	电子课件/习题答案
17	控制电机与特种电机及其控制系统	7-301-18260-4	孙冠群　于少娟	42	2011	电子课件/习题答案
18	电气信息类专业英语	7-301-19447-8	缪志农	40	2011	电子课件/习题答案
19	综合布线系统管理教程	7-301-16598-0	吴达金	39	2012	电子课件
20	供配电技术	7-301-16367-2	王玉华	49	2012	电子课件/习题答案
21	PLC技术与应用(西门子版)	7-301-22529-5	丁金婷	32	2013	电子课件
22	电机、拖动与控制	7-301-22872-2	万芳瑛	34	2013	电子课件/答案
23	电气信息工程专业英语	7-301-22920-0	余兴波	26	2013	电子课件/译文
24	集散控制系统(第2版)	7-301-23081-7	刘翠玲	36	2013	电子课件，2014年中国电子教育学会“全国电子信息类优秀教材”一等奖
25	工控组态软件及应用	7-301-23754-0	何坚强	49	2014	电子课件/答案
26	发电厂变电所电气部分(第2版)	7-301-23674-1	马永翔	48	2014	电子课件/答案
27	自动控制原理实验教程	7-301-25471-4	丁　红　贾玉瑛	29	2015	
28	自动控制原理(第2版)	7-301-25510-0	袁德成	35	2015	电子课件，辽宁省“十二五”教材
29	电机与电力电子技术	7-301-25736-4	孙冠群	45	2015	电子课件/答案
30	虚拟仪器技术及其应用	7-301-27133-9	廖远江	45	2016	
31	VHDL数字系统设计与应用	7-301-27267-1	黄　卉　李　冰	42	2016	电子课件